Analytische Chemie I

Ulf Ritgen

Analytische Chemie I

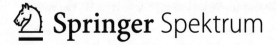 Springer Spektrum

Ulf Ritgen
FB 05 – Angewandte Naturwissenschaft
Hochschule Bonn-Rhein-Sieg
Rheinbach, Nordrhein-Westfalen, Deutschland

ISBN 978-3-662-60494-6   ISBN 978-3-662-60495-3   (eBook)
https://doi.org/10.1007/978-3-662-60495-3

Die Deutsche Nationalbibliothek verzeichnet diese Publikation in der Deutschen Nationalbibliografie; detaillierte bibliografische Daten sind im Internet über ▶ http://dnb.d-nb.de abrufbar.

Springer Spektrum

Planung/Lektorat: Désirée Claus

Springer Spektrum ist ein Imprint der eingetragenen Gesellschaft Springer-Verlag GmbH, DE und ist ein Teil von Springer Nature.
Die Anschrift der Gesellschaft ist: Heidelberger Platz 3, 14197 Berlin, Germany

Vorwort

Manche Studierenden fragen sich, warum sie eigentlich ein Lehrbuch verwenden sollen, wo doch alles Prüfungsrelevante in der Vorlesung behandelt wird, während andere damit hadern, *überhaupt* eine Vorlesung zu besuchen, wo sie doch mit einem geeigneten Lehrbuch Selbststudium betreiben können. – *Ein* guter Grund für die Kombination dieser beiden Medien ist, dass im Rahmen einer Vorlesung, die unmöglich den gesamten Stoff eines Buches mit 500 Seiten (oder gerne auch noch mehr …) abdecken kann, die Erläuterung wichtiger Prinzipien mit der detaillierteren Behandlung *ausgewählter* Schwerpunkte für eine Strukturierung des Gesamtstoffs sorgt. Entsprechend ist das Buch „Analytische Chemie I" als eine Art „Vorlesung zum Nachlesen" gedacht, wobei – ganz so, wie es in vielen Vorlesungen üblich ist – für das jeweilige Modul *ein* maßgebliches Lehrbuch empfohlen wird, auf das sich die Vorlesung immer wieder bezieht. Für die „Nachlese-Vorlesung Analytische Chemie I" ist dies „der Harris", das *Lehrbuch der Quantitativen Analyse,* in dem jedes einzelne der in diesem Buch angesprochenen Themen deutlich umfangreicher und detaillierter behandelt wird. Dort finden Sie also weidlich zusätzliche Informationen; entsprechend empfiehlt es sich, „den Harris" bei der Arbeit mit der „Analytischen Chemie I" stets griffbereit zu haben.

Zugleich bedient sich die Analytik all jener Prinzipien, die Sie in Einführungsveranstaltungen zur Allgemeinen und Anorganischen Chemie kennengelernt haben, weswegen gelegentlich – etwa, um *Zusammenhänge* noch klarer zu verdeutlichen – auch auf den „Binnewies" *(Allgemeine und Anorganische Chemie)* verwiesen wird. Dort können Sie bei Bedarf noch einmal nachschlagen, was Atome den ganzen Tag treiben, wie sie miteinander Bindungen eingehen und anderweitig wechselwirken können … und was das so für Folgen hat (Stichworte: Moleküle und Ionengitter, inter- und intramolekulare Wechselwirkungen). Auch bezüglich der verschiedensten Formen chemischer Reaktionen (Säure/Base-, Redox-, Komplex- etc.) können Sie sich dort noch einmal gut nach-informieren. Warum das Ganze hier erwähnt wird, wo es in diesem Buch doch um *Analytik* geht? – Weil *all* jene Prinzipien der Chemie auch in der Analytik unerlässlich sind; sie werden hier sozusagen konstruktiv und kreativ ausgenutzt.

Da dieses Buch eben als „Vorlesung zum Nachlesen" gedacht ist und sich eine Vorlesung meist durch den sprichwörtlichen „Roten Faden" auszeichnet, bauen die einzelnen Teile dieses Buches aufeinander auf:

In *Teil I* geht es zunächst einmal darum, wie man eigentlich genauere Informationen über einen Stoff, ein Stoffgemisch oder eine wie auch immer geartete Substanz erhält. Dabei sind *zwei verschiedene Formen der Analytik* zu betrachten, die sich darin unterscheiden, *welche* Frage eigentlich beantwortet werden soll.

- Bei der *qualitativen* Analyse geht es darum, *was* in einem Stoffgemisch enthalten ist. Typische Fragen sind: „Enthält dieses Trinkwasser Spuren von Giftstoffen? Und wenn ja: welche?"
- Bei der *quantitativen* Analyse weiß man meist schon, welche Stoffe vorliegen (können), und nun gilt es, deren Menge (oder wahlweise: Masse, Volumenanteil etc.) zu ermitteln. Hier wäre eine typische Frage: „Wie viele µg/mL Blei(II)-Ionen enthält dieses Trinkwasser? Ist das noch vertretbar oder gilt diese Menge bereits als bedenklich?"

In beiden Fällen ist es unerlässlich, sich neben den Grundbegriffen der Analytik auch mit der Probennahme und -vorbereitung zu befassen, die (häufig sogar international) verbindlichen Standards und Normen zu kennen und auch über das nötige Rüstzeug zu verfügen, die Zuverlässigkeit und Genauigkeit seiner jeweiligen Messungen beziehungsweise Messwerte abzuschätzen oder gar zu quantifizieren. Teil I behandelt also die allgemeinen *Grundlagen der Analytik.*

In *Teil II* geht es um die *Maßanalyse.* In der sogenannten „nasschemischen Analyse" spielen chemische Reaktionen eine wichtige Rolle:

- Sie wissen nicht, ob eine zu untersuchende Lösung nun Silber(I)-Ionen enthält oder nicht? – Fällt bei Zugabe einer Lösung, die unter anderem Chlorid-Ionen enthält, ein feinkristalliner, weißer Niederschlag aus, dann spricht das sehr für die Arbeitshypothese „Ja, da sind Ag^+-Ionen!". Hier melden sich das Löslichkeitsprodukt und damit auch das Massenwirkungsgesetz zu Wort.
- Eine Lösung reagiert sauer (pH 7), aber *wie viel* Säure enthält sie? – Das lässt sich etwa mit einer Säure/Base-Titration ermitteln, und dort begegnen Ihnen dann sämtliche Aspekte der (Brønsted-)Säuren und Basen wieder, die Säuren- und Basen-Stärke (Stichwort: pK_S- und

pK_B-Werte), die pH-Wert-Berechnungen und dergleichen mehr (und somit letztendlich schon wieder das Massenwirkungsgesetz).

- Analog lassen sich auch Redox-Vorgänge in der Analytik nutzen. Entsprechend ist es erforderlich, dass Sie Redox-Gleichungen (stöchiometrisch korrekt) aufstellen können (stimmen Stoffbilanz und Ladungsbilanz?) und auch wissen, wie man (u. a. mit Hilfe der Nernst-Gleichung) elektrochemische Potentiale berechnet. (Im Zweifelsfalle hilft hier der Binnewies weiter.)
- Gleiches gilt für Reaktionen aus dem Gebiet der Komplexchemie. Hier gilt es dann, nicht nur das Säure/Base-Konzept nach Lewis im Blick zu behalten (einschließlich der Aspekte Nucleophilie und Elektrophilie), sondern auch Stabilitätskonstanten zu ermitteln – wobei wieder das Massenwirkungsgesetz eine tragende Rolle spielt. (Dass man zusätzlich auch in der Lage sein sollte, die entstehenden Komplexe im Sinne der IUPAC korrekt zu benennen, versteht sich von selbst.)

In diesem Teil werden Ihnen also, wie oben schon versprochen, zahlreiche bereits bekannte Konzepte wiederbegegnen.

Bei den *chromatographischen Methoden,* mit denen wir uns in *Teil III* befassen, sind vor allem die *intermolekularen* Wechselwirkungen von Bedeutung (Grundfrage: „Was löst sich worin? Und warum?"), insbesondere die Wechselwirkungen zwischen Analyten und dem einen oder anderen Säulenmaterial und/oder dem verwendeten Lösemittel(-gemisch). Die tatsächliche Struktur der betrachteten Analyten ist dabei meist weniger bedeutsam als die Frage, ob funktionelle Gruppen oder andere Strukturelemente vorlagen, die sich maßgeblich auf die Art und das Ausmaß etwaiger intermolekularer Wechselwirkungen auswirken. In diesem Teil des Buches werden vornehmlich *Prinzipien* behandelt; hinsichtlich der grundlegenden mathematisch-physikalischen Formeln und der Zusammenhänge ausgewählter Aspekte der Analytik – qualitativ oder quantitativ –, die auch den Rahmen einer Vorlesung sprengen würden, wird dann bei Bedarf auf den Harris verwiesen.

In *Teil IV* geht es um die *Grundlagen der Molekülspektroskopie.* Hier interessieren uns vornehmlich (kovalente) Bindungsverhältnisse: Es kommt also auf den tatsächlichen molekularen (dreidimensionalen) Bau unserer Analyten an – wir befassen uns mit *intramolekularen* Wechselwirkungen. Durch Wechselwirkung der einzelnen Moleküle mit elektromagnetischer Strahlung werden, je nach deren Energiegehalt, etwa Elektronen dazu angeregt, energetisch weniger günstige Niveaus zu besetzen (um dann später auch wieder in den energetisch günstigeren Grundzustand zurückzukehren), oder wir bringen Atome zum Vibrieren, Zittern und Wackeln, so dass sich Bindungsabstände und Bindungswinkel verändern. Auch dabei verändern wir natürlich den Energiegehalt unseres Analyten. In allen Fällen muss entsprechend Energie absorbiert werden. Wir werden aber sehen, dass sich der Analyt bei einigen der nun kommenden Analytik-Methoden sogar dazu bringen lässt, selbst elektromagnetische Strahlung abzugeben: Wir bringen ihn also zum „Leuchten". Bei der Erklärung der entsprechenden Phänomene greifen wir auf Atom- und Molekülorbitale zurück. Falls Sie dieses (häufig als sehr abstrakt empfundene) Themengebiet bislang noch nicht mit all dem anderen Stoff der verschiedensten Chemie-Lehrveranstaltungen und -werke in Beziehung haben setzen können, sollte sich das mit diesem Teil des Buches schlagartig ändern: Spätestens jetzt ergeben Betrachtungen von Energieniveaus und dergleichen einen echten, analytisch nutzbaren Sinn.

In *Teil V* schließlich geht es um *Atomspektroskopische Methoden* der Analytik. Bei diesen werden meist einzelne Atome isoliert voneinander betrachtet – somit befasst man sich hier mit *intraatomaren* Prozessen. Aber auch den zugehörigen Techniken und Methoden liegen häufig Prinzipien zu Grunde, mit denen Sie bereits vertraut sind und/oder derer Sie sich sogar schon selbst bedient haben: Beispielsweise lässt sich damit die charakteristische Flammenfärbung der Alkalimetalle und ihrer Salze erklären. Und weil sich Atome des jeweils gleichen Elements bei entsprechender Anregung auch in gleicher Art und Weise verhalten, gestatten die in diesem Heft vorgestellten Verfahren gemeinhin nicht nur die eindeutige *Identifizierung* der jeweils vorliegenden Atomsorte, sondern auch deren *Quantifizierung.* Die entsprechenden Quantifizierungsverfahren basieren natürlich erneut auf Prinzipien, die Sie bereits kennen – aus vorangegangenen Teilen dieses Buches oder aus anderweitigen Lehrveranstaltungen und/oder – materialien. Auch das, was bei den Ihnen hier vorgestellten Anregungen eigentlich jeweils passiert, ist damit lediglich eine Fortsetzung bereits bekannter Konzepte.

Wo wir gerade bei „Fortsetzungen" sind: Es gibt auch eine Fortsetzung dieser Einführung in die Grundlagen der *Analytische Chemie*. Zahlreiche der hier vorgestellten Konzepte werden im Lehrbuch *Analytische Chemie II* erneut aufgegriffen und vertieft. Wundern Sie sich also bitte nicht, wenn in diesem Buch hin und wieder auch auf das „Folge-Werk" verwiesen wird. (Natürlich kann und will ich Sie keineswegs dazu zwingen, sich auch damit zu befassen, aber es lohnt sich – und es würde mich freuen, wenn Sie auch bei „Band II" im Boot wären.)

Letztendlich werden Ihnen in der „Analytischen Chemie I" also nach und nach Dinge begegnen, die Sie „eigentlich" schon kennen – nur eben in einem etwas anderen Zusammenhang. Mit anderen Worten: Sie werden hier nicht nur das eine oder andere grundlegend Neue kennenlernen, sondern zusätzlich auch noch bereits Altvertrautes in neuer Art und Weise verknüpfen – genau dieses „Neu-Verknüpfen" macht ja eigentlich ein *Studium* aus. Und wenn es dann zu einem Wiedererkennen bereits vertrauter Konzepte kommt (auch bekannt als „Aha!-Moment"), macht das Studieren gleich noch mehr Spaß, und *genau den* wünsche ich Ihnen!

Ulf Ritgen

Inhaltsverzeichnis

III   Chromatographische Methoden

IV   Molekülspektroskopie

V   Atomspektroskopie

Grundlagen

Inhaltsverzeichnis

■ **Voraussetzungen**

Auch wenn wir in diesem ersten Teil zum Thema „Analytische Chemie" noch nicht allzu viele chemische Aspekte detailliert betrachten werden, sollten Sie doch die Grundlagen der *Allgemeinen Chemie* (aus entsprechenden Einführungswerken bzw. -veranstaltungen), präsent haben, denn ab Teil II werden wir die ständig wieder brauchen; Gleiches gilt für die Grundlagen der *Anorganischen Chemie.* Aber schon in Teil I von besonderer Wichtigkeit sind:
━ der Unterschied zwischen Reinstoffen und Gemischen
━ der Unterschied zwischen Lösungen und Suspensionen

Was Ihnen zudem vertraut sein sollte:
━ das Konzept der Polarität
━ Wasserstoffbrückenbindungen, van-der-Waals-Kräfte und andere inter- und intramolekulare Wechselwirkungen
━ die Grundprinzipien aller chemischen Umsetzungen:
━ Säure/Base-Reaktionen
━ Redox-Reaktionen
━ Komplex-Reaktionen

Selbstverständlich sollten Sie die Nomenklatur zumindest anorganischer Verbindungen, wie Sie sie in der *Allgemeinen* und der *Anorganischen Chemie* kennengelernt haben, ebenfalls beherrschen.

Kurz gesagt: Alles, was Sie bislang gelernt haben, wird Ihnen früher oder später in der Analytischen Chemie wiederbegegnen.

Lernziele

In der „Analytischen Chemie I" werden Sie nach und nach einen Überblick über die wichtigsten und gebräuchlichsten Analyse-Methoden und -Techniken gewinnen, die in der Chemie zum Einsatz kommen, aber auch in „angrenzenden Fachgebieten" wie etwa der Biologie, der Pharmakologie etc.

Klassische *nasschemische* Verfahren, bei denen man „noch selbst Hand anlegen darf/kann/muss" werden hier ebenso angesprochen wie modernere Methoden, bei denen der Analytiker auf „schweres Gerät" zurückgreifen muss und die eigentliche Arbeit ausgefeilten (meist großen und teuren) Maschinen überlässt. Aber auch auf dem Gebiet der *Instrumentellen Analytik* (um die es in diesem Buch vornehmlich in den Teilen IV und V geht, und die Ihnen bei Interesse in der „Analytischen Chemie II" erneut begegnen wird) sollen die dabei zum Einsatz kommenden Messgeräte nicht Selbstzweck sein oder als „Black Boxes" behandelt werden, in denen geheimnisvoll-unverständliche Dinge vor sich gehen, die dann letztendlich zu einem – wie auch immer gearteten – Messwert führen, den es „nur noch" zu interpretieren gilt. Vielmehr werden Sie einerseits zumindest prinzipiell in den technischen Aufbau der einzelnen Gerätschaften eingeführt, andererseits soll Ihnen bei jeder einzelnen Methode der Instrumentellen Analytik deutlich klar werden, welche (physiko-)chemischen Eigenschaften der zu analysierenden Substanz jeweils die Grundlage für die letztendlich erhaltenen Messwerte darstellen und welche physikalischen und/oder chemischen Prozesse am jeweiligen Analyseverfahren beteiligt sind.

In diesem ersten Teil lernen Sie vor allem Grundbegriffe und ausgewählte Fachtermini der Analytik kennen, die es Ihnen ermöglichen, mehr oder minder missverständnisfrei mit anderen (angehenden) Fachleuten zu kommunizieren. Sie erfahren, was es zu beachten gilt, bevor man aktive Analytik betreiben kann, und wie das zu untersuchende Material für die eigentliche Analyse vorbereitet werden muss. Sie erhalten einen Überblick über allgemeingültige Normen zur Beschreibung des Analyt-Gehalts einer Probe, und Sie erfahren, welche Überlegungen angestellt werden müssen, um von einer Beobachtung/einem Messwert zu einer tatsächlichen qualitativen oder quantitativen (idealerweise sogar brauchbaren) Aussage zu gelangen.

Grundbegriffe der Analytik

© Springer-Verlag GmbH Deutschland, ein Teil von Springer Nature 2019
U. Ritgen, *Analytische Chemie I*, https://doi.org/10.1007/978-3-662-60495-3_1

1

Bevor man anfangen kann, Versuche in der analytischen Chemie durchzuführen, sollte man eine grundsätzliche Überlegung anstellen:

- **Wie lautet denn überhaupt die Frage?**

Ziel der Analytischen Chemie ist es, mehr über eine vorliegende Substanz/ein Substanzgemisch/eine Lösung/ein WasAuchImmer herauszufinden. Wichtig ist dabei zu beachten, *was* Sie denn eigentlich herausfinden wollen – und *wie* das zu geschehen hat. Dass planloses Ausprobieren dabei vermutlich wenig erfolgversprechend ist, kann man sich vorstellen.

1.1 Versuchsplanung

Zunächst einmal stellt sich die Frage, ob Sie **qualitative** oder **quantitative** Analytik betreiben wollen:

— Geht es Ihnen darum, einen Stoff zu identifizieren bzw. das Vorliegen eines bestimmten Stoffes nachzuweisen? – Dann bewegen Sie sich im Bereich der *qualitativen* Analyse.

Mit derlei Fragen befasst man sich beispielsweise auf der Suche nach wertvollen Erzen („Enthält dieses Gestein nun seltene Erden wie Yttrium oder Europium, die etwa für LEDs benötigt werden?") oder (im Verdachtsfall) nach unerlaubten, leistungssteigernden Substanzen im Blut (oder in anderen Körperflüssigkeiten) von Sportlern.

— Sie wissen bereits, *dass* Ihre Probe den einen oder anderen Stoff enthält, und nun gilt es herauszufinden, wie viel es ist? Das ist ein Fall für die *quantitative* Analyse.

Qualitativ konnte zum Beispiel nachgewiesen werden, dass Meerwasser Gold enthält. Aber ist die im Meerwasser gelöste Menge groß genug, dass sich die Gewinnung und **Reindarstellung** dieses Goldes rein wirtschaftlich lohnt? – Bevor Sie sich zu größeren Hoffnungen hinreißen lassen: In allen Weltmeeren zusammen sind, derzeitigen Abschätzungen/Messungen zufolge, mehr als 15.000 Tonnen Gold gelöst, aber Meerwasser hat's eben auch reichlich. Pro Kubikmeter kommt man da auf bestenfalls 0,03 mg – das lohnt sich *nicht*. Die Kosten für die Goldgewinnung lägen deutlich oberhalb des mit dem Gold erzielbaren Gewinns. (Aber vielleicht steigt ja der Goldpreis beizeiten derart drastisch an, dass sich der ganze erforderliche Aufwand letztendlich doch noch lohnt?)

Eine weitere Frage lautet: „Wie soll es meiner zu untersuchenden Probe *hinterher* gehen?" Prinzipiell unterscheidet man zwei Herangehensweisen:

— Wenn das zu untersuchende Material in genügend großer Menge vorliegt, so dass es nicht schadet, wenn eine kleine Probe davon auf die eine oder andere Weise *physikalisch* und/oder *chemisch verändert* wird (also, salopp gesagt, anschließend kaputt ist), kann man sich entsprechender **zerstörender** Vorgehensweisen bedienen.

In diese Kategorie fällt die klassische qualitative nasschemische Analyse von Ionen-Gemischen, wie man sie auch heute noch Studierende im Labor durchführen lässt, auch wenn die dortigen Arbeitsweisen wenig mit der „real existierenden Analytik" der aktuellen Forschung, Industrie o. ä. zu tun haben. (Der qualitative **Trennungsgang** ist und bleibt eine wunderbare Methode, ein gutes Gespür für die „Chemie an sich" zu bekommen.) Auch bei den verschiedenen Methoden der *Maßanalyse* (mehr dazu in Teil II) werden die zu analysierenden Substanzen allesamt zu chemischen Reaktionen genötigt und erfahren dabei natürlich Veränderungen.

- Hat man es hingegen mit Probenmaterial zu tun, das nach Abschluss der Analyse unverändert vorliegen soll (oder muss), sind **zerstörungsfreie Untersuchungsmethoden** vorzuziehen.

  Wenn Sie beispielsweise einen Ring gekauft haben, bei dem Sie sich nicht ganz sicher sind, ob er wirklich aus Sterling-Silber besteht oder doch nur aus einer billigen Nickel-Legierung, werden Sie wohl kaum bereit sein, diesen Ring erst einmal in Salpetersäure zu lösen. (Auf diesem Weg kommen Sie zwar auch früher oder später zu einem deutlichen Ergebnis hinsichtlich des Silbergehalts, aber der Ring ist dann leider dahin.) Dank diverser spektroskopischer Methoden (mehr dazu ab Teil IV) können Sie die Frage „Silber oder Nickel?" aber auch beantworten, *ohne* das gute Stück einzubüßen. Und wenn es Ihnen beispielsweise nach Monaten mühseligster Laborarbeit endlich gelungen ist, im Mikrogramm-Maßstab ein bestimmtes Protein zu isolieren, werden Sie dieses zur Reinheitsprüfung kaum als erstes chemisch wieder zerstören wollen, oder?

Zahlreiche der zerstörungsfreien Methoden fallen in das Gebiet der *Spektroskopie*. Mehr darüber erfahren Sie ab Teil IV, aber das Grundprinzip kann hier und jetzt ruhig schon einmal angerissen werden: Bei der Spektroskopie lässt man die Probensubstanz mit elektromagnetischer Strahlung des einen oder anderen Wellenlängenbereichs (oder ggf. auch einer einzelnen genau definierten Wellenlänge) wechselwirken und kann anhand der resultierenden Messergebnisse Rückschlüsse auf bestimmte Eigenschaften des Probenmaterials ziehen. Auch wenn Sie das natürlich schon aus der *Allgemeinen Chemie* kennen (sollten): Es kann nicht schaden, sich noch einmal den Zusammenhang von Wellenlänge und Energiegehalt ($E = h \times v$) ins Gedächtnis zu rufen (der wird spätestens in Teil IV unerlässlich). Im Zweifel hilft der ▶ Binnewies weiter.

Binnewies, Abschn. 2.3: Der Aufbau der Elektronenhülle

1.2 Und wie komme ich zu einer brauchbaren Antwort?

Wenn man weiß, welche Frage man eigentlich beantworten möchte, stellt sich in der chemischen Analytik gleich die nächste Hürde, die es zu überwinden gilt: Weil Atome, Moleküle und Ionen nun einmal so winzig klein sind, dass man sie mit allen uns bislang zur Verfügung stehenden Methoden nicht direkt beobachten kann, lassen sich sämtliche Informationen immer nur *indirekt* zusammentragen:

In der *Maßanalyse* etwa dienen häufig klassische Farbreaktionen dazu, etwas über die gegebenen Verhältnisse herauszufinden:

- Bei Redox-Reaktionen kann beispielsweise ein in Lösung befindliches Ion so oxidiert (oder reduziert) werden, dass ein Farbwechsel erfolgt (fachsprachlich als **Farbumschlag** bezeichnet).

  So sind die stark oxidierend wirkenden Permanganat-Ionen MnO_4^- in wässriger Lösung je nach Konzentration dunkelrot bis tief-violett, während die nach der Reduktion des Permanganats im sauren Medium vorliegenden Mangan(II)-Ionen (Mn^{2+}) nahezu farblos sind.

- Auch bei Komplex-Reaktionen kann ein Ligandenaustausch einen deutlich erkennbaren Farbumschlag bewirken.

  Cu^{2+}-Ionen in wässriger Lösung (die dort als Tetraqua-Komplex $[Cu(H_2O)_4]^{2+}$ vorliegen) sind blass blau gefärbt. Bei Zugabe von Ammoniak entsteht der tiefblaue Tetraamminkupfer(II)-Komplex ($[Cu(NH_3)_4]^{2+}$). Gibt man dann den zweizähnigen **Chelat-Liganden** Ethylendiamin ($H_2N-CH_2-CH_2-NH_2$, kurz: en) hinzu, werden sämtliche Ammin-Liganden ausgetauscht, und man erhält den tief blauviolett gefärbten Bisethylendiaminkupfer(II)-Chelatkomplex

1

Binnewies, Abschn. 12.5:
Chelatkomplexe

([Cu(en)$_2$]$^{2+}$). (Dass Chelatkomplexe stabiler sind als Komplexe mit einzähnigen Liganden, wissen Sie wieder aus der *Allgemeinen Chemie*.)

— Bei Säure/Base-Reaktionen tun uns die wenigsten Teilnehmer den Gefallen, eine charakteristische Farbe aufzuweisen, aber auch da gibt es Abhilfe: Man verwendet **Indikatoren**, die in einem für den jeweils verwendeten Indikator typischen pH-Bereich ihre Farbe wechseln.

Mehr zu diesen verschiedenen Maßanalyse-Methoden erfahren Sie im Teil II.

Für Spitzfindige

Ja, natürlich ist die Beschreibung „Cu^{2+}-Ionen (…) sind blass blau gefärbt" sprachlich ein bisschen … unsauber, schließlich sind einzelne Ionen so winzig, dass sie überhaupt keine eigene Farbe aufweisen. Wird im Rahmen der Analytik von „farbigen" oder „farblosen" Ionen gesprochen, ist damit eigentlich gemeint: „In Lösung befindliche Ionen, die mit gerade jenem Ausschnitt des elektromagnetischen Spektrums, der gemeinhin als „Licht" bezeichnet wird (mit dem Wellenlängenbereich $\lambda = 400–800$ nm), dergestalt wechselwirken, dass das menschliche Auge eine Farbe wahrnimmt (oder eben nicht)". Aber Sie werden mir sicherlich beipflichten, dass man sich dabei einfach nur den Mund fusselig redet bzw. die Finger wund tippt. Ich vertraue darauf, dass Sie verstehen, was gemeint ist.

Binnewies, Abschn. 26.5: Optik
Harris, Abschn. 17.1: Eigenschaften des Lichts

Auch bei den *spektroskopischen* Methoden bedient man sich häufig elektromagnetischer Strahlung, häufig jedoch aus Wellenlängenbereichen, die der Mensch *nicht* mit dem unbewaffneten Auge wahrzunehmen vermag (siehe etwa ▶ Binnewies, Abb. 26.20 oder ▶ Harris, Abb. 17.2): Wenn keine „biologisch-natürlichen Messinstrumente" wie das menschliche Auge genutzt werden können, dann verwendet man eben geeignete Detektoren. (Über die erfahren Sie mehr in den Teilen IV und V; zu den spektroskopischen Methoden kehren wir dann auch noch in Teil I der „Analytischen Chemie II" zurück.)

❯ Ein wichtiger Aspekt jeglicher Form der Analytik ist, dass die erhaltenen Ergebnisse unbedingt **reproduzierbar** sein müssen. Das bedeutet, dass man die betreffende Untersuchung (ob nun qualitativ oder quantitativ, zerstörungsfrei oder nicht) mehrmals durchführt und dabei idealerweise jeweils zum gleichen Ergebnis kommen sollte. (Selbstverständlich kann es im Rahmen der **Messgenauigkeit** stets zu gewissen Abweichungen kommen; dann spielt auch die Statistik eine wichtige Rolle – zu diesem Thema erfahren Sie einige Grundlagen noch in diesem Teil; einiges mehr kommt dann in Teil V der „Analytischen Chemie II"). Um auch wirklich vergleichbare Ergebnisse zu erhalten, müssen Sie die zu untersuchende Substanz auf mehrere identische Portionen verteilen (so dass idealerweise immer genau die gleiche Probenmenge und/oder genau die gleiche Konzentration vorliegen). Eine derartige Proben-Portion bezeichnet man ein **Aliquot** (fachsprachlich: *das* Aliquot, Plural die Aliquote).

Damit es im Labor und beim Vergleich verschiedener Messergebnisse nicht zu Missverständnissen (oder gar Verwechselungen) kommt, spielen unter anderem Dinge wie die Qualitätssicherung (dazu in ▶ Abschn. 3.5 ein wenig mehr) und vor allem eindeutige Ausdrucks- und Notationsweisen (dazu in ▶ Abschn. 3.1 *deutlich* mehr) eine wichtige Rolle.

❓ Fragen

1. Sie werden aufgefordert, den Bleigehalt einer Münze aus der Bronzezeit zu ermitteln. Für welche Art der Analyse und welche Vorgehensweise entscheiden Sie sich?

2. Sie sollen 100,00 mL einer Cu^{2+}-Lösung mit der Konzentration $[Cu^{2+}] = 0,10$ mol/L in zehn Portionen aliquotieren. Sagen Sie etwas über jedes dieser Aliquote aus:

   a) Welches Volumen hat es?

   b) Welche Konzentration weist es auf?

   c) Welche Stoffmenge Cu^{2+} enthält jedes dieser Aliquote?

   d) Wie viel Gramm Kupfer befinden sich in jeder dieser Teilproben?

Probennahme und Probenvorbereitung

2

Als „Probe" kann zunächst einmal *alles* betrachtet werden – ob nun die Blutprobe eines Sportlers, ein paar Milliliter einer wässrigen Lösung, in der sich vielleicht (vielleicht aber auch nicht) giftige Cyanid-Ionen befinden oder ein Felsbrocken, von dem es heißt, er enthalte kostbare seltene Erden.

Als Erstes stellt sich allerdings eine ganz andere Frage: Ist die zu untersuchende Probe **homogen** oder **heterogen**?

— Von einer *homogenen* Probe spricht man, wenn sie eine *einheitliche Zusammensetzung* aufweist. Es gibt verschiedene Möglichkeiten:
   — die **Lösung** eines Feststoffs in einem (flüssigem) Lösemittel.
   — ineinander mischbare Flüssigkeiten (etwa Wasser und Ethanol; wird von vielen gerne in der Freizeit konsumiert).
   — ein Gemisch verschiedener Gase.

> Ein Beispiel für eine homogene Probe stellt die (wässrige) Lösung eines Salzes dar. Wenn Sie davon mehrere Proben nehmen, werden Sie in jedem Aliquot die gleiche Konzentration vorfinden. (Gemeint ist hier tatsächlich exakt die gleiche Konzentration, von rein statistischen Schwankungen einmal abgesehen. Aber auf der Statistik soll jetzt nicht übermäßig herumgeritten werden: Ein paar Grundlagen erfahren sie noch in diesem Teil, ausführlicher wird das Ganze dann in Teil V der „Analytischen Chemie II" behandelt.)

— Bei *heterogenen* Proben *variiert* die Zusammensetzung. Es gibt viele verschiedene Formen heterogener Mischungen (die gelegentlich auch als **inhomogen** bezeichnet werden):
   — Ein Gemisch mehrerer nicht ineinander löslicher *Flüssigkeiten* bezeichnet man als **Emulsion** (also: flüssig/flüssig).
      Ein Beispiel aus dem Alltag ist Olivenöl in Weinessig, wie bei der Salatsaucen-Zubereitung.
   — Von einer **Suspension** spricht man, wenn unlösliche *Feststoffe* mit einem Lösemittel vermengt sind (also ein fest/flüssig-Gemisch vorliegt).
      So handelt es sich bei den meisten Wandfarben um Suspensionen, bei denen die Farbpigmente im betreffenden Lösemittel fein verteilt sind.
      – Bei einer Suspension mit dem Lösemittel *Wasser* (was *häufig* der Fall ist, aber eben nicht immer), spricht man gelegentlich auch von einer **Aufschlämmung**. (Ist zwar fachsprachlich nicht unbedingt üblich, aber Sie sollten sich nicht wundern, wenn dieser Begriff irgendwo in der Literatur auftaucht.)
   — Auch Feststoffe können eine heterogene Mischung bilden.
      Ein Beispiel stellt das Gestein Granit dar, das effektiv ein (inhomogenes) Gemisch verschiedener Mineralien ist.

❯ Wichtig
Schickt man eine *Lösung*, die diese Bezeichnung auch verdient, durch einen Filter, bleibt in diesem Filter nichts zurück. Merke:
Nicht alles, was vollständig durch den Filter geht, ist eine Lösung,* (– das klappt auch mit manchen Suspensionen –) *aber* wenn *etwas im Filter zurückbleibt, war es* keine *Lösung.
Und wo wir gerade dabei sind: *Lösungen sind immer klar.* Sie können farblos oder gefärbt sein, sogar so dunkel, dass sie undurchsichtig scheinen, aber sie *müssen* klar sein: Lösungen zeigen niemals einen *Tyndall-Effekt*. (Falls Ihnen dieser Begriff nichts (mehr) sagt: siehe ▶ Binnewies, Abb. 24.46.)

Binnewies, Abschn. 24.9: Die Elemente der Gruppe 11: Kupfer, Silber und Gold

Sollte eine *heterogene* Probe vorliegen, muss man als erstes versuchen, sie zu **homogenisieren**. Bei Feststoffen hilft möglichst feines Zermahlen oder (im Labormaßstab) feines Verreiben mit Mörser und Pistill – das ist der Fachausdruck für den dabei verwendeten Stößel. (Bei manchen Proben, etwa Tier- oder Pflanzengewebe, kann das eine etwas matschige Angelegenheit werden, da ist vorheriges Einfrieren zu empfehlen.)

Und dann geht es auch schon an die Trennung der verschiedenen vorliegenden Stoffe (lägen nicht verschiedene Stoffe vor, wäre es ja keine heterogene Mischung, oder?). Dafür sucht man sich ein geeignetes Lösemittel (wenn man keine Ahnung hat, was man nehmen soll, ist Wasser immer ein guter Anfang – aber manchmal braucht's eben auch etwas anderes). Und dann stellt sich heraus, ob die Probe vollständig im gewählten Lösemittel löslich ist oder nicht.

Falls sich die Probe im gewählten Lösemittel vollständig löst: Herzlichen Glückwunsch, jetzt haben Sie eine homogene Probe, mit der sich anständig arbeiten lassen sollte. Diese Probe enthält zweifellos den zu analysierenden Stoff, der gemeinhin als der **Analyt** bezeichnet wird.

Zusätzlich enthält diese Lösung allerdings vermutlich auch noch jede Menge Zeug, bei dem es sich *nicht* um den Analyten handelt, sondern um irgendetwas anderes – allgemein spricht man hier von **Verunreinigungen**, selbst dann, wenn die zu untersuchende Probe den gesuchten Analyten nur in minimaler Menge enthält. (Mitunter besitzt die Fachsprache der Analytik eine gewisse unfreiwillige Komik: Wenn ein echter Analytiker über das Anfangsbeispiel des im Meerwasser gelösten Goldes spricht, hat man am Schluss das Gefühl, eigentlich bestehe das ganze Meer aus purem Gold, das lediglich durch größere Mengen Wassers sowie einige Salze etc. verunreinigt ist.) Diese Verunreinigungen gilt es natürlich abzutrennen, schließlich sorgen sie nicht nur dafür, dass man mit „unnötig großen" Probenmengen arbeiten muss, sondern können gegebenenfalls sogar die eigentlichen Analyse-Prozesse stören.

Außerdem ist es ja auch gut möglich, dass sich Ihr zu analysierendes Gemisch eben *nicht* vollständig löst. Auch dann müssen Analyt und Verunreinigungen voneinander getrennt werden. Dazu kommen wir gleich.

❓ **Fragen**

3. Charakterisieren Sie die folgenden Gemische jeweils danach, ob sie heterogene oder homogene Proben darstellen:
   a) Leitungswasser
   b) Blut
   c) Weißweinessig
   d) Essig/Öl-Gemisch
   e) Gin
   f) Milch
   g) Gold-Erz
   h) eine Mischung aus 100 mL Kupfer(II)-chorid-Lösung (mit $[CuCl_2] = 0{,}23$ mol/L) und 42 mL Natriumsulfat (mit $[Na_2SO_4] = 0{,}10$ mol/L)

So lässt sich beispielsweise gewöhnliche Kuhmilch durch Zentrifugation in die (leichtere) Sahne einerseits und fettarme Milch (mit höherer Dichte) auftrennen. Das geschieht in der Lebensmittelindustrie ständig.

2.1 Trennverfahren

Früher oder später steht in der Analytik praktisch immer eine Stofftrennung an (es sei denn, Sie sind in der – äußerst seltenen – glücklichen Lage, Ihren Analyten als Reinstoff vorliegen zu haben). Falls sich nun beispielsweise das zu untersuchende Probenmaterial im gewählten Lösemittel nur *unvollständig* löst, müssen Sie weitere Fragen beantworten und zusätzliche Schritte durchführen, bis Sie sich der eigentlichen Analyse zuwenden können. Die wichtigste Frage zuerst: Wo befindet sich denn derzeit der Stoff, um den es Ihnen eigentlich geht, also der (bei qualitativer Analyse) nachzuweisende oder (bei quantitativer Analyse) zu quantifizierende **Analyt**? Ist er in Lösung gegangen, oder ist er Teil des ungelösten Feststoffgemisches?

2

- **Filtration**

Wenn Sie Glück haben, erweist sich der Analyt als in dem gewählten Lösemittel *gut löslich,* und was ungelöst zurückbleibt, enthält keine Spur mehr von ihrem Analyten (was man zumindest bei der quantitativen Analyse natürlich experimentell überprüfen muss!). Um mit Ihrem Analyten weiterzuarbeiten, brauchen Sie das Gemisch nur noch zu **filtrieren**.

— In dem **Filtrat** befindet sich dann der Analyt. Dieses Filtrat stellt eine homogene Mischung dar, und die Arbeit könnte beginnen. *Könnte,* denn das Filtrat kann, zusätzlich zum Analyten, natürlich auch noch jede Menge anderes Zeug enthalten, das sich ebenfalls als gut löslich erwiesen hat. Wenn wir Pech haben, stören diese Verunreinigungen (da sind sie wieder!) die weiteren Analyseschritte. (Was dann zu unternehmen ist, erfahren Sie in späteren Teilen, bei den jeweiligen Analysenmethoden. Hier geht es erst einmal um die Grundlagen.)

— Wenn der **Rückstand** tatsächlich keinen Analyten mehr enthält, kann er **verworfen** werden.

Labor-Tipp

Bei einer rein qualitativen Analyse ist es bekanntermaßen nicht erforderlich, die Gesamtmenge des Analyten zu erwischen, denn es geht ja nur um die Frage „Liegt der Analyt überhaupt vor oder nicht?". Hier kann man gegebenenfalls sogar auf das Filtrieren verzichten, weil für die Untersuchung ja bereits eine kleinere Menge Lösung ausreicht. Entsprechend kann man die Lösung dekantieren, also den Überstand „vorsichtig abgießen und dabei aufpassen, dass nichts vom unlöslichen Rückstand, der sich meist am Boden des verwendeten Gefäßes sammelt (und deswegen auch als Bodenkörper bezeichnet wird), über die Gusskante gleitet". Ist im Labor (und unter Zeitdruck) manchmal ganz praktisch.

- **Zentrifugation**

Während die Filtration nur die Trennung von flüssiger und fester Phase einer Suspension ermöglicht, gestattet der Einsatz einer Zentrifuge auch das Trennen der verschiedenen Komponenten einer Emulsion. Die hier wirksamen Prinzipien sind die Zentrifugalkraft (der Probenbehälter wird kontinuierlich mit hoher Geschwindigkeit im Kreis bewegt) und die Massenträgheit: Je höher die Dichte der betreffenden Substanz, desto schneller bewegt sie sich nach „außen". Letztendlich liegen, nach langsamem Abbremsen der Zentrifuge, die verschiedenen Stoffe im Probenröhrchen von oben nach unten nach zunehmender Dichte sortiert vor.

So lässt sich beispielsweise gewöhnliche Kuhmilch durch Zentrifugation in die (leichtere) Sahne einerseits und fettarme Milch (mit höherer Dichte) auftrennen. Das geschieht in der Lebensmittelindustrie ständig.

Auf diese Weise kann man natürlich auch Suspensionen auftrennen, wenn man vom Filtrieren Abstand nehmen möchte, schließlich kann das zu trennende Stoffgemisch ja durchaus luftempfindlich sein: Durch Zentrifugation wird der suspendierte Feststoff rasch zum Boden des Zentrifugenröhrchens befördert, und man kann den Überstand gefahrlos abnehmen. Und bei entsprechend angelegten Zentrifugen lässt sich sogar ein Gasgemisch trennen.

Des Prinzips der Zentrifuge bedienen Sie sich auch im Alltag – zumindest wenn Sie eine Salatschleuder verwenden.

■ Extraktionsverfahren

Manchmal kommt es auch genau andersherum: In Lösung gehen nur einige (oder mit sehr, sehr viel Glück tatsächlich alle) Verunreinigungen. Dann können Sie wiederum filtrieren, finden Ihren Analyten (und möglicherweise auch noch weitere, ebenfalls nicht-lösliche Verunreinigungen) nun aber im (Filtrations-)Rückstand. Immerhin haben Sie so schon einmal eine effektive Methode gefunden, sich zumindest einiger Verunreinigungen zu entledigen (nämlich all der Nicht-Analyten, die im Gegensatz zum Analyten im Lösemittel löslich waren).

Harris, Abschn. 22.1: Lösungsmittelextraktion

Jetzt müssen Sie nur noch ein anderes Lösemittel finden, in dem sich auch Ihr Analyt löst. Gelegentlich läuft so etwas auf ein echtes *Trial-and-Error*-Spielchen hinaus, das auf systematischem(!) Ausprobieren basiert. (Je nach Art des Analyten lässt sich der weiterführenden Literatur auch die eine oder andere „Probier-doch-erst-einmal-das,-und-dann-dieses-und-dann-jenes-Lösemittel"-Liste entnehmen.) Dabei ist der Begriff „Lösemittel" sehr viel weiter zu fassen, als man vielleicht annehmen sollte: Neben den üblichen Verdächtigen (Wasser, Ethanol, diverse andere organische Lösemittel wie Diethylether, dem einen oder anderen Kohlenwasserstoff oder auch Kohlenwasserstoffgemischen wie Petrolether) kann auch die Veränderung des pH-Wertes zielführend sein: Manche Substanzen lösen sich nur im Sauren oder nur im Basischen.

Beispiel

Aluminium(III)-hydroxid ($Al(OH)_3$) ist in Wasser praktisch unlöslich, während es sich sowohl im sauren als auch im basischen Medium praktisch sofort löst:

— Im Sauren entstehen freie Al^{3+}-Ionen:

$$Al(OH)_3 + 3\,H^+ \rightarrow Al^{3+} + 3\,H_2O$$

— Im Basischen entsteht das komplexe Tetrahydroxidoaluminat(III)-Anion:

$$Al(OH)_3 + OH^- \rightarrow \left[Al(OH)_4\right]^-$$

Aber die Amphoterie des Al^{3+} kennen Sie natürlich aus den *Grundlagen der Anorganischen Chemie*.

Hin und wieder muss man auch mit einem kreativ/konstruktiv zusammengestellten Gemisch arbeiten – auch eher ungewöhnliche Mixturen wie 70 Volumenteile Wasser, 25 Teile Methanol, 5 Teile 10%ige Ammoniaklösung können des Rätsels Lösung darstellen. Auf so ein Ergebnis kommt man gemeinhin nur durch Ausprobieren. Viel Ausprobieren. Manchmal, bis es keinen Spaß mehr macht. Ich rede aus Erfahrung.

Und natürlich gibt auch noch deutlich „exotischere" Lösemittel, etwa überkritisches Kohlendioxid (CO_2). Die sind natürlich sehr nützlich, vor allem für spezielle Anforderungen geeignet … und gehen weit über die Grundlagen hinaus, die in diesem ersten Teil angesprochen werden sollen.

Bei allen bislang erwähnten Techniken ging es darum, den Analyten von einer Phase in eine andere zu überführen (in den bisherigen Beispielen: aus einer festen Phase in eine flüssige Phase zu bringen), ihn also zu *extrahieren*. Man bezeichnet dieses Verfahren als **Lösungsmittelextraktion**, häufig auch einfach nur **Extraktion** genannt.

2

> **Wichtig**
> **Das Prinzip der Extraktion ist natürlich eine alte (Labor-)Weisheit, die Sie unter anderem aus der *Allgemeinen Chemie* kennen (sollten): *Gleiches löst sich in Gleichem.***
> — **Polare Substanzen (wie etwa Ionen) lösen sich in polaren Lösemitteln (wie Wasser oder Ethanol) deutlich besser als in unpolaren Lösemitteln: Wer jemals versucht hat, bei der Zubereitung einer Salatsauce ganz normales Kochsalz in Olivenöl zu lösen, weiß, was Frustration ist.**
> — **Umgekehrt lösen sich unpolare Substanzen leichter in unpolaren Lösemitteln wie etwa Diethylether, Tetrahydrofuran oder Petrolether als in Wasser.**
>
> **Dieses Prinzip macht man sich auch bei der im Labor regelmäßig verwendeten Nutzung des Scheidetrichter zu Nutze: Dabei werden zwei unterschiedliche, nicht miteinander mischbare Lösemittel in dieses Glasgefäß gefüllt; die betreffenden Lösemittel unterscheiden sich zweifellos in ihrer Polarität (sonst wären sie wohl kaum *nicht* miteinander mischbar!). Wird nun ein Stoffgemisch hinzugegeben, werden sich die polareren Substanzen entsprechend im polareren Lösemittel lösen, während die unpolareren Gemischbestandteile im unpolareren Lösemittel landen.**

Beispiel

Dass auch auf diese Weise Stofftrennung erzielt werden kann, nutzt man nicht nur im Labor für Analytische Chemie, sondern auch in der gehobenen Küche: Füllt man etwa in einen Scheidetrichter Olivenöl und Wasser, gibt dann einen Zweig Rosmarin dazu und schüttelt, dass es eine wahre Freude ist, beobachtet man anschließend, dass sich zunächst einmal wässrige Phase und Ölphase wieder trennen – der Polaritätsunterschied ist einfach zu groß. (Wegen der geringeren Dichte sammelt sich das Olivenöl nach Abschluss der Phasentrennung natürlich oben.) Lässt man anschließend zunächst das Wasser ab und probiert es (wir sind hier in der Küche, da darf man das – im Chemie-Labor finden Geschmacksproben gefälligst *niemals* statt!), und wiederholt dann das Geschmacks-Experiment mit der Ölphase, stellt man fest, dass die unterschiedlichen Löseeigenschaften gänzlich unterschiedliche Aromastoffe aus dem Rosmarinzweig herausgelöst haben – und die kann man dann natürlich auch getrennt voneinander in der Küche einsetzen. Derlei chemische Feinheiten gehören zu den „geheimen Arbeitstechniken" so manchen Sternekochs.

Aber des Prinzips „Gleiches löst sich in Gleichem" bedienen auch Sie sich im Alltag: beim Wäschewaschen ebenso wie beim Abwaschen von Geschirr. Mit dem polaren Lösemittel Wasser alleine ließe sich lediglich polarer oder leicht polarisierbarer „Schmutz" entfernen, also beim Abwaschen von Tellern beispielsweise Reste von Kochsalz oder Zucker; Fette (Butter, Öl etc.) und andere unpolare Substanzen hingegen ließen sich mit Wasser alleine kaum entfernen. Genau deswegen verwendet man ja auch Wasch- oder Geschirrspülmittel: amphiphile Verbindungen (Detergenzien, Seife) mit einem polaren und einem unpolaren Molekülteil. Mit ihrem unpolaren Molekülteil wechselwirken sie mit unpolaren Substanzen, und der hydrophile Molekülteil sorgt dafür, dass solche Detergenzien auch in Wasser (o. ä.) löslich sind – und auf diese Weise auch die damit gerade wechselwirkenden unpolaren Substanzen: Diese werden durch die Anlagerung an die Detergenz-Moleküle in das (polare!) Lösemittel praktisch „hineingerissen".

> ⚠ **Achtung**
>
> Bitte beachten Sie: Die Aussage „nicht im Lösemittel X löslich" ist etwa so absolut wie die Aussage „dieses Salz ist schwerlöslich". Das heißt zunächst einmal nur, dass der pK_L-Wert der betreffenden Substanz sehr klein ist. Entsprechenden Tabellenwerken (siehe etwa ▶ Binnewies, ◱ Tab. 9.1) kann man entnehmen, dass manche Substanzen wirklich nur sehr schlecht in Wasser löslich sind. Aber „schwerlöslich" bedeutet nun einmal nicht „unlöslich": Wenn Sie ein schwerlösliches Salz mit Wasser vermengen und dann filtrieren, werden Sie im Filtrat zumindest geringe Menge der Ionen des betreffenden Salzes nachweisen können.
>
> Gleiches gilt auch für Flüssigkeiten: Auch wenn beispielsweise Wasser (H_2O) und Diethylether (C_2H_5-O-C_2H_5) als „unmischbar" angesehen werden (was man sich bei Verwendung des Scheidetrichters im Labor auch immer wieder zu Nutze macht), lässt sich doch, wenn sich die beiden Phasen wieder voneinander getrennt haben, durchaus eine gewisse Menge Wasser auch in der Ether-Phase nachweisen und umgekehrt: In einem Liter Wasser lösen sich bei Raumtemperatur knapp 70 g (also etwa 1 mol) Diethylether, während sich in einem Liter Diethylether immerhin noch etwa 20 g Wasser lösen. Sie sehen: „Unlöslich" und „unmischbar" sind relativ.

Binnewies, Abschn. 9.2: Quantitative Beschreibung des chemischen Gleichgewichts

Entsprechend ist diese Relativität auch bei der Beantwortung der Frage zu berücksichtigen, in welcher der beiden Phasen sich die eine oder andere Substanz (und damit eben auch unser Analyt) denn nun lösen wird: Auch von einer wenig polaren Substanz, die sich entsprechend vornehmlich im weniger polaren Lösemittel löst, wird zumindest ein messbarer Teil auch in der polareren Phase vorliegen. Quantitativ beschrieben wird dieses Phänomen durch den **Nernstschen Verteilungssatz**. Dieser besagt, dass sich beim **Ausschütteln** einer Substanz mit zwei nicht miteinander mischbaren Lösemitteln ein (dynamisches) Gleichgewicht einstellt, bei dem das Verhältnis der Konzentrationen, in denen die betreffende Substanz im einen und im anderen Lösemittel vorliegt, konstant ist:

$$K = \frac{c_{(\text{in Lösemittel 1})}}{c_{(\text{in Lösemittel 2})}} \qquad (2.1)$$

Der betreffende K-Wert, der als **Verteilungskoeffizient** bezeichnet wird, ist dabei immer nur davon abhängig, *welche* Lösemittel verwendet werden (dafür muss man gemeinhin Tabellenwerke zu Rate ziehen), nicht aber, *wie viel* von dem jeweiligen Lösemittel verwendet wurde. Liegt der zu extrahierende Stoff zunächst in dem *einen* Lösemittel vor, man möchte ihn aber in das *andere* Lösemittel überführen, ergibt sich aus ▶ Gl. 2.1, dass es effizienter ist, mehrmals mit kleineren Portionen des gewünschten Lösemittels zu extrahieren, als einmal mit einer großen Portion, denn besagtes Gleichgewicht stellt sich natürlich jedes Mal aufs Neue ein. (Wenn Sie das Ganze mathematisch nachvollziehen wollen: Die zugehörigen Rechenschritte finden Sie in ▶ Kap. 11 des ▶ Binnewies und ▶ Kap. 22 des ▶ Harris.)

Binnewies, Abschn. 8.11: Moderne Trennverfahren, Chromatographie
Harris, Abschn. 22.1: Was ist Massenspektrometrie?

- **Chromatographische Verfahren**

In vielerlei Hinsicht entspricht die **Chromatographie** der Extraktion: Auch hier geht es vornehmlich um die intermolekularen Wechselwirkungen, allerdings mit einem (rein dem Versuchsaufbau geschuldeten) Unterschied: Anders als bei der Extraktion ist bei der Chromatographie eine der verwendeten Phasen unbeweglich, während die zweite Phase die erste mehr oder minder langsam passiert, also an ihr vorbei- oder durch sie hindurchströmt. Entsprechend unterscheidet man die **stationäre Phase** (die sich nicht bewegt bzw. die festgehalten wird) und die **mobile Phase** (die sich bewegt). Entscheidend ist dann,

2

Harris, Abschn. 22.2: Was ist
Chromatographie?

wie stark (oder schwach) der in der mobilen Phase gelöste Analyt mit der stationären Phase in Wechselwirkung tritt.
- Als mobile Phase können dienen:
    - eine Flüssigkeit (dann sind wir bei der **Flüssigchromatographie**, nach der englischen Bezeichnung *liquid chromatography* meist mit **LC** abgekürzt) oder
    - ein Gas (**Gaschromatographie**, **GC**)
- Als stationäre Phase wird ein Feststoff verwendet. Dieser besitzt meist eine relativ große Oberfläche, damit der in der mobilen Phase gelöste Analyt damit auch gut wechselwirken kann.

Binnewies, Abschn. 8.11: Moderne
Trennverfahren, Chromatographie

Eine sehr schöne schematische Darstellung des Prinzips der Chromatographie bietet Ihnen Abb. 8.34 aus dem ▶ Binnewies.

▪▪ Und wie funktioniert so etwas?

Schauen wir uns den prinzipiellen Aufbau eines Chromatographen an: Der Feststoff, der als stationäre Phase dient, befindet sich meist in einem (relativ schmalen) Rohr (von unterschiedlicher Länge), das von der stationäre Phase mit (annähernd) konstanter Geschwindigkeit durchströmt wird. Dieses Rohr wird gemeinhin als (Chromatographie- oder Trenn-)**Säule** bezeichnet.
- Vor dem vorderen Ende der Säule befindet sich der Probeneinlass, über den das zu analysierende Gemisch in die stationäre Phase eingebracht wird.
- Am hinteren Ende der Säule befindet sich ein Detektor, der „meldet", wenn der Analyt das gesamte Rohr durchquert hat und die Säule „verlässt".

Binnewies, Abschn. 8.11: Moderne
Trennverfahren, Chromatographie

Abb. 8.38 im ▶ Binnewies zeigt schematisch die Funktionsweise eines Gaschromatographen; wie bereits oben erwähnt, basiert die Flüssigchromatographie auf dem gleichen Prinzip, nur dass als mobile Phase eben eine Flüssigkeit dient.

Diese Wechselwirkung darf man sich anschaulich so vorstellen, dass die einzelnen Moleküle/Ionen des Analyten eine gewisse Zeit lang an die Oberfläche des (stationären) Säulenmaterials adsorbiert werden, um dann, nachdem kontinuierlich weiteres Lösemittel (= mobile Phase) nachgeströmt ist, letztendlich doch das Ende des Rohres zu erreichen – und in diesem Moment meldet der Detektor, wie lange der Analyt für die Reise durch die stationäre Phase gebraucht hat.

> **Fachsprache-Tipp**
> Bitte beachten Sie: Hier geht es um das Phänomen der **A_d_sorption** des Analyten *an die Oberfläche* des Säulenmaterials. Verwechseln Sie das nicht mit der A_b_sorption, also dem Phänomen, bei dem ein Stoff *in das Innere* eines Feststoffes eindringt.

Nun zeigt sich die Ähnlichkeit zur Extraktion: Auch hier wirkt das Prinzip „Gleiches löst sich in Gleichem", nur geringfügig uminterpretiert zu „Gleiches *wechselwirkt* stärker mit Gleichem", denn bei dieser Form der Chromatographie ist es wichtig, dass sich mobile und stationäre Phase in ihrer **Polarität** unterscheiden:

Man kombiniert ein unpolares Lösemittel (mobile Phase) mit einer mäßig bis stark polaren stationären Phase (gelegentlich auch umgekehrt).

Dieses Prinzip gestattet dann eben auch die Trennung unterschiedlicher Substanzen. Das gilt ebenso für ein Gemisch, bei dem es den gewünschten Analyten von allen nur erdenklichen Verunreinigungen abzutrennen gilt, wie für eine Mischung diverser Analyten, die *allesamt* für den Analytiker von Interesse sind.

> **Beispiel**
> Nehmen wir der Einfachheit halber als Beispiel ein Gemisch zweier Analyten, die sich in ihrer Polarität unterscheiden. Anhand der unterschiedlich ausgeprägten Wechselwirkungen der einzelnen Substanzen mit der stationären Phase sollte verständlich sein, dass bei einer polaren Säule (= stationäre Phase) der polarere Analyt längere Zeit „auf der Säule" verbringen wird als sein unpolares Gegenstück (und umgekehrt). Mit anderen Worten: Bei polareren Analyten braucht es mehr Lösemittel (mobile Phase), um ihn „von der Säule zu spülen" als bei weniger polaren Substanzen; entsprechend kommt der weniger polare Analyt früher beim Detektor an als der polarere.
> Kehren wir noch einmal zum Abwaschen von Tellern zurück: Auch *ohne* Spülmittel (= Detergenzien) können Sie einen mit Butter beschmierten Teller wieder säubern – Sie brauchen dafür nur *deutlich* mehr Wasser. Genau das ist die Parallele zur (Säulen-)Chromatographie: Wurde ein unpolarer Analyt (in dieser Analogie: Butter) an die unpolare stationäre Phase adsorbiert (hier: der Teller), dann bedarf es deutlich größerer Mengen polaren Lösemittels (Wasser), um den Analyten abzulösen – also erreicht er den Detektor am Ende der Säule erst vergleichsweise spät.

Natürlich bieten diese wenigen Stichworte nur einen ersten Einblick in die große, bunte Welt der chromatographischen Trennmethoden; deutlich mehr zu diesem Thema werden Sie Teil III entnehmen können. Dort kommen wir dann auch zu den Eigenschaften, die für einen Detektor unerlässlich sind (bzw. die ein Analyt besitzen muss, um von der einen oder anderen Art Detektor auch entdeckt zu werden) und dergleichen mehr.

▪ Derivatisierung

Bei manchen Formen der Analytik (die bisher erwähnten Methoden sind ja nur die Spitze des Eisbergs!) kann es notwendig werden, den betreffenden Analyten chemisch zu modifizieren, also zu **derivatisieren**. Exemplarisch nur zwei häufig auftretende Fälle:

– Viele Analyten lassen sich in ihrem „natürlichen Zustand" nicht durch die gängigen Detektoren aufspüren. Oft lässt sich dieser missliche Umstand beseitigen, indem man den Analyten synthetisch mit einer aktiven Gruppe der einen oder anderen Art ausstattet, auf die der Detektor dann anspringt.

Sorgt man etwa dafür, dass ein ansonsten „unauffälliger" Analyt Bestandteil eines Komplexes wird, ändert das natürlich dessen gesamte Art und Weise, mit den verschiedensten elektromagnetischen Wellenlängen zu interagieren. Ein typisches Beispiel dafür wird Ihnen in Teil IV dieser Reihe beim Thema *Fluoreszenzdetektoren* wiederbegegnen.

– In anderen Fällen ergibt sich das Problem nicht bei der Detektion *nach* der Abtrennung von etwaigen Verunreinigungen, sondern dadurch, dass der Analyt selbst mit dem zur Stofftrennung verwendeten Material zu stark wechselwirkt – was sich aber durch behutsame chemische Modifikation (eben die Derivatisierung) verhindern lässt.

Soll beispielsweise eine freie Carbonsäure (ein beliebiges Molekül mit der allgemeinen Summenformel R-COOH, wie Sie es in der *Organischen Chemie* entweder schon kennengelernt haben oder gewiss bald kennenlernen werden) chromatographisch von allen Verunreinigungen abgetrennt werden, sorgt die starke positive Polarisation des aciden H-Atoms dafür, dass der Analyt mit einer polaren stationären Phase (siehe ▶ Abschn. 2.1) nahezu unbegrenzt

2

stark interagieren wird – den wieder von der Säule zu bekommen, könnte ein ernstzunehmendes Problem darstellen. (Natürlich können Sie die ganze Säule mit einem noch polareren Lösemittel spülen, bis sie wieder sauber ist, aber ob die Säule das so gut findet? Eigentlich werden derlei Chromatographie-Säulen nach (gründlicher) Reinigung viele Male wiederverwendet, sonst würde das ein entschieden zu teurer Spaß …)

Verestert man hingegen die freie Säurefunktion, erhält man ein deutlich weniger polares *Derivat* der Carbonsäure. Dieser Ester wird mit der stationären Phase sicherlich noch in gewissem Maße wechselwirken (schließlich finden sich dank der Elektronegativitätsdifferenzen zwischen C, O und H noch weitere ernstzunehmende Polarisationen im Molekül), aber er wird nicht mehr für alle Zeiten daran haften bleiben.

Nun haben Sie schon eine ganze Reihe Mittel und Wege kennengelernt, den gewünschten Analyten von möglichst vielen (oder gar allen) Verunreinigungen abzutrennen – nur um eine Verunreinigung, die sogar meist in beachtlicher Menge vorliegt, haben wir uns bislang noch nicht so recht gekümmert: das Lösemittel. Einen in einem Lösemittel gelösten Analyten kann man schwerlich auswiegen, um etwa dessen Masse zu bestimmen, und vielleicht schweben Ihnen für die weitere Untersuchung Ihres Analyten auch (instrumentelle) Verfahren vor, bei denen Sie den Reinstoff und nichts als den Reinstoff benötigen. Dann muss das Lösemittel natürlich im Vorfeld entfernt werden.

2.2 Probentrocknung

Prinzipiell kann als Lösemittel ja (bekanntermaßen) so ziemlich alles dienen, was unter den gewählten Extraktions- oder Isolierungsbedingungen eine Flüssigkeit darstellt, aber von besonderer Bedeutung ist das zweifellos gebräuchlichste Lösemittel (im Labor wie im Alltag): Wasser. Hat man beispielsweise den gewünschten Analyten zunächst in Lösung gebracht, ihn dann mithilfe eines geeigneten Fällungsreagenzes als Niederschlag aus der Lösung herausgeholt und durch Filtration vom Lösemittel weitgehend befreit, hängen natürlich immer noch beachtliche Mengen Wasser daran. Die Standard-Methode des Trocknens besteht nun darin, den Analyt-Niederschlag zunächst einmal so lange bei 110 °C im Trockenschrank aufzubewahren, bis mehrmaliges Nachwiegen stets zum gleichen Ergebnis führt, also **Massenkonstanz** erreicht ist. (Das ist besonders wichtig bei der Gravimetrie, mit der wir uns im Teil II etwas ausführlicher beschäftigen werden.) Manche Analyten, vor allem Substanzen, die der „Organischen Chemie" zugeordnet werden, vertragen aber derartige Temperaturen nicht sonderlich (oder auch: gar nicht). Dann müssen andere Mittel und Wege zum Entfernen des überschüssigen bzw. ungewünschten Wassers gefunden werden. Hilfreich ist die Verwendung eines Exsikkators (ja, der schreibt sich wirklich mit zwei k hintereinander!), in dem die zu trocknende Substanz in der Nähe eines wasserziehenden Mittels aufbewahrt wird. Neben den in Tab. 2.6 des ▶ Harris angegebenen Trockenmitteln sei noch die konzentrierte Schwefelsäure erwähnt, die dank ihres stark **hygroskopischen** Verhaltens ebenfalls sehr gut zum Trocknen nicht übermäßig säureempfindlicher Substanzen geeignet ist.

Harris, Abschn. 2.8: Trocknung

❓ Fragen

4. In einem Becherglas liegt eine Aufschlämmung von Sand und Kochsalzlösung ($NaCl_{(aq)}$ mit $[NaCl] = 1{,}42$ mol/L) vor. Woraus wird nach dem Filtrieren das Filtrat bestehen, woraus der Rückstand?

5. Ihnen liegt ein Gemisch aus Sand und Haushaltszucker vor, das zusätzlich mit einer kleinen Menge Margarine verrieben wurde. Für sie von Belang sind die Analyten Haushaltszucker und Margarine. Ihnen stehen die

Lösemittel Wasser (H_2O), Diethylether (H_3C-CH_2-O-CH_2-CH_3), Ethanol (C_2H_5OH) und Hexan (H_3C-$(CH_2)_4$-CH_3) zur Verfügung.

a) Welches Lösemittel wählen Sie, um den Zucker zu extrahieren?

b) Welches Lösemittel wählen Sie für die Extraktion der Margarine?

   In beiden Fällen ist die Antwort zu begründen.

6. Ein Gemisch aus Margarine und Zucker soll über eine polare Chromatographiesäule getrennt werden; als mobile Phase dient Diethylether (C_2H_5-O-C_2H_5). Auch wenn die Chromatographie eigentlich erst in Teil III behandelt wird: Welche der beiden Substanzen wird eher von der Säule gespült sein? Eine Antwort ohne Begründung gilt wieder nicht. (Da könnten Sie ja einfach raten! Wo kämen wir da hin?)

Qualitätssicherung und Kalibrierung

3

Alleine schon der Reproduzierbarkeit ihrer Ergebnisse wegen sollten Sie immer (möglichst genau) wissen, mit welcher Probenmenge Sie gerade arbeiten. Angeben sollten Sie diese als *Masse* (also in Gramm und Co.), als *Volumen* (Liter) oder auch als *Stoffmenge* (Mol). Natürlich können Sie theoretisch auch andere Maßangaben verwenden, aber die drei sind eindeutig am gebräuchlichsten.

Wichtig ist auf jeden Fall, dass Sie sich der Grundgrößen und Einheiten bedienen, die zum internationalen Einheitensystem gehören, dem SI *(Système International d'unités)*. Dabei gibt es die sieben physikalische Grundgrößen, die Sie bereits aus den Grundlagen der *Physik* kennen werden und von denen sich alle weiteren Einheiten ableiten: Masse (in Kilogramm), Länge (in Meter), Zeit (in Sekunden), Temperatur (in Kelvin), Stoffmenge (in Mol) sowie Strom- und Lichtstärke (mit denen wir uns hier aber nicht weiter befassen werden).

> **Wichtig**
> Zugegebenermaßen hat sich die **Kelvin-Skala** für Temperaturangaben im „Alltagslabor" noch nicht so ganz durchgesetzt – die meisten Analytiker denken immer noch in der aus dem Alltagsleben deutlich vertrauteren Celsius-Skala. Glücklicherweise ist der Abstand zwischen zwei Temperaturschritten in der Kelvin- und der Celsius-Skala identisch, deswegen lässt sich leicht umrechnen:
>
> $$\text{Temperatur in [Kelvin]} = \text{Temperatur in } [°C] + 273{,}15 \qquad (3.1)$$
>
> Seien Sie froh, dass man sich in den Naturwissenschaften weltweit auf die Kelvin-Skala geeinigt hat. Das erspart Ihnen das lästige Umrechnen von °C in °F (Fahrenheit) – bei diesen beiden Skalen sind die Temperaturschritte nämlich *nicht* identisch. Den dafür erforderlichen Umrechnungsfaktor (mal 9/5 + 32) braucht man eigentlich nur noch, wenn man einen US-amerikanischen Wetterbericht nachvollziehen möchte.

Sobald man es mit relativ großen oder relativ kleinen Größen zu tun hat, helfen die (SI-konformen) Präfixe für Zehnerpotenzen, die Sie ebenfalls schon aus den Grundlagen der *Physik* kennen werden. Üblich sind diese Präfixe vor allem bei Massen-, Längen- oder Stoffmengenangaben. Eine Temperaturangabe von 1,2 kK (also 1200 K oder 1473,15 °C) liest man eher selten. Und bitte beachten Sie, dass es beim Präfix T wirklich „Tera-" heißt, nicht etwa „Terra-" (auch wenn es praktisch jeder so ausspricht …).

Natürlich gestatten diese Vorsilben auch die „Umwandlung" von Einheiten der gleichen Größe ineinander. So können Sie wahlweise 1 kg Brot kaufen oder 1000 g Brot (oder auch 10^{-3} Tonnen Brot) und erhalten exakt die gleiche Menge. (Wobei wir in ▶ Abschn. 3.6 sehen werden, dass aus dem Blickwinkel der Analytik die Aussage „1 kg" doch nicht ganz genau (!) das Gleiche ist wie „1000 g" – mehr dazu später.)

In ◨ Tab. 3.1 sind zusätzlich zwei Zehnerpotenzen angeführt, die zwar nicht SI-konform sind, aber dennoch so gebräuchlich, dass man sie einfach kennen muss:

Die Vorsilbe Zenti- kennen Sie gewiss vom Zentimeter, und das Dezi- dürfte Ihnen vor allem bei Volumenmessungen begegnet sein: In alten Kochbüchern finden sich bei den Zutatenangaben gerne mal „zwei Deziliter Milch",

◨ **Tab. 3.1** Nicht-SI-konforme Präfixe und Einheiten

Potenz	Symbol	Präfix	Einheit
10^{-1}	d	Dezi-	
10^{-2}	c	Zenti-	
10^{-10}	Å		Ångström; eigenständige Einheit (10^{-10} m)

und Freunde höherprozentiger Alkoholika werden wissen, dass etwa Whisk(e)y bevorzugt in 2-cL-Portionen ausgeschenkt wird (auch wenn dort das Liter-L meist kleingeschrieben ist).

Es gibt noch eine weitere nicht SI-konforme Zehnerpotenz, die sich in gewissen Kreisen äußerster Beliebtheit erfreut: Aussagen auf der Basis von 10^{-10} sind allerdings ausschließlich bei Längenangaben üblich. Das **Ångström** ist eine eigene (nicht SI-konforme und damit nicht „offizielle") *Einheit*, eben 10^{-10} m; das zugehörige Einheiten-Symbol ist das **Å**. Diese Einheit weicht von den SI-Regeln („bei Potenzen bitte immer ein Vielfaches von 3 verwenden") ab, und trotzdem werden Sie dieser Einheit gelegentlich begegnen – vor allem, wenn Sie mit Kristallographen oder Physikern zu tun haben, denn das Ångström hat einen beachtlichen Vorzug: 10^{-10} m liegt genau in der Größenordnung von Atomradien und Bindungslängen. Die typische C-C-Einfachbindung mit ihren 154 pm Länge etwa kann man entsprechend auch mit 1,54 Å beschreiben. Im SI-Sinne ist das zwar nicht, aber es wird nach wie vor stillschweigend geduldet.

> **Ein kurzer Einschub**
> Dank der Verwendung der Einheit Ångström hatten wir es gerade mit der ersten Zahl in diesem Teil zu tun, in dem ein Dezimaltrennzeichen aufgetaucht ist (154 pm ≙ 1,54 Å), und dieses Dezimaltrennzeichen kann ganz schön Ärger machen:
> - Im englischen Sprachgebrauch verwendet man hier den *Punkt* (.), also würde obige Zahl 1.54 geschrieben. Dieser Vorgehensweise bedient man sich mittlerweile auch in vielen deutschsprachigen (vor allem naturwissenschaftlichen) Veröffentlichungen, und auch der ► Harris hat sich für die Schreibweise mit Punkt entschieden.
> - In Deutschland ist jedoch gemäß DIN-Norm 1333 das *Komma* (,) als Dezimaltrennzeichen festgeschrieben; in Österreich sorgt ONORM A 1080 für das gleiche Ergebnis. (In der Schweiz wiederum ist wieder der Punkt üblich; das Kriterium „deutschsprachig" ist hier also auch nicht der Weisheit letzter Schluss.)
>
> Nicht zuletzt, weil Normen gerade in der Analytik von immenser Bedeutung sind (wie Sie schon gleich, in ► Abschn. 3.1, bemerken werden), hat sich der Springer-Verlag dafür entschieden, in diesem Buch durchgängig (und damit *entgegen* den Gepflogenheiten des Harris!) das **Komma** zu verwenden. Also bitte nicht wundern.

Harris, Vorwort zur deutschen Ausgabe

■ **Die wissenschaftliche Notation**
Bekanntermaßen lässt sich jede (rationale) Zahl auch als Vielfaches einer Zehnerpotenz schreiben. Gerade bei sehr großen oder sehr kleinen Zahlen führt dieses Vorgehen sicherlich zu deutlich handlicheren Ergebnissen.

> **Beispiel**
> Will man beispielsweise das Mol an sich beschreiben, erkennt man die Größenordnung dieser Teilchenzahl sicherlich leichter, wenn man $6{,}022 \times 10^{23}$ schreibt, als bei einem Ziffernungetüm wie 602 200 000 000 000 000 000 000 (das ohne Ordnung-spendende Leerzeichen natürlich noch viel unübersichtlicher wäre).
> Der oben erwähnte typische C-C-Bindungsabstand beim Vorliegen einer Einfachbindung wiederum liegt bei 154×10^{-12} m (also 154 pm) oder $1{,}54 \times 10^{-10}$ m (also 1,54 Å) oder $0{,}154 \times 10^{-9}$ m (also 0,154 nm) etc.

3

Natürlich ist man keineswegs gezwungen, seine Zehnerpotenzen immer so zu wählen, dass sie zu den SI-konformen Präfixen gehören. Das empfiehlt sich immer nur dann, wenn Sie

— mit Einheiten arbeiten und
— die entsprechenden Präfixe auch verwenden wollen.

Ansonsten können Sie Zahlen über jede nur erdenkliche Zehnerpotenz beschreiben: 1,0 ist das Gleiche wie $0,10 \times 10^1$ oder $0,00010 \times 10^4$. (Aber aufpassen: 1000×10^{-3} bedeutet *streng genommen* etwas anderes. Den Unterschied erfahren Sie in ▶ Abschn. 3.6.) Derartige Zahlenangaben sind dann mit einer (Grund-)Größe und einer Einheit zu verknüpfen, wobei sich in der Analytik die Masse ganz besonderer Beliebtheit erfreut.

Das Praktische an der Masse ist, dass diese (anders als etwa das Volumen) *temperaturunabhängig* ist. Das gilt zwar genauso für das Mol (das ist ja bekanntermaßen nur eine „Stückzahl"), aber erstens sind die entsprechenden Zahlen manchmal ein bisschen unhandlich (1 kg Wasser entspricht bei 20 °C ziemlich genau 55,555 … mol), und zweitens laufen die meisten Nicht-Chemiker schreiend davon, sobald sie das Wort „Mol" hören. Warum auch immer.

Besonders hilfreich ist es also, wenn sich die Probe abwiegen/**auswiegen** lässt. (Das ist sogar das Grundprinzip einer ganzen Analysentechnik: Der *Gravimetrie* werden wir uns im Teil II zuwenden.)

Manchmal jedoch (eigentlich sogar: fast immer) hat man es nicht mit einem (auswiegbaren) Reinstoff zu tun, sondern mit einem (idealerweise homogenen) Stoffgemisch, dessen Zusammensetzung man möglichst genau beschreiben können sollte. Dabei geht es entsprechend um Fragen wie:

— Wie viel von dem relevanten Stoff enthält das Gemisch? *oder wahlweise:*
— Wie viel Analyt ist mit wie viel Verunreinigungen vermischt?

Derlei Aussagen sollten natürlich eindeutig und unmissverständlich sein, also muss man sich mit seinen Kollegen (oder noch besser: mit allen Wissenschaftlerinnen und Wissenschaftlern weltweit) auf eine Norm der Darstellungsweise einigen.

3.1 Alles muss seine Ordnung haben: die Norm

Bevor man aber eine derartige Aussage treffen kann, muss man sich auf allgemeingültige Normbedingungen zum Beschreiben der betreffenden Versuchsbedingungen einigen, schließlich hängt das Volumen eines Gases von Druck und Temperatur ab (das Gesetz von Boyle-Mariotte ist Ihnen gewiss sowohl in der *Allgemeinen Chemie* als auch in der *Physik* schon begegnet), und dass auch bei Flüssigkeiten die herrschende Temperatur einen Einfluss auf das Volumen besitzt, wurde gerade eben erwähnt. Aus diesem Grund ist es unerlässlich, bei allen Experimenten zumindest im Blick zu behalten, unter welchen Bedingungen (Druck, Temperatur) sie durchgeführt wurden.

siehe etwa Binnewies, Abschn. 8.1: Ideale und reale Gase

■ **Norm- und Standardbedingungen**

Dummerweise gibt es nicht den einen gültigen Standard, sondern (mindestens) zwei, die gleichberechtigt nebeneinander existieren.

Für die Chemie hat die **IUPAC** folgende **Standardbedingungen** festgelegt:

— Temperatur: 0 °C (= 273,15 K)
— Druck: 1000 hPa (= 1 bar = 0,986 atm)

Andererseits werden viele Experimente in der Chemie auf den Temperaturstandard „Raumtemperatur" bezogen, also auf 20 °C (= 293,15 K), und wenn Sie einen Ingenieur fragen, stehen die Chancen gut, dass man Ihnen sagt, die Raumtemperatur sei ja nun eindeutig auf 25 °C (also 298,15 K) festgelegt.

Außerdem gibt es (wie sollte es in Deutschland auch anders sein?) eine offizielle DIN-Norm – die den Empfehlungen der IUPAC jedoch leider *nicht* entspricht. Gemäß DIN 1343 gelten folgende **Normbedingungen:**

- Temperatur: 0 °C (= 273,15 K)
- Druck: 1013 hPa (= 1,013 bar = 1,0 atm)

Der Streit, was nun besser ist, kann beginnen.

Für Sie heißt das: Sie müssen sich *jedes Mal aufs Neue* informieren, welcher der Standards nun gerade verwendet wurde – und in Ihrer eigenen Dokumentation (mehr dazu in ▸ Abschn. 3.5) gilt es das natürlich auch unmissverständlich anzugeben.

Selbstverständlich gibt es auch eine (deutschlandweit für alle Analytiker gültige) Norm, wie die oben verlangten *Gehaltsangaben* zu tätigen sind – und die wird dieses Mal sogar erfreulicherweise *nicht* durch eine Zweitmeinung unterlaufen:

▪ Gehaltsangaben nach DIN 1310

Prinzipiell sind drei verschiedene Arten der Gehaltsangabe zu unterscheiden:

- Konzentrationsangaben
- Anteilangaben
- Verhältnisangaben

Für sämtliche dieser Angaben gibt es ein offizielles **Formelzeichen,** eine eindeutige Einheit und eine ebenfalls eindeutige **Bestimmungsgleichung;** diese sind jeweils den betreffenden Tabellen zu entnehmen. Im Analytik-Labor sind vornehmlich die Konzentrationsangaben von Bedeutung, wie Sie schon im Teil II feststellen werden.

Binnewies, Abb. 1.3, Abschn. 1.1: Reaktionsgleichungen und Reaktionsschemata

▪▪ Konzentrationsangaben

Hier geht es um die Frage, wie viel von der zu analysierenden Substanz (also dem Analyten, in der DIN 1310 allgemein mit dem Index i abgekürzt) in einer genau definierten Menge des verwendeten Lösemittels zu finden ist. Bei Konzentrationsangaben wird dabei die Menge des Lösemittels immer in Form von dessen *Volumen* angegeben (auch wenn dieses Volumen, wie oben erwähnt, eben temperaturabhängig ist, weswegen es stets die oben erwähnten Bedingungen im Blick zu behalten gilt). Die Frage ist nun: Geben Sie den Analyten-Gehalt als Stoffmenge, als Masse oder als Volumen an? Oder gar mit der absoluten Teilchenzahl?

	Formelzeichen	Einheit	Bestimmungsgleichung
Stoffmengen-konzentration	c_i	$\frac{mol}{m^3}$	$c_i = \frac{n_i}{V_{ges}}$
Massenkonzentration	β_i	$\frac{kg}{m^3}$	$\beta_i = \frac{m_i}{V_{ges}}$
Volumen-konzentration	σ_i	$\frac{m^3}{m^3}$	$\sigma_i = \frac{V_i}{V_{ges}}$
Teilchenzahl-konzentration	C_i	$\frac{1}{m^3}$ (also „Stück pro Volumen")	$C_i = \frac{N_i}{V_{ges}}$

Mit V_{ges} ist dabei immer das *Gesamt*volumen der Lösung gemeint; V_i ist das Eigenvolumen des betreffenden Analyten i.

❗ Ihnen ist vielleicht schon aufgefallen, dass das Volumen hier in m^3 angegeben ist, also in *Kubikmetern*. Für den „normalen Laboralltag" ist das meist ein wenig überdimensioniert, deswegen arbeitet man fast immer mit dem Liter als „Grund-Volumen". Aber die Strecken-Grundgröße des SI-Einheitensystems ist nun einmal der Meter, also hat das mit dem

3

Kubikmeter an sich schon seine Richtigkeit. Der Liter ist schließlich ein Kubikdezimeter, und dass die Vorsilbe „dezi-" eben *nicht* SI-konform ist, wissen Sie spätestens seit ◘ Tab. 3.1. Damit arbeiten dürfen Sie trotzdem. Aber aufpassen beim Rechnen und Dokumentieren.

▪▪ Anteilangaben

Hier landet man meist bei Prozent-Angaben, weil es letztendlich um die Frage geht, wie groß der Anteil des Analyten an der Gesamtmischung ist. Auch hier spielen wieder Stoffmenge, Masse, Volumen oder die Teilchenzahl die Hauptrolle. (Bei Prozent-Angaben schreibt man dann, um Verwirrung zu vermeiden, Vol.-% oder Massen-Prozent o. ä. Die DIN sieht derlei Angaben zwar nicht vor, aber man sollte diese Art **Laborjargon** zumindest passiv beherrschen. Außerdem sieht man Angaben in Volumen-Prozent ja auch gerne auf Ginflaschen und ähnlichen schönen Dingen.)

	Formelzeichen	Einheit	Bestimmungsgleichung
Stoffmengenanteil	χ_i	$\dfrac{mol}{mol}$	$\chi_i = \dfrac{n_i}{n_{ges}}$
Massenanteil	ω_i	$\dfrac{kg}{kg}$	$\omega_i = \dfrac{m_i}{m_{ges}}$
Volumenanteil	ϕ_i	$\dfrac{m^3}{m^3}$	$\varphi_i = \dfrac{V_i}{V_0}$
Teilchenzahlanteil	X_i	–	$X_i = \dfrac{N_i}{N_{ges}}$

❶ Bitte Aufpassen! V_0 stellt hier eine Besonderheit dar: Gemeint ist das *theoretische Gesamtvolumen,* das sich rein rechnerisch ergäbe, wenn man die individuellen Volumina aller beteiligten Komponenten addiert. Aus der *Allgemeinen Chemie* kennen Sie ja gewiss schon das Phänomen der Volumenkontraktion: Manche Komponenten (Moleküle) können im Gemisch anders miteinander wechselwirken als jeweils im Reinstoff selbst – und verstärkte Wechselwirkungen können zu einer Abnahme des resultierenden Gesamtvolumens führen. Wenn Sie z. B. 600 mL Wasser (H_2O) und 400 mL Ethanol (C_2H_5OH) zusammengeben, erhalten Sie etwas weniger als 1000 mL Gemisch.

▪▪ Verhältnisangaben

Auch hier ergeben sich dimensionslose Zahlen. Wichtig ist, dass hier nicht nur Stoffmenge, Masse oder Volumen des Analyten i betrachtet werden, sondern auch derlei konkrete Angaben über den Rest k. Dabei kann k für eine einzelne Substanz stehen (etwa wenn der Analyt einfach nur in einem Lösemittel vorliegt und man wissen möchte, wie viel etwa der Gesamtmasse dieses Gemisches vom Analyten stammt und wie viel vom Lösemittel), oder auch für eine Vielzahl verschiedener Komponenten, die dann natürlich einzeln betrachtet werden können (und ggf. auch müssen). Vorerst wollen wir uns aber auf Zweikomponenten-Gemische beschränken.

	Formelzeichen	Einheit	Bestimmungsgleichung
Stoffmengenverhältnis	$r_{(i,\,k)}$	$\dfrac{mol}{mol}$	$r_{(i,k)} = \dfrac{n_i}{n_k}$
Massenverhältnis	$\zeta_{(i,\,k)}$	$\dfrac{kg}{kg}$	$\zeta_{(i,k)} = \dfrac{m_i}{m_k}$
Volumenverhältnis	$\psi_{(i,\,k)}$	$\dfrac{m^3}{m^3}$	$\psi_{(i,\,k)} = \dfrac{V_i}{V_k}$
Teilchenzahlverhältnis	$R_{(i,\,k)}$	–	$R_{(i,k)} = \dfrac{N_i}{N_k}$

▪▪ Kein Tippfehler: Die Molalität

Das Problem, dass das Volumen eines Stoffes (ob nun eines Analyten oder eines Lösemittels) temperaturabhängig ist, wurde ja nun schon mehrmals angesprochen. Das mag im Labor nicht übermäßig von Bedeutung sein, wohl aber, wenn man großtechnisch arbeiten muss: Wenn Sie z. B. in der *Technischen Chemie* mit mehreren tausend Litern einer Lösung arbeiten, stellt es bei wechselnden Temperaturen eine recht beachtliche rechnerische Herausforderung dar, jedes Mal die jeweils vorliegende Stoffmengenkonzentration des gelösten Stoffes zu ermitteln. Deswegen nutzt man vor allem in der Großtechnik die (ebenfalls bereits erwähnte) Temperaturunabhängigkeit der Masse aus:

1000 g Wasser mögen ja bei unterschiedlichen Temperaturen ein unterschiedliches Volumen einnehmen, aber die Masse bleibt eben gleich.

Das gilt natürlich auch, wenn man es nicht mit reinem Wasser (oder einem anderen Lösemittel) zu tun hat, sondern mit einer Lösung – und so kommen wir zur **Molalität,** die ebenfalls gemäß DIN 1310 genau definiert ist:

	Formelzeichen	Einheit	Bestimmungsgleichung
Molalität	$b_{(i,\,k)}$	$\dfrac{mol}{kg}$	$b_{(i,k)} = \dfrac{n_i}{m_{\text{Lösemittel}}}$

Misst man also bei der Verarbeitung größerer Lösungsmengen bei unterschiedlichen Temperaturen deren Masse, kann man mit Hilfe der Molalität auch genaue Aussagen über die verwendeten Stoffmengen des Stoffes i treffen.

> Die Temperaturabhängigkeit des Volumens darf als die Geißel eines jeden Autofahrers angesehen werden: Tankt man im Sommer, also bei gemeinhin höheren Temperaturen, das gleiche Volumen Benzin wie im Winter, erhält man selbst bei exakt gleichem Preis etwas weniger Treibstoff – weil der zu bezahlende Preis eben über das *Volumen* ermittelt wird, nicht etwa über die *Masse* des getankten Benzins. Bei höherer Temperatur nimmt aber die gleiche Menge Benzin nun einmal einen etwas größeren Raum ein, also bekommt man effektiv weniger für sein Geld.

❓ Fragen

7. Rechnen Sie *ohne konkrete Zahlen,* sondern nur mit den Einheiten/Variablen die Massenanteil-Angabe einer Lösung (nach DIN 1310) in eine Stoffmengenkonzentration um.

3.2 Mengenbereiche

Will man ein Substanzgemisch, beispielsweise eine Lösung, auf die eine oder andere Weise analysieren, muss zunächst einmal sichergestellt sein, dass die gewählte Analysenmethode der in dem Gemisch vorliegenden Menge des Analyten auch angemessen ist. Es gilt dabei, den **Arbeitsbereich** zu finden, also den Konzentrationsbereich, der noch präzise und richtige *quantitative* Aussagen gestattet.

Dieser **Arbeitsbereich A** wird gemeinhin beschrieben mit:

$$A = m_i \tag{3.2}$$

Es geht also darum, welche Mindestmenge des Analyten i vorliegen muss, um vom verwendeten Analysesystem reproduzierbar wiedergefunden zu werden.

Dieser Arbeitsbereich ist untrennbar mit dem **Probenbereich P** verknüpft:

$$P = m_i + m_0 \tag{3.3}$$

3

Der Probenbereich beschreibt den Mengenbereich der zu bestimmenden Komponente i und der Gesamtmasse aller übrigen Bestandteile des Gemisches (also: Verunreinigungen) – ganz so, wie Sie das von den Bestimmungsgleichungen aus der DIN 1310 (und ▶ Abschn. 3.1) schon kennen.

Aus diesen beiden Begriffen lässt sich der **Gehaltsbereich G** konstruieren. Es gilt:

$$G = \frac{m_i \cdot 100}{m_i + m_o} \text{ (angegeben in \%)} \tag{3.4}$$

Entsprechend stehen diese drei Bereiche (A, P, G) in der folgenden Beziehung:

$$P = \frac{A}{G} \cdot 100 \tag{3.5}$$

Kennt man beispielsweise den Arbeits- und Gehaltsbereich (weiß man also ungefähr, in welcher Größenordnung die Konzentration des Analyten i im Gemisch liegt), kann man gut die Mindestprobenmenge abschätzen, die erforderlich ist, um eine leidlich zuverlässige Aussage zu tätigen.

> **Fachsprache-Tipp**
> Bei Analyten, die im Gesamtgemisch nur in winzigen Mengen vorkommen, klingt es zugegebenermaßen ein wenig albern, wenn von „Verunreinigungen" gesprochen wird, die mehr als 99 % der Gesamtmasse ausmachen: Hier empfiehlt sich die Bezeichnung **Matrix**. Gemeint ist natürlich nach wie vor all das in einem Probengemisch, was *eben nicht* der gesuchte Analyt ist.

> Kehren wir noch einmal zum Gold im Meerwasser aus dem Beispiel von ▶ Abschn. 1.1 zurück: Angesichts der extrem geringen Konzentration wäre es vermutlich ein aussichtsloses Unterfangen, das Gold einfach über eine Fällungsreaktion in eine schwerlösliche Festform überführen zu wollen, die man dann auswiegt, um so genauere Aussagen über den Goldgehalt zu tätigen. Dafür ist diese Methode der Analytik entschieden zu ungenau – es sei denn, Sie würden wirklich *gewaltige* Mengen Wasser erst einmal einengen, bis die Gold-Konzentration hinreichend hoch geworden ist – aber dann haben Sie natürlich den *Probenbereich* verändert. Inwieweit sie durch diese Veränderung der Probe (und sie ändern dadurch ja auf jeden Fall deren Konzentration) neue Fehler in ihr Analysensystem eingebracht haben, steht dann noch einmal auf einem anderen Blatt …

? **Fragen**
8. Der relevante Analyt sei in einer Probe zu etwa 10 Massen-% enthalten. Das angewandte Verfahren zur rein qualitativen Analyse ist empfindlich genug, um auch noch Analyt-Mengen von 0,5 mg nachzuweisen. Welche Mindestprobenmenge muss mindestens untersucht werden?
9. Welche Mindestprobenmenge wäre bei obiger Aufgabe erforderlich, wenn der Analyt-Gehalt nur 1 Massenprozent betrüge?

Zu Arbeits-, Proben- und Gehaltsbereich gehören auch die Begriffe **Nachweisgrenze** und **Bestimmungsgrenze**. Ohne hier schon zu sehr in die mathematische Beschreibung der Statistik einsteigen zu wollen (ein bisschen mehr darüber in ▶ Abschn. 3.7, deutlich mehr dann – bei Interesse – im letzten Teil der „Analytischen Chemie II"), ist die *Nachweisgrenze* die Menge an Analyt, die sich mit Hilfe der jeweils gewählten Analysen-Methode noch mehr oder minder zuverlässig wiederauffinden lässt: Bei noch geringerer Analyt-Konzentration verschwindet das Mess-Signal sozusagen im (statistischen) Grundrauschen, und man kann sich nicht mehr sicher sein, ob wirklich ein Messwert vorliegt, oder ob nur aus rein statistischen Gründen ein Fehlalarm stattgefunden hat. Die Bestimmungsgrenze hängt mit der Nachweisgrenze zwar zusammen, aber es steckt trotzdem ein anderer Gedanke dahinter: Während sich die *Nachweisgrenze* auf *qualitative* Aussagen bezieht („Kann ich mir noch sicher sein, dass wirklich mein Analyt vorliegt?"), geht es bei der *Bestimmungsgrenze* darum, ob die vorliegende Menge an Analyt groß genug ist, um auch eine mehr oder minder zuverlässige *quantitative* Aussage zu gestatten, schließlich werden angesichts des statistischen Grundrauschens mit kleiner werdender Probenmenge derlei Aussagen immer ungenauer.

Es sollte sich von selbst erklären, dass zur quantitativen Bestimmung deutlich größere Mengen benötigt werden als für qualitative Aussagen. Damit kommen wir auch schon in das Gebiet der **Spurenanalytik**. Hier liegt der Analyt-Gehalt weit unterhalb des Prozent-, oft sogar unterhalb des Promillebereichs. Je nach gewählter Analytik-Methode kann hier zwar der eine oder andere Analyt noch zuverlässig nachgewiesen werden (der Gehalt des betreffenden Analyten liegt also deutlich oberhalb der Nachweisgrenze), bei besonders geringem Gehalt sind jegliche quantitative Aussagen aber bereits mit einem nicht mehr zu vernachlässigenden Fehler behaftet, weil der Analyt-Gehalt der Bestimmungsgrenze bereits recht nahe kommen kann. (Ist das der Fall, hat man es mit der echten **Ultraspurenanalytik** zu tun.)

3.3 Kalibrierung

Will man mit einem wie auch immer gearteten Messgerät beispielsweise die Konzentration einer Lösung ermitteln, erfordert dies unweigerlich die **Kalibrierung** des betreffenden Geräts: Es muss schließlich zunächst einmal ermittelt werden, wie die betreffende Analysenmethode auf den betreffenden Analyten anspricht, welcher Zusammenhang also zwischen der vermessenen physikalischen Größe und dem besteht, was das verwendete Messinstrument anzeigt.

Dazu werden **Standardlösungen** unterschiedlicher Konzentrationen angesetzt, also Lösungen mit genau definiertem Analyt-Gehalt, die zusätzlich auch noch sämtliche für die betreffende Analysenmethode erforderlichen Reagenzien etc. enthalten. (Auf die Standards kommen wir in ▶ Abschn. 3.4 noch einmal zu sprechen.)

Zusätzlich muss man auch noch herausfinden, inwieweit diese Reagenzien und ggf. noch andere, methoden-spezifische Zusätze das Messergebnis beeinflussen, also vermisst man auch eine **Leerprobe**, die in jeglicher Hinsicht einer Standardlösung gleicht, nur dass sie eben zuverlässig *keinerlei Analyt* enthält.

> **Wichtig**
> Achtung, hier hat sich in den ▶ Harris **einen Fehler eingeschlichen: In Abschn. 4.8 werden** *Leerproben* **fälschlicherweise als** *Blindproben* **bezeichnet. Blindproben sind jedoch Proben, mit denen man sicherstellt, dass die gewählte Analysenmethode auf den in der Blindprobe eindeutig vorhandenen Analyten auch wirklich zuverlässig anspricht. (Insofern stellt jede der oben erwähnten Standardlösungen eine Blindprobe dar.)**
> - **Bei einer** *Blindprobe* **muss die Analysenmethode den Analyten definitiv detektieren.**
> - **Mit der** *Leerprobe* **wird überprüft, dass das Gerät nicht fälschlicherweise das Vorhandensein des Analyten auch bei dessen sicherer Abwesenheit meldet.**

Harris, Abschn. 4.8: Kalibrationskurven

Um herauszufinden, wie das betreffende Messgerät auf Lösungen unterschiedlicher Konzentration oder allgemein unterschiedliche Analyt-Mengen relativ

Harris, Abb. 4.12, Abschn. 4.8:
Kalibrationskurven

gesehen anspricht, ist es stets sinnvoll, eine **Kalibrierkurve** anzufertigen. (Diese wird häufig auch als *Kalibrationskurve* bezeichnet – das ist Geschmackssache.) Dabei werden auf der x-Achse die unterschiedlichen Konzentrationen/Analyt-Mengen aufgetragen, auf der y-Achse die jeweils geräte- und methodenspezifischen Messwerte (also allgemein das vermessene Signal des Detektors o. ä.). Schauen Sie sich Abb. 4.12 im ► Harris an (und ignorieren Sie vorerst jegliche Aussagen über fragwürdige Werte; zu derlei Dingen kommen wir später):

Jede vermessene Menge Analyt (in diesem Falle ein Protein, aber es könnte eben auch jeder beliebige andere Analyt sein) führt zu einem mehr oder minder charakteristischen Messwert. Werden mehrere Standardlösungen vermessen – und das ist zum Erstellen einer solchen Kalibierkurve unerlässlich –, sollte sich ein Zusammenhang zwischen Analyt-Menge und entsprechendem Detektorsignal erkennen lassen.

Schauen wir uns zunächst ein paar (in diesem Falle völlig abstrakte und willkürlich festgelegte) Werte an:

x-Wert	1	2	3	4	5	6	7	8
y-Wert	2	4,5	6	7,5	10	12,4	14	15,5

Schon ohne graphische Auftragung wird eines ersichtlich: Höhere Konzentrationen (x-Wert) führen zu höheren Messwerten (y-Wert). Eine entsprechende Graphik zeigt dann, dass die Kurve *annährend* linear verläuft:

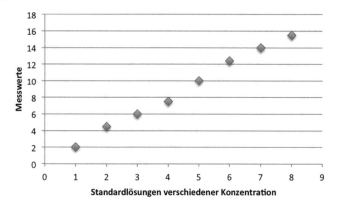

Graphische Auftragung der Messdaten aus obiger Tabelle

Allerdings ist eben auch zu erkennen, dass zumindest gewisse Schwankungen aufgetreten sind. Dennoch ist der lineare Trend durchaus erkennbar. Entsprechend empfiehlt es sich, eine **Trendlinie** (eine Ausgleichsgerade) einzuzeichnen:

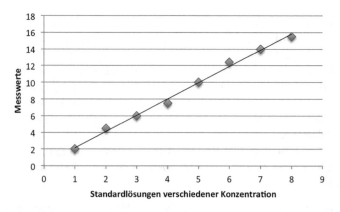

Neu! Jetzt mit einer Ausgleichsgeraden

Bitte nehmen Sie davon Abstand, die Punkte einfach nur miteinander zu verbinden, so dass eine Zickzack-Linie entsteht. Derlei **Fieberkurven** besitzen keinerlei wissenschaftlichen Wert – die sind nicht nur unsinnig, sondern im Rahmen der Analytik schlichtweg unbrauchbar, schließlich sollen Ausgleichsgeraden das **Interpolieren** erleichtern.

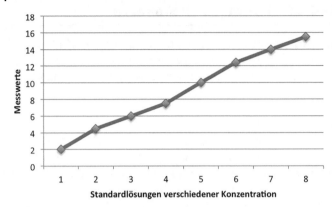

Dämliche Fieberkurve – lassen Sie das!

Wenn Sie sich noch einmal die zweite Abbildung anschauen, können Sie nun innerhalb dieses linearen Bereichs die Konzentration einer unbekannten Probe (die natürlich den gleichen Analyten enthalten und ebenso vorbereitet worden sein muss wie die Standardlösungen auch) durch **Interpolation** ermitteln: Ergibt sich ein Messwert, der *zwischen* denen zweier Standardlösungen liegt, kann man anhand dieser Kalibrierkurve nicht nur grob abschätzen, dass die Konzentration der unbekannten Probe wohl auch zwischen denen jener beiden Standardlösungen liegen muss, sondern sogar ziemlich genaue Aussagen tätigen: Wie man vom gemessenen y-Wert über Interpolation auf den zugehörigen x-Wert kommt, zeigt etwa Abb. 4.13 aus dem ▶ Harris.

Harris, Abb. 4.13, Abschn. 4.8: Kalibrationskurven

Nun liegt die Vermutung nahe, man könne auch dann noch Rückschlüsse auf den Analyt-Gehalt einer Lösung ziehen, wenn deren zugehöriger Messwert jenseits dem der höchstkonzentrierten Standardlösung liegt. Prinzipiell ist eine solche **Extrapolation** auch möglich – aber nicht immer ist sie sinnvoll: Manchmal führt sie zu falschen Ergebnissen. Ein Problem liegt schon darin, dass der Zusammenhang von Konzentration (oder Analyt-Gehalt) und Messwert nicht bei allen Konzentrationen tatsächlich linear bleibt. Oberhalb eines (natürlich vom jeweils betrachteten System abhängigen) Gehaltes verlässt man den linearen Bereich der Kalibrierkurve und erreicht deren dynamischen Bereich (▶ Harris, Abb. 4.14). Dieses „Problem" wird uns etwa in Teil IV, Molekülspektroskopie I, wiederbegegnen, wenn wir die Konzentration einer Lösung anhand der Absorption von Licht gemäß dem Lambert-Beerschen Gesetz ermitteln wollen. Da führt unkontrolliertes Extrapolieren geradewegs in Teufels Küche.

Harris, Abb. 4.14, Abschn. 4.8: Kalibrationskurven;
▶ http://xkcd.com/605/

Wenn Sie selbst Ihre ersten Kalibrierkurven erstellen, werden Sie möglicherweise bemerken, dass schon manche der dafür verwendeten Lösungen zu hoch konzentriert sind, so dass sich ein linearer Zusammenhang nicht mehr über die gesamte Kurve erkennen lässt. Dann ist das kalibrierte Messgerät eben nur für Proben geeignet, deren Konzentration auch wirklich im *linearen* Bereich der Kalibrierkurve liegen – für höher konzentrierte Proben muss man sich ggf. entsprechend etwas Neues ausdenken. Und es gibt noch ein potentielles Problem: Was, wenn die eine oder andere in der Analysenlösung enthaltene Verunreinigung die Vermessung des Analyten selbst stören kann? – Dann muss man sich mit dem Thema der **Spezifität** der verwendeten Analysenmethode auseinandersetzen (die gelegentlich auch **Selektivität** genannt wird). Je spezifischer eine Methode, desto unempfindlicher ist sie hinsichtlich etwaiger Störungen. Auf konkrete Beispiele

3

sei in diesem einführenden Teil verzichtet; bei den jeweiligen, in den kommenden Teilen vorgestellten Methoden werden wir bei Bedarf auch deren Vielseitigkeit, Empfindlichkeit und Selektivität betrachten.

3.4 Standard ist nicht gleich Standard

Im letzten Abschnitt haben Sie erfahren, wie standardisierte Lösungen etwa zum Erstellen einer Kalibrierkurve herangezogen werden. Aber was definiert diesen Standard? – Prinzipiell sind drei verschiedene Formen des Standards zu unterscheiden:

■ **Die Verdünnungsreihe**

Harris, Abschn. 1.3: Herstellung von Lösungen

Für eine Verdünnungsreihe ist zunächst eine relativ hoch konzentrierte Lösung des betreffenden Analyten anzufertigen, wobei die Konzentration dieser **Stammlösung** natürlich so genau wie möglich bestimmt werden muss. Anschließend werden jeweils ebenfalls genau definierte Mengen dieser Stammlösung abgenommen und mit dem Lösemittel auf ein wieder genau zu bestimmendes Volumen aufgefüllt.

> Wenn Sie 58,44 g des Salzes Natriumchlorid (NaCl) in einen 1,000-Liter-**Messkolben** einfüllen und dann bis zum Eichstrich mit Wasser auffüllen, erhalten Sie eine Lösung der Konzentration $c(NaCl) = 1,000$ mol/L, denn $M(NaCl) = 58,44$ g/mol. Wenn Sie nun von dieser Lösung mit einer entsprechend genauen Pipette 10,00 mL abnehmen und in einen 100,00-mL-Messkolben überführen und diesen dann auf den Eichstrich auffüllen, haben Sie exakt 100,00 mL einer Lösung der Konzentration $c(NaCl) = 0,100$ mol/L; nehmen Sie für eine zweite Standardlösung 20,00 mL der Stammlösung ab und füllen diese auf 100,00 mL auf, hat die resultierende Lösung eine Konzentration von $c(NaCl) = 0,200$ mol/L etc.

Erstellt man so, ausgehend von der Stammlösung, mehrere Lösungen unterschiedlicher Konzentration, erhält man eine Verdünnungsreihe, die durch **paralleles Verdünnen** entstanden ist.

Will man eine deutlich größere Konzentrations-Spannweite abdecken, kann man auch **seriell** Verdünnen. Dazu erstellt man weitere Lösungen, bei denen man nicht von der ursprünglichen Stammlösung ausgeht, sondern von bereits aus der Stammlösung erzeugten vorangegangenen Lösungen.

> Kehren wir zu obigem Beispiel zurück: Wenn Sie nun von der ersten verdünnten Lösung (mit $c(NaCl) = 0,100$ mol/L) wieder 10,00 mL abnehmen, in einen weiteren 100,00-mL-Messkolben überführen und dann erneut auf 100,00 mL auffüllen, erhalten Sie eine Lösung mit der Konzentration $c(NaCl) = 0,010$ mol/L usw.

Über **serielles Verdünnen** lassen sich also leicht mehrere Konzentrations-Größenordnungen abdecken. (Inwieweit dann alle resultierenden Lösungen bei der jeweils gewählten Analysenmethode noch im linearen Bereich liegen, gilt es anhand der entsprechenden Kalibrierkurve herauszufinden.)

Neben der oben beschriebenen Möglichkeit, zunächst einmal eine Verdünnungsreihe des Analyten anzulegen, verschiedene Konzentrationen zu vermessen und dann im linearen Bereich des resultierenden Kalibrierkurve die Proben unbekannter Konzentration zu interpolieren, gibt es auch noch andere Möglichkeiten, Standards zu verwenden.

■ Der gezielt zugesetzte Standard

Hat man es mit einer Probe zu tun, die zwar den Analyten enthält, aber zudem noch störende andere Inhaltsstoffe gleichwelcher Art aufweist, deren Abtrennung im Vorfeld der Analyse zu aufwendig wäre oder aus anderen Gründen nicht praktikabel ist, kann man auch einer Probe unbekannten Analyt-Gehalts eine genau definierte Menge des Analyten hinzugeben. Das ist sehr viel sinnvoller, als das vielleicht auf den ersten Blick scheinen mag: Es ist ja sehr gut möglich, dass die erwähnten anderen Inhaltsstoffe das verwendete Messgerät (was immer es auch gerade sein mag) auf den Analyt-Gehalt anders ansprechen lassen, als das bei einer „reinen" Lösung der Fall wäre, die ausschließlich den gesuchten Analyten in exakt der gleichen Konzentration enthielte. Sehr schön dargestellt ist das in Abb. 5.4 des ▶ Harris. Gibt man nun zu Aliquoten der Probe jeweils unterschiedliche, genau definierte Mengen des gesuchten Analyten hinzu, führt dies, je nach Menge der Analyten-Zugabe, natürlich zu stärkeren Signalen als bei der Vermessung der Probe *ohne* den Standard-Zusatz. Entsprechend gestattet das Ausmaß des Signal-Anstiegs, der ja von der genau bekannten Menge des zugegebenen Standards herrührt, durch Extrapolation (hin zu kleineren Werten) einen direkten Rückschluss darauf, wie groß der Analyt-Gehalt der Probe vorher gewesen sein muss. Auch hierzu bietet der ▶ Harris mit Abb. 5.6 eine sehr aufschlussreiche Illustration.

Harris, Abschn. 5.3: Standardzusatz

Harris, Abschn. 5.4: Innere Standards

■ Der interne Standard

Einen ganz anderen Nutzen bietet die Verwendung eines internen (oder inneren) Standards. Der ist vor allem in zwei Fällen sinnvoll:

— Wenn die Zusammensetzung der miteinander zu vergleichenden Proben gegebenenfalls variiert – etwa weil im Zuge der Probenvorbereitungen (also vor der Messung) mit Probenverlusten zu rechnen ist.

— Wenn das verwendete Messinstrument aufgrund technischer oder anderweitiger Schwankungen nicht immer in der gleichen Art und Weise auf den Analyten anspricht – das geschieht besonders gerne bei chromatographischen Stofftrennungen.

Im ersteren Falle würde ein interner Standard, der dem Probenmaterial noch vor der Probenvorbereitung zugegeben wurde, vermutlich in ähnlichem Maße verloren gehen wie der Analyt selbst; das Verhältnis „Interner Standard zu Analyt" bliebe also (weitgehend) konstant, und der direkte Vergleich des resultierenden Messwertes der verlustbehafteten Probe mit dem Messwert, der sich bei der Vermessung der „Originalmenge" des internen Standards ergibt, gestattet dann Rückschlüsse darauf, wie wohl der *tatsächliche* Analytgehalt der Probe gewesen sein muss.

Kommen wir zur zweiten durchaus gängigen Verwendungsmethode des internen Standards: Bei den chromatographischen Trennverfahren ging es ja unter anderem darum, wie lange die verschiedenen Substanzen/Analyten auf der Säule verblieben bzw. wie lange es dauert, bis sie wieder von der Säule heruntergespült werden. (Sie erinnern sich doch noch an das Prinzip der Chromatographie aus ▶ Abschn. 2.1? Wir werden zwar in Teil III noch deutlich ausführlicher darauf eingehen, aber es wäre schön, wenn Sie wenigstens das Prinzip schon im Hinterkopf hätten.) Ergeben sich nun unterschiedliche Fließgeschwindigkeiten (aus welchen technischen Gründen auch immer), wären die Messergebnisse („Wartezeit, bis auch wirklich der gewünschte Analyt kommt, nicht irgendeine Verunreinigung") nur sehr schwer miteinander vergleichbar (insbesondere, wenn sich der gewünschte Analyt und die eine oder andere Verunreinigung in ihrer Verweilzeit auf der Säule nicht drastisch unterscheiden). Gibt man hingegen einen internen Standard hinzu, dessen Erreichen des Detektors unübersehbar ist (z. B. weil er in deutlich höherer Konzentration vorliegt als jeglicher Analyt oder jegliche Verunreinigung), hat man einen relativen Bezugspunkt, denn auch wenn die Fließgeschwindigkeit und

3

■ Tab. 3.2 Ein Schlangen-Experiment										
Tier Nr.	1	2	3	4	5	6	7	8	9	10
Temperatur (in °C)	2	4	6	8	10	12	14	16	18	20
Herzschlagrate	5	11	11	14	22	23	32	29	32	33

damit die *absoluten* Verweilzeiten von Messung zu Messung variieren mögen, sind doch die *relativen* Verweilzeiten der verschiedenen Substanzen (Analyt, Verunreinigungen, interner Standard) weitgehend konstant. Wenn man also etwa weiß, dass der Analyt für das Passieren der Säule doppelt so lange braucht wie der interne Standard, und dessen Signal meldet der Detektor nach 100 s, wissen Sie, dass es sich bei dem Signal, das der Detektor dann nach insgesamt 200 s meldet, vermutlich um den gewünschten Analyten handelt. (Wie bereits erwähnt: Wir kehren zum Prinzip der Chromatographie in Teil III noch einmal zurück.)

? Fragen

10. Ein Schlangenphysiologe will den Einfluss der Temperatur auf die Herzschlagrate von Pythons ermitteln. Dazu werden 10 Tiere gleichen Geschlechts und annähernd gleichen Alters und gleicher Größe ausgewählt (man braucht ja schließlich vergleichbare Ausgangsbedingungen!) und in entsprechend temperierte Räumlichkeiten gebracht. Nachdem sich die Tiere an die neue Umwelttemperatur angepasst haben, ergeben sich folgende Messwerte (■ Tab. 3.2):
Stellen Sie diese Messwerte graphisch dar. Welche Rückschlüsse lassen sich daraus ziehen?

3.5 Analytische Qualitätssicherung (AQS) und Gute Laborpraxis (GLP)

Harris, Abschn. 5.1: Grundlagen der Qualitätssicherung; Abschn. 5.2: Methodenvalidierung

Dem Thema der Qualitätssicherung sind ganze Lehrbücher gewidmet – darauf in der entsprechend angemessenen epischen Breite einzugehen, würde den Rahmen dieses Buches bei Weitem überschreiten. Eine kurze Einführung bietet beispielsweise Kap. 5 des ▶ Harris. Deswegen wollen wir uns hier auf die wichtigsten Aspekte dessen beschränken, was als *Good Laboratory Practice* (GLP) bezeichnet wird (wobei praktischerweise die Abkürzung auch zur Übersetzung des Begriffes passt): die Richtlinien, mit denen die Reproduzierbarkeit jeglicher wissenschaftlicher Ergebnisse sichergestellt werden soll.

Zwei Dinge sind dabei unerlässlich:

1. Bei keinem einzigen Arbeitsschritt darf der Zufall mehr als eine statistisch unvermeidbare Rolle spielen.
2. Jegliches analytische Ergebnis muss sich anhand einer vollständigen Dokumentation lückenlos zurückverfolgen lassen.

■ Angemessene Dokumentation

Diese Dokumentation dient folgenden Zwecken:

— Zunächst einmal soll die verwendete Analytik-Methode auch für einen Außenstehenden nachvollziehbar beschrieben werden. Dazu gehört die Erläuterung über die jeweilige Art des Nachweises ebenso wie die Antwort auf die Frage, welche Lösemittel, Reagenzien und auch Messgeräte verwendet wurden (bis hin zu Hersteller und Baureihe etc.).

— Auf diese Weise soll jegliche Form von Missverständnissen vermieden werden, wie sie in der formlosen mündlichen Kommunikation nur allzu leicht auftreten.

3.6 · Signifikante Ziffern oder: Wann ist genau eindeutig *zu* genau?

37   **3**

— Zugleich sorgt eine GLP-konforme Dokumentation auch dafür, dass nicht nur der Analytiker selbst, sondern auch dessen Mitarbeiter und andere an der betreffenden Analyse Beteiligte mit sämtlichen Details des gesamten Analyse-Vorganges vertraut sind.

— Zu guter Letzt ermöglicht erst eine entsprechende Dokumentation das Überprüfen der erhaltenen Ergebnisse. Nur dann ist es auch möglich, die entsprechenden Gedankengänge/Überlegungen des betreffenden Experimentators zurückzuverfolgen und etwaige Denk- oder Messfehler zu erkennen.

Außerdem gibt es noch einen weiteren wichtigen Aspekt, der für eine lückenlose Dokumentation spricht: Im Rahmen wissenschaftlicher Arbeiten (der Bachelor- oder Master-Thesis oder auch der Promotion) fallen im Laufe der Wochen und Monate (oder gar Jahre) gemeinhin wirklich *reichlich* Messdaten an. Auch wenn Sie am Donnerstag vielleicht noch wissen mögen, wo der Unterschied zwischen der am Montag und der am Dienstag durchgeführten Messreihe war: Vertrauen Sie Ihrem Gedächtnis wirklich so weit, dass Sie glauben, diesen Unterschied auch noch zweieinhalb Jahre später auf der Pfanne zu haben? Nachdem Sie noch hunderte weitere, vermutlich häufig sehr ähnliche Messungen durchgeführt haben? Man kann sich da sehr leicht überschätzen …

3.6 Signifikante Ziffern oder: Wann ist genau eindeutig *zu* genau?

■ **Genau, präzise, richtig – was heißt denn das jetzt?**

Sie werden feststellen, dass es bei der Analytik immer wieder um Genauigkeit und Präzision geht: „Ist mein Ergebnis zuverlässig? Ist es genau genug?" Die geforderte Präzision macht sogar vor der Sprache selbst nicht halt: Viele auch in der Alltagssprache gebräuchliche Begriffe sind im Rahmen der Analytik-Fachsprache deutlich enger gefasst: So werden die Begriffe **Präzision, Richtigkeit** und **Genauigkeit** im Alltag (praktisch) synonym verwendet, während sie in der Analytik zwar durchaus miteinander zusammenhängen, aber doch Unterschiedliches beschreiben:

Harris, Abschn. 5.2: Methodenvalidierung

❯ **Wichtig**

— Die *Richtigkeit* sagt etwas darüber aus, inwieweit der gemessene Wert dem „wahren" Wert nahekommt (also dem Wert, den man erhielte, wenn man „die Wahrheit™" kennen könnte).

— *Präzision* hingegen beschreibt die Reproduzierbarkeit einzelner Messwerte bzw. wie sehr die Ergebnisse verschiedenen Wiederholungsmessungen übereinstimmen. Präzise reproduzierbare, aber dennoch unsinnige oder anderweitig unbrauchbare Daten helfen verständlicherweise keinen Schlag weiter.

— *Genauigkeit* schließlich sagt etwas über die Datenqualität aus: Wie gering ist der wirklich *jeder* Messung innewohnende Fehler?

> Ein anschauliches Beispiel für diese beiden Begriffe stellt ein Gewehr dar, dass – genaues Zielen vorausgesetzt – immer exakt 3 cm links vom eigentlich anvisierten Ziel trifft. Die *Präzision* dieser Waffe ist zweifellos lobenswert, aber *richtig* ist anders.

Zum Thema Genauigkeit und Präzision gehört auch der Umgang mit einem **Ausreißer,** also mit einem Messwert, der sich signifikant von allen anderen unterscheidet. In erster Näherung kann (und sollte) man einen solchen Messwert, bei dem ganz offenkundig „irgendetwas schief gelaufen" sein muss, natürlich ignorieren. Manchmal jedoch erweisen sich vermeintliche Ausreißer

3

als deutlich bedeutender (im Sinne von: aussagekräftiger), als man vielleicht zunächst einmal angenommen hätte, und außerdem ist es gerade bei einem relativ umfangreichen Wertebereich gar nicht so einfach zu entscheiden, was schon ein Ausreißer ist und was „nur" ein relativ weit vom „wahren Wert" entfernter „normaler" Messwert. (Mittel und Wege, diese Entscheidung zu treffen, werden Sie etwa in Teil V der „Analytischen Chemie II" kennenlernen.)

Natürlich kann es bei einer Reihenmessung, vor allem bei einer wirklich großen Anzahl an Messungen, durchaus auch *mehr* als einen Ausreißer geben. Wenn die alle dann wirklich Ausreißer *sind*, darf man dann auch nicht davor zurückschrecken, mehr als einen Messwert als „eindeutig falsch" zu klassifizieren.

> ❗ Man darf nur nicht in die (äußerst bequeme) Falle tappen, einfach *sämtliche* Messergebnisse, die einem nicht so recht in den Kram passen, als „Ausreißer!" zu brandmarken. Auf diese Weise erhält man zwar genau die Daten, die man gerne *hätte*, aber inwieweit eine so durchgeführte Studie noch Realitätsbezug besitzt, steht auf einem gänzlich anderen Blatt.

So wichtig Präzision, Richtigkeit und Genauigkeit auch (und gerade) in der Analytik sind: In Unterlagen verzeichnete Genauigkeit kann durchaus auch trügerisch sein: Hier kommen die **signifikanten Ziffern** ins Spiel (gelegentlich werden sie auch *signifikante Stellen* genannt). Angenommen, Sie hätten für eine wie auch immer geartete Probe eine Masse von 1,8 mg ermittelt (also $1,8 \times 10^{-3}$ g, $1,8 \times 10^{-6}$ kg oder eben auch $1,8 \times 10^{6}$ ng): Dürften Sie diese Zahl beispielsweise auch als 1800 µg in Ihrem Laborjournal oder Ihrer Datenbank vermerken?

Der „gesunde Menschenverstand" möchte Ihnen das gewiss zunächst erlauben, schließlich entspricht 1 mg ja definitionsgemäß 1000 µg – aber damit tappt besagter Menschenverstand in die Falle der **Signifikanz,** die *bei allen experimentell ermittelten* Zahlenwerten zu berücksichtigen ist:

— Es gibt *immer* eine gewisse Messunsicherheit.
— Diese Messunsicherheit schlägt sich in der *letzten* Ziffer des Zahlenwertes nieder.

Harris, Abschn. 3.1: Signifikante Ziffern

Schauen Sie sich Abb. 3.1 im ▶ Harris an und lesen Sie den durch die senkrechte Linie symbolisierten Messwert an der dort dargestellten linearen Prozentskala ab (oben; sieht aus wie ein Lineal).

Schon auf den ersten Blick erkennen Sie, dass der Wert zwischen 50 und 60 liegt, und wenn Sie sich die Feineinteilung anschauen, wird ebenso zweifellos offenkundig, dass er größer als 58, aber kleiner als 59 ist. Mit ein bisschen Augenmaß werden Sie feststellen, dass die senkrechte Linie zwischen den beiden kleineren Skalenstrichen dem linken etwas näher ist als dem rechten, also schätzen Sie vermutlich ein Messergebnis von 58,4 ab. Oder sind es vielleicht doch eher 58,3? Auf jeden Fall wäre es zweifellos schlichtweg unsinnig, dem Harris-Lineal den Messwert 58,392 entnehmen zu wollen: Alle Stellen hinter dem Komma wären mehr oder minder gut geraten. Aber die Abschätzung „58,4", mit einer gewissen Unsicherheit auf *die letzte Stelle des Zahlenwertes* ist sicherlich sinnvoll. Das wäre „58,3" aber eben auch.

> ❯ **Wichtig**
> Damit kommen wir zu der Zahl der signifikanten Ziffern eines Messwertes:
> 1. Als signifikant angesehen werden alle Ziffern *einschließlich* der unsicheren Stelle.
> 2. Das gilt auch, wenn am Ende der Zahl (an der unsicheren Stelle) eine Null steht.
> 3. Nullen *zwischen* anderen signifikanten Ziffern sind ebenfalls signifikant.
> 4. *Nicht signifikant* sind „führende" Nullen (also Nullen, die am *Beginn* einer Zahl stehen).

3.6 · Signifikante Ziffern oder: Wann ist genau eindeutig *zu* genau?

39   **3**

Wenden wir *Punkt 1* dieser Liste auf den oben erwähnten Beispiel-Messwert 1,8 mg an: Hier haben wir *zwei* signifikante Ziffern, von denen die letzte (die „8") eine gewisse Mess-Unsicherheit birgt, es könnten also auch 1,78 oder 1,83 mg sein. Weitere Nullen hat's hier im Augenblick nicht, dazu kehren wir also später zurück.

Gerade *Punkt 4* dieser Liste führt häufig zu Verwirrung, aber die wissenschaftliche Notation aus Kap. 3 kann hier Abhilfe schaffen. Die mittlerweile vertrauten 1,8 mg entsprechen zum Beispiel 0,0018 g oder 0,000 001 8 kg – die drei bzw. sechs *führenden* Nullen bergen aber keinerlei Information hinsichtlich der Genauigkeit, weil diese Ziffern durch einfaches „Verschieben entlang der Potenzen-Skala" entstanden sind und sich auf die gleiche Weise auch wieder entfernen lassen.

Jetzt zur Umrechnung 1,8 mg $= 1,8 \times 10^3$ μg, also *doch* 1800 μg (?). Die ersten beiden Ziffern sind zweifellos korrekt, die Zahl der signifikanten Ziffern hat sich ja nicht verändert (die $\times 10^x$–Ausdrücke wirken sich hier ja nicht aus). Durch die (rein rechnerisch korrekte) Umstellung von „wissenschaftlicher Notation" zu „normalen Zahlen" hingegen haben Sie jedoch die Anzahl der signifikanten Ziffern erhöht: Gemäß Punkt 2 obiger Aufzählung besitzt die Zahl 1800 *vier* signifikante Ziffern, denn eine *endständige* Null gilt als signifikant (siehe *Punkt 2*), damit ist es die erste der beiden Nullen natürlich auch *(Punkt 3)*. Somit wäre dann nur die letzte der beiden Nullen fehlerbehaftet: Die Schwankungsbreite bei 1800 liegt in etwa zwischen 179x und 180x μg, sie beträgt also insgesamt knapp 20 μg. Bei der (tatsächlichen) Aussage $1,8 \times 10^3$ μg, die eben auch die „wahren Werte" $1,7x \times 10^3$ μg und $1,8x \times 10^3$ μg gestattet, liegt der Fehler hingegen (s.o.) im Bereich von *fast 200* μg. Kurz gesagt:

Simulieren Sie bitte keine Genauigkeit, für die Sie sich nicht verbürgen können.

Beispiel

Stellen Sie sich vor, Sie hören in einem Naturkundemuseum zufälligerweise, wie ein Besucher einem anderen zuraunt: „Schau mal, dieses Dinosaurierskelett da vorne ist siebzig Millionen und zwei Jahre alt." Zweifellos dürfte es Sie brennend interessieren, woher besagte Person das so genau weiß, und auf Ihre Nachfrage erhalten Sie zur Antwort: „Ich war vor zwei Jahren schon einmal hier, und damals hat mir einer der Museumsmitarbeiter erzählt, das Skelett sei siebzig Millionen Jahre alt."

Als wirklich signifikante Ziffer kann bei den 70 000 000 zweifellos die 7 angesehen werden, die erste aller nachfolgenden Nullen birgt wahrscheinlich (!) bereits eine Unsicherheit: Ob der Tod des Urzeit-Tieres nun bloß 69 Mio. oder doch schon 71 Mio. Jahre her ist, mag zwar gefühlt keinen großen Unterschied machen, aber eine Schwankungsbreite von zwei Millionen Jahren ist ja nun auch kein Pappenstiel. Mit der Aussage „$7,0 \times 10^7$ Jahre" gemäß den Spielregeln der wissenschaftlichen Notation kommt man damit den tatsächlichen Gegebenheiten gewiss näher als mit all den Genauigkeit verheißenden Nullen. Sollten Sie das Alter des Dinos allerdings tatsächlich auf das Jahr genau kennen, und es sind tatsächlich *exakt* siebzig Millionen, dann kann dieser Genauigkeit ebenfalls mit der wissenschaftlichen Notation Rechnung getragen werden. Dann schreibt man „$7,000 000 0 \times 10^7$ Jahre", und schlagartig sind wirklich *alle* angegebenen Nullen signifikant. Aber das sollte man eben auch nur dann machen, wenn man es wirklich derart genau weiß.

3

■ **Rechnen mit signifikanten Ziffern**

Beim Rechnen mit Messwerten (also addieren, subtrahieren, multiplizieren, dividieren etc.) muss natürlich berücksichtigt werden, wo die größte Messunsicherheit liegt. Wenn Sie beispielsweise die Zahlen 1,983, 0,896 und 17 addieren sollen, haben Sie das Problem, dass diese Werte unterschiedlich viele signifikante Ziffern besitzen:

— 1,983 hat *vier*

    (die Unsicherheit liegt bei der 3, der „wahre Wert" könnte also auch 1,9826 oder 1,9834 sein)

— 0,896 hat nur *drei*

    (nicht vergessen: führende Nullen sind nicht signifikant, hier steht die Zahl $8,96 \times 10^{-1}$!)

— 17 hat *zwei* signifikante Ziffern (bei diesem Messwert könnte der „wahre Wert" auch 16 betragen, oder auch 18).

Der Taschenrechner meldet Ihnen als Ergebnis der Addition natürlich 19,879 – und dieses Rechenergebnis hat sogar *fünf* signifikante Ziffern.

Würden wir noch weitere Zahlen addieren, erhielten wir früher oder später sogar ein sechsstelliges Ergebnis, aber es kann ja nun nicht sein, dass die Genauigkeit eines Ergebnisses von dessen absoluter Größe abhängt, oder? – Man darf nicht vergessen, dass *jeder einzelne* der hier addierten Messwerte an seiner letzten Stelle eine Unsicherheit mit sich bringt – und diese Unsicherheiten pflanzen sich bei den Rechnungen immer weiter fort. Was tun?

Wenn man verschiedene Messergebnisse mit unterschiedlich vielen signifikanten Ziffern zusammenfassen muss, wird die Genauigkeit des Endergebnisses durch die *Genauigkeit des ungenauesten Wertes* bestimmt (also durch den Wert mit der höchsten Mess-Unsicherheit).

Bei obigem Beispiel ist das die 17 mit ihren zwei signifikanten Ziffern, also darf auch das Endergebnis nur zwei signifikante Ziffern aufweisen. Es gilt also, das rechnerische Endergebnis sinnvoll zu *runden*.

■■ **Runden und Rundungsfehler**

Das Prinzip des Rundens ist eigentlich ganz einfach: Wenn feststeht, wie viele Ziffern die zu rundende Zahl haben soll, wandert man von links in Richtung der Ziffer, die als letzte verbleiben muss, und schaut sich an, welche Ziffer rechts daneben steht:

— Ist die rechte Nachbarziffer *kleiner* als 5, bleibt die letzte verbleibende Ziffer unverändert.

    Der Rest der Zahl wird einfach abgeschnitten, man nennt dies *Abrunden*. (Bei zwei signifikanten Ziffern wird aus 4,23 dann 4,2)

— Ist die rechte Nachbarziffer *größer* als 5, wird die letzte verbleibende Ziffer um 1 erhöht.

    Das ist das *Aufrunden*. (2,28 wird entsprechend bei zwei signifikanten Ziffern zu 2,3)

    Falls die letzte verbleibenden Ziffer eine 9 ist, wird zur Null aufgerundet und die linke Nachbarziffer entsprechend ebenfalls um 1 erhöht: Soll etwa die Zahl 41,98 mit drei signifikanten Ziffern angegeben werden, ergibt sich 42,0. Aber diese Null dann nicht vergessen: Die ist hier signifikant!

Und wenn die rechte Nachbarziffer nun gerade eine 5 ist? Dann beginnt die Diskussion, denn hier gibt es unterschiedliche Meinungen:

In der Analytik gilt gemeinhin:

Ist die rechte Nachbarziffer eine 5, wird so gerundet, dass sich eine gerade letzte signifikante Ziffer ergibt.

Mit zwei signifikanten Ziffern wird 41,5 entsprechend auf 42 *auf*gerundet, während 42,5 auf 42 *ab*gerundet wird. (Das gilt aber *nur,* wenn die Ziffer rechts

3.6 · Signifikante Ziffern oder: Wann ist genau eindeutig *zu* genau?

41   **3**

neben der letzten signifikanten Stelle eine 5 ist! Sie sollten jetzt nicht gnadenlos herumrunden, bis es überall nur noch gerade Zahlen gibt!)

❶ Gleich zwei Warnungen:
Der Punkt „bei 5 zur geraden Zahl runden" wird nicht von allen Analytikern so gesehen! Im Zweifelsfall sollten Sie vermeiden, Ihre Prüferin oder Ihren Prüfer durch striktes Beharren auf diese Fünfer-Regel zu unbedachter Notengebung zu animieren.
Und wenn Sie mit Ihren Messwerten mehrere Rechenoperationen hintereinander ausführen müssen, dürfen Sie *erst nach der allerletzten Rechnung runden*. Bei allen vorangegangenen Rechnungen empfiehlt es sich, mindestens eine, gerne auch zwei oder drei, zusätzliche (und damit eigentlich *nicht* signifikante) Ziffern mitzuschleppen – einfach nur, damit sich die beim Runden zwangsweise ergebenden *Rundungsfehler* nicht immer weiter fortpflanzen.

Was Sie gerade eben über Addition (und entsprechend auch Subtraktion) erfahren haben, gilt prinzipiell auch für Multiplikationen und Divisionen.

> **Beispiel**
> Wollen Sie beispielsweise das Volumen eines rechtwinkligen Hohlkörpers ermitteln, dessen Kantenlängen 23, 42 und 666 mm betragen, ergibt sich rechnerisch:
>
> $23 \text{ mm} \cdot 42 \text{ mm} \cdot 666 \text{ mm} = 643\,356 \text{ mm}^3$
>
> Dieses Rechenergebnis hat sechs signifikante Ziffern. Aber hier wurde mit Zahlen mit nur *zwei* (23, 42) bzw. *drei* (666) signifikanten Ziffern gerechnet, und wieder einmal lässt sich durch Rechnen alleine natürlich keine gesteigerte Genauigkeit erzielen. Auch hier bestimmt die Zahl mit der geringsten Anzahl signifikanter Ziffern die erzielbare Genauigkeit, entsprechend gilt es, auf *zwei* Stellen zu runden:
> Die letzte signifikante Ziffer ist die 4, der rechte Nachbar (eine 3) führt zum Abrunden – damit landen wir zunächst einmal bei 640 000 mm³, aber diese Zahl weist immer noch *sechs* signifikante Ziffern auf. (Wie war das noch einmal mit den nachfolgenden Nullen?)
> Im Rahmen der Messgenauigkeit können wir das Ergebnis also sinnvoll nur so angeben: $6{,}4 \times 10^5 \text{ mm}^3$.

Nun ist das Additions-Beispiel mit den Zahlen 1,983, 0,896 und 17 insofern ein wenig unfair oder zumindest unrealistisch, als dass diese Zahlen in *unterschiedlichen Größenordnungen* liegen, sie also in der wissenschaftlichen Notation sinnvollerweise mit unterschiedlichen Zehnerpotenzen beschrieben werden:
- 1,983 ist wirklich einfach $1{,}983 \times 10^0$
- 0,896 sollte man sinnvollerweise als $8{,}96 \times 10^{-1}$ schreiben
- 17 ist $1{,}7 \times 10^1$

Bei unterschiedlichen Größenordnungen *kann* es bei strikter Betrachtung der signifikanten Ziffern schon ein bisschen verwirrend werden.

> **Tipp**
> Wenn Sie in der Analytik bei einer Messreihe o. ä. mit verschiedenen Messwerten arbeiten, werden diese gemeinhin eher in der *gleichen Größenordnung* liegen. Ist das der Fall, empfiehlt es sich, von der strikten

3

Betrachtung aller signifikanten Ziffern abzuweichen und stattdessen *nur die Nachkommastellen* zu betrachten.

Angenommen, Sie würden fünfmal hintereinander das gleiche Stück Eisen auswiegen. Die Waage meldet auf ihrem Display mit drei Nachkommastellen:

- 9,982 g (vier signifikante Ziffern)
- 9,991 g (vier signifikante Ziffern)
- 9,979 g (vier signifikante Ziffern)
- 9,993 g (vier signifikante Ziffern) und
- 10,001 g (fünf signifikante Ziffern)

10,001 ist natürlich $1{,}0001 \times 10^1$, aber warum sollten Sie sich die Mühe machen, hier noch das Auftreten unterschiedlicher Größenordnungen zu berücksichtigen? Die Zahl der (gemäß der Waage zuverlässigen) Nachkommastellen bleibt schließlich gleich. Nun ermitteln Sie den arithmetischen Mittelwert (ganz einfach alle Messergebnisse addieren und dann durch die Zahl der Messungen teilen – es gibt durchaus noch andere Methoden, derartige Werte zu bestimmen; die wichtigsten lernen Sie beispielsweise in Teil V der „Analytischen Chemie II" kennen) und erhalten als rechnerisches Ergebnis

$(9{,}982 + 9{,}991 + 9{,}979 + 9{,}993 + 10{,}001)/5 = 9{,}9892$

Das sind jetzt aber wieder *fünf* signifikante Ziffern – oder wahlweise: *eine Nachkommastelle zu viel*. Also heißt es: Runden, bis die Zahl der Nachkommastellen wieder stimmt.

Die letzte brauchbare Ziffer ist die letzte 9, die Ziffer danach (die 2) führt zum Abrunden, also beträgt das Endergebnis 9,989.

So einfach kann es sein, wenn man in der gleichen Größenordnung bleibt.

■ ■ **Wie zuverlässig sind ganze Zahlen?**

Das hängt immer davon ab, um was für ganze Zahlen es eigentlich geht. Eigentlich haben ganze Zahlen natürlich *gar keine* Nachkommastellen, aber wenn es sich um **exakte Zahlen** handelt, dann weisen sie eben auch keinerlei Messunsicherheit auf:

Beispiel

Wenn sich in einem Raum 23 Personen befinden, dann sind das eben nicht *ungefähr* 23, die in Wahrheit ebenso gut 22,93 oder 23,08 Personen sein könnten, sondern *ganz genau* 23.

Und auch *definierte* Zahlen (beispielsweise der Umrechnungsfaktor von kg zu g ($\times \cdot 10^3$, also „mal 1000") sind *nicht* mit einer Messunsicherheit behaftet.

Entsprechend sind exakte Zahlen zu behandeln, als hätten sie unendlich vielen Nachkomma-Nullen (also 23,000 00… Personen oder ein Umrechnungsfaktor von 1000,000 000 000…)

Wenn irgendwo ganze Zahlen auftreten, muss man sich also *vor* dem Rechnen informieren, ob es sich um

- eine experimentell ermittelte Zahl (mit einer vorgegebenen Zahl signifikanter Ziffern) oder um
- eine *exakte* Zahl (mit im Prinzip unendlich vielen signifikanten Ziffern) handelt.

3.6 · Signifikante Ziffern oder: Wann ist genau eindeutig *zu* genau?

43   **3**

Entsprechend spielen exakte Zahlen auch keine Rolle bei der Frage, wie viele signifikante Ziffern das Endergebnis aufzuweisen hat.

— Multipliziert man die Zahl 23,426 669 (acht signifikante Ziffern) mit der *exakten* Zahl 3 (unendlich viele Nachkomma-Nullen), erhält man ein Ergebnis, das ebenfalls acht signifikante Ziffer aufweisen muss (70,280007).

— Sollen Sie aber die Fläche eine Papierstreifens ausrechnen, dessen Kantenlänge experimentell als 23,426 669 mm und 3 mm ermittelt wurden, wäre schon die Aussage „ungefähr 70 mm^2" zu genau, schließlich liegen hier bereits *zwei* signifikante Ziffern vor, und die experimentell ermittelte 3 gestattet die Angabe nur *einer einzigen* signifikanten Ziffer. Also bleibt Ihnen nichts anderes übrig, als das Ergebnis mit 7×10^1 mm^2 anzugeben. (Vielleicht sollten Sie dann aber beizeiten ein ernstes Wörtchen mit dem Experimentator reden, der bei der Messung der kürzeren Kante derart nachlässig vorgegangen ist!)

❯❯ FAQ Signifikante Ziffern: Sind Nachkommastellen und signifikante Ziffern das Gleiche?

Dieser falschen (!) Annahme begegnet man immer wieder. Aus irgendeinem Grund scheint das Dezimalkomma für die meisten Studierenden etwas „Ganz Besonders Aussagekräftiges™" zu sein. Dabei wissen Sie doch eigentlich aus der wissenschaftlichen Notation längst, dass die Lage eines Dezimalzeichens frei verschiebbar ist: 6,0 ist eben auch $0,60 \times 10^1$ oder 60×10^{-1}. Und trotzdem besitzt diese Annahme einen wahren Kern, denn mit Hilfe der wissenschaftlichen Notation lässt sich auch bei (sehr) großen Zahlen die Anzahl der signifikanten Ziffern gleich auf einen Blick verdeutlichen.

Gibt man derlei Zahlen nicht in der wissenschaftlichen Notation (mit Zehnerpotenzen und einem Dezimalzeichen), sondern in der Alltags-Schreibweise an, kann es ein bisschen knifflig werden, Aussagen über die Genauigkeit zu tätigen.

Denken Sie an das Beispiel mit dem Dinosaurierskelett zurück: Die erwähnte Zahl 70 Mio. (Jahre) *könnte* durchaus acht signifikante Ziffern haben – auch wenn das eher unwahrscheinlich ist. Zumindest theoretisch ist denkbar, dass bei der Zahl 70 000 000 die Unsicherheit erst bei der letzten Stelle liegt, der gute Dino also auch vor genau 69 999 995 oder etwa 70 000 004 Jahren das Zeitliche gesegnet hat. Führt man hier das Dezimalzeichen ein (das ist ja jederzeit möglich, s.o.), um diese Genauigkeit zu verdeutlichen, müsste man eben „$7,000 000 0 \times 10^7$ Jahre" schreiben. (Das hatten wir in diesem Abschnitt ja schon einmal.)

Will man hingegen unmissverständlich zum Ausdruck bringen, dass die Unsicherheit bei dieser Zahl deutlich früher beginnt, muss man die Zahl der signifikanten Ziffern entsprechend vermindern – bei obiger Schreibweise dann eben die Zahl der Nachkommastellen. Läge die Unsicherheit bereits bei der zweiten Ziffer (könnte das wahre Alter also auch 69 oder 71 Mio. Jahre sein), sollte man „$7,0 \times 10^7$ Jahre" schreiben. Also hängt *doch* alles von den Nachkommastellen ab? – Ein klares Jein:

Genauso gut könnte man diesen Wert auch mit „70×10^6 Jahre" oder mit „$0,70 \times 10^8$ Jahre" angeben. Es ist also *nicht die Zahl der Nachkommastellen* entscheidend, sondern einfach die *Gesamtzahl der signifikanten Ziffern*. Die können eben auch allesamt *vor* dem Komma stehen, so wie das bei „70×10^6 Jahre" der Fall ist.

Kurzfassung:
— Liegen Nachkommastellen vor, sind sie (bei wissenschaftlicher Notation) allesamt signifikant – das gilt aber auch für alle Ziffern *vor* dem Komma.
— Wenn Sie mit experimentell ermittelten Werten arbeiten, die *in der gleichen Größenordnung* liegen, dann können Sie sich auch einfach an der Zahl der Nachkommastellen orientieren. Ist manchmal einfacher.

3

❓ Fragen

11. Sagen Sie über die folgenden Messreihen jeweils etwas hinsichtlich Richtigkeit und Präzision aus:

    a) „wahrer" Wert: 3,0; gemessen: 3,1, 3,2, 3,2, 3,2, 3,3, 4,8

    b) „wahrer" Wert: 23; gemessen: 19, 21, 21, 22, 22, 23, 24, 24, 25, 25, 28

    c) „wahrer" Wert: 42; gemessen: 1, 17, 23, 42, 93, 110, 112, 666

12. Wie viele signifikante Stellen besitzen die folgenden Zahlen?

    a) 23,42

    b) 23,420

    c) 0,42

    d) 0,420

    e) 0,004 20

    f) 66,800 000 03

13. Runden Sie:

    a) 23,666 auf drei signifikante Ziffern

    b) 23,666 auf vier signifikante Ziffern

    c) 187 582 auf zwei signifikante Ziffern

    d) 0,000 000 372 auf zwei signifikante Ziffern

14. Berechnen Sie das Volumen eines rechtwinkligen Hohlkörpers mit den Maßen Höhe = 10 mm, Breite = 0,23 cm, Tiefe = 23,0 mm und geben Sie das Ergebnis mit der korrekten Anzahl signifikanter Stellen an.

15. Natürlich auf der Erde auftretendes Chlor besteht zu 75,78 % aus dem Isotop ^{35}Cl mit der molaren Masse $M(^{35}Cl) = 34,968\ 85$ g/mol und zu 24,22 % aus dem Isotop ^{37}Cl mit $M(^{37}Cl) = 36,965\ 90$ g/mol. Berechnen Sie die molare Masse elementar auftretenden Chlors.

3.7 Ein kurzer Ausflug in die Statistik

Beim Umgang den signifikanten Ziffern (▶ Abschn. 3.6) wurde immer wieder darauf hingewiesen, dass sich Messunsicherheiten ergeben, und wenn Sie sich noch einmal das Lineal von Abb. 3.1 im ▶ Harris anschauen, sollte Ihnen sofort klar werden, wie es zu derlei Fehlern kommt: Unterschiedliche Menschen schätzen Distanzen nun einmal unterschiedlich. Hier spielt also der Zufall eine Rolle.

Harris, ▶ Abschn. 3.1: Signifikante Ziffern

▪ Zufallsfehler

Harris, Abschn. 4.1: Gauß-Verteilung

Wie sehr sich die Abschätzungen unterscheiden, und ob das von Bedeutung ist, zeigt sich recht deutlich, wenn man das Ganze statistisch angeht und die Ablesung durch eine möglichst große Zahl verschiedener Personen vornehmen lässt. Anschließend lohnt es sich, die jeweils erhaltenen „Messwerte" miteinander zu vergleichen, indem man zunächst den **Mittelwert** $\bar{x}$ ermittelt. Das erfolgt gemäß einer einfachen Formel:

$$\text{Mittelwert } \bar{x} = \frac{\sum_{i=1}^{n} x}{n} \tag{3.6}$$

Diese besagt nichts anderes, als dass einfach alle Messwerte x_i addiert und das Ergebnis durch die Zahl der Messungen n dividiert wird. (Das ist das arithmetische Mittel, das Sie höchstwahrscheinlich schon kennen.) Auf diese Weise wird – bei einer hinreichend großen Zahl an Messungen (also in diesem Falle: einer hinreichend großen Zahl an „Versuchspersonen") – *rein statistisch* ausgeglichen, dass es gewiss auch die eine oder andere Person gibt, die im Schätzen so richtig schlecht ist und deswegen einen „viel zu niedrigen" Wert für richtig hält, denn wenn wirklich genug Personen befragt werden, steht zu erwarten, dass es auch jemanden gibt, der „genau in die andere Richtung" schlecht schätzt. Also: Derartige Extremwerte werden einfach „ausgemittelt".

Nun ist natürlich interessant, inwieweit die verschiedenen Messwerte jeweils von diesem (rein rechnerisch bestimmten) Mittelwert $\bar{x}$ liegen. Das verrät Ihnen die **Standardabweichung** s. Diese berechnet sich nach:

$$\text{Standardabweichung } s = \sqrt{\frac{\sum_i (x_i - \bar{x})^2}{n-1}} \qquad (3.7)$$

Je geringer die auf diese Weise erhaltene Standardabweichung s, desto weniger weichen die einzelnen Messwerte vom Mittelwert ab (und umgekehrt).

❗ **Hier kann man leicht in eine Falle tappen, denn bei der Standardabweichung ergeben sich bei großen absoluten Messwerten entsprechend größere Werte für s als bei kleineren absoluten Messwerten. Daraus alleine sollte man nicht unbedingt voreilige Schlüsse hinsichtlich der Genauigkeit oder Präzision einer Messreihe ziehen!**

Beispiel

Vergleichen wir zwei Messreihen mit jeweils fünf Messungen (das ist statistisch nicht gerade belastbar, aber das Prinzip sollte klar werden):

1. Messreihe: 593, 623, 642, 666, 668
2. Messreihe: 5,93, 6,23, 6,42, 6,66, 6,68

Für die erste Messreihe ergibt sich

$$\bar{x}_1 = \frac{593 + 623 + 642 + 666 + 668}{5} = 638{,}4$$

und damit

$$s_1 = \sqrt{\frac{(593 - 638{,}4)^2 + (623 - 638{,}4)^2 + (642 - 638{,}4)^2 + (666 - 638{,}4)^2 + (668 - 638{,}4)^2}{4}}$$

$$= \sqrt{\frac{(-45{,}4)^2 + (-15{,}4)^2 + (3{,}6)^2 + (27{,}6)^2 + (29{,}6)^2}{4}}$$

$$= \sqrt{\frac{2061{,}16 + 237{,}16 + 12{,}96 + 761{,}76 + 876{,}16}{4}} = \sqrt{\frac{3949{,}2}{4}} = \sqrt{987{,}3} = 31{,}42$$

für die zweite hingegen gilt:

$$\bar{x}_2 = \frac{5{,}93 + 6{,}23 + 6{,}42 + 6{,}66 + 6{,}68}{5} = 6{,}384$$

und damit

$$s_2 = \sqrt{\frac{(5{,}93 - 6{,}384)^2 + (6{,}23 - 6{,}384)^2 + (6{,}42 - 6{,}384)^2 + (6{,}66 - 6{,}384)^2 + (6{,}68 - 6{,}384)^2}{4}}$$

$$= \sqrt{\frac{(-0{,}454)^2 + (-0{,}154)^2 + (0{,}036)^2 + (0{,}276)^2 + (0{,}296)^2}{4}}$$

$$= \sqrt{\frac{0{,}2061 + 0{,}0237 + 0{,}0013 + 0{,}0762 + 0{,}0876}{4}} = \sqrt{\frac{0{,}3949}{4}} = \sqrt{0{,}09873} = 0{,}3142$$

Wie sie sehen, ist s_2 und zwei Zehnerpotenzen kleiner als s_1 – aber eben nur, weil sich eben auch die Messwerte selbst um jeweils zwei Zehnerpotenzen unterscheiden.

3

Es scheint, als wäre die Abweichung bei der zweiten Messreihe viel geringer als bei der ersten, und damit müsste die zweite Messreihe deutlich richtiger, präziser und genauer sein. Hinsichtlich der absoluten Zahlen trifft das ja auch durchaus zu: Wenn Sie sich bei einer Länge von 1 m um 1 mm vermessen, ist das *absolut* gesehen eindeutig mehr, als wenn Sie sich bei einer Länge von 1 mm um 1 μm vermessen. Aber *relativ gesehen* nimmt sich das ganz genau gar nichts. Insofern sind Sie gut beraten, auch noch den **Variationskoeffizienten** zu ermitteln (auch als **relative Standardabweichung** bezeichnet): Hierfür müssen Sie nur die Standardabweichung bezogen auf den Mittelwert in Prozent umrechnen, und schon werden die Messwerte viel leichter vergleichbar:

$$\text{relative Standardabweichung} = \frac{s}{\overline{x}} \cdot 100$$

(3.8)

> **Beispiel**
> Für unsere Beispiele von gerade eben ergibt sich:
> - für die 1. Messreihe: $\frac{31{,}42}{638{,}4} \cdot 100 = 0{,}0492$
> - für die 2. Messreihe: $\frac{0{,}3142}{6{,}384} \cdot 100 = 0{,}0492$
>
> Gut, so richtig überraschend kommt das jetzt vermutlich nicht. Aber jetzt liegt es Ihnen *rechnerisch bestätigt* vor.

Aber nicht alle Fehler lassen sich auf den Zufall bzw. statistische Schwankungen zurückführen: Denken Sie an das Beispiel-Gewehr aus ► Abschn. 3.6 zurück, das immer (und somit reproduzierbar) drei Zentimeter neben den anvisierten Punkt traf, und das mit bemerkenswerter Präzision. Hier liegt ein *systematischer* Fehler vor, also ein Fehler, der in der einen oder anderen Weise auf die verwendeten (Mess-)Geräte zurückzuführen ist.

■ **Systematische Fehler**

Einem derartigen systematischen Fehler sind sie bereits ganz zu Anfang dieses Abschnitts begegnet: bei dem Gewehr, das reproduzierbar das anvisierte Ziel jeweils um drei Zentimeter verfehlt hat, und das jedes Mal in der gleichen Richtung. Wo der systematische Fehler nun genau liegt, ist nicht so leicht zu sagen: Vielleicht ist das Visier verstellt, oder aber der Lauf hat einen Fehler usw.

Harris, ► Abschn. 3.3: Fehlerarten

Vergleichbares findet sich durchaus auch in der Analytik, ob es nun ein Detektor ist, der reproduzierbar immer nur 90 % des „tatsächlichen" Messwertes meldet (ein systematischer *relativer* Fehler – er könnte zum Beispiel darauf zurückzuführen sein, dass die Detektor-Optik verschmutzt ist), oder ein pH-Meter, das bei jeder Messung reproduzierbar einen um 0,1 pH-Einheiten zu niedrigen Wert anzeigt (ein systematischer *absoluter* Fehler).

Entscheidend ist hier allerdings, dass sich, wenn man über den systematischen Fehler informiert ist, relativ leicht effektive Gegenmaßnahmen treffen lassen: Der lässt sich bei der Bewertung der Messergebnisse, im wahrsten Sinne des Wortes, *einrechnen*. (Ihn beheben zu wollen, kann sich hingegen zu einem langwierigen Unterfangen auswachsen. Manchmal ist es dann einfacher, ihn zu lassen, wie er ist, weil man ja weiß, wie man damit umzugehen hat.)

Zusammenfassung

Grundbegriffe

In der *qualitativen* Analytik wird das Vorhandensein eines Analyten überprüft.

In der *quantitativen* Analytik wird die Menge des Analyten bestimmt.

Bei beidem wird zwischen *zerstörungsfreien* und *nicht-zerstörungsfreien* Verfahren unterschieden.

Probennahme und Trennverfahren

Liegt eine *homogene* oder eine *heterogene* Probe vor? In letzterem Falle ist diese zu *homogenisieren*.

Beim Filtrieren eines heterogenen Gemisches gelangt das *Filtrat* durch den Filter in ein neues Gefäß, im Filter verbleibt der *Rückstand*.

Muss ein Analyt *extrahiert* werden, passt man das dafür gewählte Lösemittel den Lösungseigenschaften des betreffenden Analyten an:

— Für *unpolare* Analyten ist ein *unpolares* Extraktionsmittel zu wählen,

— für *polare* Analyten entsprechend ein *polares*.

Es gilt die alte Weisheit **Gleiches löst sich in Gleichem.**

Bei chromatographischen Trennverfahren unterscheidet man die *stationäre* Phase (das Säulenmaterial; unbeweglich und meist fest) und die *mobile* Phase, also das Lösemittel(-gemisch). Je nach Verfahren wird als mobile Phase eine Flüssigkeit oder ein Gas verwendet.

Bei manchen Verfahren der Analytik lässt sich der Analyt nicht direkt bestimmen, sondern muss zuvor gezielt einer chemischen Veränderung unterzogen werden, einer *Derivatisierung*.

Qualitätssicherung und Kalibrierung

Jegliche Messwerte sind mit SI-konformen Präfixes und/oder in der wissenschaftlichen Notation anzugeben.

Bei Gehaltsangaben gilt DIN 1310.

Um herauszufinden, ob eine Analysenmethode für die jeweils vorliegenden Gemische geeignet ist, sind die Mengenbereiche zu beachten:

Es gilt:

— Arbeitsbereich $A = m_i$

— Probenbereich $P = m_i + m_0$ (mit $m_0 =$ Gesamtmasse aller Verunreinigungen)

— Gehaltsbereich $G = \dfrac{m_i \cdot 100}{m_i + m_0}$

Dabei ergibt sich die Beziehung: $P = P = \frac{A}{G} \cdot 100$

Jedes Messgerät muss *kalibriert* werden. Dafür sind mit Hilfe von *Standardlösungen* (mehrere Blind- und mindestens eine Leerprobe) *Kalibrierkurven* zu erstellen; zuverlässig nutzbar sind derlei Kurven nur in deren *linearen* Bereich. Eine in diesem Bereich eingezeichnete Ausgleichsgerade gestattet das Interpolieren.

Beachten Sie beim Angeben von Messwerten die *signifikanten Ziffern*.

3

Antworten

1. Wenn es um einen Gehalt geht, ist stets eine quantitative Analyse gefragt. Und bei einem historischen Fund scheidet eine zerstörerische Analyse zweifellos aus, also müssen Sie eine zerstörungsfreie Methode zur quantitativen Bestimmung von Blei finden. Die gibt es. Aber auf die Röntgenfluoreszenzanalyse gehen wir erst in Teil V ein.

2. Zunächst einmal sollten sie die Ausgangs-Kupfer(II)-Lösung auf 10 gleichgroße Portionen aufteilen.

   a) Idealerweise hätte jedes dieser Aliquote ein Volumen von 10,0 mL. Das funktioniert aber eigentlich nur auf dem Papier. Wenn Sie im real existierenden Labor 100 mL einer Lösung auf zehn 10,00-mL-Messkolben aufteilen müssen, werden Sie feststellen, dass der letzte Kolben *nicht ganz* bis zur Marke aufgefüllt sein wird. Ein kleiner Teil der Ausgangslösung bleibt eben im Ausgangsgefäß hängen. Entsprechend sollte man diese letzte Probe einfach nicht weiterverwenden. Sie haben ja noch neun Aliquote, mit denen man arbeiten kann.

   b) Für jedes dieser Aliquote gilt natürlich nach wie vor $[Cu^{2+}] = 0{,}1$ mol/L: Die Konzentration einer Lösung ist ja nicht von deren Volumen abhängig. Und genau darum geht es ja beim Aliquotieren: Dass man kleinere Portionen mit nach wie vor exakt vorgegebener Konzentration hat.
   (Ein jedes Aliquot kann man dann nach Bedarf gezielt weiter verdünnen und so etwa eine **Verdünnungsreihe** ansetzen.)

   c) Zum Ermitteln der Stoffmenge der vorhandenen Kupfer(II)-Ionen benötigen Sie eine Formel, die Sie zweifellos schon aus der *Allgemeinen Chemie* kennen (▶ Binnewies, ▶ Abschn. 1.2):

   Binnewies, ▶ Abschn. 1.2: Größen und Einheiten

   $$c = \frac{n}{V}; \text{ mit } n = \text{ Stoffmenge (in mol); } V = \text{ Volumen (in L)}$$

   Gesucht ist die Stoffmenge, also muss umgestellt werden zu
   $$n = c \cdot V$$
   Es ergibt sich 0,1 [mol/L] × 10,0 [mL] = 0,1 [mol/L] × 0,010 [L] = 0,001 [mol] Cu^{2+}-Ionen, die sich in jedem Aliquot befinden.

   d) Erneut sollten Sie auf eine Formel zurückgreifen, die Ihnen der ▶ Binnewies schon geliefert hat:

   $$n = \frac{m}{M}; \text{ mit } m = \text{ Masse (in g); } M = \text{ molare Masse}$$

   (in g/mol; jedem guten Periodensystem zu entnehmen)

   Gesucht ist die Masse der in Lösung befindlichen Kupfer(II)-Ionen, also muss wieder einmal umgestellt werden:
   $$m = n \cdot M$$
   Hier sollten Sie auf 0,001 [mol] × 63,5 [g/mol] = 0,0635 [g] = 63,5 mg Cu pro Aliquot kommen.

Tipp

Bei Rechnungen wie für 2c und 2d empfiehlt es sich stets, auch die Einheiten mitzunehmen und zu betrachten. So kann man immer gleich überprüfen, ob der Rechenweg überhaupt richtig sein *kann*. Wenn Sie z. B. eine Konzentration berechnen wollen, aber bei den Einheiten kommt L/mol² oder ein ähnliches Ungetüm heraus, muss irgendetwas schiefgelaufen sein.

Achtung:

Wenn es mit den Einheiten hinkommt, heißt das noch lange nicht, dass die Rechnung auch richtig sein muss. Aber wenn es schon an den Einheiten scheitert, *kann* sie nicht richtig sein.

3. Bei Flüssigkeiten bietet die Frage, ob beim Filtrieren ein Rückstand im Filter verbleibt, einen guten ersten Hinweis. Nun der Reihe nach:

   a) Leitungswasser sollte gefälligst eine homogene Probe darstellen (viel Wasser und einige darin gelöste Salze). Wenn Ihr Leitungswasser vor dem Trinken filtriert werden muss, würde ich ernstlich darüber nachdenken, die Wasserleitungen austauschen zu lassen …

   b) Blut ist ein buntes Gemisch aus wasserlöslichen Substanzen (diverse Salze usw.) und Wasserunlöslichem, etwa Zellfragmenten. Im Filter würde reichlich Feststoff verbleiben. Also: eine heterogene Probe.

   c) Weißweinessig ist eine wässrige Lösung von zahlreichen gut wasserlöslichen Verbindungen, darunter eben Essigsäure (CH_3-COOH), diverse gut wasserlösliche Aromen und reichlich Salze. Diese homogene Mischung sollte eigentlich vollständig durch den Filter gehen. (Wenn doch etwas im Filter zurückbleibt, dann haben Essigsäurebakterien in der Flasche Essigmutter erzeugt. Sieht vielleicht ein bisschen ekelig aus, ist aber harmlos.)

   d) Dass es sich bei einem Essig/Öl-Gemisch um eine Emulsion handelt, wurde im Text sogar ausdrücklich erwähnt – auch wenn *manche* behaupten, das sei nicht ganz korrekt, denn bei einer *echten* Emulsion findet keine Entmischung statt, während bei jeder Salatsauce, die nicht durch einen Emulgator (wie Senf o. ä.) stabilisiert wurde, letztendlich wieder Phasentrennung erfolgt, bei der die Öl-Phase wegen ihrer geringeren Dichte auf der wässrigen Essig-Phase schwimmt. Auf jeden Fall handelt es sich um ein heterogenes Gemisch.

   e) Wie viele andere klare alkoholische Getränke auch, handelt es sich bei Gin um eine wässrige Lösung mit einem Alkoholanteil in der Größenordnung von 40 %, in der zusätzlich noch zahlreiche Aromastoffe gelöst sind. Im Gegensatz zu manchen Kräuterlikören ist Gin unzersetzt filtrierbar.

   f) Milch ist wieder eine Emulsion, also ein flüssig-flüssig-Gemisch von Wasser und Milchfett, in dem zusätzlich noch einige Proteine und Milchzucker gelöst sind. In erster Näherung kann man sagen: feine Milchtröpfchen in wässriger Lösung. Die Entmischung/Phasentrennung dauert zwar deutlich länger als bei einem Essig/Öl-Gemisch, aber auch Milch ist eine heterogene Mischung. (Das gilt auch für die sogenannte *homogenisierte* Milch! Bei dieser sind die Fetttröpfchen bloß mechanisch noch weiter zerkleinert worden, so dass die Phasentrennung noch länger braucht. Aber auch homogenisierte Milch ist eine *heterogene* Mischung. Was Nicht-Wissenschaftler der wissenschaftlichen Fachsprache manchmal antun …)

   g) Das äußerst edle Metall Gold tritt in der Natur häufig *gediegen* auf (also tatsächlich als elementares Gold, nicht in wie auch immer gearteten Verbindungen) – allerdings meist eingeschlossen in anderen Mineralien. Also stellen auch Golderze heterogene Mischungen dar.

   h) Hier werden zwei homogene Lösungen (jeweils gelöstes Salz im Lösemittel Wasser) miteinander vermischt, ohne dass es zu einer Fällung oder einer anderen chemischen Reaktion käme. Entsprechend liegt anschließend eine homogene Mischung frei herumschwimmender Kationen und Anionen vor.

4. Offenkundig hat sich der Sand nicht im Lösemittel Wasser gelöst, sonst wäre es ja keine Aufschlämmung. Entsprechend bleibt bei Filtrieren der Sand im Filter zurück und bildet so den Rückstand, während die Kochsalzlösung das Filtrat darstellt.

   Zweifellos haben *Sie* schon längst genug Chemie-Erfahrung, um überhaupt auf so eine Idee zu kommen, aber manche Laien glauben allen Ernstes, wenn man eine Kochsalzlösung filtriere, müsse das Salz im Filter verbleiben, und das Filtrat sei dann völlig salzlos. Es ist sehr schwer, derlei Menschen zu erklären, dass (und warum) die Entsalzung von Meerwasser doch *etwas* aufwendiger ist.

3

5. Sortieren wir zunächst die zur Verfügung stehenden Lösemittel nach ihrer Polarität (hier empfiehlt es sich, noch einmal über Dinge wie Wasserstoffbrückenbindungen nachzudenken, die ja für polare Verbindungen sehr charakteristisch sind, und ansonsten Elektronegativitätsdifferenzen im Blick zu behalten. Am polarsten ist hier das Wasser: Es kann mit je zwei H-Atomen und zwei freien Elektronenpaaren bei Wasserstoffbrückenbindungen Donor und Akzeptor gleichermaßen sein. Beim Ethanol haben wir eine zu Wasserstoffbrückenbindungen fähige OH-Gruppe, zugleich aber auch den Ethylrest, der dank des äußerst geringen Elektronegativitätsunterschieds zwischen C und H als unpolar angesehen werden kann. Beim Diethylether haben wir zwei dieser (unpolaren) Ethylreste, die über ein deutlich elektronegativeres Sauerstoff-Atom verbrückt sind. Dieses O-Atom ist von zwei Bindungspartnern (je einem Ethyl-C) und zwei freien Elektronenpaaren umgeben, was gemäß dem VSEPR-Modell (Binnewies, Abschn. 5.4) zu einem gewinkelten Bau führt. Damit ergibt sich ein permanentes, wenngleich sehr moderates Dipolmoment – und damit ist der Diethylether immer noch deutlich polarer als der Kohlenwasserstoff Hexan, der außer van-der-Waals-Wechselwirkungen praktisch gar nichts kann. Also ergibt sich die Polaritätsreihenfolge

   Wasser > Ethanol > Diethylether > Hexan

   Nun schauen wir uns die zu betrachtenden Analyten an:
   a) Haushaltzucker ist äußerst polar (sonst würde er sich ja wohl kaum auch in ernstzunehmenden Mengen in Tee lösen, und Tee besteht, wie Sie wissen, vornehmlich aus Wasser). Zugleich wissen Sie, dass weder Sand noch Margarine gut wasserlöslich sind. Also sollte sich der Zucker mühelos mit Wasser aus dem Gemisch extrahieren lassen.
   b) Margarine hingegen ist ein Gemisch aus diversen äußerst unpolaren Fetten. Nach dem Prinzip „Gleiches löst sich in Gleichem" sollte man ein möglichst unpolares Lösemittel wählen, und weder Zucker noch Sand lösen sich in Hexan.
   Bonus-Information: Was würde passieren, wenn Sie sich für Ethanol als das Extraktionsmittel entscheiden? Sand ist auch in Ethanol nicht löslich, aber weil Ethanol dank der polaren OH-Gruppe und des unpolaren Ethyl-Restes amphiphil ist, lösen sich in gewissem Maße sowohl Zucker als auch Margarine darin. So könnten sie, wenn der Analyt-Gehalt nicht zu groß ist, beide Analyten gleichzeitig aus dem Gemisch extrahieren. Ob das allerdings bei den weiteren Analyse-Schritten, die noch kommen mögen, wirklich von Vorteil ist, würde sich dann erst noch zeigen …

6. Wieder ist die Polarität entscheidend: Die Margarine ist deutlich weniger polar als Zucker. Die stationäre Phase ist polar, die mobile Phase weitgehend unpolar. Daraus folgt: Der polare Zucker wird stärker mit der stationären Phase wechselwirken, so dass relativ viel Laufmittel benötigt wird, um ihn von der Säule zu waschen. Die unpolare Margarine kann ohnehin nicht sonderlich stark mit der polaren stationären Phase wechselwirken, und zudem wechselwirkt sie ganz prächtig mit dem ebenfalls wenig polaren Laufmittel. Also kommt die Margarine deutlich früher am anderen Ende der Säule an.

7. Dazu brauchen Sie zunächst einmal die Bestimmungsgleichungen der Anteilangabe und der Konzentrationsangabe aus obigen Tabellen:
   Die Anteilangabe $\omega_i = \frac{m_i}{m_{(\text{Lösung})}}$ soll umgerechnet werden auf die

   Konzentrationsangabe $c_i = \frac{n_i}{V_i}$
   Aus der *Allgemeinen Chemie* wissen Sie, dass

   $$n_i = \frac{m_i}{M_i}$$

   Damit kommen Sie beim Zähler der angestrebten Gleichung schon einmal weiter. Aber wie kommt man von der Masse der Lösung (m(Lösung)) auf das

Volumen? – Der Zusammenhang ergibt sich aus der Bestimmungsgleichung für die Dichte:

$$\rho_{(\text{Lösung})} = \frac{m_{(\text{Lösung})}}{V_{(\text{Lösung})}}$$

Jetzt kann man einsetzen:

$$c_i = \frac{n_i}{V_{(\text{Lösung})}} = \frac{m_i/M_i}{m_{(\text{Lösung})}/\rho_{(\text{Lösung})}} \text{ und das ist gleich } \frac{m_i}{M_i} \cdot \frac{m_{(\text{Lösung})}}{\rho_{(\text{Lösung})}} \text{ oder eben}$$

$\frac{m_i}{M_i} \cdot \frac{\rho_{(\text{Lösung})}}{m_{(\text{Lösung})}}$

Da $\frac{A}{C} \cdot \frac{B}{D} = \frac{A}{D} \cdot \frac{B}{C}$, ist auch $\frac{m_i}{M_i} \cdot \frac{\rho_{(\text{Lösung})}}{m_{(\text{Lösung})}} = \frac{m_i}{m_{(\text{Lösung})}} \cdot \frac{\rho_{(\text{Lösung})}}{M_i}$

Und weil $\frac{m_i}{m_{(\text{Lösung})}} = \omega_i$, ergibt sich

$$c_i = \omega_i \cdot \frac{\rho_{(\text{Lösung})}}{M_i} = \omega_i \cdot \frac{m_{(\text{Lösung})}}{V_{(\text{Lösung})} \cdot M_i}$$

Die Antwort auf die Frage lautet dann:

$c_i = \frac{\omega_i \cdot m_{(\text{Lösung})}}{V_{(\text{Lösung})} \cdot M_i}$

Das *muss* man nicht immer so machen. Aber es stellt erstens eine gute Übung dar, und zweitens reagieren viele Prüfer bemerkenswert allergisch darauf, wenn Studierende jegliche Rechenaufgaben über das Aneinanderhängen von Dreisatz-Aufgaben zu lösen versuchen. Das *geht* zwar, aber es ist … unelegant. Abgesehen davon können sich die Rundungsfehler, die beim konkreten Ausrechnen aller Zwischenergebnisse unvermeidbar sind, ganz schön aufsummieren. Mehr dazu in ▶ Abschn. 3.6.

8. Ja, das schreit nach einem einfachen Dreisatz. Aber wir wollen das hier handhaben wie eine echte Frage der Analytik. Also formulieren wir die Frage auf Mengenbereiche und die offiziellen Formelsymbole von DIN 1310 um: Über den Analyten x ist gegeben, dass $\omega(x) = 10\,\% = 0{,}1$. Seine Masse $m(x)$ muss mindestens 0,5 mg betragen, um eine eindeutige Detektion zu gewährleisten. Welche Probenmasse $m(\text{Probe})$ ist erforderlich?

$$\omega(x)\text{Probe} = 0{,}1 = \frac{m_x}{m_{(\text{Probe})}}$$

Also gilt $m(x) = 0{,}1 \cdot m_{(\text{Probe})}$ bzw. $m(\text{Probe}) = \frac{m_x}{0{,}1} = \frac{0{,}5\,[\text{mg}]}{0{,}1} = 5\,\text{mg}$

Die zugehörigen Mengenbereiche? Der Gehaltsbereich aus ▶ Gl. 3.4 ist nichts anderes als ω, nur eben schon mit 100 multipliziert, der Arbeitsbereich A ist $m(x)$ (oder m_i), und der Probenbereich P, also die für ein eindeutiges Ergebnis erforderliche Menge an Probe, ist einfach nur $m(x) + m(\text{alle Verunreinigungen})$, oft eben m_0 genannt.

9. Schnellantwort: Wenn die Empfindlichkeit des Messverfahrens sich nicht geändert hat, muss bei einem auf ein Zehntel abgesunkenen Gehalt die Probenmenge wohl verzehnfacht werden, also in diesem Falle 50 mg betragen. Aber Sie sollten das wirklich noch einmal mit ω_i, A, P und G nachrechnen.

10. Trägt man die Herzschlagrate der einzelnen Tiere gegen die Temperatur auf (Sie haben ja wohl hoffentlich nicht auf der x-Achse die Nummer der Tiere aufgetragen, oder?), ergibt sich zunächst einmal folgendes Bild:

3

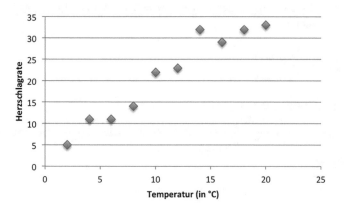

Die nackten Daten

Auch wenn offenkundige Schwankungen zu beobachten sind, kann man eindeutig einen Trend erkennen und entsprechend eine Trendlinie einzeichnen:

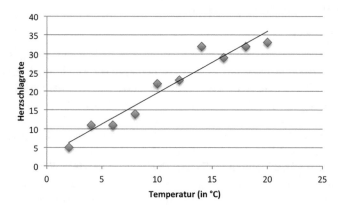

… mit Trendlinie

Auch hier wäre es natürlich wieder völlig fehl am Platze, die Punkte einfach nur zu einer Fieberkurve zu verbinden:

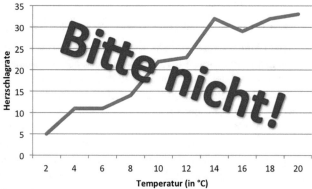

Keine Fieberkurven!

Die Trendlinie (nicht aber die Fieberkurve!) lässt einen direkten (linearen?) Zusammenhang zwischen Temperatur und Herzschlagrate erahnen: Je höher die Temperatur, desto schneller schlagen die Herzen der Versuchstiere. Das ist aber auch schon so ziemlich alles, was sich mehr oder minder zuverlässig sagen lässt: Für genauere Angaben müsste alleine schon die Anzahl der Versuchstiere pro Temperaturzone drastisch erhöht werden. (Sollte die allgemeine

Tendenz tatsächlich zutreffen, ist etwa nicht einzusehen, warum es im Temperaturbereich zwischen >2 und <8 °C zu einer Herzfrequenz-Konstanz kommen soll.) Die Trendlinie gestattet aber wenigstens (im Rahmen der Messgenauigkeit) auch die Interpolation auf Herzschlagraten bei ungeraden Temperaturwerten.

Was dieser Graph aber *keineswegs* gestattet, ist die Extrapolation: Zwar legt die Trendlinie nahe, dass mit steigenden Temperaturen auch höhere Herzschlagraten zu erwarten stünden, aber zum einen stellt sich wirklich die Frage, ob auch bei deutlich erhöhten Temperaturen immer noch ein mehr oder minder *linearer* Zusammenhang zwischen Temperatur und Frequenz besteht oder irgendwo ein Maximal-Plateau erreicht wird (weil die Herzen der Tiere noch schneller einfach nicht können), und zum anderen kommt irgendwann unweigerlich die Temperatur, oberhalb der die Herzschlagrate schlagartig auf Null absinkt. Es ist allgemein bekannt, dass gekochte Schlange ungefähr wie Hühnchen schmeckt.

Auch Extrapolation zu niedrigeren Temperaturen ist sicherlich mehr als nur bedenklich: Folgt man der Trendlinie in Richtung sinkender Temperaturen, ergeben sich rein graphisch rasch negative Herzschlagraten. Dass das physiologisch … interessant ist, leuchtet vermutlich ein. Und selbst wenn auch bei sinkenden Temperaturen noch eine Tendenz erkennbar sein sollte, wird diese ganz gewiss nicht mehr linear sein, sondern sich immer weiter asymptotisch der x-Achse, also dem Messwert „0", annähern. Immer weiter? – Nein, irgendwann sind auch Pythons tiefgefroren, und dann erhalten Sie sehr wohl den konkreten Messwert „0".

11. a) Von dem offenkundigen Ausreißer „4,8" einmal abgesehen, liegen alle Messwerte recht nahe beieinander, insofern ist die Präzision gar nicht so schlecht. Allerdings liegen alle Messwerte oberhalb des „wahren" Wertes. Es scheint hier einen systematischen Fehler zu geben, der sich auf die Richtigkeit auswirkt. b) Die Richtigkeit ist löblich, aber die einzelnen Messwerte liegen doch recht weit gestreut, insofern ist die Richtigkeit bestenfalls leidlich. c) „Vom Winde verweht" gilt hier für Richtigkeit und Präzision gleichermaßen. Dass einmal ein „Volltreffer" erzielt wurde, darf getrost als reiner Zufall angesehen werden.

12. Es gelten die in ▶ Abschn. 3.6 dargelegten Spielregeln:
    a) 23,42: Alle Ziffern sind signifikant, also: *vier* Stellen.
    b) 23,420: Nachfolgende Nullen sind signifikant, also: *fünf* Stellen.
    c) 0,42: Führende Nullen sind *nicht* signifikant (die Zahl kann auch als $4{,}2 \times 10^{-1}$ dargestellt werden), also nur *zwei* signifikante Ziffern.
    d) 0,420: Führende Nullen sind immer noch nicht signifikant, nachfolgende Nullen hingegen schon, also *drei* signifikante Ziffern.
    e) 0,00420: Es gilt das Gleiche wie bei (d), hier steht die Zahl $4{,}20 \times 10^{-3}$, also wieder *drei* signifikante Ziffern.
    f) 66,800 000 03: Nullen zwischen signifikanten Ziffern sind natürlich signifikant, also haben wir hier ganze *zehn* signifikante Ziffern.

13. Runden Sie:
    a) 23,666 auf drei signifikante Ziffern: Die erste 6 ist signifikant, die Nachbar-6 führt zum Aufrunden, also 23,7.
    b) 23,666 auf vier signifikante Ziffern: Das Gleiche um eine Stelle weiter nach rechts verschoben ergibt 23,67.
    c) 187 582 auf zwei signifikante Ziffern: Nur die 1 und die 8 sind signifikant, die nachfolgende 7 führt zum Aufrunden auf 190 000, aber das hat entschieden zu viele signifikante Ziffern, also $1{,}9 \times 10^5$ oder 19×10^4.
    d) 0,000 000 372 auf zwei signifikante Ziffern: Alle führenden Nullen sind nicht signifikant, sondern nur die 3 und die 7, die nachfolgende 2 führt zum Abrunden; es ergibt sich 0,000 000 37 oder (besser) $3{,}7 \times 10^{-8}$ (oder auch 37×10^{-9}).

3

14. Die Aufgabe barg eine kleine Falle: Die Breite ist in cm angegeben, die beiden anderen Maße in mm. Also umrechnen. Dann führen die Maße Höhe x Breite x Tiefe zum reinen Rechen-Ergebnis 529 mm^3. Aber nur die Tiefe war wirklich mit drei signifikanten Ziffern angegeben, die Höhe, das sah man auf den ersten Blick, nur mit zwei, und auch die Breite (die mit den cm) hatte eine führende Null. Also müssen 529 mm^3 nun auf zwei signifikante Ziffern gerundet werden. 5 und 2 sind signifikant, die 9 führt zum Aufrunden, also rechnerisch 530, aber das ist wieder eine Stelle zu viel, also $5,3 \times 10^2$ mm^3.

15. Erst einmal reines Ausrechnen: $(0,7578 \times 34,968\ 85$ g/mol$) + (0,2422 \times 36,965\ 90$ g/mol$) = 35,452\ 535\ 51$ g/mol. Was sagen die signifikanten Ziffern dazu? Die Atommassen der einzelnen Chlor-Isotope sind mit „fünf Stellen hinter dem Komma" angegeben, insgesamt mit *sieben* signifikanten Ziffern. Das reine Rechenergebnis simuliert eine Genauigkeit von *zehn* signifikanten Ziffern. Also sollte wenigstens auf fünf Stellen hinter dem Komma gerundet werden, das wären dann schon einmal 35,452 54 g/mol. Hinter der 3, der letzten signifikanten Ziffer, steht eine 5, und wenn Sie die „Fünfer-Regel" anwenden, ist hier zur geraden 4 aufzurunden. Aber diese Überlegung war gänzlich vergebens, denn die beiden Prozentzahlen aus der Aufgabenstellung sind ja *auch* experimentell ermittelt, also sind hier nur insgesamt *vier* signifikante Ziffern legitim. Auf ein Neues! Aus den rechnerisch ermittelten 35,452 535 51 g/mol werden dann 35,45 g/mol (die 2 nach der 5 führt zum Abrunden).

Und trotzdem ist das Endergebnis als Antwort auf die Frage *falsch* (damit haben Sie nicht gerechnet, was?), denn gefragt war nach der molaren Masse *elementar* auftretenden Chlors, und aus der *Allgemeinen Chemie* (oder den Grundlagen der *Anorganischen Chemie*) wissen Sie sicherlich, dass Chlor im elementaren Zustand diatomar auftritt, also als Cl$_2$. Damit beträgt die molare Masse des elementaren Chlors natürlich $2 \times 35,45$ g/mol, also 70,90 g/mol. Da die hier rechnerisch verwendete 2 eine *exakte* Zahl ist (es sind ja nicht „ungefähr 2" Chlor-Atome pro Molekül, sondern *„ganz genau 2"*), müssen Sie jetzt keineswegs auf eine einzige signifikante Ziffer runden. Die Null am Ende ist wieder signifikant.

Literatur

Binnewies M, Jäckel M, Willner, H, Rayner-Canham, G (2016) Allgemeine und Anorganische Chemie. Springer, Heidelberg

Brown T L, LeMay, H E, Bursten, BE (2007) Chemie: Die zentrale Wissenschaft. Pearson, München

Harris DC (2014) Lehrbuch der Quantitativen Analyse. Springer, Heidelberg

Jander G, Blasius, E (1983) Lehrbuch der analytischen und präparativen anorganischen Chemie. Hirzel, Stuttgart.

Mortimer CE, Müller U (2015) Chemie: Das Basiswissen der Chemie. Thieme, Stuttgart

Ortanderl S, Ritgen U (2018) Chemie – das Lehrbuch für Dummies. Wiley, Weinheim

Riedel E, Janiak C (2007) Anorganische Chemie. de Gruyter, Berlin

Schwister K (2010) Taschenbuch der Chemie. Hanser, München

Natürlich gibt es noch weidlich weitere Lehrbücher der Analytischen Chemie: Diese Auflistung erhebt keinerlei Anspruch auf Vollständigkeit.

Zudem ist es ratsam, nachdem erst einmal Grundkenntnisse erlangt wurden, sich mit weiterführender Literatur zu befassen. Insbesondere das (wirklich beachtliche) Literaturverzeichnis des Harris wird Ihnen weiterhelfen.

Maßanalyse

Inhaltsverzeichnis

■ **Voraussetzungen**

In diesem Studienabschnitt werden „nasschemische" quantitative Analyse-
methoden behandelt. Dahinter stecken die üblichen Reaktionen, die Sie bereits
aus der *Allgemeinen* und der *Anorganischen Chemie* kennen werden.

Für die quantitative Betrachtung von *Säure/Base*-Titrationen sollten wir mit
den folgenden Begriffen, Konzepten und Prinzipien umzugehen wissen:

- Säuren und Basen nach Brønsted
- Säuren und Basen nach Lewis
- Säure/Base-Paare
- ein- und mehrprotonige Säuren
- Massenwirkungsgesetz (MWG)
- dynamisches Gleichgewicht
- Gleichgewichtskonzentrationen
- Autoprotolyse des Wassers
- pH-Wert
- Ampholyte/Amphoterie
- Puffer
- Henderson-Hasselbalch-Gleichung
- Auch die „Eigennamen" zumindest äußerst gebräuchlicher Säuren (Salzsäure,
  Schwefelsäure etc.) und Basen (Ammoniak, Natronlauge) werden als bekannt
  vorausgesetzt.

Wenn für die Analyse einer Lösung *Komplexe* verwendet werden, brauchen wir:

- Liganden
- Chelatliganden
- den Chelateffekt
- Stabilitätskonstanten
- und dazu ein gewisses allgemeines Verständnis dafür, was es mit Komplexen
  im Ganzen überhaupt auf sich hat.

Spielen *Reduktions- und Oxidationsprozesse* bei der gewählten Analysenmethode eine Rolle, gibt es ebenfalls einige Fachtermini und Konzepte, die
Ihnen vertraut sein sollten:

- Oxidation/Oxidationsmittel
- Reduktion/Reduktionsmittel
- Redox-Paare
- Oxidationszahlen (und wie man die bestimmt!)
- Disproportionierung/Synproportionierung
- Partialgleichungen (gelegentlich auch *Teilgleichungen* genannt)
- Redox-Potentiale
- die (elektrochemische) Spannungsreihe
- Nernst-Gleichung
- galvanische Elemente
- Halbzellen
- Salzbrücken
- Kathode/Anode
- Konzentrationszellen
- Weiterhin sollten Sie in der Lage sein, Reaktionsgleichungen für Redox-Re-
  aktionen aufzustellen (und zwar ausgeglichen – Stichwort: *Stoffbilanz/
  Ladungsbilanz*).

Wenn schließlich im Rahmen der Analytik ein (schwerlöslicher) Feststoff aus
einer Lösung *ausgefällt* wird, dann sollten Ihnen folgende Begriffe nicht neu
sein:

- gesättigte Lösung
- Löslichkeitsprodukt (hängt eng mit dem MWG zusammen!)
- Löslichkeit

Allgemein kommen dazu die üblichen Konzentrationsangaben (ganz im Sinne von DIN 1310 aus Teil I): Das Rechnen mit (Stoffmengen-)Konzentrationen und dergleichen mehr sollten wir also beherrschen, und es muss auch klar sein, was gemeint ist, wenn zwei Reaktionspartner „in äquivalenter Menge" vorliegen. Die Fachsprache aus Teil I wird also ebenfalls vorausgesetzt.

Lernziele

Der Begriff „Maßanalyse" umfasst verschiedene Methoden, in einer homogenen Lösung vorliegende Analyten auf nasschemischem Wege quantitativ zu erfassen. Dabei lassen sich praktisch alle Prinzipien der Chemie auf die eine oder andere Weise nutzen: Säure/Base-Reaktionen, Redox-Reaktionen, Fällungs-Reaktionen und Komplexchemie. Diese stellen dann etwa jeweils die Grundlage für eine Titration dar. Dass im Rahmen der Maßanalyse nicht nur qualitativ, sondern quantitativ gearbeitet wird, erfordert erwartungsgemäß auch den Umgang mit den jeweils hinter den Prinzipien stehenden Gesetzmäßigkeiten und Rechenformeln, die – das sollte im Rahmen dieses Teils klar werden – eben keineswegs Selbstzweck sind, sondern derlei Aussagen überhaupt erst ermöglichen. (Ohne das Massenwirkungsgesetz beispielsweise lassen sich über Säure/Base-Reaktionen schlichtweg keinerlei quantitative Aussagen treffen.)

Neben den aufgeführten Methoden der quantitativen Analytik, bei denen es letztendlich auf eine Titration hinausläuft, schauen wir uns in diesem Teil auch noch verschiedene Detektionsmethoden an. Diese basieren ihrerseits auf Prinzipien, die uns in den nachfolgenden Teilen wiederbegegnen werden, insbesondere beim Thema der *Instrumentellen* Analytik. Die zugehörigen Grundlagen dafür sollen allerdings bereits in diesem Teil gelegt werden.

Weil dieses Teil die verschiedenen Reaktionstypen, die sich im Rahmen der Maßanalyse nutzen lassen, etwas genauer unter die Lupe nimmt, bietet dieser Text zugleich eine knappe Zusammenfassung der diesbezüglich wichtigsten Prinzipien der Chemie und zeigt Zusammenhänge auf:

— Bei der Säure/Base-Maßanalyse lässt sich der (Stoffmengen-)Gehalt eines als Säure oder Base fungierenden Analyten bemerkenswert genau ermitteln – wahlweise durch eine *direkte* Titration (wenn das Säure- bzw. Baseverhalten des Analyten hinreichend ausgeprägt ist) oder *indirekt*, durch anschließende Weiterbehandlung der erhaltenen Titrationslösung.

— Eine in diesem Falle besonders häufig verwendete Technik ist die Rücktitration: Dabei versetzt man den Analyten im Überschuss mit einer genau definierten Menge eines Reagenzes, das mit dem Analyten stöchiometrisch reagiert. Da aber erwähntes Reagenz im Überschuss vorliegt, wird nach vollständig abgelaufener Reaktion noch ein Rest verbleiben; dieser wird dann durch eine zweite Titration quantifiziert und gestattet entsprechende Rückschlüsse auf den ursprünglichen Analytgehalt.

— Bei der Komplexometrie basiert die quantitative Analyse auf der Wechselwirkung des Analyten mit Molekülen/Ionen, die Bestandteil eines Komplexes sind oder werden. Dabei kann der Analyt
  — entweder selbst komplexiert werden
  — oder aber die Entstehung eines Komplexes verhindern oder begünstigen.

— In gleicher Weise lassen sich auch Redox-Reaktionen für die Maßanalyse nutzen; das Prinzip der Titration bleibt dabei unverändert.

— Die Schwerlöslichkeit mancher Verbindungen gestattet auch Fällungstitrationen: Hier wird der Analyt der homogenen Lösung durch Bildung eines Niederschlags entzogen.
  — Die Massenbestimmung des Ausgefällten durch Auswiegen führt dann zur Methode der Gravimetrie.

Neben den verschiedenen Reaktionstypen gilt es auch noch zu erkunden, wie man überhaupt verwertbare Messergebnisse erhält. Entsprechend werden wir ausgewählte Detektionsmethoden nicht nur allgemein ansprechen, sondern auch darauf eingehen, was dabei eigentlich auf molekularer bzw. atomarer Ebene geschieht.

Allgemeines zur Maßanalyse

4

Die Maßanalyse wird auch als **Volumetrie** bezeichnet – dieser Begriff lässt deutlich rascher erkennen, welches Prinzip hinter dieser Methode der Analytik steckt: Zu einer Lösung, die den Analyten enthält (und ggf. auch noch anderes, dazu später mehr), wird die Lösung eines Reagenzes hinzugegeben, das mit dem Analyten in charakteristischer Weise reagiert, so dass sich die eine oder andere (mikroskopische oder makroskopische) Eigenschaft der Analyt-Lösung in quantifizierbarer Weise verändert. Entscheidend bei der Maßanalyse ist, dass man das *Volumen der zur Analyt-Lösung hinzugegebenen Reagenz-Lösung* so genau wie möglich bestimmt und anhand dieses Reagenz-Volumens (also des „Reagenz-Verbrauchs") Rückschlüsse auf die Konzentration der Analyt-Lösung ziehen kann.

Das führt uns zunächst einmal zu drei Fragen:

■ **Erstens: Womit haben wir es zu tun?**

In der Volumetrie haben sich die folgenden Sammelbegriffe eingebürgert:

— Als **Analyt** wird nicht nur der zu quantifizierende Stoff selbst bezeichnet, sondern auch die (homogene) Lösung, die ihn enthält.

— **Titrant** ist die Bezeichnung sowohl für die Substanz, die zur Reaktion mit dem Analyten gebracht wird, als auch für die (homogene) Lösung dieser Substanz.

■ **Zweitens: Was genau machen wir da?**

Bei einer Vielzahl unterschiedlicher volumetrischer Methoden bedient man sich des Prinzips, anhand der Veränderungen spezifischer Eigenschaften einer Analyt-Lösung durch die Wechselwirkung (meist: Reaktion) von Analyt und Titrant etwas über den Analyten selbst in Erfahrung zu bringen. Die wichtigsten Methoden hierbei sind:

— die Säure/Base-Titration; zu der kommen wir in ▶ Kap. 5

— die Maßanalyse mit Komplexen, die auch als **Komplexometrie** bezeichnet wird; darüber erfahren Sie mehr in ▶ Kap. 6

— die Redox-Titration, bei der die Oxidier- oder Reduzierbarkeit des Analyten ausgenutzt wird (dazu mehr in ▶ Kap. 7)

— die Fällungstitration, bei der das Löslichkeitsprodukt eine wichtige Rolle spielt, und deren Grundprinzipien wir in ▶ Kap. 8 betrachten

■ **Drittens: Welche Eigenschaften verändern sich denn?**

Prinzipiell weist jede Lösung eine Vielzahl von Charakteristika auf, die sich (zumindest theoretisch) verändern ließen, aber meist beschränkt man sich auf einige wenige Eigenschaften bzw. Phänomene:

— der *Farbumschlag* oder eine anderweitige farbliche Veränderung: eine oft schon mit bloßem Auge zumindest qualitativ erfassbare farbliche Veränderung der Analyt-Lösung nach Zugabe einer hinreichenden Menge Titrant. Hier muss die beobachtete Farbe mit einer auf den jeweiligen Analyten zugeschnittenen Referenz-Skala verglichen werden – das ist die **Kolorimetrie**, über die Sie in ▶ Abschn. 10.1 ein wenig mehr erfahren.

In vielen Fällen sind derlei farbliche Veränderungen auf den einen oder anderen Indikator zurückzuführen, die bei derlei Analysen häufig der Analyt-Lösung hinzugegeben werden. (Auf entsprechende Indikatoren werden wir in den jeweiligen Abschnitten zu den einzelnen Maßanalyse-Techniken wieder zu sprechen kommen, denn auch wenn sie jeweils für veränderte Farben sorgen mögen, unterscheiden sie sich in ihrem jeweiligen chemischen Verhalten doch beachtlich.)

Gegebenenfalls können die unterschiedlichen Färbungen aber auch von den Analyten selbst stammen; besonders häufig ist das bei Redox-Titrationen zu beobachten.

- das *Absorptionsverhalten für elektromagnetische Strahlung,* wobei meist nicht nur eine einzelne Wellenlänge betrachtet wird, sondern gleich ein gewisser Wellenlängenbereich.

  Das kann das sichtbare Licht sein, also elektromagnetische Strahlung im Wellenlängenbereich von 380–780 nm, aber auch Strahlung aus dem (energiereicheren) Ultraviolett-Bereich oder (energieärmere) Infrarot-Strahlung; auch noch deutlich extremere Bereiche lassen sich in der Analytik nutzen. Verwendet man Strahlung aus dem VIS-Bereich – also die für das menschliche Auge sichtbare (engl. *VISible*) Strahlung –, spricht man von **Photometrie,** die wir in ▶ Abschn. 10.2 etwas genauer unter die Lupe nehmen. (Auf diese Wellenlängen wollen wir uns vorerst beschränken; die Anwendung anderer Wellenlängenbereiche schauen wir uns in den Teilen IV und V an, und in der „Analytischen Chemie II" werden sie Ihnen bei Interesse erneut begegnen.)

- das *elektrochemische* Verhalten: Hier sind zwei verschiedene Techniken zu nennen:
  - Bei der **Potentiometrie** betrachtet man Veränderungen des elektrochemischen Potentials; dazu mehr in ▶ Abschn. 10.3
  - Die **Konduktometrie,** der wir uns in ▶ Abschn. 10.4 zuwenden, gestattet anhand der Leitfähigkeit einer Analyt-Lösung Rückschlüsse auf den Analyten.

Maßanalyse mit Säuren und Basen

© Springer-Verlag GmbH Deutschland, ein Teil von Springer Nature 2019
U. Ritgen, *Analytische Chemie I*, https://doi.org/10.1007/978-3-662-60495-3_5

Binnewies, Abschn. 10.1: Das
Brønsted-Lowry-Konzept

Hinter der Technik der Maßanalyse, in der Säuren und Basen miteinander zur Reaktion gebracht werden, stehen vornehmlich die Säure/Base-Konzepte, die Sie bereits aus der *Allgemeinen Chemie* kennen und über die Sie sich notfalls noch einmal im ▶ Binnewies informieren sollten, bevor wir uns daran begeben, diese bislang weitgehend *qualitativ* behandelten Konzepte auch *quantitativ* zu betrachten. Besonders wichtig ist hier das Konzept von Brønsted und Lowry.

❯ Wichtig

Weil es so wichtig ist, seien die Kernaussagen dieses Konzeptes und die sich davon ableitenden (und für die Analytik relevanten) Prinzipien hier noch einmal zusammengefasst:

— **Keine Substanz *ist* von sich aus eine Säure oder Base, sondern *fungiert* nur gegebenenfalls als solche, einen entsprechenden Reaktionspartner vorausgesetzt.**

— **Als Säuren bezeichnet man Substanzen, die H^+-Ionen abgeben, also als Protonen*donor* fungieren; Basen nehmen H^+-Ionen auf und fungieren so als Protonen*akzeptor*.**

— **Keine Substanz kann als Säure fungieren, also ein Proton abgeben, wenn kein Reaktionspartner vorhanden ist, der das Proton auch aufnehmen kann, also als Base fungiert (und umgekehrt).**

— **Hat ein Molekül(-Ion) als Säure fungiert, also ein Proton abgespalten, liegt nach der Deprotonierung die konjugierte Base der betreffenden Säure vor. Analog werden Basen durch Protonierung zur konjugierten Säure umgesetzt. (In älteren Lehrbüchern wird Ihnen gelegentlich auch ein „korrespondierendes Säure/Base-Paar" begegnen, aber mittlerweile gilt „konjugiert" als korrekt.)**

— **Referenzmedium zur Beschreibung von Säuren und Basen ist stets das Lösemittel Wasser: Eine Substanz wird gemeinhin als Säure bezeichnet, wenn sie Wasser gegenüber als Säure fungiert, also Wasser (H_2O) zu Hydronium-Ionen (H_3O^+) protoniert; entsprechend gilt als Base jegliche Verbindung, die Wasser gegenüber als Base fungiert und somit Wasser-Moleküle zu Hydroxid-Ionen (OH^-) deprotoniert.**

— **Wasser selbst betreibt Autoprotolyse, es stellt sich also auch in Abwesenheit jeglicher im Wasser gelöster Substanzen stets das folgende dynamische Gleichgewicht ein:**

$$2\,H_2O \rightleftharpoons H_3O^+ + OH^-$$

— **Das Autoprotolyse-Gleichgewicht liegt zwar weit auf der linken Seite (der Eduktseite), aber die dabei entstehenden Kationen und Anionen dürfen trotzdem nicht vernachlässigt werden. Unter Normbedingungen beträgt die Konzentration der durch Autoprotolyse entstehenden H^+-Ionen (Hydronium-Ionen) und OH^--Ionen (Hydroxid-Ionen) jeweils 10^{-7} mol/L.**

— **Gemäß dem Massenwirkungsgesetz ergibt sich das Ionenprodukt des Wassers:**

$$K_W = \left[H_3O^+\right] \times \left[OH^-\right] = 10^{-14}\ mol^2/L^2$$

(5.1)

— **Dieses Ionenprodukt verändert sich auch dann nicht, wenn durch Zugabe von Säuren oder Basen „zusätzliche" H_3O^+- oder OH^--Ionen in die wässrige Lösung eingebracht werden. Entsprechend nimmt die Konzentration freier OH^--Ionen in einer Lösung mit „überschüssigen H_3O^+-Ionen" (also einer sauren Lösung) drastisch ab (und umgekehrt).**

— **Gemeinhin wird die H_3O^+-Ionen-Konzentration einer wässrigen Lösung nicht in der „laborüblichen" Weise in mol/L angegeben. Stattdessen verwendet man – weil man auf diese Weise übersichtlichere Zahlen**

- erhält – jeweils den negativen Logarithmus (zur Basis 10) der Konzentration: Das ist der **pH-Wert**.
  - Die Konzentration der OH⁻-Ionen lässt sich entsprechend über den **pOH-Wert** ausdrücken (auch wenn dieser deutlich weniger gebräuchlich ist als der pH-Wert).
  - Entsprechend ergibt sich aufgrund der Autoprotolyse für Wasser, in dem keinerlei andere Substanzen gelöst sind, pH = 7 (und damit auch pOH = 7, weil die Anzahl der durch die Autroprotolyse entstehenden Hydronium-Ionen exakt der der dabei entstehenden Hydroxid-Ionen entspricht).
  - Säuren *senken* den pH-Wert einer wässrigen Lösung, Basen *steigern* ihn.
- Auch beim Umgang mit dem Ionenprodukt des Wassers ist die Verwendung des „kleinen p" hilfreich. Es gilt:

$$pH + pOH = 14. \tag{5.2}$$

- Die Tendenz einer Substanz, in wässriger Lösung als Säure zu fungieren, wird durch den **pK$_S$-Wert** ausgedrückt, der sich letztendlich vom zugehörigen Massenwirkungsgesetzt ableitet, und bei dem das „kleine p" wieder exakt die gleiche Bedeutung hat. Dabei gilt:
  Je kleiner der Wert ist, desto stärker sauer ist die betreffende Substanz.
  Betrachtet man das Ganze auf molekularer Ebene, gilt:
  Je kleiner der Wert, desto stärker acide ist das betreffende Wasserstoff-Atom.
  - Gleiches gilt umgekehrt für Basen: Hier ist der **pK$_B$-Wert** zu betrachten, für den Analoges gilt.

Hinsichtlich des MWG ist bei Säure/Base-Reaktionen in wässriger Lösung eine sehr nützliche Vereinfachung zu beachten:

Rein „chemisch gesehen" ist es zwar durchaus sinnvoll, die entsprechende Reaktionsgleichung für die Dissoziation einer Säure HA im Sinne von Brønsted und Lowry aufzustellen, also:

$$HA + H_2O \rightleftharpoons H_3O^+ + A^-$$

(Die gemeinhin übliche allgemeine Formel HA für eine beliebige Säure und A⁻ für deren konjugierte Base rührt von der englischen Bezeichnung für Säure, *acid,* her.)

Im MWG arbeiten wir jedoch stets mit Stoffmengen*konzentrationen* (bei Säure/Base-Reaktionen: in wässriger Lösung), und bei der Reaktionsgleichung im Sinne von Brønsted und Lowry ist Wasser eben nicht nur Lösemittel, sondern zugleich auch Reaktionspartner. Also brauchen wir eine Aussage über „die Konzentration von Wasser in sich selbst". Betrachten wir noch einmal die Definition der Stoffmenge sowie die Bestimmungsgleichung der Stoffmengenkonzentration aus der DIN 1310:

$$n = \frac{m}{M} \text{ und } c = \frac{n}{V}$$

Dabei gilt, wie gewohnt: n = Stoffmenge (in mol), m = Masse (in g), M = molare Masse (in g/mol); c = Stoffmengenkonzentration (in mol/L) und V = Volumen (in L).

Schauen wir uns die zugehörigen konkreten Zahlen an: Wenn wir im Labor Stoffmengenkonzentrationen angeben, dann meist mit der Einheit mol/L. (Das ist, wie Sie aus Teil I gewiss noch in Erinnerung haben, nicht ganz im Sinne der DIN 1310, aber im Laboralltag alle verwendeten Volumina stets in Kubikmeter umzurechnen, ist doch arg mühselig.) Da für Wasser bei Raumtemperatur die Dichte etwa $\rho = 1$ g/cm³ beträgt und ein Liter nun einmal 1000 cm³ entspricht, ergibt sich für einen Liter Wasser eine ungefähre Masse von m(H$_2$O) = 1000 g.

Betrachtet man nun die molaren Massen der beteiligten Atome ($M(H) \cong 1$ g/mol, $M(O) \cong 16$ g/mol), ergibt sich $M(H_2O) \cong 18$ g/mol.

Gesucht ist $c(H_2O)$, also ergibt sich gemäß der Formel

$$c = \frac{\frac{m}{M}}{V} = \frac{m}{M \cdot V} = \frac{1000\,[g]}{18\left[\frac{g}{mol}\right] \cdot 1\,[L]} = 55,555\ldots\ [mol/L]$$

1 L Wasser entspricht also einer Stoffmenge von mehr als 55 mol – da macht es wohl für die Gesamtanzahl vorliegender H_2O-Moleküle keinen nennenswerten Unterschied, wenn das eine oder andere Molekül protoniert und somit „verbraucht" wird – nicht einmal dann, wenn die Säure in hohen Konzentrationen wie 1 mol/L (oder auch 10 mol/L) zum Einsatz kommt.

> **Lern-Tipp**
> Wenn bei derlei Rechnungen noch ein wenig Erfahrung fehlt, empfiehlt es sich jedes Mal aufs Neue, eine **Dimensionsanalyse** durchzuführen. Dabei schaut man, bevor man in eine vorliegende (oder selbst hergeleitete) Formel etwaige Werte einsetzt, ob besagte Formel (oder die Verkettung mehrerer Formeln) überhaupt zu einem sinnvollen Ergebnis führen *kann*. Wollen Sie beispielsweise eine Konzentrationsangabe berechnen, Ihre „Formel" führt aber zu einem Rechenergebnis mit der Einheit „mol/m" (also Stoffmenge pro Strecke), ist irgendetwas gründlich schiefgelaufen.

Entsprechend vereinfacht es das Leben (und das Rechnen!) immens, wenn man hinsichtlich des Reaktionspartners Wasser (das der Säure HA gegenüber als Base fungiert) in wässrigen Lösungen die Annahme trifft, dessen Konzentration sei konstant. (Das ist zwar, streng genommen, *nicht ganz* korrekt, aber es beeinflusst das Rechenergebnis nicht nennenswert – zumindest im Bereich jeglicher signifikanter Ziffern. Wenn auf diese Weise $[H_2O]$ konstant ist, kann man diesen Wert im MWG in die zugehörige Reaktionskonstante mit einbeziehen, und die Reaktionsgleichung der Dissoziation vereinfacht sich zu:

$$HA \rightleftarrows H^+ + A^- \tag{5.3}$$

Das zugehörige Massenwirkungsgesetz lautet dann:

$$K_S = \frac{[H^+] \cdot [A^-]}{[HA]} \tag{5.4}$$

Da für jedes durch Dissoziation des Moleküls HA freigesetzte H^+ auch genau ein A^- entsteht, gilt $[H^+] = [A^-]$. Also lässt sich ► Gl. 5.4 noch weiter vereinfachen zu:

$$K_S = \frac{[H^+]^2}{[HA]} \quad \text{(oder auch } K_S = \frac{[A^-]^2}{[HA]}, \text{ wenn Ihnen das lieber ist)} \tag{5.5}$$

Von hier zum pK_S-Wert ist es dann nur noch ein kleiner Schritt. (Analoge Berechnungen könnten wir natürlich auch für Basen durchführen. Dabei ist dann entsprechend mit dem K_B- bzw. pK_B-Wert zu arbeiten – das Prinzip kennen Sie ja jetzt.)

Da sich die Stärke einer Säure (oder Base) durchaus auf deren chemisches Verhalten im Gleichgewicht auswirkt (s. o.), unterscheidet man verschiedene Arten von Säuren (oder Basen):

= Bei Substanzen HA, die in Wasser (praktisch) vollständig zu $H^+ + A^-$ dissoziieren, ergeben sich wegen der große Gleichgewichtskonstante (MWG!) negative pK_S-Werte. Derlei Substanzen bezeichnet man als **starke Säuren.**

- Ergibt sich ein pK_S-Wert, der zwischen 0 und 4 liegt, findet die Dissoziation nur unvollständig, aber immer noch „ernstzunehmend" statt. Hier spricht man von **mittelstarken Säuren.**
- Für **schwache Säuren** gilt: $pK_S > 4$. Hier liegt die überwiegende Mehrheit der Moleküle in wässriger Lösung undissoziiert vor, und nur ein sehr kleiner Teil dissoziiert.
  - Die gleichen Aussagen und die gleiche Kategorisierung lassen sich auch über Basen anhand des pK_B-Wertes treffen.

    (Diese zugegebenermaßen ein wenig willkürliche Unterscheidung wird wichtig bei der Berechnung des jeweiligen pH-Werts wässriger Lösungen von Säuren (oder Basen) unterschiedlicher Stärke.)

> **Wichtig**
>
> **Für konjugierte Säure/Base-Paare gilt stets:**
>
> $$pK_S \text{ (Säure)} + pK_B \text{ (konjugierte Base)} = 14 \qquad (5.6)$$
>
> **Dieser Zusammenhang, der letztendlich wieder einmal auf das Ionenprodukt des Wassers und damit auf ▶ Gl. 5.1 zurückzuführen ist, erleichtert den Umgang mit konjugierten Säure/Base-Paaren immens.**

Ein Faktum, das Sie gewiss noch aus der *Allgemeinen Chemie* kennen werden, sei hier trotzdem noch einmal ausdrücklich betont, weil viele Studierende zumindest anfänglich dabei sehr gerne ins Schleudern geraten:

Der pK_S- bzw. pK_B-Wert einer Substanz ist stoffspezifisch: Er sagt etwas darüber aus, wie „bereitwillig" die betreffende Säure oder Base die entsprechende Reaktion eingeht.

Wie gerade eben schon gesagt, gilt allgemein: Je niedriger der pH-Wert einer Lösung, desto saurer ist sie. (Ebenso gilt: Je niedriger ihr pOH-Wert, desto basischer ist sie, aber den pOH-Wert zieht man eher selten zur Beschreibung wässriger Lösungen heran.)

Dabei sagt der pH-Wert nur etwas darüber aus, wie viele freie H_3O^+-Ionen sich in der Lösung befinden. Sie sollten stets im Blick behalten, dass jeder pH-Wert in Wahrheit eine *Konzentrationsangabe* ist:

$$pH = -\lg \left[H_3O^+ \right]$$

Also wird auf diesem Wege nur etwas über die Anzahl der vorhandenen Hydronium-Ionen ausgesagt, nicht etwa, woher sie stammen. Haben Sie also eine wässrige Lösung mit niedrigem pH-Wert vorliegen, dann gestattet das nur die Aussage, dass sie offenkundig mehr freie H_3O^+-Ionen enthält, als das bei Wasser normalerweise der Fall ist – aber eben nicht, wer oder was dafür verantwortlich ist:

- Es könnte eine relativ kleine Menge sehr acider Moleküle (mit niedrigem pK_S-Wert) dahinterstecken, bei dem jedes einzelne Molekül „sein" Proton bereitwillig an das Wasser abgegeben hat (vollständige Dissoziation).
- Die Lösung könnte aber auch eine deutlich größere Menge sehr viel weniger acider Moleküle enthalten, von denen nur ein gewisser Anteil bereit war, ein H^+ abzugeben. (Dann liegt unvollständige Dissoziation vor, die betreffende Verbindung besitzt also einen deutlich höheren pK_S-Wert.)

Sollte Ihnen dieses Konzept noch nicht ganz einleuchten, empfiehlt es sich, noch einmal in den ▶ Binnewies zu schauen. Falls hingegen die Grundlagen „an sich" schon vorhanden sind, Sie sich das Ganze aber noch einmal ganz gezielt aus dem Blickwinkel der Analytik anschauen wollen, hilft Ihnen erneut der ▶ Harris weiter.

Binnewies, Abschn. 10.2: Quantitative Beschreibung von Säure/Base-Gleichgewichten in wässriger Lösung
Harris, Abschn. 8.1: Starke Säuren und Basen
Harris, Abschn. 8.2: Schwache Säuren und Basen
Harris, Abschn. 8.3: Die Gleichgewichte schwacher Säuren
Harris, Abschn. 8.4: Die Gleichgewichte schwacher Basen

5

> **Beispiel**
> Gehen wir die zugehörigen Überlegungen mit überschaubareren Zahlen durch: Ob die Lösung nun 100 Moleküle HA enthält, von dem jedes einzelne sein Proton abgespalten hat (es also vollständig in H^+ und A^- dissoziiert ist), oder ob sich in der Lösung 1 000 000 Moleküle HZ befinden, von denen aber nur jedes zehntausendste gemäß $HZ \rightleftarrows H^+$ und Z^- dissoziiert, macht hinsichtlich der Anzahl freier H_3O^+-Ionen in Lösung keinerlei Unterschied. Entsprechend werden diese beiden hypothetischen Lösungen exakt den gleichen pH-Wert aufweisen.

❗ Achtung

Von Chemie-Anfängern hört man immer wieder Sätze wie: „Salzsäure hat pH = 0, deswegen ist es eine starke Säure." Es wird also ein unmittelbarer Zusammenhang von pH- und pK_S-Werten konstruiert. Das sollten Sie unbedingt unterlassen, denn:

Der pH-Wert ist eine Konzentrationsangabe, der pK_S-Wert eine stoffspezifische Konstante.

Jede Substanz mit pK_S <0 ist eine starke Säure – das ist Definitionssache. Rechnen wir noch einmal kurz: Salzsäure ist die wässrige Lösung von Chlorwasserstoff (HCl), und pK_S(HCl) <0, also dürfen wir von vollständiger Dissoziation sämtlicher ins Wasser gelangter HCl-Moleküle ausgehen: Bei der Reaktion $HCl + H_2O \rightleftarrows H_2O^+ + Cl^-$ liegt das Gleichgewicht daher praktisch vollständig auf der rechten Seite.

Wenn am Anfang 1 Mol HCl in Wasser gelöst wurde, ergibt sich damit für Chlorwasserstoff eine Anfangskonzentration (bevor sich das Gleichgewicht eingestellt hat!) von $[HCl]_{Anfang} = 1 \, mol/L$. Dann aber stellt sich (sehr rasch) das Gleichgewicht ein, und wenn das Gleichgewicht tatsächlich nahezu vollständig auf der rechten Seite liegt, ergibt sich $[HCl]_{Anfang} = \left[H_3O^+\right]_{im\ Gleichgewicht} = 1 \, mol/L$.

Durch das Eintragen eines Mols Chlorwasserstoff in einen Liter Wasser ergibt sich also eine Konzentration freier H_3O^+-Ionen von 1 mol/L – das ist das Zehnmillionenfache dessen, was sich durch die Autoprotolyse ergibt (das war bekanntermaßen 10^{-7} mol/L, also nur ein Zehnmillionstel Mol). Unter derlei Umständen dürfen wir den Beitrag der Autoprotolyse zur Gesamt-Konzentration an H_3O^+–Ionen vernachlässigen. Entsprechend ergibt sich für die 1-molare Salzsäure:

$$pH_{(HCl-L\ddot{o}sung,\ nachdem\ sich\ das\ Gleichgewicht\ eingestellt\ hat)} = -lg\,(1\ mol/L) = 0.$$

Bei einer weniger stark konzentrierten Lösung von Chlorwasserstoff in Wasser erfolgt ebenfalls vollständige Dissoziation, schließlich ist der pK_S-Wert stoffspezifisch und nicht konzentrationsabhängig. *Der pH-Wert der resultierenden Lösung hingegen hängt sehr wohl von der Konzentration ab,* schließlich *ist* er eine Konzentrationsangabe: Werden beispielsweise „nur" 0,1 Mol HCl in 1 L Wasser gelöst, ergibt sich im Gleichgewicht

$$[HCl]_{Anfang} = \left[H_3O^+\right]_{im\ Gleichgewicht} = 0,1\ mol/L,\ also$$

$$pH_{(HCl-L\ddot{o}sung,\ nachdem\ sich\ das\ Gleichgewicht\ eingestellt\ hat)}$$
$$= -lg(0,1\ mol/L) = -(-1) = +1.$$

Der geringeren Konzentration wegen ist der pH-Wert dieser Lösung höher als bei unserem Anfangs-Beispiel. Das ändert aber nichts an der (durch den pK_S-Wert beschriebenen) Säurestärke dieser Verbindung. Auch bei stärkerer Verdünnung (bzw. geringerer Konzentration) bleibt Chlorwasserstoff eine *starke Säure,* denn die Säurestärke ist *stoffspezifisch.*

Geben wir nur eine minimale Menge einer starken Säure in eine sehr große Menge Wasser (z. B. einen Tropfen 1-molare Salzsäure in einen gefüllten Swimmingpool), wird das den pH-Wert der wässrigen Lösung (also: des Pool-Wassers) kaum verändern – weil insgesamt nur zu wenige Säuremoleküle vorhanden waren, um eine hinreichend große Anzahl an H_3O^+-Ionen freizusetzen, so dass eine Veränderung des pH-Wertes messbar würde.

Ein zweiter beliebter Anfängerfehler:
Ein pH-Wert ist die *Angabe einer Konzentration in einer wässrigen Lösung:* Es ist gänzlich unsinnig, einem Feststoff einen pH-Wert zuordnen zu wollen. Trotzdem hört man immer wieder, ein Salz, das basisch reagiert (also bei Zugabe in Wasser zu einer Lösung mit pH >7 führt) „sei" basisch oder gar, „das Salz hat pH >7". Bitte bedenken Sie:
Ein Feststoff hat *keinen pH-Wert.*
Die Angabe eines pH-Wertes ist ausschließlich für eine wässrige Lösung möglich und sinnvoll.

Kommen wir nun zu den verschiedenen Möglichkeiten, Säuren im Rahmen der Analytik mit Basen zur Reaktion zu bringen – und dabei zu beobachten, was jeweils Schritt für Schritt passiert. Fangen wir mit unmissverständlichen Verhältnissen an und verwenden sowohl Säuren als auch Basen, die im wässrigen Medium (nahezu) vollständig dissoziieren, also jeweils $pK_S < 0$ bzw. $pK_B < 0$ besitzen.

5.1 Starke Säure mit starker Base (und umgekehrt)

Löst man eine starke Säure – also eine Substanz HA, die im wässrigen Medium annähernd vollständig zu H^+ und A^- dissoziiert (bzw. mit Wasser praktisch vollständig gemäß $HA + H_2O \rightleftarrows H_3O^+ + A^-$ reagiert) – erhält man eine Lösung, für die zweifellos gilt: pH <7. Gibt man dann tropfenweise die wässrige Lösung einer starken Base hinzu, ändert sich der pH-Wert der Misch-Lösung zunächst kaum merklich – was nicht weiter verwunderlich sein sollte, schließlich ist die pH-Skala *logarithmisch* (auch das sollte man nicht vergessen!).

Besonders deutlich sieht man das, wenn man graphisch das Volumen der hinzugegebenen Base (auf der x-Achse) gegen den jeweils gemessenen pH-Wert (auf der y-Achse) aufträgt. Eine solche **Titrationskurve** zeigt ▣ Abb. 5.1. (Falls ihnen das Bild bekannt vorkommt: Es handelt sich hierbei um Abb. 10.3 aus dem ▶ Binnewies; bitte konzentrieren Sie sich vorerst nur auf die mit $HCl_{(aq)}$ gekennzeichnete Kurve.)

Eine gewisse Änderung wird sich trotzdem bemerken lassen, schließlich werden die durch die Säure erzeugten Hydronium-Ionen durch die aus der Base stammenden oder von der Base erzeugten Hydroxid-Ionen **neutralisiert:**

$$H_3O^+ + OH^- \rightleftarrows 2\,H_2O$$

Beispiel
Entsprechend werden die in der Lösung vorhandenen (und für den niedrigeren pH-Wert verantwortlichen) Hydronium-Ionen nach und nach verbraucht. Besonders rasch geht die pH-Wert-Veränderung zunächst allerdings nicht vonstatten, eben weil die pH-Skala logarithmisch verläuft.
Zur Erinnerung: Eine Lösung mit pH = 4 enthält *zehnmal* so viele freie Hydronium-Ionen wie eine Lösung mit pH = 5, entsprechend muss zehnmal mehr Base zur Säure hinzugegeben werden, wenn man den pH-Wert von 4 auf 5 anheben will, als wenn man den pH-Wert von 5 nach 6 verändern möchte.

5

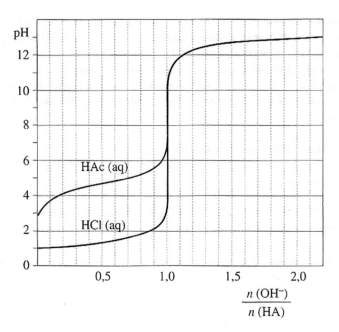

☐ **Abb. 5.1**   Titrationskurven verschiedener Säuren. (Binnewies et al., Allgemeine und Anorganische Chemie, Abb. 10.3, 3. Auflage, 2016, © Springer-Verlag GmbH Berlin Heidelberg. With permission of Springer)

Kommt man jedoch dem **Äquivalenzpunkt** nahe, also dem Punkt, an dem gleiche (=äquivalente) Stoffmengen Hydronium-Ionen wie Hydroxid-Ionen im Reaktionsgemisch vorliegen, verändert sich der pH-Wert der Lösung „innerhalb weniger Tropfen Basen-Zugabe" drastisch. ☐ Abb. 5.1 ist deutlich zu entnehmen, dass die *Titrationskurve* nicht nur einen klaren Wendepunkt aufweist, sondern auch, dass dieser genau bei pH = 7 liegt. Bei weiterer Zugabe der Base (wenn man also **übertitriert**) steigt der pH-Wert der Lösung noch „einige weitere Tropfen lang" weiter stark an, bis man im erkennbar alkalischen pH-Bereich angekommen ist. Danach steigt der pH-Wert der Lösung nur noch sehr, sehr langsam weiter – bitte beachten Sie die Ähnlichkeit mit dem Verlauf der Kurve im erkennbar sauren pH-Bereich, lange *vor* Erreichen des Äquivalenzpunktes. (Noch ein wenig ausführlicher werden die einzelnen Abschnitte einer Titrationskurve anhand von Abb. 10.1 ► Harris diskutiert, hier allerdings „in umgekehrter Richtung": Es wird eine starke Base gegen eine starke Säure titriert.)

Harris, Abschn. 10.1: Titration einer starken Säure mit einer starken Base

Die hier besprochene Titrationskurve sollte auch gleich das hinter der Maßanalyse steckende Prinzip verdeutlichen:

Wollen Sie beispielsweise den Stoffmengengehalt einer sauren Lösung (also: Ihres *Analyten*) möglichst genau bestimmen, reicht ein einfaches Messen des pH-Wertes verständlicherweise nicht aus. Verfolgt man aber die (schrittweise) Veränderung des pH-Wertes während einer Titration dieser Säure mit der Lösung einer Base genau definierter Konzentration (also: dem Titranten) und ermittelt auf diese Weise präzise den Äquivalenzpunkt, gestattet das eine sehr viel genauere Aussage über die Ausgangskonzentration Ihres Analyten.

Fachsprache-Tipp

In der Analytik titriert man den Analyten *gegen* den Titranten. Setzt man also beispielsweise die Lösung einer Säure nach und nach mit der Lösung einer Base um, dann titriert man die Säure *gegen* die Base. (Außenstehenden mag die korrekte Fachsprache gelegentlich eigentümlich erscheinen.)

Bitte beachten Sie, dass hinter der Säure/Base-Titration vornehmlich die Neutralisation von Hydronium- und Hydroxid-Ionen steht. Entsprechend ist für den Verlauf einer solchen Titrationskurve nur von Interesse, dass *am Äquivalenzpunkt gleiche Stoffmengen von Säure und Base* vorliegen. Die Konzentrationen der jeweils verwendeten Lösungen können sich dabei durchaus deutlich unterscheiden – das gilt es dann verständlicherweise zu berücksichtigen.

> Wenn Sie beispielsweise 10 mL 1-molarer Salzsäure gegen 1-molare Natronlauge titrieren, müssen Sie bis zum Erreichen des Äquivalenzpunktes nur 10 mL Lauge hinzugeben; setzen Sie hingegen die 1-molare Salzsäure mit 0,1-molarer Natronlauge um, brauchen Sie das zehnfache Titrant-Volumen. Dass Ihnen die Verwendung einer stärker verdünnten Titrant-Lösung ermöglicht, den Wendepunkt der Titrationskurve deutlich präziser zu bestimmen, sollte ebenfalls einleuchten.

❯ Wichtig
Da der absolute Titrant-Verbrauch konzentrationsabhängig ist, dahinter aber letztendlich immer nur das Stoffmengenverhältnis von Titrant und Analyt steckt, hat sich durchgesetzt, statt absoluter Volumenangaben (in mL o. ä., bei denen man dann noch die Konzentration des Titranten ausdrücklich angeben muss) den Titrationsgrad τ zu verwenden. Dabei gilt:

$$\tau = \frac{n(\text{Titrant})}{n(\text{Analyt})} \tag{5.7}$$

Manchmal wird der Titrationsgrad auch in Prozent angegeben; dann gilt:

$$\tau\,[\%] = \frac{n(\text{Titrant})}{n(\text{Analyt})} \times 100) \tag{5.8}$$

Das hier beschriebene Prinzip ist auch auf den Fall anwendbar, dass wir mit einer starken Base als Analyt-Lösung anfangen, also bei recht hohem pH-Wert, den wir dann durch sukzessive Zugabe einer starken Säure (= Titrant) nach und nach senken. So ist es etwa in Abb. 10.1 des ▶ Harris dargestellt.

Harris, Abschn. 10.1: Titration einer starken Säure mit einer starken Base

Schauen wir uns noch einmal die drei Regionen der resultierenden Titrationskurve an:

— Vor Erreichen des Äquivalenzpunkts ($\tau < 1$) werden zwar nach und nach die für den pH-Wert der Lösung verantwortlichen, durch die Wechselwirkung des Lösemittels mit dem Analyten entstehenden Ionen (im Sauren: H_3O^+-Ionen, im Basischen: OH^--Ionen) durch den hinzugegebenen Titranten verbraucht, aber noch bestimmt eindeutig der *Analyt* das Geschehen. Zur Berechnung des Anfangs-pH-Wertes nutzt man aus, dass starke Säuren (oder Basen) eben vollständig dissoziieren und damit jedes Säure(/Base)-Molekül jeweils genau *ein* Lösemittelmolekül protoniert(/deprotoniert). Entsprechend ist

$$\left[H_3O^+\right]_{\text{im Gleichgewicht}} = \left[\text{Säure}\right]_{\text{am Anfang}} \text{ bzw. } \left[OH^-\right]_{\text{im Gleichgewicht}} = \left[\text{Base}\right]_{\text{am Anfang}}$$

Und da jedes Titrant-Äquivalent ein Analyt-Äquivalent neutralisiert, lässt sich der Titrant-Verbrauch mit dem Faktor 1:1 auf den Analyt-Verbrauch anrechnen.

— Ist der Äquivalenzpunkt erst einmal überschritten ($\tau > 1$), haben die aus dem Titranten stammenden H^+- bzw. OH^--Ionen sämtliche Hydronium- oder Hydroxid-Ionen neutralisiert, die auf den Analyten zurückzuführen waren; ab jetzt ist also alleine der Titrant für den pH-Wert der Lösung verantwortlich: Jedes Titrant-Äquivalent liefert dann genau ein Äquivalent Base/Säure.

5

— Und was passiert genau *am* Äquivalenzpunkt (bei $\tau = 1$)? – Wenn der Analyt eine starke Säure ist und der Titrant eine starke Base (oder eben umgekehrt), dann haben sich die Hydronium-Ionen und die Hydroxid-Ionen genau wechselseitig neutralisiert, so dass hier nur noch die Autoprotolyse des Wassers selbst den pH-Wert bestimmt. Und dass für „neutrales" Wasser gilt: $pH = 7$, das kennen Sie vom Ionenprodukt des Wassers (vgl. ▶ Gl. 5.1). Entsprechend fällt der Äquivalenzpunkt der Titrationskurve (mathematisch gesehen: der *Wendepunkt* dieser Kurve) genau mit dem **Neutralpunkt** der Lösung zusammen.

Fällt hingegen nur einer der beiden Reaktionspartner (also entweder der Analyt oder der Titrant) in die Kategorie „stark" (egal, ob nun Säure oder Base), der andere aber nicht, verändert sich der Verlauf der Kurve, und es gilt neue Dinge zu berücksichtigen.

5.2 Schwache Säure mit starker Base/schwache Base mit starker Säure

Auch hier ist wieder der Titrationsgrad τ aus ▶ Gl. 5.7 bzw. ▶ Gl. 5.8 von Bedeutung. Und doch kommen hier offenkundig noch andere Faktoren zum Tragen, denn wenn wir noch einmal zu ◘ Abb. 5.1 zurückkehren und uns dieses Mal auf die mit $HAc_{(aq)}$ markierte Kurve konzentrieren ($HAc =$ die in der Analytischen Chemie gebräuchliche Kurzschreibweise für die Essigsäure, CH_3-COOH, mit $pK_S(HAc) = 4{,}75$), sieht man, dass es zwar auch hier einen erkennbaren Wendepunkt der Kurve gibt (eben den Äquivalenzpunkt), aber dieser fällt *nicht mehr* mit dem Neutralpunkt zusammen, sondern liegt im Basischen, bei $pH > 7$. Leiten wir uns die Begründung dafür gemeinsam her:

Zunächst einmal gilt es zu bedenken, was „unvollständige Dissoziation" eigentlich bedeutet. Dazu betrachten wir eine beliebige Säure HA mit $pK_S > 0$. Gibt man eine genau definierte Stoffmenge (damit wir ein konkretes Beispiel haben, mit dem sich auch gut rechnen lässt, sagen wir jetzt willkürlich: 1 Mol) der Säure HA in ein ebenfalls genau definiertes Volumen Wasser (der Einfachheit halber: 1 L), dann würde eine vollständig dissoziierende Säure (also eine starke Säure) entsprechend genau 1 mol Wasser-Moleküle zu exakt 1 Mol H_3O^+-Ionen protonieren, und zudem enthielte die Lösung exakt 1 mol A^--Ionen. Also:

Vollständige Dissoziation: $HA + H_2O \rightarrow H_3O^+ + A^-$

Hier ist die Edukt-Seite der Reaktionsgleichung daher nicht weiter von Belang.

Aber bei Säuren mit $pK_S > 0$ bleiben zumindest *einige* HA-Moleküle in wässriger Lösung undissoziiert, und zwar umso mehr, je größer der pK_S-Wert der betreffenden Säure ist: Diese undissoziierten Säuremoleküle befinden sich zwar in Lösung, geben aber ihr Proton nicht an das Lösemittel ab. Entsprechend sind hier *beide* Seiten der Reaktionsgleichung, die das zugehörige Dissoziations-Gleichgewicht beschreibt, von Bedeutung:

Unvollständige Dissoziation: $HA + H_2O \rightleftarrows H_3O^+ + A^-$

Beachten Sie, dass hier der *Gleichgewichtspfeil* gewählt wurde. Bei unvollständiger Dissoziation liegt, wenn sich das Gleichgewicht der Reaktion eingestellt hat, neben den Produkten (H_3O^+- und A^--Ionen) auch noch eine ernstzunehmende Menge an Edukten (HA und H_2O) vor – je nachdem, wie weit das Gleichgewicht auf der Eduktseite liegt, sogar (deutlich) mehr, als von den Produkten.

Das hat mehrere interessante Konsequenzen. Schauen wir uns in Abb. 10.2 aus dem ▶ Harris den Verlauf einer solchen Titrationskurve (schwache Säure mit starker Base) an:

Harris, Abschn. 10.2: Titration einer schwachen Säure mit einer starken Base
Binnewies, Abschn. 10.3: Säure/Base-Titration und Titrationskurven

1. Nachdem durch die partielle Protolyse der schwachen Säure zumindest einige Hydronium-Ionen entstanden sind, um den pH-Wert der Lösung entsprechend zu senken, reichen geringe Mengen an zugegebener Base aus, um eine merkliche Steigerung des pH-Wertes zu bewirken.
2. Anschließend kommt in der Titrationskurve ein Bereich, in dem trotz stetiger Basen-Zugabe der pH-Wert der Lösung nur noch sehr langsam steigt. (Das diesem **Pufferbereich** zugrunde liegende Phänomen kennen Sie gewiss bereits aus dem ▶ Binnewies.) Hier weist die Kurve einen *ersten Wendepunkt* auf.
3. Wird weiterhin Base hinzugegeben, bis der Pufferbereich überschritten ist, zeigt die Kurve den bereits aus ▶ Abschn. 5.1 vertrauten Verlauf: Der Äquivalenzpunkt der Kurve entspricht dem *zweiten Wendepunkt*, liegt aber eben jetzt im Basischen (bei pH >7).
4. Jenseits des Äquivalenzpunktes führt dann weitere Basenzugabe rasch zu den gleichen höheren pH-Werten wie in ◨ Abb. 5.1.

Schauen wir uns diese vier Bereiche der Reihe nach an und achten darauf, was jeweils den Kurvenverlauf bestimmt und was chemisch dahintersteckt:

- **Am Anfang**

Bevor auch nur der erste Tropfen des Titranten zur sauren Analyt-Lösung hinzugegeben wurde, sorgt die (schwache) Säure HA verständlicherweise für pH <7. Aber da schwache Säuren nicht vollständig dissoziieren (so sind sie ja definiert), wissen wir:

$$[H_3O^+]_{\text{im Gleichgewicht}} < [\text{Säure}]_{\text{am Anfang}}$$

Wie groß der Unterschied ist, hängt jeweils von der Säurestärke der betrachteten Säure ab, also von deren pK_S-Wert. Schauen wir uns ein konkretes Beispiel an:

Für die Essigsäure aus ◨ Abb. 5.1 gilt: $pK_S(HAc) = 4{,}75$.

Aus allgemein:

$$K_S = \frac{[H^+]_{\text{im Gleichgewicht}} \cdot [Ac^-]_{\text{im Gleichgewicht}}}{[HAc]_{\text{am Anfang}}} \text{ wird also in diesem Beispiel}$$

$$K_S(HAc) = 10^{-pK_S(HAc)} = \frac{[H^+]_{\text{im Gleichgewicht}} \cdot [Ac^-]_{\text{im Gleichgewicht}}}{[HAc]_{\text{im Gleichgewicht}}} = 10^{-4{,}75}$$

Nehmen wir an, wir hätten es mit einer 0,1-molaren Lösung zu tun:

$$[HAc]_{\text{am Anfange}} = 0{,}1 \text{mol/L}$$

Die Konzentration der durch Protolyse entstandenen H^+- und Ac^--Ionen (also $[H^+]_{\text{im Gleichgewicht}} = [Ac^-]_{\text{im Gleichgewicht}}$) ist vorerst unbekannt (also: x), aber da für jedes H^+ eben auch genau ein Ac^- entsteht (das wissen wir aus ▶ Gl. 5.3), gilt $[H^+]_{\text{im Gleichgewicht}} = [Ac^-]_{\text{im Gleichgewicht}} = x$.

Entsprechend ist $[HAc]_{\text{im Gleichgewicht}} = ([HAc]_{\text{am Anfang}} - x)$, also hier (0,1-x).

Eingesetzt in das MWG ergibt sich dann : $K_S(HAc) = 10^{-4{,}75} = \dfrac{x^2}{0{,}1 - x}$

Das ist eine „ganz normale" quadratische Gleichung, auf die sich, wenn sie erst einmal nach 0 umgestellt ist, die pq-Formel anwenden lässt – die Sie vielleicht auch als „Mitternachtsformel" kennen. (Dass bei dieser Formel rein mathematisch *zwei verschiedene* Ergebnisse möglich sind, sollte uns hier nicht weiter

5

beunruhigen, denn negative Konzentrationen ergeben verständlicherweise keinen Sinn.)

$$\text{Aus } K_S = \frac{x^2}{0{,}1 - x} \text{ wird } x^2 + xK_S - 0{,}1\,K_S = 0.$$

Entsprechend können wir jetzt in die pq-Formel einsetzen:
- für p : $K_S = 10^{-4{,}75}$
- für q: $0{,}1\,K_S$

Das ergibt:

$$x = -\frac{10^{-4{,}75}}{2} \pm \sqrt{\left(\frac{10^{-4{,}75}}{2}\right)^2 + \left(0{,}1 \cdot 10^{-4{,}75}\right)}$$

$$= -\frac{10^{-4{,}75}}{2} \pm \sqrt{\left(\frac{10^{-4{,}75}}{2}\right)^2 + 10^{-5{,}75}} = 1{,}325 \cdot 10^{-3}$$

So erhält man x, also die Konzentration der durch die Protolyse freigewordenen H^+-Ionen, und wenn man dann noch den Logarithmus zur Basis 10 davon berechnet und bei Ergebnis das Vorzeichen umkehrt, erhält man den pH-Wert:

$$pH = -\lg\left[H^+\right] = -\lg\left(1{,}325 \cdot 10^{-3}\right) = +2{,}878.$$

Da es apparativ äußerst aufwendig (und zudem meist kaum sinnvoll) ist, pH-Werte mit einer Genauigkeit von mehr als zwei Stellen hinter dem Komma zu bestimmen, sollte das rein rechnerisch erhaltene Ergebnis entsprechend sinnvoll gerundet werden. Also: $pH = 2{,}88$.

Als allgemeine Formel zur Berechnung des pH-Wertes schwacher Säuren (mit bekanntem K_S-Wert) ergibt sich dann (mit $c_0 =$ Anfangskonzentration und $c =$ Konzentration im Gleichgewicht):

$$x = -\frac{K_s}{2} \pm \sqrt{\left(\frac{K_s}{2}\right)^2 + c_o \cdot K_s} \tag{5.9}$$

Sie werden mir beipflichten, dass das relativ viel Rechnerei ist. Aber mit einer einfachen Näherung können wir uns das ganze Labor-Leben erleichtern:

Bei einer schwachen Säure sind bekanntermaßen die wenigsten Säuremoleküle in wässriger Lösung dissoziiert – eine wenige natürlich schon, sonst würden schwache Säuren in wässriger Lösung ja nicht zu pH <7 führen, aber die weitaus meisten befinden sich undissoziiert in Lösung. Diese Tatsache erlaubt die vereinfachende Annahme, die Anzahl der tatsächlich dissoziierenden Moleküle sei gegenüber der Anzahl der undissoziierten Moleküle verschwindend gering.

Wenn aber $\left[H^+\right]_{\text{im Gleichgewicht}} \ll [HAc]_{\text{am Anfang}}$, dann darf man vereinfachend annehmen, dass auch im Gleichgewicht die Konzentration der undissoziierten Moleküle HA der Ausgangs-Konzentration dieser Säure entspricht (also: $[HAc]_{\text{im Gleichgewicht}} = [HAc]_{\text{am Anfang}}$).

Damit ergibt sich folgende Näherungsformel:

$$K_S(HAc) = 10^{-pK_s(HAc)} = 10^{-4{,}75} = \frac{\left[H^+\right]_{\text{im Gleichgewicht}} \cdot \left[Ac^-\right]_{\text{im Gleichgewicht}}}{[HAc]_{\text{am Anfang}}}$$

Entsprechend erhält man durch Umstellen (und mit der allgemeinen Formel HA für alle beliebigen *schwachen* Säuren):

$$\left[H^+\right] = \sqrt{K_S \cdot [HA]_{am\ Anfang}}, \text{ und somit } pH = \tfrac{1}{2}\left(pK_S - \lg[HA]_{am\ Anfang}\right)$$

Unser Beispiel mit $[HAc]_{am\ Anfang} = 0{,}1$ mol/L führt dann zu $pH = \tfrac{1}{2}$ (4,75 − lg 0,1) $= \tfrac{1}{2}$ (4,75−(−1)) $= \tfrac{1}{2}$ (5,75) $= 2{,}88$. Das entspricht exakt dem Ergebnis, das wir mit Hilfe der allgemeinen pq-Formel, der daraus abgeleiteten ▶ Gl. 5.9 und sinnvollem Runden erhalten haben.

Bei schwachen Säuren führt die Näherungsformel also zu hinreichend genauen Ergebnissen.

❯ **Wichtig**

Die allgemeine Formel zur vereinfachten Berechnung des pH-Wertes der wässrigen Lösung schwacher Säuren lautet (mit c_0 = Konzentration der Säure am Anfang und c = Konzentration der Säure im Gleichgewicht):

$$pH = \tfrac{1}{2}\left(pK_S - \lg c_0\right) \tag{5.10}$$

Für schwache Basen lässt sich entsprechend über den pK_B-Wert der pOH-Wert ermitteln, und wenn man den erst einmal hat, braucht man nur noch zu berücksichtigen, dass $pH + pOH = pK_W$ (▶ Gl. 5.1 und 5.2 gelten für *jegliche* wässrigen Lösungen).
Durch Umstellen erhält man also $pH = pK_W − pOH$, und unter Normbedingungen gilt:
$pH = 14 − pOH$

Lern-Tipp

Bei der Anwendung von Formeln wie etwa ▶ Gl. 5.10 empfiehlt es sich stets, eine **Plausibilitäts-Prüfung** vorzunehmen: *Können die damit erhaltenen Ergebnisse überhaupt richtig sein?* Vergleichen wir zur Veranschaulichung die pH-Werte, die sich bei den (Anfangs-)Konzentrationen $c_{0(1)} = 1$ mol/L bzw. $c_{0(2)} = 0{,}1$ mol/L für Essigsäure mit $pK_S = 4{,}75$ ergeben:

- Mit $c_{0(1)} = 1$ mol/L kommt man auf $pH = \tfrac{1}{2}$ (4,75 − lg 1) $= \tfrac{1}{2}$ (4,75 − 0) $= \tfrac{1}{2}$ (4,75) $= 2{,}4$.
- Bei $c_{0(2)} = 0{,}1$ mol/L ergibt sich $pH = \tfrac{1}{2}$ (4,75 − lg (0,1)) $= \tfrac{1}{2}$ (4,75 − (−1)) $= \tfrac{1}{2}$ (5,75) $= 2{,}88$.

Das leuchtet durchaus ein, schließlich wird der pH-Wert der höher konzentrierten Säure niedriger liegen als der ihres stärker verdünnten (weniger hoch konzentrierten) Gegenstücks.
Wenn man in dieser Weise nicht nur die Rechenergebnisse im Blick behält, sondern eben auch die chemischen Gegebenheiten, sinkt die Gefahr sinnloser und falscher Rechnungen drastisch.

---

❶ Ist die Stärke der betrachteten Säure zu groß, um oben erwähnte Annahme zuzulassen – ist also die Anzahl der dissoziierten Moleküle ($H^+ + A^-$) *nicht* verschwindend gering im Vergleich zur Anzahl der undissoziierten Moleküle – ist diese Näherungsformel nicht mehr anwendbar: Beim Umgang mit **mittelstarken Säuren** ($0 < pK_S < 4$) führt nur die Verwendung der pq-Formel zu hinreichend genauen Ergebnissen.

▪ **Im Pufferbereich**

Nachdem die ersten Tropfen Base, die zu der wässrigen Lösung einer schwachen Säure hinzugegeben wurden, für einen erkennbaren (leichten) Anstieg

Harris, Abschn. 10.2: Titration einer schwachen Säure mit einer starken Base
Binnewies, Abschn. 10.2: Quantitative Beschreibung von Säure/Base-Gleichgewichten in wässriger Lösung (ja, beide Bücher handeln dieses Thema tatsächlich im selben Unterkapitel ab)

5

Harris, Abschn. 10.2: Titration einer schwachen Säure mit einer starken Base

des pH-Wertes gesorgt haben (schauen Sie sich noch einmal die entsprechende Kurve aus Abb. 10.2 des ▶ Harris an!), verändert sich bei weiterer Zugabe von Säure der pH-Wert vorerst nur noch unwesentlich.

Verantwortlich dafür ist wieder ein chemisches Gleichgewicht:

— Bevor durch die Zugabe der Base entsprechend Hydroxid-Ionen in die wässrige Lösung der schwachen Säure gelangt sind, enthielt das Reaktionsgemisch lediglich das Lösemittel Wasser (H_2O), viele undissoziierte Säuremoleküle HA und dazu noch vernachlässigbar wenige tatsächlich deprotonierte Säure-Moleküle A^- (also die konjugierte Base zur Säure HA) sowie die zugehörigen Protonen (die in wässriger Lösung natürlich als H_3O^+ vorliegen).

— Die neu hinzukommenden Hydroxid-Ionen deprotonieren nun allerdings weitere Säure-Moleküle: Es entstehen weitere Ionen der konjugierten Base (also: A^-). Somit liegt nun im Reaktionsgemisch sowohl die undissoziierte Säure selbst (HA) als auch deren zugehörige Base (das Anion A^-) vor.

— Ein solches Gemisch aus einer schwachen Säuren und ihrer konjugierten Base (oder eben auch einer schwachen Base und ihrer konjugierten Säure) wird als **Puffer** bezeichnet, weil derlei Lösungen auch bei *moderater* Zugabe weiterer Hydronium-Ionen (etwa durch Hinzugabe einer starken Säure) oder weiterer Hydroxid-Ionen (etwa durch Zugabe einer starken Base) ihren pH-Wert praktisch konstant halten.

Hinter dieser Pufferwirkung steckt ein ganz einfaches System: Enthält eine wässrige Lösung ein solches Puffer-Säure/Base-Paar (HA/A^-), passiert bei Zugabe weiterer Säure oder Base folgendes:

— Kommen durch Säurezugabe zusätzliche H^+ hinzu, reagieren diese mit den A^- zu HA, so dass sich das Stoffmengenverhältnis HA/A^- zwar verändert, aber eben keine zusätzlichen *freien* H_3O^+-Ionen in der Lösung vorliegen, die den pH-Wert senken würden.
(Die hinzutitrierten Wasserstoff-Kationen protonieren die konjugierte Base und nicht etwa das eine oder andere Lösemittelmolekül, weil die A^--Ionen stärker basisch sind (einen kleineren pK_B-Wert besitzen) als die Wasser-Moleküle.)

Eine anschaulichen Animation zum Thema „Puffer" (mit Erläuterungstext in englischer Sprache) finden Sie unter:

— Versucht man, durch Zugabe einer starken Base die Anzahl freien OH^--Ionen in der Lösung steigern und so den pH-Wert zu erhöhen, deprotoniert jedes neu hinzukommende OH^--Ion stattdessen jeweils ein bislang noch undissoziiertes Säuremolekül HA zu A^-. Auch auf diese Weise ändert sich nur das Stoffmengenverhältnis HA/A^-, nicht aber die Anzahl in Lösung befindlicher Hydroxid- oder Hydronium-Ionen.

Das Verhältnis der Konzentrationen von Säure HA und ihrer konjugierten Base A^- lässt sich anhand der Vereinfachung aus dem vorangegangenen Abschnitt leicht ermitteln: Wenn man davon ausgeht, dass eine schwache Säure praktisch gar nicht dissoziiert (also nur als HA vorliegt), dafür aber jedes HA-Molekül, das in Kontakt mit einem Hydroxid-Ion kommt (hinzugekommen durch Zugabe einer starken Base), sofort ihr Proton abspaltet, so dass A^--Ionen vorliegen, entspricht bei der Umsetzung einer schwachen Säure mit einer starken Base die Stoffmenge freier A^--Ionen exakt der

> **Stoffmenge an hinzugegebenen Hydroxid-Ionen**
> Wenn Sie am Anfang 1000 mL einer 1-molaren Lösung von Essigsäure vorliegen haben (also angenommene Anfangskonzentrationen: $[HA] = 1,0$ mol/L, $[A^-] = 0$ mol/L) und dann 400 mL 1-molarer Natronlauge ($NaOH_{(aq)}$) hinzutitrieren, werden näherungsweise 40 % aller Essigsäure-Moleküle zu Acetat-Ionen umgesetzt, während 60 % aller Essigsäure-Moleküle unverändert bleiben. Entsprechend beträgt das Verhältnis HA/A^- 0,600 mol/0,400 mol = 6/4 oder 3/2.

Auch für die pH-Wert-Berechnung eines solchen Puffers gibt es eine einfache Formel:

> ❯ **Wichtig**
> Die **Henderson-Hasselbalch-Gleichung:**
>
> $$pH = pK_S - \lg \frac{[HA]}{[A^-]} \text{ oder } pH = pK_S + \lg \frac{[A^-]}{[HA]} \text{ (das ist Geschmackssache)} \quad (5.11)$$
>
> Dabei ist mit [HA] wieder die Konzentration der Säure selbst gemeint, mit [A$^-$] entsprechend die Konzentration der zugehörigen konjugierten Base. Hier sehen Sie auch, wie hilfreich die erwähnte Näherung mit dem HA/A$^-$-Quotienten ist – den können Sie nämlich direkt in die Gleichung einsetzen.

■ ■ **Bei welchem pH-Wert puffert ein solches Säure/Base-Paar?**

Die Henderson-Hasselbalch-Gleichung führt zu zwei weiteren wichtigen Erkenntnissen über Puffer:

1. Bei welchem pH-Wert die Pufferwirkung eines geeigneten Säure/Base-Paa- res maximiert ist, hängt vom pK_S-Wert der verwendeten Säure (und damit auch dem pK_B-Wert der konjugierten Base) ab. Wenn Sie sich noch einmal Abb. 10.2 aus dem ▶ Harris anschauen, sehen Sie, dass der 1. Wendepunkt der Kurve, also exakt die Mitte des Pufferbereiches, genau dem pK_S-Wert der verwendeten Säure entspricht. An diesem Punkt ist [HA] = [A$^-$]. Wir befinden uns also am **Halbäquivalenzpunkt.** Für diesen gilt, angewendet auf ▶ Gl. 5.11, pH = pK_S, denn $\lg \left(\frac{x}{x} \right) = \lg 1 = 0$.

2. In der Gleichung geht es um das Stoffmengen*verhältnis* der Konzentratio- nen von verwendeter Säure und konjugierter Base: Eine äquivalente Ver- änderung *beider* Konzentrationen (etwa durch Verdünnung) verändert also nicht den pH-Bereich, in dem diese Pufferlösung wirkt.

Harris, Abschn. 10.2: Titration einer schwachen Säure mit einer starken Base

> **Beispiel**
> Kehren wir noch einmal zu Essigsäure-Lösung aus obigem Beispiel (mit pK_S(HAc) = 4,75) zurück – mit [HA] = 0,600 mol/L und [A$^-$] = 0,400 mol/L ergibt sich gemäß der Henderson-Hasselbalch-Gleichung:
>
> $$pH = 4{,}75 - \lg \frac{[0{,}600]}{[0{,}400]} = 4{,}75 - \lg 1{,}5 = 4{,}75 - 0{,}176 = 4{,}57$$
>
> (oder, wenn Ihnen das besser gefällt, $pH = 4{,}75 + \lg \frac{[0{,}400]}{[0{,}600]}$
>
> $= 4{,}75 + \lg 0{,}666 = 4{,}75 + (-0{,}176) = 4{,}57)$
>
> Verdünnt man diese Lösung durch Wasserzugabe auf das zehnfache Volumen, werden die Konzentrationen sowohl der Säure (HA) als auch der Base (A$^-$) entsprechend auf ein Zehntel verringert (also [HA] = 0,060 mol/L und [A$^-$] = 0,040 mol/L), aber der Quotient HA/A$^-$ (bzw. A$^-$/HA) bleibt logischerweise gleich: 6/4 (4/6).

Am effizientesten puffert ein Puffer (das heißt wirklich so!) in beide pH-Richtun- gen immer genau dann, wenn die Stoffmengen der Säure und ihrer konjugierten Base nicht nur gleich sind (also genau um den pK_S-Wert der verwendeten Säure herum), sondern auch noch möglichst groß.

5

> ❯ **Wichtig**
> Eine logische Folge der Henderson-Hasselbalch-Gleichung:
> Solange sich das Stoffmengen*verhältnis* HA/A⁻ nicht verändert, ändert sich
> auch der pH-Wert der Pufferlösung nicht.

■■ **Warum sind für Pufferungs-Zwecke höhere Konzentrationen „besser" als niedrigere?**

Damit eine Lösung tatsächlich puffern kann, werden sowohl eine gewisse Menge freier Säuremoleküle HA benötigt, als auch eine gewisse Menge der konjugierten Base A⁻. Erstere können neu hinzukommende Hydroxid-Ionen abfangen, letztere mit neu hinzukommenden H⁺-Ionen reagieren. Bei zu großen Mengen H⁺- oder OH⁻-Ionen werden HA oder A⁻ jedoch irgendwann verbraucht sein. Stehen aber keine Säure- oder Base-Moleküle mehr zur Verfügung, endet die Pufferwirkung.

Puffer selbst ansetzen

Angenommen, Sie brauchen einen Puffer, der bei pH = 4,75 optimale Wirkung entfaltet: Hier brauchen Sie äquimolare Mengen einer Säure mit $pK_S = 4,75$ und ihrer konjugierten Base. Was läge näher, als Essigsäure und ein Acetat-Salz zu nehmen (idealerweise eines, das gut in Wasser löslich ist)? Sie geben beide Stoffe in der jeweils gewünschten (idealerweise genau bestimmten) Stoffmenge in einen Messkolben, füllen zum Eichstrich auf und wissen dann nicht nur, dass die Lösung wirklich bei pH = 4,75 puffert, sondern auch, welche Konzentration sie hat.

Und wenn der Pufferbereich nicht ganz dem entspricht, was man braucht? – Auch hier helfen ein Blick auf Abb. 10.2 aus dem ▸ Harris und die Henderson-Hasselbalch-Gleichung weiter:

Die Abbildung zeigt, dass es keinen Puffer*punkt* gibt, sondern einen Puffer*bereich,* und als Daumenregel lässt sich sagen:

Eine schwache Säure und ihre konjugierte Base puffern um $pK_S \pm 1$ pH-Einheit.

Soll die Lösung nun beispielsweise bei pH = 5,75 puffern, benötigen Sie gemäß ▸ Gl. 5.11 nur zehnmal so viel von der konjugierten Base wie von der Säure. (Vielleicht wollen Sie das einmal nachrechnen?)

Bei derlei in ihrem Wirkungsbereich verschobenen Pufferlösungen ist zu bedenken, dass sie, wenn sie beispielsweise viel mehr Base A⁻ als Säure HA enthalten, den pH-Wert der Lösung entsprechend zwar bei moderater Säurezugabe nahezu konstant halten, Basen gegenüber die Pufferwirkung aber sehr viel schwächer ausfällt. Umgekehrtes gilt dann entsprechend, wenn man durch einen Säure-Überschuss den Pufferbereich *unterhalb* von pH = pK_S verschiebt.

Wird das Stoffmengenverhältnis HA/A⁻ noch extremer als 10:1, geht die Pufferwirkung allmählich verloren. Es wird davon abgeraten, den Pufferbereich durch noch extremere Säure- oder Basenzugabe weiter verschieben zu wollen. Im Zweifelsfall muss man sich dann eines anderen Säure/Base-Paares bedienen.

■ **Bei τ = 1**

Am Äquivalenzpunkt wurde exakt die Stoffmenge Base zum Analyten hinzugeben, die zu Beginn in der Analyt-Lösung an Säure vorgelegen hat. Da aber die in der Analyt-Lösung enthaltene Säure HA schwach ist ($pK_S > 4$), ist deren konjugierte Base A⁻ *relativ* stark, deswegen fällt hier der Neutralpunkt (pH = 7) nicht mit dem Äquivalenzpunkt zusammen. Stattdessen liegt dieser im Basischen (also oberhalb von pH = 7). Warum? – Weil die konjugierte Base der Analyt-Säure eben selbst basisch genug ist, um den pH-Wert anzuheben.

❶ Achtung

Bitte vermeiden Sie Fehlinterpretationen der Begriffe „stark" und „schwach":

1. *Definitionsgemäß* bezeichnet man eine Säure mit pK_S <0 bzw. Basen mit pK_B <0 als *stark*. Alle anderen Säuren sind „mittelstark" oder „schwach".

2. Die konjugierte Base einer schwachen Säure ist *relativ stark* basisch, zeigt also durchaus basisches Verhalten, aber sie ist *keineswegs stark basisch*.

Schauen wir uns zwei wichtige Beispiele an: Essigsäure (CH_3–COOH, HAc) und Ammoniak (NH_3):

— pK_S(HAc) = 4,75; entsprechend gilt für die konjugierte Base dieser Säure $pK_B(Ac^-) = 14 - pK_S$(HAc) = 9,25.

— Den Tabellenwerken gemäß gilt für Ammoniak $pK_B(NH_3) = 4,75$, für die konjugierte Base des Ammoniaks, dem Ammonium-Ion NH_4^+, gilt dann gemäß 7 Gl. 5.6: $pK_S(NH_4^+) = 9,25$.

Betrachten wir nun das Verhalten der beiden Stoffe in wässriger Lösung:

— Zweifellos fungiert Essigsäure Wasser gegenüber als Säure: Bereits für eine stark verdünnte Lösung davon gilt pH <7.

— Von Ammoniak (bei Raumtemperatur gasförmig) müssen nur geringe Mengen in Wasser gelöst werden, um pH >7 zu erreichen: Ammoniak reagiert unverkennbar basisch.

— Andererseits reagiert die wässrige Lösung des Salzes Natriumacetat (bestehend aus Na^+ und Ac^--Ionen) ebenfalls eindeutig basisch. Die konjugierte Base der Säure Essigsäure besitzt also sehr wohl basische Eigenschaften – nur ist deren Basen-Charakter eben weniger stark ausgeprägt als der Säure-Charakter der zugehörigen Säure.

— Ammoniumsalze wiederum (also z. B. Ammoniumchlorid, NH_4Cl) reagieren sauer, sorgen also in wässriger Lösung für pH <7. Wieder sehen wir: Die Base Ammoniak (NH_3) ist stärker basisch, als das Ammonium-Ion sauer ist, aber beide Eigenschaften spielen im chemischen Verhalten eine wichtige Rolle.

Vergleicht man die pK_S–Werte der beiden Säuren (HAc und NH_4^+) direkt miteinander (4,75 und 9,25), kommt man zum Ergebnis, dass die Essigsäure, deren Säurestärke ja nun wirklich nicht übermäßig beeindruckend ist, immer noch um mehr als vier Zehnerpotenzen saurer ist als das Ammonium-Ion, aber dennoch zeigt auch die konjugierte Säure zur Base Ammoniak unbestreitbar saures Verhalten.

Die konjugierte Säure einer schwachen Base ist damit selbstverständlich keine „starke Säure" im Sinne der Definition, aber „ganz schön stark" ist sie eben doch.

■ Beim Überschreiten des Äquivalenzpunktes

Jenseits des Äquivalenzpunktes ist die Säure, die zu Beginn in der Analyt-Lösung enthalten war, vollständig aufgebraucht: Jetzt beeinflusst nur noch der Titrant den pH-Wert der Lösung. Da hier eine schwache Säure mit einer starken Base umgesetzt wurde, gilt genau das, was zum Thema „jenseits des Äquivalenzpunktes" bereits in ▶ Abschn. 5.1 gesagt wurde.

■■ Schwache Basen, die gegen eine starke Säure titriert werden

Alles, was bislang im Hinblick auf schwache Säuren und ihre konjugierten Basen ausgesagt wurde, ist vollständig auf schwache Basen und ihre konjugierten Säuren übertragbar. Dass die entsprechenden Titrationskurven zwar etwas anders aussehen, wenn man im Basischen anfängt und durch sukzessive Säurezugabe nach und nach den pH-Wert senkt, aber prinzipiell doch die gleiche Form und den gleichen Verlauf aufweisen, sollte verständlich sein. Im Notfall schauen Sie sich die Abbildung auf der Innenseite des hinteren Buchdeckels unten im ▶ Harris an; im zugehörigen Kapitel wird das noch einmal ausführlich erläutert.

Harris, Abschn. 10.3: Die Titration einer schwachen Base mit einer starken Säure

5

5.3 Mehrprotonige Säuren

Aus der *Allgemeinen* und/oder der *Anorganischen Chemie* kennen Sie auch *mehrprotonige* Säuren, also Moleküle, die – einen hinreichend basischen Reaktionspartner vorausgesetzt – auch mehr als ein H^+-Ion abspalten können. Bei derlei mehrprotonigen Säuren (in älterer Fachsprache: mehr*basigen* Säuren – heutzutage sollte man derlei Substanzen nicht mehr so nennen, aber zumindest passiv sollte Ihnen dieser Begriff geläufig sein) gibt es entsprechend für jede Deprotonierungsstufe einen eigenen pK_S-Wert (pK_{S1}, pK_{S2}, …). Dass die mehrfach deprotonierten Formen mit zunehmender negativer Ladung entsprechend immer weniger stark sauer werden, so dass sich entsprechend ansteigende pK_S-Werte ergeben, sollte nachvollziehbar sein. Schauen wir uns exemplarisch zwei wichtige Beispiele an:

■■ **Die Schwefelsäure (zweiprotonig)**
Bei der Schwefelsäure sind zwei Deprotonierungsschritte zu beachten:

$$H_2SO_4 \rightleftarrows HSO_4^- + H^+ \qquad pK_{S1} = -3 \qquad \text{starke Säure}$$

$$HSO_4^- \rightleftarrows SO_4^{2-} + H^+ \qquad pK_{S2} = 1{,}92 \qquad \text{mittelstarke Säure}$$

■■ **Die Phosphorsäure (dreiprotonig)**
Hier gibt es entsprechend sogar drei Deprotonierungsschritte:

$$H_3PO_4 \rightleftarrows H_2PO_4^- + H^+ \qquad pK_{S1} = 1{,}96 \qquad \text{mittelstarke Säure}$$

$$H_2PO_4^- \rightleftarrows HPO_4^{2-} + H^+ \qquad pK_{S2} = 7{,}21 \qquad \text{schwache Säure}$$

$$HPO_4^{2-} \rightleftarrows PO_4^{3-} + H^+ \qquad pK_{S3} = 12{,}32 \qquad \text{so schwache Säure,}$$

dass die *konjugierte Base* schon wieder mittelstark ist

Harris, Abschn. 9.1: Zweiprotonige Säuren und Basen
Harris, Abschn. 9.2: Zweiprotonige Puffer
Harris, Abschn. 9.3: Mehrprotonige Säuren und Basen
Harris, Abschn. 9.4: Welche ist die hauptsächliche Spezies?
Harris, Abschn. 9.5: Gleichungen für die Berechnung der Anteile einzelner Formen
Harris, Abschn. 10.4: Titration in zweiprotonigen Systemen

Hier ergeben sich entsprechend bei den mittelstarken bzw. schwachen Säuren mehrere Pufferbereiche (schematisch in Abb. 9.2 aus dem ► Harris dargestellt), und für die gilt wieder alles das, was wir schon in ► Abschn. 5.2 besprochen haben. Entsprechend sei diesem Thema hier nicht zu viel Raum zugestanden; im ► Harris finden Sie ausführliche Erläuterungen zu zwei- bzw. mehrprotonigen Säuren, einschließlich sämtlichen Regionen in den zugehörigen Titrationskurven.

■■ **Mehrwertige Basen**
Wieder gilt das über mehrprotonige Säuren Dargelegte analog auch für Verbindungen/Ionen, die mehr als ein Wasserstoff-Kation aufnehmen können. Ein entsprechendes Beispiel für die Titration einer zweiprotonigen Base findet sich ebenfalls im ► Harris.

❓ Fragen
1. Berechnen Sie den pH-Wert von:
   a) 0,1-molarer Bromwasserstoffsäure ($pK_S(HBr) = -8{,}9$)
   b) 0,01-molarer Salzsäure ($pK_S(HCl) = -6{,}2$)
   c) 0,2-molarer Essigsäure ($pK_S(HAc) = 4{,}75$)
2. Ermitteln Sie das Stoffmengenverhältnis von Säure und konjugierter Base bei den folgenden Puffern:
   a) Essigsäure/Natriumacetat-Puffer bei pH = 5,05
   b) Essigsäure/Kaliumacetat-Puffer bei pH = 3,87
   c) Ammoniumchlorid/Ammoniak-Puffer bei pH = 10,0

5.4 Endpunktbestimmung

Zum Erstellen einer Titrationskurve braucht es Mittel und Wege, den pH-Wert der untersuchten Lösung im Verlauf der zugehörigen Titration in regelmäßigen Abständen oder (idealerweise) sogar kontinuierlich zu überprüfen. Letzteres geht recht leicht mit Hilfe von pH-Elektroden. Wenn es allerdings lediglich darum geht, den *Endpunkt* einer Titration zu ermitteln, ist meist die Verwendung eines Indikators ausreichend. Schauen wir uns beide Techniken kurz an.

■ pH-Elektroden

Entsprechende Elektroden ermitteln den pH-Wert elektrochemisch: Unterschiedliche Konzentrationen von Hydronium-Ionen bewirken unterschiedliche elektrochemische Potentiale (siehe die Nernst-Gleichung, bekannt aus der *Allgemeinen Chemie* und/oder der *Anorganischen Chemie*); dieses konzentrationsabhängige Potential wird gegen eine Referenzelektrode gemessen. (Damit befinden wir uns allerdings bereits mitten im Fachgebiet der *Potentiometrie*, der in ▶ Abschn. 10.3. ein eigenes Unterkapitel gewidmet ist. Deswegen wollen wir es an dieser Stelle dabei bewenden lassen; einige erste Bemerkungen hierzu können Sie dem ▶ Harris natürlich gerne auch schon jetzt entnehmen.)

Harris, Abschn. 10.5: Ermittlung des Endpunkts mit einer pH-Elektrode

■ pH-Indikatoren

Chemisch gesehen ist das Prinzip von pH-Indikatoren sehr einfach: Es handelt sich um (meist organische) Verbindungen, die selbst eine Brønsted-Säure oder -Base darstellen und je nach (De–)Protonierungsgrad in wässriger Lösung unterschiedliche Färbungen hervorrufen: Es ergibt sich ein **Farbumschlag** (wahlweise von einer Farbe zur anderen, gelegentlich auch von farblos zu der einen oder anderen Farbe).

— Ein typisches Beispiel für einen „von farblos nach …"-Indikator stellt *Phenolphthalein* dar (◨ Abb. 5.2a), das unterhalb von pH = 8,2 in wässriger Lösung farblos ist, oberhalb dieses pH-Wertes jedoch nach Violett umschlägt. Dahinter steckt die einfache Deprotonierung der schwachen Säure Phenolphthalein (pK_S = 9,7). Die protonierte Form ist farblos, die deprotonierte Form violett. (Im Übrigen: Bitte sprechen Sie diese Substanz „Phenol-Phthalein" aus.)

— Bromthymolblau (◨ Abb. 5.2b, pK_S = 7,1) ist ein wenig vielseitiger: Zwischen pH = 2 und pH = 6 ist die wässrige Lösung dieses Indikators gelb. Wird der pH-Wert (durch Basenzugabe) weiter gesteigert, verfärbt sich die Lösung ins Grüne, und bei pH > 8 wird sie blau.
Das Grün lässt sich als die Mischfarbe der nicht deprotonierten (gelben) und der deprotonierten (blauen) Form erklären; praktischerweise ist dieser Grünton gerade bei pH = 7 am deutlichsten erkennbar, womit man einen ausgezeichneten Neutralpunkt-Indikator hat.
Interessanterweise wird der Indikator im richtig stark sauren Medium (pH < 0, erreichbar mit konzentrierter Schwefelsäure oder Perchlorsäure) durch neuerliche Protonierung rot. (Das lässt sich allerdings für Indikator-Zwecke kaum ausnutzen.)

Zu jedem Indikator gehört also der pH-Bereich, für den er besonders geeignet ist. Entsprechend gilt es in der praktischen Anwendung, für den jeweils zu betrachtenden pH-Bereich einen geeigneten Indikator auszuwählen. Der Einsatz von Phenolphthalein beispielsweise wäre kaum zielführend, wenn der Endpunkt Ihrer Titration im schwach sauren Medium bei pH = 4–6 zu erwarten stünde. Eine Auswahl gebräuchlicher Indikatoren nebst den charakteristischen Farben und ihrem jeweiligen Umschlagsbereich können Sie Tab. 10.3 des ▶ Harris entnehmen.

Harris, Abschn. 10.6: Endpunktsbestimmung mit Indikatoren

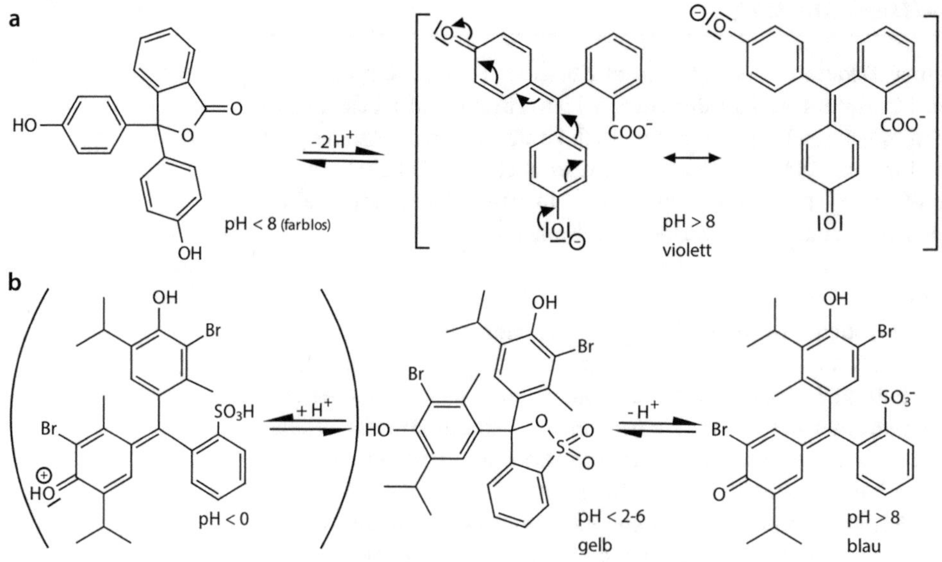

5

■ **Abb. 5.2**   Das Säure/Base-Verhalten von (**a**) Phenolphthalein und (**b**) Bromthymolblau

---

🛈 **Achtung**
Es gibt zwei Dinge, die man bei der Verwendung von Indikatoren dringend berücksichtigen sollte:

Der Um*schlag* verläuft nicht *schlag*artig
Bitte bedenken Sie, dass jede (De-)Protonierungs-Reaktion ein chemisches Gleichgewicht darstellt: Ein pK_S-Wert von 9,7 heißt ja bekanntermaßen nicht, dass die zugehörige (schwache) Säure in einer wässrigen Lösung des pH-Wertes 9,7 schlagartig sämtliche Protonen abgibt, sondern nur, dass bei diesem pH-Wert (statistisch) genau die Hälfte aller in Lösung befindlicher Säuremoleküle HA zu ihrer konjugierten Base A^- deprotoniert werden. (Genau das besagt ja auch die Henderson-Hasselbalch-Gleichung, also ► Gl. 5.11.) Da dem so ist, sollte es nicht verwundern, dass der Farbumschlag nicht schlagartig beim pK_S-Wert des Indikators erfolgt, sondern sich sozusagen „einschleicht". Entsprechend ist es relativ schwierig, mit Hilfe eines Indikators einen Umschlagpunkt wirklich *eindeutig* zu bestimmen. (Allerdings ist auch dies möglich: mit Hilfe des Fachgebietes der Kolorimetrie, der wir uns in ► Abschn. 10.1 zuwenden.)

„Viel hilft viel" trifft *nicht* auf Indikatoren zu
Wenn Sie mit Hilfe eines pH-Indikators ein Säure/Base-Gleichgewicht „beobachten" wollen, sollten Sie nicht vergessen, dass die Indikator-Moleküle ihrerseits ja ebenfalls Säuren oder Basen im Sinne Brønsteds sind. Deswegen finden sich in der Literatur auch immer wieder die folgenden Gleichgewichts-Reaktionen:

$$H - Ind \rightleftarrows H^+ + Ind^-, \text{ wenn der Indikator eine Brønsted-Säure darstellt, oder}$$

$$Ind + H^+ \rightleftarrows H - Ind^+, \qquad \text{wenn der Indikator als Brønsted-Base fungiert.}$$

Entsprechend greifen Sie faktisch mit jedem Indikator-Molekül in genau die Säure/Base-Reaktion ein, die Sie doch eigentlich nur „beobachten" wollten. Solange Sie sich allerdings bei der Zugabe des Indikators zurückhalten, dürfte es nicht zu übermäßigen Abweichungen vom „wahren" Messwert kommen. Allerdings empfiehlt es sich wirklich, ihre Indikator-Säure oder -Base nur in möglichst kleinen Mengen zum Einsatz zu bringen (die Mengen sollten allerdings ausreichend groß sein, um *überhaupt* etwas erkennen zu können). Mit der (häufig falschen) Maxime „viel hilft viel!" sind Sie bei Titrationen aber auf jeden Fall schlecht beraten.

Wie man die gewünschte Genauigkeit erhält

„[HAc] = 0,1 mol/L" – wie genau ist das eigentlich? Es soll hier nicht nur um die (vermeintliche) Genauigkeit der Angabe gehen (Stichwort: Signifikanz, aus Teil I), sondern tatsächlich auch um die Genauigkeit, mit der die beschriebene Lösung angesetzt wurde:

Was auf einem Flaschen- oder Kolbenetikett steht, muss ja noch lange nicht (mehr) richtig sein! Wenn aus einer Lösung nach und nach Lösemittel verdunstet, steigt die Konzentration der Lösung allmählich an, und wässrige Lösungen von bei Raumtemperatur gasförmigen Substanzen gasen durchaus im Laufe der Zeit zumindest ein Teil des gelösten Stoffes aus (wodurch die Konzentration der Lösung nach und nach abnimmt).

Will man genau arbeiten, muss man daher einen Korrekturfaktor hinzuziehen, der den Unterschied zwischen der tatsächlichen Konzentration – der „Ist-Konzentration" c_{ist} – und der ursprünglich gewünschten Konzentration – der „Soll-Konzentration" c_{soll} – angibt:

$$f = \frac{c_{ist}}{c_{soll}} \tag{5.12}$$

Dieser Korrekturfaktor f wird als **Titer** bezeichnet, gelegentlich auch *Normalfaktor* genannt.

Dabei stellt sich allerdings ein Problem: Um den Titer einer Lösung bestimmen zu können, benötigt man eine Lösung mit genau definierter Konzentration. Aber es gibt eine Lösung für diesen vermeintlichen Teufelskreis: Man nutzt einen **Urtiter** – eine Substanz, mit der sich Lösungen sehr genau definierter Konzentration ansetzen lassen (sogenannte **Maßlösungen**).

Ein solcher Urtiter muss einige besondere Eigenschaften besitzen:

- Er muss eine genau definierte chemische Zusammensetzung aufweisen und vollständig reagieren.
- Er muss sich im jeweiligen Lösemittel (meist: Wasser) gut lösen.
- Er sollte unbegrenzt haltbar sein und nicht im Laufe der Zeit seine Zusammensetzung verändern:
  - Er sollte nicht mit Luftsauerstoff reagieren.
  - Auch die Luftfeuchtigkeit sollte ihm nichts ausmachen.
  - Er sollte keine Hygroskopie zeigen (also nicht „Wasser ziehen", wie man im Laborjargon sagt), schließlich würde sich durch die angelagerten Wassermoleküle nach und nach die Masse ändern.
  - Und wäre das Leben perfekt, würden auch jegliche aus diesen Urtitern angesetzte Lösungen sämtliche dieser Eigenschaften aufweisen.
- Zusätzlich sollte ein Urtiter eine möglichst hohe molare Masse aufweisen, um den Wägefehler zu minimieren: Wenn Sie beispielsweise genau 1,00 mol einer Substanz abwiegen wollen, und die molare Masse beträgt z. B. 15 g/mol, dann erhalten Sie einen größeren (prozentualen) Wägefehler, als das bei einer molaren Masse von z. B. 250 g/mol der Fall wäre.

❓ Fragen

3. Welche faktische Konzentration hat eine vorgeblich 0,23-molare Essigsäure mit f = 1,09?
4. Ermitteln Sie den Titer einer 0,25-molaren Natronlauge mit der tatsächlichen Konzentration [NaOH] = 0,26 mol/L.

Maßanalyse mit Komplexen (Komplexometrie)

Binnewies, Abschn. 12.4: Beschreibung von Ligandenaustauschreaktionen durch Stabilitätskonstanten
Binnewies, Abschn. 12.5: Chelatkomplexe

6

Für den Fall, dass Sie noch einmal Ihre Grundkenntnisse über „Komplexe im Allgemeinen" auffrischen wollen, empfehle ich einen Blick in den ▶ Binnewies, insbesondere die Abschnitte über die Stabilitätskonstanten (Abschn. 12.4) und die Besonderheiten der Chelatkomplexe (Abschn. 12.5). (Einen kurzen ersten Einblick in die Komplexometrie bietet dieses Buch übrigens in Abschn. 12.6 ebenfalls schon!)

6.1 Kombination zweier Prinzipien

Bei der Komplexometrie nutzt man zwei grundlegende Prinzipien aus:

1. Die meisten Metall-Atome (vor allem in ionischer Form), insbesondere bei Metallen aus dem d- oder f-Block des Periodensystems, können als Elektrophile, also als Lewis-Säuren, aufgefasst werden, die mit entsprechend hinreichend nucleophilen Lewis-Basen unter Ausbildung koordinativer Bindungen Komplexe bilden. Dabei können diese elektronen-liefernden Lewis-Basen über ein einzelnes Atom mit dem als Zentralteilchen des Komplexes bezeichneten Metall in Wechselwirkung stehen (dann spricht man von einzähnigen Liganden), oder über *mehr* als eine solche Koordinationsstelle (wobei sich dann eine mono- oder oligocyclische Struktur ergibt). In letzterem Falle hat man es mit einem mehrzähnigen Liganden oder Chelat-Liganden zu tun; man spricht dann auch von einem Chelat-Komplex. Ob nun ein- oder mehrzähnige Liganden L im Spiel sind: Hinter der Entstehung eines Komplexes steckt immer eine (mehrstufige) Gleichgewichtsreaktion:

$$M^{x+} + n\,L \rightleftarrows [ML]^{x+} + (n-1)\,L \rightleftarrows [ML_2]^{x+} + (n-2)\,L$$
$$\rightleftarrows [ML_3]^{x+} + (n-3)\,L \rightleftarrows [ML_4]^{x+} + (n-4)\,L \text{ etc.}$$

2. Aus statistischen und aus thermodynamischen Gründen sind Chelat-Komplexe energetisch meist deutlich günstiger (und daher stabiler) als vergleichbare Komplexe mit einzähnigen Liganden. Daher lassen sich einzähnige Liganden an einem Zentralteilchen durch Chelat-Liganden häufig leicht verdrängen.

   — Ist (auf diese Weise oder anderweitig) ein Chelatkomplex entstanden, kann ein vergleichbarer Ligandenaustausch allerdings nur noch erfolgen, wenn nach der ersten auch noch die zweite, dritte, vierte etc. Bindung des Chelat-Liganden praktisch gleichzeitig gelöst würde, was, rein statistisch gesehen, unwahrscheinlich ist.

   — *Ein* Chelat-Ligand setzt *mehrere* zuvor an das Zentralteilchen gebundene einzähnige Liganden frei; nach dem Austausch mehrerer einzähniger Liganden gegen einen Chelat-Liganden befinden sich also *mehr* freie Teilchen in Lösung als vorher. Folglich nimmt die Entropie im System zu („mehr Unordnung"), und das ist thermodynamisch günstig.

Dabei nimmt die Stabilität entsprechender Chelat-Komplexe mit zunehmender „Zähnigkeit" des Chelat-Liganden verständlicherweise immer weiter zu. ◘ Abb. 6.1 zeigt exemplarisch den zweizähnigen Liganden Ethylendiamin (a) einmal im unkomplizierten Zustand, einmal in Wechselwirkung mit einem

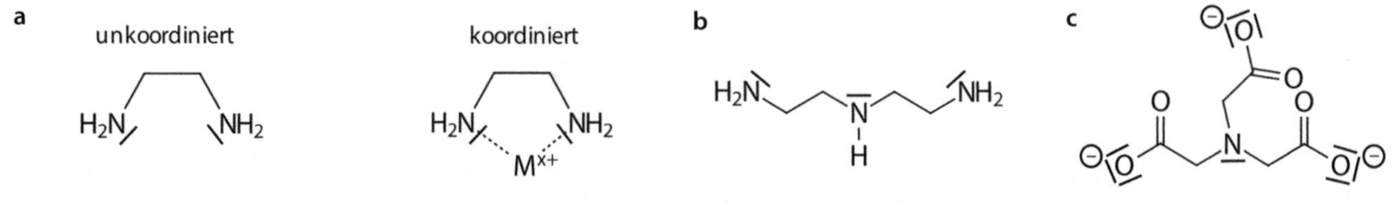

◘ Abb. 6.1 Ausgewählte mehrzähnige Liganden

beliebigen Metall-Ion nicht näher bestimmter (positiver) Ladung (M^{x+}), den dreizähnigen Liganden Diethylentriamin (b) und den vierzähnigen Liganden Nitrilotriessigsäure (c) dargestellt ist die dreifach deprotonierte Form, also das Nitrilotriacetat-Ion.

Prinzipiell gibt es zahlreiche Möglichkeiten, (Chelat-)Komplexe in der analytischen Chemie zu verwenden; hier die gebräuchlichsten:

— Manche mehrzähnigen Liganden lassen ein einmal komplexiertes Metall-Ion praktisch nicht mehr los: In Lösung befindliche Metall-Ionen reagieren mit derlei Komplexbildnern quantitativ (also: vollständig); Nebenreaktionen sind praktisch ausgeschlossen. Entsprechend kann man also mit einer Komplexbildner-Lösung genau definierter Konzentration Volumetrie betreiben und aus dem Verbrauch des Titranten auf die Konzentration des vorliegenden Metall-Ions schließen.

— Manche Metall-Ionen bilden mit dem einen oder anderen mehrzähnigen Liganden derart schwerlösliche Verbindungen, dass die resultierenden Komplexe sogar in der Gravimetrie Verwendung finden (mehr zu diesem Thema erfahren Sie in ► Kap. 9).

— Viele (vor allem Übergangsmetall-)Komplexe zeigen charakteristische Farben, deren Farbintensität mehr oder minder linear mit der vorliegenden Stoffmengenkonzentration korreliert. Das lässt sich natürlich auch ausnutzen – je nachdem, für welche Technik man sich entscheidet, kolorimetrisch (► Abschn. 10.1) oder photometrisch (► Abschn. 10.2).

Die erstgenannte Anwendungsmöglichkeit der Komplexchemie ist in der Analytik die mit Abstand gebräuchlichste, deswegen werden wir uns in diesem Teil weitgehend darauf beschränken.

Der mehrzähnige Ligand, der dabei mit Abstand am häufigsten verwendet (und deswegen auch hier thematisiert) wird, heißt EDTA. Viel tiefer in das Thema der Komplexometrie dringt auch der ► Harris nicht ein.

Harris, Abschn. 11.7: Titrationsmethoden mit EDTA

Was *dieser* Teil nicht bietet

Die Komplexchemie ist ein durchaus komplexes Thema: Auch wenn es im Rahmen der Analytischen Chemie recht hilfreich ist, im Zweifelsfalle davon auszugehen, dass ein Zentralteilchen mit sechs einzähnigen Liganden (oder einer entsprechend verminderten Anzahl mehrzähniger Liganden) wechselwirkt, wird man mit dieser vereinfachten Sicht der Dinge dem ganzen durchaus vielschichtigen Thema schlichtweg nicht gerecht. *Welches* Zentralteilchen mit *welchen* (und wie vielen) Liganden jeweils in Wechselwirkung tritt und welchen räumlichen Bau der resultierende Komplex dann aufweist, ist beispielsweise nicht leicht vorherzusagen.

Nur ein Beispiel: Während Silber-Kationen (Ag^+) mit jeweils zwei Ammoniak-Molekülen lineare Diamminsilber(I)-Kationen ($[Ag(NH_3)_2]^+$) bilden, reagiert das Kupfer(II)-Kation (Cu^{2+}) in Gegenwart von Ammoniak zum quadratisch-planar gebauten Tetraamminkupfer(II)-Kation ($[Cu(NH_3)_4]^{2+}$) – das man, wenn man *noch* genauer ist, besser als Tetraammindiaquakupfer(II)-Kation ($[Cu(NH_3)_4(H_2O)_2]^{2+}$) beschreiben sollte, bei dem die beiden als Liganden fungierenden Wasser-Moleküle die beiden Spitzen einer tetragonalen Bipyramide über der quadratisch-planaren Tetraamminkupfer(II)-Grundfläche darstellen. Dass man zur Vorhersage des dreidimensionalen Baues derartiger Komplexe nicht auf das VSEPR-Modell zurückgreifen darf, versteht sich hoffentlich von selbst – das funktioniert bekanntermaßen *nur*, wenn das Zentralteilchen den Hauptgruppen entstammt, nicht aber bei Vertretern des d- oder f-Blocks. Kurz gesagt: Da es hier „nur" um die Anwendbarkeit von Komplexen im Rahmen der Analytischen Chemie geht, nicht um „die Komplexchemie an sich", werden Sie die hier auftauchenden Komplexe weitestgehend einfach

6

hinnehmen müssen. Auf die Frage, *warum* sich jeweils welche Strukturen ausbilden, wird in (Fortgeschritteneren-)Veranstaltungen bzw. -Lehrwerken der *Anorganischen Chemie* eingegangen.

6.2 Vielseitig und vielgenutzt: EDTA

Von besonderer Bedeutung sind der sechszähnige Ligand Ethylendiamintetraessigsäure und das sich davon ableitende Tetra-Anion Ethylendiamintetraacetat, kurz **EDTA** (◘ Abb. 6.2a). Dieses koordiniert jeweils über das freie Elektronenpaar der beiden Stickstoff-Atome sowie über die vier deprotonierten Carboxylgruppen mit praktisch jedem nur erdenklichen Metall-Kation, nahezu ungeachtet von dessen Ladung oder Größe. Dabei ergibt sich (wie oben bereits erwähnt) eine oligocyclische Struktur: Die beiden Stickstoff-Atome bilden mit dem Zentralteilchen des Komplexes durch die sie verbindende CH_2–CH_2-Brücke ebenso einen fünfgliedrigen Ring, wie das für jede Koordination zwischen einem dieser Stickstoff-Atome und einer der vier deprotonierten Carboxylgruppen gilt. Die komplexierte Lewis-Säure (M^{x+}) ist dabei oktaedrisch von den sechs Koordinationszentren umgeben (◘ Abb. 6.2b).

Bevor wir uns allerdings der Nutzbarkeit von EDTA in der Analytik zuwenden, müssen zunächst noch einige Grundlagen angerissen werden:

Wenn Sie sich noch einmal ◘ Abb. 6.2 anschauen, werden Sie feststellen, dass die Ethylendiamintetraessigsäure in derlei Komplexen als Tetra-Anion vorliegt, also müsste man streng genommen stets von „$EDTA^{4-}$" sprechen – aber das macht niemand. Trotzdem ist es wichtig zu berücksichtigen, dass das neutrale Molekül Ethylendiamintetraessigsäure sowohl als (vierprotonige) Säure wie auch als Base fungieren kann (und das sogar gleich zweimal: an jedem der beiden N-Atome). Zudem sind die Carbonsäure-Gruppen dieses Moleküls sauer genug, um die „eigenen" Stickstoff-Atome des Moleküls zu protonieren, so dass Ethylendiamintetraessigsäure in wässriger Lösung als **Zwitter-Ion** vorliegt (◘ Abb. 6.3).

Da die vier Carboxylgruppen äquivalent sind, ist unerheblich, welche zwei von den insgesamt vieren nun den Stickstoff-Atomen gegenüber als Säure fungiert haben. Weiterhin kann diese Säure entsprechend immer noch insgesamt vier Protonen abspalten: Sie ist nach wie vor vierprotonig, schließlich besitzen auch die protonierten Stickstoff-Atome, die ja die konjugierte Säure der Base „Stickstoff-Atom mit freiem Elektronenpaar" darstellen, einen ernstzunehmenden pK_S-Wert (das hatten wir in ▶ Abschn. 5.2).

Somit müsste man eigentlich stets die folgenden Säure/Base-Gleichgewichte berücksichtigen:

$$H_4EDTA \rightleftarrows H_3EDTA^- + H^+ \rightleftarrows H_2EDTA^{2-} + 2\,H^+ \rightleftarrows HEDTA^{3-} + 3\,H^+ \rightleftarrows EDTA^{4-} + 4\,H^+$$

Das macht aber *auch* wieder niemand; man geht stillschweigend davon aus, dass sich das System schon entsprechend an den jeweils vorliegenden pH-Wert (auf den nicht weiter eingegangen wird) anpasst. Entsprechend ist mit „EDTA" in der

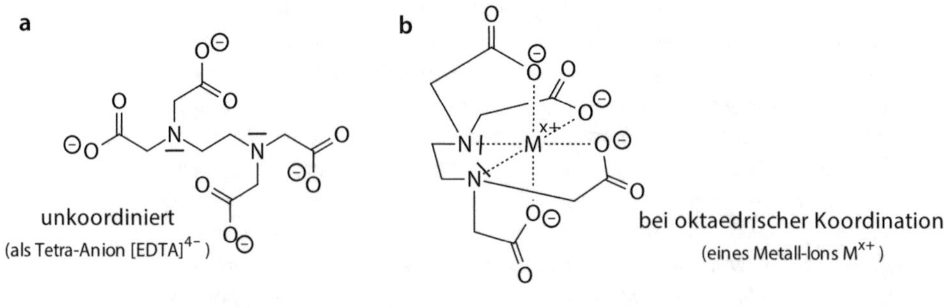

◘ **Abb. 6.2**   Der sechszähnige Ligand EDTA

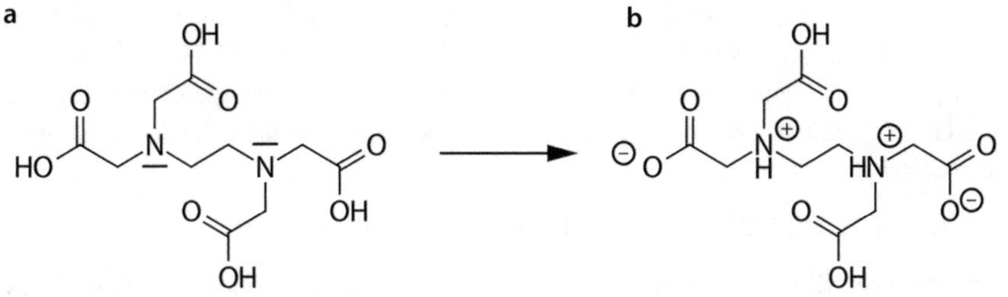

a

b

◘ Abb. 6.3   Ethylendiamintetraessigsäure als Zwitter-Ion

Komplexometrie fast immer gemeint: „Das Teilchen, dass mit Metall-Ionen stabile Chelatkomplexe bildet und dessen effektive Gesamtladung derzeit nicht von Bedeutung ist."

■ **Ein einfaches Verhältnis**

EDTA ist als Komplexbildner in der Analytik unter anderem deswegen so beliebt, weil Zentralteilchen und Ligand praktisch immer im Verhältnis 1:1 miteinander reagieren – die Stöchiometrie derartiger Reaktionsgleichungen bleibt damit erfreulich überschaubar. Allerdings sind die weitaus meisten EDTA-Komplexe farblos, insofern lässt sich alleine durch tropfenweise Zugabe des Titranten zur Analyt-Lösung der Endpunkt der Titration nicht bestimmen. Deswegen verwendet man in der Komplexometrie (vor allem eben mit EDTA) häufig einen **Metallindikator.** Dabei handelt es sich um einen weiteren Komplexliganden, der allerdings zwei besondere Eigenschaften aufweisen muss:

1. Er muss mit dem zu bestimmenden Metall-Ion (also dem Analyten) einen nur mäßig stabilen Komplex bilden – auf jeden Fall muss die Wechselwirkung zwischen Zentralteilchen und Metallidikator-Ligand schwach genug sein, dass ein stärkerer Ligand (nämlich das EDTA) diesen leicht aus dem Komplex verdrängt, so dass das EDTA, wie oben erwähnt, den Analyten quantitativ komplexiert.
2. Der Metallindikator muss sowohl im freien Zustand (also unkomplexiert) als auch in der Wechselwirkung mit dem Analyt-Ion farbig sein – dabei aber jeweils *unterschiedliche* Farben zeigen. Zudem sollte die Farbe des Metallindikator-Analyt-Komplexes die Farbe des freien Metallindikators überdecken:
   — Metallindikator (unkomplexiert): *Farbe 1*
   — Metallindikator (komplexiert): *Farbe 2*

Wie bei Indikatoren üblich, wird auch der Metallindikator nicht in stöchiometrischer Menge eingesetzt: Er soll ja nur als Indikator dienen. Daher sollten minimale Mengen ausreichen – gerade genug, um die Farbe des Analyt-Indikator-Komplexes deutlich erkennen zu lassen.

Sind beide Kriterien erfüllt, funktioniert die Komplexometrie nach folgendem Prinzip:

Zunächst färbt man die Analyt-Lösung (die M^{x+}-Ionen enthält) mit dem (bislang noch unkomplexierten) Metallindikator (kurz: Ind) an:

$$\text{Ind } (\textit{Farbe } 1) + M^{x+} \rightleftarrows [M - \text{Ind}]^{x+} \ (\textit{Farbe } 2)$$

Anschließend wird die so charakteristisch gefärbte Analyt-Metallindikator-Lösung gegen EDTA titriert. Dabei sind zwei verschiedene Reaktionen zu beachten, die nacheinander ablaufen. Anfänglich enthält die Lösung ja, trotz des hinzugegeben Metallindikators, auch noch reichlich unkomplexierte Analyt-Ionen M^{x+}. Diese werden nun mit EDTA umgesetzt. Dabei wird gemeinhin

6

bei pH-Werten gearbeitet, bei denen die freie Ethylendiamintetraessigsäure (H_4EDTA) zumindest schon doppelt deprotoniert ist, also H_2EDTA^{2-} vorliegt. Entsprechend ergibt sich die folgende schematische Reaktionsgleichung (die auch gleich zeigt, warum es so ratsam ist, bei der Komplexometrie die Analyt-Lösung zu *puffern*):

$$M^{x+} + H_2\text{EDTA}^{2-} \rightleftarrows [M - \text{EDTA}]^{(x-2)+} (farblos) + 2\ H^+$$

Bei weiterer EDTA-Zugabe wird schließlich der Punkt erreicht, an dem (praktisch) keine freien M^{x+}–Ionen mehr vorliegen. (Dass, streng genommen, durch die EDTA-Komplexierung der freien Analyt-Ionen das M^{x+}/$[M-\text{Ind}]^{x+}$-Gleichgewicht ganz im Sinne von Le Chatelier in Richtung der freien M^{x+}-Ionen verschoben wird, dürfen wir an dieser Stelle geflissentlich ignorieren, schließlich haben wir ohnehin nur minimale Mengen Metallindikator hinzugegeben.)

Letztendlich kommt dann Kriterium 1 für Metallindikatoren zum Tragen: Sie müssen sich durch EDTA verdrängen lassen, und das gemäß der folgenden schematischen Reaktionsgleichung:

$$[M - \text{Ind}]^{x+} (Farbe\ 2) + H_2\text{EDTA}^{2-} \rightleftarrows [M - \text{EDTA}]^{(x-2)+} (farblos)$$
$$+ \text{Ind}(Farbe\ 1) + 2\ H^+$$

Da EDTA sowohl unkomplexiert als auch in Wechselwirkung mit dem Analyt-Ion M^{x+} farblos ist, erkennt man den Äquivalenzpunkt dieser Reaktion an der Farbveränderung (dem Farbumschlag):

— Vor Erreichen des Äquivalenzpunktes zeigt das Reaktionsgemisch *Farbe 2* – die Farbe, die durch den Analyt-Metallindikator-Komplex hervorgerufen wird.

— Am Äquivalenzpunkt werden alle Metallindikator-Moleküle Ind durch EDTA verdrängt, es werden also sämtliche Analyt-Ionen aus dem Metallindikator-Komplex herausgelöst. Entsprechend ist am Äquivalenzpunkt die Farbe des freien Metallindikators, *Farbe 1*, zu sehen.

— Beim Weiter- und Übertitrieren kommt nun nur immer weiter farbloser EDTA-Titrant zur Analyt-Lösung, so dass keine weitere Farbveränderung zu beobachten ist (außer dass die Farbe des freien Metallindikators bei weiterer EDTA-Titrant-Zugabe immer weiter verdünnt wird). Entsprechend gestattet der Farbumschlag von Farbe 2 nach Farbe 1 eine ziemlich präzise Bestimmung des Äquivalenzpunktes.

Labor-Tipp

Allerdings steckt, wie bereits in ▶ Abschn. 6.1 erwähnt, hinter jeder Entstehung eines Komplexes auch eine (mehrstufige) Gleichgewichtsreaktion, und die kann durchaus empfindlich auf pH-Wert-Veränderungen reagieren, schließlich verschiebt sich im hinreichen sauren Medium etwa das Gleichgewicht

$$M^{x+} + H_2\text{EDTA}^{2-} + 2\ H_2O \rightleftarrows [M - \text{EDTA}]^{(x-2)+} + 2\ H_3O^+$$

mit sinkendem pH-Wert immer weiter auf die *Edukt*-Seite. Aus diesem Grund ist es bei komplexometrischen Titrationen dringend geraten, die Analyt-Lösung mit einem geeigneten Puffer-System vor übermäßigen pH-Wert-Veränderungen zu schützen.

Neben der sehr eleganten Verwendung eines entsprechenden Metallindikators zur direkten Titration des Analyten gegen EDTA, wie wir das gerade in ▶ Abschn. 6.2 hatten, kennt der ▶ Harris noch verschiedene andere Möglichkeiten, den Endpunkt einer komplexometrischen Titration zu ermitteln:

Harris, Abschn. 11.7: Titrationsmethoden mit EDTA

— Bei der *Rücktitration,* die etwa dann erforderlich wird, wenn der Analyt mit EDTA eine schwerlösliche Verbindung eingeht (also ausfällt), verwendet man EDTA im Überschuss (wobei wieder eine genau definierte Menge EDTA zum Einsatz kommt!). Dann nutzt man ein zweites Reagenz, um die Stoffmenge des noch freien, eben nicht mit dem Analyten ausgefallenen EDTA zu ermitteln.

— Hat man einen Analyten, von dem man weiß, dass er ein anderes Metall-Ion aus dem Metall-EDTA-Komplex quantitativ zu verdrängen vermag, weil der Analyt-EDTA-Komplex deutlich stabiler ist, kann man eine entsprechende *Verdrängungstitration* durchführen. Das Prinzip bleibt trotzdem gleich.

Woher kommt die Farbigkeit?

Zweifellos sind Sie aus der *Allgemeinen Chemie* und/oder der *Physik* mit dem elektromagnetischen Spektrum vertraut. (Falls nicht, schauen Sie doch noch einmal in den ▶ Binnewies (Abb. 26.20) oder den ▶ Harris (Abb. 17.2). Das sollte weiterhelfen.) Als *sichtbares Licht* wird dabei nur der vergleichsweise winzige Ausschnitt aus dem ganzen Spektrum mit einer Wellenlänge von 380–780 nm bezeichnet.

Binnewies, Abschn. 26.5: Optik
Harris, Abschn. 17.1: Eigenschaften des Lichts

Nun kommt die Besonderheit unserer biologischen Detektoren für derartige elektromagnetische Strahlung (die Augen) zum Tragen: Licht, das *sämtliche* dieser Wellenlängen enthält, nehmen wir als *weiß* (farblos) wahr. Werden diesem Licht jedoch bestimmte Wellenlängen entzogen (zum Beispiel durch Wechselwirkung mit einer Substanz, die genau diese Wellenlängen zu absorbieren vermag), so dass das menschliche Auge nur noch die dann noch verbleibenden Wellenlängen auffängt, meldet das menschliche Gehirn die *Komplementärfarbe* zu den fehlende Wellenlängen. Die jeweilige Komplementärfarbe zu einer Wellenlänge lässt sich anhand des Farbkreises ermitteln.

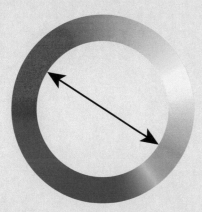

Wird weißem Licht etwa ein bestimmter roter Anteil entzogen (also eher langwelliges Licht aus dem Bereich 650–800 nm), scheint das Objekt, das diese Wellenlänge absorbiert, für das menschliche Auge die zugehörige Komplementärfarbe (hier: grün) aufzuweisen. (Wird mehr als eine Wellenlänge gleichzeitig absorbiert, wird es zwar etwas komplizierter, die Komplementärfarbe zu bestimmen, aber das Prinzip bleibt gleich.)

Und was entscheidet nun darüber, welche Wellenlängen von einem Molekül oder Komplex oder dergleichen absorbiert werden können (und welche nicht)? – Diesem Thema werden wir uns ausführlich(er) in Teil IV widmen; einen ersten Einblick erhalten Sie aber schon in ▶ Abschn. 10.2.

❓ Fragen

5. Was liegt bei der direkten komplexometrischen Titration eines Analyt-Kations mit EDTA am Äquivalenzpunkt in Lösung vor?

6. Bei der direkten Titration Ihrer Analyt-Lösung (V(Analyt) = 20,00 mL) gegen EDTA-Lösung $\left(c_{soll}\,(EDTA) = 0,1\,mol/L, \quad f = 1,03\right)$ wurden von dieser 10,42 mL bis zum Erreichen des Äquivalenzpunktes verbraucht. Geben Sie die Konzentration Ihres Analyten in mmol/L an.

6

Eine Kombination mit beachtlichem Potential: Redox-Titrationen

© Springer-Verlag GmbH Deutschland, ein Teil von Springer Nature 2019
U. Ritgen, *Analytische Chemie I*, https://doi.org/10.1007/978-3-662-60495-3_7

7

Das Prinzip der Volumetrie lässt sich auch mit Redox-Reaktionen kombinieren: Dieses Vorgehen bietet sich vor allem dann an, wenn sich der Analyt leicht oxidieren oder reduzieren lässt. Dann wählt man als Titrant „nur" eine Oxidations- oder Reduktionsmittel-Maßlösung und ermittelt volumetrisch den Verbrauch an Reagenz, bis der Analyt vollständig oxidiert (oder reduziert) wurde. Damit entspricht die Redox-Titration prinzipiell der Säure/Base-Titration.

An sich lassen sich Redox-Titrationen mit praktisch jedem Reduktions- oder Oxidationsmittel durchführen, solange sich die Konzentration der zu verwendenden Titranten entsprechend genau ermitteln lässt (*siehe* Maßlösungen) und man über das jeweilige Redox-Verhalten auch wirklich informiert ist.

Das Redox-Verhalten von Oxidations- oder Reduktionsmitteln hängt stets von deren elektrochemischem Potential ab, das vornehmlich von zwei Faktoren bestimmt wird:

- vom Standardpotential (E^0) des entsprechenden Redox-Paares, also davon, wo es sich in der Spannungsreihe befindet,
- von den jeweils vorliegenden Konzentrationen von oxidierter und reduzierter (bzw. weniger stark oxidierter) Form. Beschrieben wird die Konzentrationsabhängigkeit von Potentialen durch die Nernst-Gleichung.

Binnewies, Abschn. 11.3: Spannungsreihe und Standard-Elektrodenpotenzial
Binnewies, Abschn. 11.4: Die Nernst'sche Gleichung

Die Grundlagen der Redox-Reaktionen haben Sie in der *Allgemeinen und Anorganischen Chemie* kennengelernt; bei Bedarf finden Sie im ▶ Binnewies eine Zusammenfassung der wichtigsten Aspekte.

Einige in der Analytischen Chemie besonders beliebte Redox-Paare sollte man kennen:

- Das Redox-Paar Iod/Iodid (I_2/I- mit $E^0 = 0{,}54$ V) stellt die Grundlage der **Iodometrie** dar und ist besonders vielseitig, weil es sich sowohl für oxidierbare als auch für reduzierbare Analyten nutzen lässt.
- Das Standardpotential des Redox-Paares Dichromat/Chom(III) ($Cr_2O_7^{2-}$/Cr^{3+}) beträgt $E^0 = 1{,}23$ V.
- Chemisch ähnlich, aber mit einem noch etwas höheren Standardpotential, ist das Chromat/Chrom(III)-Paar ($E^0(CrO_4^{2-}/Cr^{3+}) = 1{,}40$ V).
- Bei der **Permanganometrie** nutzt man die starke Oxidationswirkung des Permanganat-Ions (MnO_{4-}) aus: Für das Redox-Paar MnO_{4-}/Mn^{2+} beträgt $E^0 = 1{,}51$ V. (Bitte beachten Sie, dass das Permanganat nur im (stark) sauren Medium bis zur Oxidationszahl +II reduziert wird: Im basischen Medium erhält man stattdessen Braunstein (MnO_2), bei dem das Mangan die Oxidationszahl +IV aufweist.)
- Bei der **Cerimetrie** schließlich nutzt man aus, dass sich vierwertiges Cer leicht zur Oxidationsstufe +III reduzieren lässt: E^0 (Ce^{4+}/Ce^{3+}) $= 1{,}61$ V.

Harris, Abschn. 15.1: Die Form der Redoxtitrationskurve

Tab. 15.1 aus dem ▶ Harris bietet Ihnen noch eine Fülle weiterer, in der Analytik ebenfalls sehr geschätzter Reduktions- bzw. Oxidationsmittel.

7.1 Kurzgeschlossenes

Letztendlich handelt es sich bei jeder Redox-Reaktion um eine außer Kontrolle geratene Batterie (wie bei einem **Lokalelement**): Es kommt zur unmittelbaren Elektronenübertragung vom reduziert vorliegenden unedleren zum oxidiert vorliegenden edleren Reaktionspartner. Das lässt sich auch in der Analytik nutzen: Der Analyt wird oxidiert (oder reduziert), gibt also Elektronen ab (bzw. nimmt sie auf), während der Titrant das Oxidations- bzw. Reduktionsmittel darstellt. So lassen sich die elektrochemischen Prozesse im Reaktionsgemisch mit den üblichen Partialgleichungen beschreiben – ohne dass nutzbarer elektrischer Strom flösse.

Die Stöchiometrie von derlei Redox-Reaktionen lässt sich gemeinhin recht leicht nachvollziehen, und so kann man Redox-Titrationen, wenn sich der Endpunkt einer solchen Titration gut ermitteln lässt (dazu mehr in ▶ Abschn. 1.3), offenkundig ähnlich gut etwa zur Quantifizierung eines entsprechenden Analyten nutzen, wie das bei Säure/Base-Titrationen der Fall ist.

Aber genau wie bei den Säure/Base-Reaktionen liefert auch hier die Ermittlung des Endpunktes alleine nur einen Teil der erreichbaren Informationen. Entsprechend empfiehlt sich das Erstellen der zugehörigen Titrationskurven. Um derlei Kurven zu erhalten, muss man in regelmäßigen Abständen ein leicht quantifizierbares Charakteristikum der Reaktionslösung „vermessen".

Bei Säuren und Basen wurde dafür (naheliegenderweise) der pH-Wert gewählt, aber was nimmt man bei Redox-Reaktionen? – Auch wenn bei diesen „kurzgeschlossenen Batterien" kein nutzbarer Strom fließt, kann man anhand der Potentialdifferenz von elektronen-donierender und elektronen-akzeptierender „Halbzelle" recht leicht ermitteln, welcher Strom fließen *würde*. Mit anderen Worten: Man braucht nur das elektrochemische Potential innerhalb der Zelle zu ermitteln.

7.2 Referenzwerte

Auch hier helfen uns Elektroden weiter. In ▶ Abschn. 5.4 haben Sie erfahren, dass die pH-Elektroden eigentlich ja gar nicht den pH-Wert selbst messen, sondern vielmehr das elektrochemische Potential der in der Lösung vorliegenden H_3O^+-Ionen (deren Konzentration bekanntermaßen mit dem pH-Wert sehr, sehr eng zusammenhängt). Die Messung funktioniert aber nur mit einer Referenz- oder Bezugselektrode, eben zu Vergleichszwecken. Was das alles bedeutet und welche Redox-Paare hier nutzbar sind, gehört zum Gebiet der *Potentiometrie*, die Ihnen in ▶ Abschn. 10.3 wiederbegegnen wird. Vorerst gehen wir der Einfachheit halber davon aus, wir würden als Bezugselektrode die aus der *Allgemeinen Chemie* und/oder der *Physikalischen Chemie* bekannte **Normal-Wasserstoff-Elektrode** (NHE) nutzen, so dass unsere Messwerte unmittelbar mit der Spannungsreihe verglichen werden können. (Warum das bei tatsächlichen Messanordnungen im Labor eher nicht der Fall sein wird, schauen wir uns in ▶ Abschn. 10.3 kurz an).

Konstruieren wir uns ausgewählte Messpunkte aus einer solchen Titrationskurve anhand eines eigenen, willkürlich gewählten Beispiels:

20,0 mL einer Lösung von 5,00 mmol Sn^{2+} in 1-molarer Salpetersäure sollen *cerimetrisch* untersucht werden. Als Titrant dient eine Lösung mit $[Ce^{4+}] = 0{,}0200$ mol/L. Herauszufinden gilt es nun, welches elektrochemische Potential die mit dem Titranten versetzte Analyt-Lösung besitzt nach Zugabe von:

a) 0,100 mL, b) 1,00 mL, c) 5,00 mL, d) 10,00 mL, e) 10,10 mL, f) 12,00 mL und g) = 20,00 mL Titrant.

■■ Gleichungen aufstellen

Als erstes gilt es, die entsprechenden Partialgleichungen aufzustellen und daraus eine Redox-Gleichung zusammenzubasteln, die diese Bezeichnung auch verdient (Stichworte: **Stoffbilanz, Ladungsbilanz**).

Oxidiert wird hier das Zinn:

OX: $Sn^{2+} \rightarrow Sn^{4+} + 2\,e^-$

Die Cer(IV)-Ionen fungieren als Oxidationsmittel, werden also selbst *reduziert*:

RED: $Ce^{4+} + e^- \rightarrow Ce^{3+}$

Damit ergibt sich folgende Gesamtgleichung:

$$Sn^{2+} + 2\,Ce^{4+} \rightarrow Sn^{4+} + 2\,Ce^{3+}$$

▪▪ Einleitende Überlegungen

Bevor man anfangen kann, mit Hilfe der Nernst-Gleichung die Potentiale zu berechnen, die sich jeweils ergeben, wenn man x mL Titrant zur Analyt-Lösung gegeben hat, sollte man sich ein paar Gedanken machen:

— Das elektrochemische Potential eines Ions alleine lässt sich nun einmal nicht messen. Um etwas über ein Potential auszusagen, muss auch das „Gegenstück" des betreffenden Redox-Paares vorhanden sein. Mit anderen Worten: Für den *Anfangspunkt der Titration,* noch vor Zugabe des ersten Tropfens Titrant, kann *kein* elektrochemisches Potential ermittelt werden.

— *Bevor* der Äquivalenzpunkt erreicht ist – bevor also genug Cer(IV)-Ionen hinzugegeben wurden, um sämtliche Zinn(II)-Ionen zu Zinn(IV)-Ionen umzusetzen, werden sämtliche in Form des Titranten hinzugegebenen Ce^{4+}-Ionen zu Cer(III) reduziert. Entsprechend hängt das Redox-Potential der Analyt-Lösung vor Erreichen des Äquivalenzpunktes *ausschließlich* vom Redox-Paar Sn^{2+}/Sn^{4+} ab.

— *Am* Äquivalenzpunkt wurde gerade genug Cer(IV)-Lösung hinzutitriert, dass sämtliche Zinn(II)-Ionen zu Sn^{4+} oxidiert und alle Ce^{4+} zu dreiwertigem Cer reduziert wurden. Entsprechend wird das elektrochemische Verhalten der Analyt-Lösung an diesem Punkt durch die Ionen Sn^{4+} und Ce^{3+} bestimmt.

— *Jenseits* des Äquivalenzpunktes haben die Cer(IV)-Ionen aus dem Titranten sämtliche Zinn(II)-Ionen zu Sn^{4+} oxidiert; es liegen also reichlich Ce^{3+}-Ionen vor. Nachdem aber eben sämtliche Sn^{2+}-Ionen verbraucht wurden, können die übertitrierten Ce^{4+}-Ionen nicht mehr reduziert werden, somit hängt das Redox-Potential der Lösung nun vom Redox-Paar Ce^{3+}/Ce^{4+} ab.

Bevor man also anfangen könnte, etwaige Potentiale zu berechnen, sollte man herausfinden, wo (also: bei welchem Titrant-Volumen) bei dieser Versuchsanordnung eigentlich der Äquivalenzpunkt liegt.

▪▪ Der Äquivalenzpunkt

Wir wissen:

— V(Analyt-Lösung) = 20 mL = 0,020 L
— $[Sn^{2+}]$ = 5 mmol/L = 0,005 mol/L
— $[HNO_3]$ = 1 mol/L (also: pH = 0)
— $[Ce^{4+}]$ = 0,0200 mol/L

Da jeweils zwei Ce^{4+}-Ionen benötigt werden, um ein Sn^{2+} zu oxidieren, muss am Äquivalenzpunkt die Stoffmenge hinzugegebener Cer(IV)-Ionen genau doppelt so groß sein wie die Anfangs-Stoffmenge an Zinn(II)-Ionen in der Analytlösung.

Der Reihe nach:

Gemäß $c = \dfrac{n}{v}$, also n = c.V , gilt: $n\left(Sn^{2+}\right) = 0,005\ \text{mol/\!L} \cdot 0,020\ \text{L} = 0,0001\ \text{mol}$

Das heißt: $n(Sn^{2+}) = 0,1$ mmol.

$$n\left(Ce^{4+}\right) = 2n\left(Sn^{2+}\right) = 2 \cdot 0,1\ \text{mmol} = 0,2\ \text{mmol} = 0,0002\ \text{mol}.$$

Welches $V(Ce^{4+})$ wird nun benötigt, um den Äquivalenzpunkt zu erreichen?

Mit $[Ce^{4+}] = 0{,}0200$ mol/L und durch Umstellen der obigen Gleichung ergibt sich:

$$V = \frac{n}{c}, \text{ also } V(Ce^{4+}) = \frac{0{,}0002 \; \text{mol}}{0{,}0200 \; \frac{\text{mol}}{L}} = 0{,}010 \; L = 10 \; mL.$$

Der Äquivalenzpunkt ist also bei (d) erreicht.

Mit anderen Worten: Die Punkt (a)–(c) liegen *vor,* (e) und (f) *nach* dem Äquivalenzpunkt. Für diese fünf Messpunkte ergibt sich das elektrochemische Potential gemäß der **Nernst-Gleichung:**

$$E = E^0 + \frac{0{,}059 \; V}{z} \cdot \lg \frac{[Ox]}{[Red]} \tag{7.1}$$

Dabei steht z für die Anzahl im Rahmen der zugehörigen Redox-Reaktion ausgetauschten Elektronen, [Ox] für die Konzentration der *oxidierten* Form des betreffenden Redox-Paares und [Red] für die Konzentration der *reduzierten* Form (oder besser: der *nicht so stark oxidierten* Form).

Vor dem Äquivalenzpunkt hängt (siehe oben) das Redox-Potential der Analyt-Lösung ausschließlich vom Redox-Paar Sn^{2+}/Sn^{4+} ab, also braucht man nur noch den Wert $E^0(Sn^{2+}/Sn^{4+})$. Hier helfen Tabellenwerke weiter – oder auch die entsprechende Tabelle aus dem ▶ Harris. Diese verrät uns: $E^0(Sn^{2+}/Sn^{4+}) = 0{,}139$ V, und z = 2.

Harris, Anhang H (Standardreduktionspotentiale)

Mit jedem Tropfen Titrant, der zur Analyt-Lösung hinzukommt, ändert sich das Gesamtvolumen (bei a) ist $V_{Ges} = 20{,}1$ mL, bei b) 21,0 mL und bei c) 25,0 mL). Muss man jetzt wirklich jedes Mal die aktuellen Konzentrationen aller beteiligten Ionen berechnen? – Erfreulicherweise nicht. Da bei der Nernst-Gleichung nicht die absoluten Konzentrationen von Belang sind, sondern nur das Konzentrations-*Verhältnis* (das ist genau wie bei der Henderson–Hasselbalch-Gleichung, Gl. 5.11!), kann man sich das Leben immens vereinfachen, wenn man nicht konkrete Konzentrationsberechnungen anstellt, sondern stattdessen überlegt, welcher *Anteil* (etwa in Prozent) des Ausgangsstoffes bereits reagiert hat.

■■ (a) *Vor* dem Äquivalenzpunkt: Bei einer Zugabe von 0,10 mL Titrant

Wenn mit 10,0 mL Titrant der Äquivalenzpunkt erreicht ist, dann wurden bei einer Zugabe von 0,10 mL Titrant genau 1 % sämtlicher Zinn(II)-Ionen zu Sn^{4+} umgesetzt – und jedes Teilchen, das von der reduzierten Form [Red] zur oxidierten Form [Ox] umgesetzt wurde, „fehlt" nun entsprechend im Nenner der Nernst-Gleichung. Damit ist das Verhältnis [Ox]/[Red], also $[Sn^{4+}]/[Sn^{2+}]$, hier 1/99, und mit $E^0(Sn^{2+}/Sn^{4+}) = 0{,}139$ V ergibt sich:

$$E_{(a)} = 0{,}139 \; V + \frac{0{,}059 \; V}{2} \cdot \lg \frac{1}{99} = 0{,}080 \; V$$

■■ (b) Bei einer Zugabe von 1,00 mL Titrant

Mit 1,00 mL Titrant sind dann 10 % aller Zinn(II)-Ionen zu Zinn(IV) umgesetzt. Also:

$$E_{(b)} = 0{,}139 \; V + \frac{0{,}059 \; V}{2} \cdot \lg \frac{10}{90} = 0{,}111 \; V.$$

■■ (c) Bei einer Zugabe von 5,00 mL Titrant

Mit 5,00 mL Titrant haben wir genau den *Halbäquivalenzpunkt* erreicht. Entsprechend wurden hier 50 % aller Zinn(II)-Ionen zu Zinn(IV) oxidiert. Damit vereinfacht sich die Nernst-Gleichung noch mehr, denn:

$$E_{(c)} = E^0 + \frac{0,059 \text{ V}}{2} \cdot \lg \frac{50}{50} = E^0 + \left(\frac{0,059 \text{ V}}{2} \cdot \lg \ 1 \right) = E^0 + \left(\frac{0,059 \text{ V}}{2} \cdot 0 \right)$$
$$= E^0 \left(Sn^{2+} / Sn^{4+} \right) = 0,139 \text{ V}.$$

Parallelen

Sehen Sie die Ähnlichkeit zu Säure/Base-Reaktionen? – Bei schwachen Säuren galt am Halbäquivalenzpunkt $pH = pK_S$, bei Redox-Reaktionen gilt am Halbäquivalenzpunkt $E = E^0$.

▪▪ (d) *Am* Äquivalenzpunkt – 1. Versuch

Hier haben wir es nicht mit einem Redox-Paar im eigentlichen Sinne zu tun (also: mit der oxidierten und der reduzierten Form *eines* Atoms, Moleküls oder Ions, die sich entsprechend durch Reduktion oder Oxidation ineinander umwandeln lassen), sondern vielmehr mit Zinn(IV)-Ionen einerseits und Cer(III)-Ionen andererseits – und die lassen sich durch Redox-Prozesse keineswegs ineinander umwandeln. Auf eine solche Situation ist die Nernst-Gleichung schlichtweg nicht ausgelegt. Wir kehren zu dieser Frage zurück, wenn wir sämtliche Berechnungen abgeschlossen haben, die einzig auf der Nernst-Gleichung basieren.

▪▪ (e) Nach dem Äquivalenzpunkt: Bei einer Zugabe von 10,10 mL Titrant

Wie oben schon festgestellt, sind hier sämtliche Zinn(II)-Ionen aufgebraucht, die durch die Oxidation entstandenen Zinn(IV)-Ionen haben keinen Widerpart. Am Äquivalenzpunkt waren sämtliche Cer(IV)-Ionen zu Ce^{3+} reduziert, aber nun haben wir „übertitriert", also zusätzliche Cer(IV)-Ionen in Lösung vorliegen. Das entscheidende Redox-Paar ist daher Ce^{3+}/Ce^{4+}. Nun müssen wir nur noch die Konzentrationen der beiden Ionen ermitteln – oder besser noch: deren *Stoffmengen,* denn die absoluten Konzentrationen brauchen wir ja schließlich nicht. Wir wissen:

- Am ÄP wurden sämtliche Ce^{4+} zu Ce^{3+} reduziert. Am ÄP galt
  $n(Ce^{3+}) = 2 \cdot n(Sn^{2+}) = 0,2 \text{ mmol} = 0,0002 \text{ mol} = 2 \cdot 10^{-4} \text{ mol}.$
- Zusätzlich ist 0,10 mL (= 0,0001 L) Cer(IV)-Lösung mit
  $[Ce^{4+}] = 0,0200 \text{ mol/L}$ hinzugekommen. Mit $n = c \cdot V$ ergibt sich

$$n\left(Ce^{4+} \right)_{\text{im Überschuss}} = 0,0200 \text{ mol/\cancel{L}} \ 0,0001 \ \cancel{L} = 2 \cdot 10^{-6} \text{ mol}.$$

Jetzt brauchen wir nur noch zu berücksichtigen, dass $E^0(Ce^{3+}/Ce^{4+}) = 1,61 \text{ V}$ (wieder hilft uns der ► Harris weiter – dort sehen Sie auch, warum die Information, in welcher Säure der Analyt gelöst wurde, wichtig war!), und $z = 1$. Entsprechend ergibt sich:

Harris, Anhang H
(Standardreduktionspotentiale)

$$E_{(e)} = E^0 \left(Ce^{3+} / Ce^{4+} \right) + \frac{0,059 \text{ V}}{1} \cdot \lg \frac{2 \cdot 10^{-6} \text{ mol}}{2 \cdot 10^{-4} \text{ mol}}$$
$$= 1,61 \text{ V} + \frac{0,059 \text{ V}}{1} \cdot \lg \frac{2 \cdot 10^{-6} \text{ mol}}{2 \cdot 10^{-4} \text{ mol}} = 1,492 \text{ V}$$

▪▪ (f) Bei einer Zugabe von 12,00 mL Titrant

Die Rechnung bleibt gleich: Von den 12,00 mL Titrant dürfen wir (dank des ÄP) 10,00 mL als Cer(III)-Lösung ansehen, die restlichen 2,00 mL als Cer(IV)-Lösung:

$$E_{(f)} = 1{,}61 \text{ V} + \frac{0{,}059 \text{ V}}{1} \cdot \lg \frac{2}{10} = 1{,}569 \text{ V}$$

▪▪ (g) Bei einer Zugabe von 20,00 mL Titrant

Hier ist $V(Ce^{3+}) = V(Ce^{4+})$, also lässt sich auch in dem Gesamtvolumen ($V_{ges} = 40$ mL) sagen, dass $[Ce^{3+}] = [Ce^{4+}]$. Somit gilt:

$$E_{(g)} = E^0 + \frac{0{,}059 \text{ V}}{1} \cdot \lg \frac{x}{x} = E^0 + \left(\frac{0{,}059 \text{ V}}{1} \cdot \lg 1\right)$$

$$= E^0 + \left(\frac{0{,}059 \text{ V}}{1} \cdot 0\right) = E^0(Ce^{3+}/Ce^{4+}) = 1{,}61 \text{ V}.$$

▪▪ Und was ist jetzt mit dem Äquivalenzpunkt selbst?!

Wie wir gerade eben schon gesehen haben: Auf derartige „Ionen-Mischungen" ist die Nernst-Gleichung nicht ausgelegt. Dafür benötigen wir die **Luthersche Regel.** Sie besagt:

> ❯ Bei der Berechnung des Äquivalenzpunktes einer Redox-Titration gehen sowohl die Standard-Redox-Potentiale der beteiligten Ionen als auch die Anzahl der bei den betreffenden Redox-Gleichgewichten beteiligten Elektronen gemäß der folgenden Formel in die Berechnung ein:

$$E_{\text{im Gleichgewicht}} = \frac{z_1 \cdot E^0(\text{Redox-Paar 1}) + z_2 \cdot E^0(\text{Redox-Paar 2})}{z_1 + z_2} \qquad (7.2)$$

Mit $z_1 = 2$ und $E^0(Sn^{2+}/Sn^{4+}) = 0{,}139$ V sowie $z_2 = 1$ und $E^0(Ce^{3+}/Ce^{4+}) = 1{,}61$ V ergibt sich:

$$E_{(d)} = \frac{z_1 \cdot E^0(Sn^{2+}/Sn^{4+}) + z_2 \cdot E^0(Ce^{3+}/Ce^{4+})}{z_1 + z_2}$$

$$= \frac{2 \cdot (0{,}139 \text{ V}) + 1 \cdot (1{,}61 \text{ V})}{2 + 1} = 0{,}629 \text{ V}.$$

Auf die graphische Auftragung dieser sieben Messpunkte (a–g) wurde verzichtet, weil man mit sieben Punkten noch keine ernstzunehmende Kurve erhält und wir es mit Rechenbeispielen hier nicht übertreiben wollen. Aber eine gewisse Tendenz wird gewiss bereits erkennbar, und so sollte verständlich sein, dass der Kurvenverlauf dem von Abb. 15.3 aus dem ▶ Harris durchaus ähnelt. (Und wenn man ein anderes Beispiel wählt, bei dem die Stöchiometrie der beiden Redox-Paare 1:1 beträgt (also $z_1 = z_2$ ist), dann erhält man sogar symmetrische Kurven, bei denen der Äquivalenzpunkt genau in der Mitte des steil ansteigenden Teils der Kurve liegt, so wie das in Abb. 15.2 der Fall ist. Falls Sie gerade gewisse Ähnlichkeiten mit Säure/Base-Titrationskurven erkennen, sind Sie auf genau dem richtigen Weg.)

Harris, Abschn. 15.1: Die Form der Redoxtitrationskurve

7.3 Der Endpunkt (fast wie bei Säuren und Basen)

Um den Verlauf einer Redox-Titration nachzuverfolgen, ist es erforderlich, in möglichst kurzen Abständen das jeweils resultierende Redox-Potential zu ermitteln (vermittels entsprechender Messelektroden; das wurde ja schon in ▶ Abschn. 1.1 und 1.2 angesprochen). Wenn es aber nur um den Endpunkt geht, lässt sich dieser, wie bei Säure/Base-Titrationen, am einfachsten mit Hilfe eines Indikators bestimmen. Und ebenso wie Säure/Base-Indikatoren selbst Säuren bzw. Basen darstellen, die bei Verwendung im Übermaß das eigentliche

Messergebnis verfälschen, müssen Redox-Indikatoren selbst oxidierbar oder reduzierbar sein und greifen damit streng genommen ebenfalls in das Verhalten der Analyt-Lösung ein. Auch hier ist also „viel hilft viel" definitiv *keine* gute Idee.

Analog zu den Säure/Base-Indikatoren muss auch ein Redox-Indikator einige Charakteristika aufweisen:

— Sein Redox-Potential muss nicht nur bekannt sein (Tabellenwerke!), sondern sollte idealerweise in der Nähe des Äquivalenzpunktes der zu betrachtenden Redox-Titration liegen.

— Er muss je nach Reduktions- bzw. Oxidationszustand unterschiedliche Farbigkeit zeigen, (wobei es wieder die Möglichkeiten „farblos/farbig" oder „Farbe 1/Farbe 2" gibt).

Einen Überblick über gebräuchliche Redox-Indikatoren nebst dem entsprechenden E^0-Wert (der schließlich darüber entscheidet, wo der Indikator umschlägt) bietet Ihnen Tab. 15.2 aus dem ► Harris.

Harris, Abschn. 15.2: Bestimmung des Endpunkts

❓ Fragen

7. Bei der Cerimetrie wurde darauf hingewiesen, dass eine graphische Auftragung bei derart wenigen Messpunkten wenig Sinn ergibt. Ergänzen Sie daher die zu erwartenden Werte bei
   a) V(Titrant) = 7 mL und
   b) V(Titrant) 13,5 mL.
   Passen die Resultate zu etwaigen grob abschätzbaren Tendenzen?

Schwerlöslichkeit kann von Vorteil sein: Fällungstitration

© Springer-Verlag GmbH Deutschland, ein Teil von Springer Nature 2019
U. Ritgen, *Analytische Chemie I*, https://doi.org/10.1007/978-3-662-60495-3_8

Harris, Anhang F (Löslichkeitsprodukte)

8

Auch die Schwerlöslichkeit des einen oder anderen Stoffes lässt sich zur Quantifizierung entsprechender Analyten heranziehen. Aus der *Allgemeinen* und/oder der *Physikalischen Chemie* wissen Sie, dass die Löslichkeit eines Stoffes durch dessen **Löslichkeitsprodukt** (K_L) beschrieben wird und es (wieder einmal) ausgiebige Tabellenwerke zu diesem Thema gibt. (Die Löslichkeitsprodukte einiger in der Analytik besonders häufig auftauchender Verbindungen lassen sich auch dem ▸ Harris entnehmen.)

Das Prinzip dieser Titrationen bleibt gleich: Der Analyt wird mit einem entsprechenden Titranten zur Reaktion gebracht, wodurch sich die eine oder andere physikochemische Eigenschaft der Analyt-Lösung verändert – und das idealerweise besonders deutlich am Äquivalenzpunkt (oder in dessen unmittelbarer Nähe), an dem also eine der vorliegenden Analyten-Menge äquivalente Stoffmenge des Titranten hinzugegeben wurde. (Einige Anmerkungen dazu, welche Eigenschaften das sein können und wie man den Endpunkt bestimmt, finden Sie in ▸ Abschn. 1.3).

8.1 Die Bedeutung des Löslichkeitsprodukts

Auch wenn Ihnen das Löslichkeitsprodukt zweifellos prinzipiell bereits geläufig ist, sei hier trotzdem noch einmal kurz auf die wichtigsten Grundlagen eingegangen:

— Das Lösen eines Feststoffes in Wasser wird als chemische Reaktion aufgefasst: Ein Feststoff, der schließlich in einem mehr oder minder geordneten Kristallgitter vorliegt (Stichwort: Gitterenergie), löst sich, wenn die Energie, die durch die Wechselwirkung zwischen den einzelnen Gitterbestandteilen (Kationen, Anionen) und den Lösemittel-Molekülen (hier: H_2O) sowie durch den Entropiegewinn (Stichwort: Gibbs–Helmholtz–Gleichung) frei wird, größer ist, als die Gitterenergie des vorliegenden Feststoffs.

Entsprechend lässt sich zu jedem Lösevorgang auch eine Reaktionsgleichung aufstellen; hier exemplarisch mit Kochsalz:

$$NaCl \rightleftarrows Na^+ + Cl^-$$

Da dieser Lösevorgang, so wie alle Lösevorgänge, ein dynamisches Gleichgewicht darstellt, tritt wieder das entsprechende Massenwirkungsgesetz in Kraft, das zum **K_L-Wert** führt:

$$K_L = \frac{[Na^+][Cl^-]}{[NaCl]_{ungelöst}}$$

(Enthält die Summenformel des betrachteten Salzes stöchiometrische Faktoren >1, gehen diese, wie üblich, als Exponenten in das MWG ein.)

— Auch wenn Natriumchlorid eigentlich recht gut in Wasser löslich ist: Unbegrenzt viel NaCl wird trotzdem nicht in Lösung gehen. Früher oder später liegt also eine **gesättigte Lösung** vor; bei weiterer Stoff-Zugabe bildet sich am Boden des Reaktionsgefäßes ein Bodenkörper ungelösten Salzes. Das führt zur Frage, wie dieses ungelöste Salz (als Nenner) in das MWG eingehen soll: *Wie hoch ist die Konzentration eines* ungelösten *Stoffes in Lösung?* – Der nicht in Kationen und Anionen dissoziierte Teil des betreffenden Salzes *muss* ja ungelöst sein, weil NaCl (oder andere ionisch aufgebaute Verbindungen) nun einmal nicht als NaCl-Moleküle undissoziiert vorliegen. „$[NaCl]_{ungelöst} = 0$" wäre allerdings alleine schon aus mathematischen Gründen keine gute Idee, schließlich sollte man *nie* durch 0 teilen. Außerdem *könnte* der ungelöste Stoff ja jederzeit in Lösung gehen, wenn man nur mehr Lösemittel hinzugäbe. Zudem wechselwirkt ja auch dieser ungelöste Stoff mit der Lösung, schließlich liegt ein *dynamisches* Gleichgewicht vor, bei dem ständiger Stoffaustausch zwischen

Bodenkörper und Lösung erfolgt. (Falls Sie das gerade verwirrt, schauen Sie doch bitte noch einmal in den ▶ Binnewies.) Da also der ungelöste Stoff eindeutig *vorliegt* (in Form des Bodenkörpers), man mehr über seine Konzentration aber nicht auszusagen vermag, wird die Konzentration eines ungelösten Stoffes, der in Kontakt mit einer Lösung steht (und daher jederzeit an etwaigen Reaktionen beteiligt werden *könnte*), immer mit *[ungelöster Stoff]* = 1 angegeben. (Das dürfte Ihnen aus der Elektrochemie bekannt vorkommen. Wichtige Stichworte hier: Daniell-Element und Elektroden.)

Binnewies, Abschn. 9.2: Quantitative Beschreibung des chemischen Gleichgewichts

❗ Achtung

Wird die Konzentration eines ungelösten Stoffes in Kontakt mit einem Lösemittel mit „1" angegeben, ist diese 1 dimensionslos – sie hat *keine Einheit*.
Bitte versehen Sie diese „Feststoff-1" nicht mit Konzentrations-Einheiten wie „mol/L" oder dergleichen.

- **Somit trägt der Nenner des MWG nicht zur Einheit des Gesamtausdrucks bei, und für 1:1-Verbindungen ergibt sich für den K_L-Wert die Einheit mol^2/L^2. Bei Salzen mit einer anderen Stöchiometrie (z. B. $CaCl_2$) ergeben sich „noch höherdimensionale" Einheiten (hier entsprechend: mol^3/L^3); daher sind die Löslichkeitsprodukte verschiedener Salze nicht unbedingt direkt miteinander vergleichbar: Man muss vom jeweiligen Löslichkeitsprodukt auf die Löslichkeit (in mol/L) umrechnen. Da dies allerdings bei Fällungstitrationen nicht unbedingt erforderlich ist, verzichten wir hier darauf.**
- **In vielen Tabellenwerken werden nicht K_L-Werte verzeichnet, sondern stattdessen pK_L-Werte – bei denen das „kleine p" wieder die gleiche Rolle spielt wie beim pH-Wert. Wenn die Tabellenwerke der extrem schwerlöslichen Verbindung Blei(II)-sulfid den pK_L(PbS) = 27,5 zuweisen, bedeutet das, der zugehörige K_L-Wert beträgt $10^{-27,5} = 3,16 \times 10^{-28}$ [mol^2/L^2].**

8.2 Graphische Darstellung

Bevor wir uns dem Verlauf einer Fällungstitrations-Kurve widmen, noch eine Vorbemerkung: Wenn das Löslichkeitsprodukt von Bedeutung ist, dann geht es nicht nur um die tatsächlich vorliegenden *Stoffmengen,* sondern um die betreffenden tatsächlichen *Konzentrationen* – und die können bekanntermaßen sehr stark schwanken: von „extrem verdünnt" (im µmol-Bereich oder noch darunter) bis zu „konzentrierten Lösungen" mit ein- bis zweistelligen Mol pro Liter. Daher ist es beim Erstellen entsprechender Titrationskurven hilfreich, ähnlich vorzugehen wie bei der Betrachtung der Konzentration in Lösung befindlicher Hydronium-Ionen. Dort wurde ja nur sehr selten deren tatsächliche Konzentration angegeben, sondern viel häufiger der zugehörige pH-Wert, also der negative dekadische Logarithmus dieser Konzentration.

Entsprechende Aussagen lassen sich über die Konzentration jeglicher anderer Ionen treffen: mit Hilfe der p-Funktion.

▪▪ Die p-Funktion

Für diese gilt: $pX = -\lg [X]$, wobei X ein Kation oder auch ein Anion sein kann.

Wenn Sie beispielsweise eine Analyt-Lösung, die Chlorid-Ionen (Cl^-) enthält, mit einem Silber-Ionen-Titranten umsetzen, können Sie die tatsächlich vorliegende Konzentration ermitteln (mit einer Elektrode, *siehe* ▶ Abschn. 10.3) und als pAg-Wert angeben, wobei pAg eben $- \lg [Ag^+]$ ist.

Und weil Silberchlorid recht schwerlöslich ist (K_L(AgCl) = $1{,}8 \times 10^{-10}$ mol^2/L^2), fällt ein Großteil dieser Ionen, je nach real vorliegender Konzentration der Chlorid-Ionen, unmittelbar nach ihrer Zugabe aus.

Damit kommen wir ein zweites Mal zur wichtigen Rolle des Löslichkeitsproduktes:

> ❗ Bitte beachten Sie, dass der K_L-Wert das **Ionenprodukt** in Lösung angibt. Handelt es sich beim Analyten um die wässrige Lösung einer gut löslichen Verbindung, die Chlorid-Ionen enthält, dann ist [Cl$^-$] in dieser Lösung entsprechend beachtlich hoch. Somit reichen dann schon minimale Mengen in Form des Titranten hinzugegebener Silber(I)-Ionen, um das Löslichkeitsprodukt zu übersteigen: Es kommt zur Niederschlagsbildung (AgCl↓).

Bei hinreichend hoher Konzentration der Analyt-Ionen, die mit dem „Titrant-Ion" eine schwerlösliche Verbindung bilden, verläuft die Fällung bei jedem Tropfen Titrant nahezu quantitativ. Je weiter man sich allerdings dem Äquivalenzpunkt nähert, desto weniger Analyt-Ionen befinden sich noch in Lösung, somit steigt dann auch die Menge an Titrant-Ionen (hier: Ag$^+$), die in der Lösung verbleiben können, *ohne* auszufallen. Am Äquivalenzpunkt sind dann (praktisch) alle Analyt-Ionen ausgefällt – von den (äußerst) wenigen abgesehen, die sich gemäß der aus dem Löslichkeitsprodukt bestimmbaren Löslichkeit tatsächlich noch in Lösung befinden.

Ist der Äquivalenzpunkt erst einmal überschritten, liegt entsprechend ein Überschuss an Titrant-Ionen vor. Diese sorgen nun dafür, dass sich einige physikochemische Charakteristika der Lösung beachtlich ändern – und genau diese Veränderung lässt sich dazu nutzen, den Endpunkt (und damit den Äquivalenzpunkt) der Titration zu bestimmen (dazu kommen wir in ▶ Abschn. 1.3). Insgesamt ergibt sich, wenn man die Konzentration der Analyt-Ionen über die **p-Funktion** angibt, ein Kurvenverlauf wie in Abb. 26.8 und 26.9 des ▶ Harris.

Harris, Abschn. 26.5:
Fällungstitrationskurven

8.3 Bestimmung des Endpunkts

Am gebräuchlichsten zur Endpunktbestimmung ist auch bei der Fällungstitration die Verwendung von Elektroden, so dass letztendlich wieder die Potentiometrie zum Einsatz kommt (▶ Abschn. 10.3). Alternativ kann man auch mit Indikatoren arbeiten – aber die müssen dann jeweils an den verwendeten Titranten angepasst werden. Auch wenn Silber(I)-Ionen als Titrant alles andere als selten sind (im ▶ Harris finden Sie exemplarisch zwei Indikatormethoden dafür), sei doch darauf hingewiesen, dass es noch weidlich andere im Rahmen von Fällungstitrationen verwendete Ionen gibt. Insofern werden Sie, falls Sie später mit dieser Technik arbeiten sollten, nicht umhin kommen, sich in der Fachliteratur nach jeweils für den verwendeten Titranten geeigneten Indikatoren umzuschauen.

Harris, Abschn. 26.8:
Endpunktsbestimmung

Oder Sie nehmen *doch* eine Elektrode.

> ❓ **Fragen**
> 8. Für Silberbromid gilt pK_L(AgBr) = 12,3.
>   a) Ermitteln Sie den K_L-Wert.
>   b) Geben Sie dessen Einheit an.
>   c) Sagen Sie etwas über die Löslichkeit von Silberbromid aus (in mol/L und in g/L).
> 9. Bei welchem Titrant-Volumen liegt der Äquivalenzpunkt, wenn Sie 10 mL einer Analyt-Lösung mit [Br$^-$] = 0,23 mol/L gegen folgendem Silbernitrat-Titranten (mit f = 1,02) titrieren: [AgNO$_3$] = 0,1 mol/L.

In ▶ Kap. 8 haben Sie erfahren, dass man den Analyten aus der Lösung, in der er vorgelegen hat, ausfällen kann. Das lässt sich auch noch anderweitig nutzen – und damit kommen wir zum Prinzip der *Gravimetrie*.

Gravimetrie

© Springer-Verlag GmbH Deutschland, ein Teil von Springer Nature 2019
U. Ritgen, *Analytische Chemie I*, https://doi.org/10.1007/978-3-662-60495-3_9

Dass man einen Analyten als schwerlösliche Verbindungen ausfällen kann, wissen Sie aus der *Allgemeinen Chemie* (oder allerspätestens seit ▶ Kap. 8). Da liegt doch der Gedanke nahe, man könne den durch Fällung erhaltenen Feststoff auch einfach auswiegen und anhand von dessen Masse auf den Massen- und damit Stoffmengengehalt des Analyten schließen. Genau das ist das Prinzip der Gravimetrie.

Allerdings gibt es dabei einige Dinge zu beachten, denn nicht immer erfüllt die Form, in der man den jeweiligen Analyten ausfällt, auch wirklich die Kriterien, die es zu berücksichtigen gilt, wenn man eine zuverlässige Aussage über die Masse tätigen will. Oder kurz gesagt:

Die Fällungsform des Analyten muss nicht unbedingt mit der Wiegeform übereinstimmen.

Wenn die Fällungsform der Wiegeform entspricht, ist das natürlich praktisch – aber das Glück hat man nicht gerade häufig.

9.1 Fällungsform

Will man einen Analyten aus einer (wässrigen) Lösung ausfällen, benötigt man ein geeignetes Fällungsreagenz, das idealerweise *ausschließlich* mit dem Analyten einen Niederschlag bildet und somit jegliche Verunreinigungen vollständig ignoriert. Tatsächlich gibt es auch zahlreiche für die Gravimetrie geeignete Fällungsreagenzien, bei denen sich die „störenden Verunreinigungen" zumindest in Grenzen halten.

Schauen wir uns ein gutes Beispiel für ein geeignetes Fällungsreagenz an: Nickel(II)-Ionen bilden mit Diacetyldioxim (auch als Dimethylglyoxim bezeichnet) einen charakteristisch pinkfarbenen Niederschlag (◻ Abb. 9.1).

Dass dieser Chelatkomplex ziemlich stabil ist, sollte nicht weiter überraschen:

— Im Zuge der Komplexierung spalten die beiden zweizähnigen Chelat-Liganden jeweils *eines* ihrer (OH-aciden) Wasserstoff-Kationen ab, so dass die beiden Liganden nicht nur mit dem Zentralteilchen in Kontakt stehen, sondern über Wasserstoffbrückenbindungen auch noch untereinander verbunden sind.

— Die Koordinationszentren (die Stickstoff-Atome) bilden mit dem Zentralteilchen insgesamt zwei fünfgliedrige und zwei sechsgliedrige Ringe, und aus der *Organischen Chemie* (Stichwort: Cycloalkane) wissen Sie sicherlich, dass gerade bei diesen Ringgrößen die Ringspannung minimiert ist.

— Ausfallen kann der resultierende Chelatkomplex, weil sich durch die zweifach positive Ladung des Zentralteilchens und die doppelte Deprotonierung insgesamt eine Gesamtladung von ±0 ergibt. (Zur Erinnerung: Ein Niederschlag muss *immer und stets* elektrisch neutral sein, sonst hätten Sie „Ladungstrennung im Kolben".)

— Es sollte nachvollziehbar sein, dass die Fällung von Nickel(II)-Ionen mit diesem Fällungsreagenz im leicht basischen Medium besser verläuft als im schwach (oder gar stark) Sauren.

◻ **Abb. 9.1**   Fällung von Nickel(II)-Ionen als Chelatkomplex

Erfreulicherweise gibt es nicht allzu viele Ionen, die als Verunreinigungen bei dieser Reaktion stören, einzig die höheren Homologen des zweiwertigen Nickels (Pd^{2+} und Pt^{2+}) fallen in gleicher Weise aus. Einige andere Übergangsmetalle bilden mit diesem Reagenz zwar ebenfalls farbige Komplexe (was sich photometrisch sogar ausnutzen lässt, *siehe* ▶ Abschn. 10.2), aber eine Fällung unterbleibt hier. Einen ersten Überblick für weitere (organische) Fällungsreagenzien bietet Tab. 26.2 aus dem ▶ Harris.

Harris, Abschn. 26.1: Beispiele für gravimetrische Analysen

Allerdings muss man, wenn man den Analyten ausfällen will, stets darauf achten, dass der Feststoff nicht übermäßig rasch entsteht/ausfällt: Je weniger „sauber kristallin" er wird, desto größer ist die Gefahr der Mitfällung von Verunreinigungen. Je langsamer man den Kristall wachsen lässt, desto mehr Zeit haben die einzelnen Gitterbestandteile, sich in die jeweils energetisch günstigste Position zu begeben und zu verhindern, dass Fremd-Atome oder -Ionen in das Gitter eingebaut werden. Es empfiehlt sich also beispielsweise, das Fällungsreagenz eher langsam zur Analyt-Lösung hinzuzugeben. Da dieser Teil aber nur einen ersten Einblick in die verschiedenen Techniken der Analytischen Chemie bieten soll, sei hier auf weitere Feinheiten, die es beim Fällen von Analyten noch zu beachten gilt, nicht weiter eingegangen. Der ▶ Harris bietet dazu natürlich noch eine ganze Menge mehr.

Harris, Abschn. 26.2: Fällung

9.2 Wiegeform (Wägeform)

Leider ist, wie bereits erwähnt (und anders als im Falle des Nickels mit dem Fällungsreagenz Diacetyldioxim), die Fällungsform (also die Verbindung, in der Ihr jeweiliger Analyt aus der Lösung ausgefällt wird) nicht unbedingt zur Bestimmung der Gesamt- und damit der Analytmasse geeignet. Welche Probleme können auftreten? – Es stellt sich immer die Frage, welche Kriterien eine Verbindung aufweisen muss (oder zumindest *sollte*), um in der Gravimetrie nützlich zu sein:

— Die Fällungsform muss eine genau definierte chemische Zusammensetzung aufweisen.
— Sie sollte *unbegrenzt haltbar* sein und nicht im Laufe der Zeit ihre Zusammensetzung verändern:
  — Sie sollte nicht mit Luftsauerstoff reagieren (und entsprechend nicht die Masse verändern).
  — Sie sollte nicht hygroskopisch sein und auch nicht mit der Luftfeuchtigkeit reagieren.
— Zusätzlich sollte die Wägeform eine möglichst *hohe molare Masse* aufweisen, um den Wägefehler zu minimieren.

(Das erinnert Sie an geeignete Urtiter aus ▶ Abschn. 5.4? – Sehr gut, Sie haben ein Prinzip wiedererkannt!)

Tab. 26.1 des ▶ Harris bietet Ihnen für eine ganze Reihe wichtiger Analyten die bevorzugten Fällungs- und Wägeformen. Gelegentlich stimmen die beiden überein (eben wie beim zweiwertigen Nickel), manchmal ist die Fällungsform „einfach nur" wasserreicher als die Wägeform, so dass ausgiebiges Trocknen bei hinreichend hohen Temperaturen ausreicht. (Das ist etwa bei Analyten der Fall, die in Form von Phosphaten ausgefällt werden – dass in derlei Fällen die molare Masse der Fällungsform höher ist als die der Wiegeform, ist zwar bedauerlich, aber nicht zu ändern, weil diese wasserreicheren Formen nun einmal nicht unbedingt (vollständig) stöchiometrische Wassermengen enthalten und so das Wiegeergebnis noch ungleich mehr beeinflussen.) Es gibt auch Fälle, in denen die Fällungsform anschließend noch aufwendiger chemisch aufgearbeitet werden muss, aber die sind glücklicherweise recht selten und sollen daher hier nicht weiter behandelt werden.

Harris, Abschn. 26.1: Beispiele für gravimetrische Analysen

9

9.3 Sonderfall: Elektrogravimetrie

Bei der Elektrogravimetrie wird eine Lösung von Metall(= Analyt)-Ionen so elektrolysiert, dass sich die gesuchten Analyt-Ionen in elementarer Form an der Oberfläche einer Elektrode abscheiden – eine ganz besonders elegante (und ziemlich schnelle) Methode, denn wenn die Analyt-Lösung nicht noch weidlich andere Metall-Ionen enthält, kann man einfach aus der Massendifferenz (Masse der Elektrode nach Abschluss der Elektrolyse – Masse der Elektrode *vor Versuchsbeginn*) die Masse des Analyten bestimmen. Das setzt zwei Dinge voraus:

1. eine Elektrode, die in keiner Weise mit der Analyt-Lösung oder dem Analyten wechselwirkt (außer eben als „Auffang-Oberfläche" zu fungieren).
   Auch wenn es teuer ist: Hier bieten sich Platin-Elektroden an – gerne als Platin-Netz, um die Oberfläche zu vergrößern, so dass die Elektrolyse noch rascher abgeschlossen wird.
2. eine quantitativ ablaufende (bzw. abgelaufene) Elektrolyse – ob das wirklich passiert (und man entsprechend schon fertig ist), muss man während des Versuchs überprüfen.
   Hat man es mit einem Metall mit charakteristischer Farbe zu tun (Kupfer zum Beispiel), besteht die einfachste Methode darin, die Platin-Elektrode (die erwartungsgemäß platinfarben ist, also silbern) zu Versuchsbeginn nur etwa zwei Drittel ihrer Gesamtlänge in die Elektrolytlösung eintauchen zu lassen. Ist die Elektrolyse dann lange genug gelaufen oder man hat anderweitig gute Gründe zu glauben, man könne fertig sein, taucht man die Elektrode ein wenig tiefer in die (jetzt hoffentlich analyt-freie) Elektrolytlösung ein und elektrolysiert noch einige Minuten weiter. Verändert sich dann die Farbe der Elektrode nicht mehr, scheidet sich also kein elementares (rotes) Kupfer mehr an der platinfarbenen Oberfläche der Elektrode ab, darf man vermutlich aufhören. Nun muss man die Elektrode nur noch bis zur Massenkonstanz trocknen, bevor man die Massendifferenz (nachher – vorher) ermittelt.

Kennt man die Masse (und damit die Stoffmenge) des Analyten, kann man, wenn man zu Versuchsbeginn das Volumen der Analyt-Lösung hinreichend genau bestimmt hat, auch die zugehörige Stoffmengenkonzentration ermitteln.

? Fragen

10. Welchen Massenanteil an Chrom(III)-Ionen besaß eine Probe, wenn aus 50,0 g Probenmaterial nach der erforderlichen Aufarbeitung (Lösen etc.) 23,0 mg Blei(II)-chromat ausgefällt wurden?
11. Wie viel mg Blei(II)-sulfat sind bei 25 g Probenmaterial gravimetrisch zu erwarten, wenn $\omega_{Pb} = 42\,\%$ beträgt?
12. An einer Platinelektrode wurden elektrolytisch aus 42,23 mL Lösung 666 mg Kupfer abgeschieden. Ermitteln Sie die Stoffmengen- und die Massenkonzentration.

Ausgewählte Detektionsmethoden

10

Harris, Abschn. 10.6:
Endpunktsbestimmung mit Indikatoren

Wie bereits in ▸ Kap. 4 erwähnt, basiert die (quantitative) Untersuchung von Analyt-Lösungen meist darauf, dass sich nach Zugabe des Titranten die eine oder andere Eigenschaft der betrachteten Lösung in charakteristischer Weise verändert.

10.1 Der Farbumschlag: Kolorimetrie

Schließt man von der farblichen Veränderung einer Analyt-Lösung, die mit einem entsprechenden Indikator versetzt wurde (und dabei ist es zunächst einmal unerheblich, ob es sich um einen Säure/Base-, einen Komplex- oder einen Redox-Indikator handelt), auf deren Stoffgehalt (meist: die Stoffmengenkonzentration), befindet man sich streng genommen im Fachgebiet der **Kolorimetrie,** denn die Auswertung erfolgt anhand einer im Vorfeld erstellten Farbskala, die auf genau bekannten Konzentrationen des betrachteten Analyten in einem vergleichbaren Medium (= Lösemittel) basiert.

Dieses Prinzips haben Sie sich zweifellos bereits selbst bedient – zum Beispiel, wenn Sie Universalindikatorpapier dazu genutzt haben, den pH-Wert einer Lösung/eines (wässrigen) Reaktionsgemisches zumindest abzuschätzen, indem Sie einen Tropfen dieser Lösung auf das pH-Papier aufgebracht und die resultierende Farbe mit der zugehörigen pH-Farbskala abgeglichen haben. Das ist nichts anderes als *grob qualitative* Kolorimetrie. (Gleiches gilt auch für jeden anderen Vergleich der Farbe eines Reaktionsgemisches mit den verschiedenen Farbtönen einer Indikator-Tabelle, also unter anderem auch für sämtliche pH-Indikatoren – einen guten Überblick über die Umschlagbereiche der wichtigsten können Sie Tab. 10.3 aus dem ▸ Harris entnehmen; für Thymolblau *siehe auch* Farbtafel 3 des Buches.)

Meist erfolgt eine solche „Messung" wirklich nur grob qualitativ. Will man das Ganze quantitativ betreiben, braucht man meist nicht nur *deutlich mehr* Referenzproben, sondern vor allem *genau definierte* Referenzproben, die in ihrer Zusammensetzung eben nicht „nur ansatzweise" mit der Ihrer Analyt-Lösung übereinstimmen (also z. B.: „ist auch eine wässrige Lösung mit einem pH-Wert von ungefähr 5"), sondern die neben dem zu betrachtenden Analyten (bei pH-Indikatoren sind das natürlich H^+-Ionen) auch etwaige störende „Nicht-Analyten" in zumindest vergleichbarer Menge enthalten.

Und selbst dann ist es immer noch fragwürdig, ob man wirklich reproduzierbar-präzise *quantitative* Ergebnisse erhält, schließlich dient als Messinstrument das menschliche Auge – und zwar jeweils das Auge real existierender, einzelner Personen. Das menschliche Farbempfinden ist jedoch zutiefst subjektiv.

> **Lust auf einen Selbstversuch?**
> Probieren Sie bei Gelegenheit die Präzision des Messinstruments „menschliches Auge" zusammen mit einigen Kommilitonen Ihrer Wahl selbst aus: Dafür einigen Sie sich zunächst auf den zu verwendenden Indikator und informieren sich dann darüber, in welchem pH-Bereich mit welcher Farbveränderung zu rechnen ist, also beispielsweise: „Indikator Methylrot; schlägt im pH-Bereich 4,8–6,0 von Rot nach Gelb um." (Alleine schon die Tatsache, dass ein Umschlags*bereich* angegeben ist, sollte Sie keine übermäßige Präzision erwarten lassen, aber das wurde ja bereits in ▸ Abschn. 5.4 angesprochen.) Dann nehmen Sie eine kleine Menge Wasser, geben den Indikator und etwas Säure hinzu, um auf jeden Fall im hinreichend Sauren zu sein, und lassen tropfenweise Lauge in die Analyt-Lösung fallen (die Verwendung einer Bürette bietet sich an). Sie werden sich wundern, wann die ersten Kommilitonen schon „Da war der Umschlag!" rufen, während andere das noch vehement bestreiten werden.

Und wenn Sie nun der Ansicht sind: „Ja, von Rot nach Gelb, das *kann* ja gar nichts werden, dazwischen liegt ja noch Orange, also ist es kein Wunder, dass der Übergang fließend ist!", dann probieren Sie das Gleiche mit einem Indikator aus, dessen Umschlag „eindeutiger" ist – Phenolphthalein (siehe ❑ Abb. 5.2) bietet sich an. (Unterhalb des pH-Bereiches 8,9–9,6 ist dieser Indikator farblos, oberhalb ist er violett.) Selbst wenn man ein weißes Blatt hinter das verwendete Becherglas hält, um die farbliche Veränderung besser erkennen zu können, werden Sie bei Ihren Kommilitonen eine Gauß-Verteilung hinsichtlich des „Da war der Farbumschlag!"-Moments erhalten.

Mittlerweile gibt es allerdings schon Systeme, bei denen nicht das menschliche Auge mit seinem subjektiven Farbempfinden als Messinstrument herangezogen wird, sondern man sich (vermeintlich?) objektiverer Systeme wie computergesteuerter Sensoren bedient. Trotzdem ist die quantitative Kolorimetrie keine Alltags-Labortechnik – anders als deren „grob qualitativ" betriebenes Gegenstück (insbesondere, wenn pH-Papier gleichwelcher Art im Spiel ist).

Für Spitzfindige

Wie bereits erwähnt, wird der Farbvergleich mit einer Referenzskala gemeinhin als **Kolorimetrie** bezeichnet – es gibt aber auch jene, die sagen, eigentlich handle es sich hierbei um einen Sonderfall der **Photometrie,** denn die Farbigkeit einer Lösung ist ja bekanntermaßen nichts anderes als die Folge der Wechselwirkung der in der Lösung befindlichen Stoffe mit elektromagnetischer Strahlung (siehe „Woher kommt die Farbigkeit?" aus ▸ Abschn. 6.2). Diese „Wechselwirkung" kann meist mit „Absorption" gleichgesetzt werden, und bei der Photometrie misst man, inwieweit die Intensität elektromagnetischer Strahlung einer bestimmten Wellenlänge (aus dem Bereich des sichtbaren Lichtes) beim Durchtritt durch eine Lösung absorptiv vermindert wird.

Trotzdem ist dieses Gleichsetzen von Kolorimetrie und Photometrie (auf letztere gehen wir in ▸ Abschn. 10.2 ein) nicht ganz richtig, denn *einen* gewaltigen Unterschied gibt es eben doch:

- Jegliche Lösungen, die photometrisch untersucht werden sollen, *müssen* dem Lambert-Beer-Gesetz gehorchen (was das ist, erfahren Sie gleich – auf jeden Fall muss dafür *stets* eine homogene Lösung vorliegen).
- Die Kolorimetrie gestattet (eben durch direkten Vergleich) auch quantitative Aussagen über Analyt-Gemische, die diesem Gesetz nicht folgen – z. B. weil eben keine homogene Lösung vorliegt, sondern eine Suspension oder eine kolloide Lösung.

10.2 Verändertes Absorptionsverhalten: Photometrie

Bei der Photometrie misst man das Ausmaß, in dem die Analyt-Lösung elektromagnetische Strahlung der einen oder anderen Wellenlänge absorbiert. (Dadurch wird der Analyt energetisch angeregt, aber das ist hier und jetzt weniger von Belang als die Tatsache, *dass* eben Photonen absorbiert werden. Mit den Fragen, was genau bei dieser Anregung passiert, wer sich besonders leicht bei welcher Wellenlänge anregen lässt und warum, befassen wir uns in Teil IV und V. Wenn die Neugier zu groß wird, können Sie aber gerne schon jetzt die entsprechenden Grundlagen im ▸ Harris nachschlagen). Bei der „gewöhnlichen" Photometrie betrachtet man dabei gemeinhin nur eine einzelne, im Vorfeld ausgewählte Wellenlänge – die durchaus vom jeweiligen Analyten abhängen kann. In der Photometrie nutzt man dabei meist eine Wellenlänge aus dem Bereich des

Harris, Abschn. 17.1: Eigenschaften des Lichts

sichtbaren Lichtes (VIS, siehe ▶ Kap. 4); manche Analyten bedürfen allerdings etwas energiereicherer Strahlung zur Anregung, so dass man gelegentlich auch UV-Strahlen verwendet. (Dann hat man aber streng genommen das Fachgebiet der Photometrie bereits verlassen und betreibt *UV/VIS-Spektroskopie*.)

Entscheidend ist in jedem Fall, dass der Analyt Strahlung der gewählten Wellenlänge absorbiert. Kennt man eine Wellenlänge, auf die der Analyt anspricht, empfehlen sich Messungen mit **monochromatischem Licht** eben dieser Wellenlänge. Um auch *quantitativ* brauchbare Ergebnisse zu erhalten, die sich (etwa im Rahmen einer Messreihe) vergleichen lassen, wird diese Strahlung durch Gefäße (aus einem für die betreffende Strahlung transparenten Material; häufig reicht einfaches Glas) mit genau definiertem Volumen bzw. genau definierter Schichtdicke gelenkt (eine *Küvette*):

— In einem solchen Gefäß befindet sich die Lösung des Analyten (mit allen Reagenzien, die erforderlich waren oder sind, den Analyten in Lösung zu bringen oder zu halten).

— In einem zweiten Gefäß befindet sich das analyt-freie Lösemittel, das aber zudem sämtliche der obigen Reagenzien enthalten sollte, sonst hätte man es nicht mit einer echten **Leerprobe** zu tun (siehe Teil I).

Anschließend vergleicht man die Intensität der jeweils hindurchgetretenen Strahlung. (Die Grundlagen der Photometrie sind schon im ▶ Binnewies kompakt, aber gut nachvollziehbar zusammengefasst, *siehe* insbesondere Abb. 12.11).

Auch bei der Leerprobe kann es ja durchaus auch zu Intensitätsverlusten kommen (z. B. weil auch das Lösemittel oder das eine oder andere in der Leerprobe enthaltene Reagenz einen Teil des Lichtes der gewählten Wellenlänge absorbieren – das *sollte* zwar nicht so sein, kann aber passieren) – aber dieser Verlust wäre dann ja im gleichen Maße eben auch bei der Analyt-Lösung zu erwarten. Daher setzt man die Intensität (I) der durch die Leerprobe getretenen Strahlung mit der Ausgangsintensität (I_0) gleich. Der Analyt wird Strahlung der gewählten Wellenlänge deutlich stärker absorbieren (sonst haben Sie sich die falsche Wellenlänge ausgesucht und müssen noch einmal von vorne anfangen!), entsprechend wird I_{Probe} deutlich kleiner sein als I_0. Man kann den Unterschied auf zwei verschiedene Weisen beschreiben:

— Man kann die **Transmission T,** also die Durchlässigkeit, angeben – bevorzugt in %. Die zugehörige Formel lautet:

$$T = \frac{I}{I_0} \times 100 \; [\%] \tag{10.1}$$

— Häufiger verwendet wird allerdings die **Extinktion E,** die den großen Vorzug hat, dass sie mit der Schichtdicke der Küvette linear korreliert:

$$E = \lg \frac{I_0}{I} \tag{10.2}$$

Die Extinktion findet sich auch in der für die Photometrie wichtigsten Formel wieder, dem **Lambert-Beer'schen** Gesetz:

$$E = \varepsilon_\lambda \times c \times d \tag{10.3}$$

Dabei ist ε_λ der (stoffspezifische und wellenlängenabhängige) *Extinktionskoeffizient* des betrachteten Analyten, c ist die Konzentration der Analyt-Lösung und d die Schichtdicke, durch die der betreffende Lichtstrahl der Wellenlänge λ hindurchgetreten ist (also: die Küvettendicke).

Binnewies, Abschn. 12.5: Chelatkomplexe (Exkurs: Grundlagen der Photometrie)

10

Harris, Abschn. 17.2: Lichtabsorption

10.3 Veränderungen des elektrochemischen Potentials: Potentiometrie

Mit Methoden der Analytik, in denen das elektrochemische Potential verändert wird, haben wir uns recht ausführlich in ▶ Kap. 7 befasst. Dabei wurde (Stichwort: *vor* Zugabe des Titranten) auch noch einmal etwas angesprochen, was Sie bereits aus der *Allgemeinen Chemie* und/oder der *Physikalischen Chemie* kennen:

*Messen lässt sich immer nur eine Potential*differenz, *also ein* relativer *Wert, nicht aber das* absolute *Potential.*

Aus diesem Grund wird bei jeder potentiometrischen Untersuchung – was nichts anderes heißt, als „hier wird das Potential gemessen" – eine Referenz- oder Bezugselektrode benötigt.

Eigentlich sind wir das schon gewohnt: Wir wissen ja, dass die Standardpotentiale E^0 aus der elektrochemischen Spannungsreihe ihre Zahlenwerte aus dem direkten Vergleich mit der Normalwasserstoffelektrode (NHE) erhalten haben, der man (rein willkürlich) das Standardpotential $E^0(H_2/2\,H^+) = 0{,}00$ V zugewiesen hat. Nun ist eine NHE für den alltäglichen Gebrauch im Labor ein wenig unpraktisch, schließlich braucht man dafür unter anderem eine Platin-Elektrode, die nicht nur kontinuierlich in eine wässrige Lösung mit $c(H_3O^+) = 1$ mol/L eintaucht (also eine Lösung mit pH $= 0$, das soll nicht das Problem sein), sondern die auch ständig mit elementarem Wasserstoff mit dem Partialdruck $p(H_2) = 1$ atm umspült wird – was angesichts der mäßigen Löslichkeit von Wasserstoff in Wasser ein wenig aufwendig wäre (und zudem auch nicht ganz ungefährlich, denn der ungelöste Wasserstoff würde ja wieder ausgasen, und Wasserstoff ist nun einmal sehr gut brennbar).

Stattdessen kann man aber auch andere standardisierte Elektroden verwenden, deren eigenes Potential (wieder im Vergleich zur Normalwasserstoff-Referenzelektrode) bestens bekannt ist. Es gibt eine ganze Reihe. Besonders gebräuchlich sind:

- die *Ag/AgCl-Elektrode* (Redox-Paar: elementares Silber/Silber(I)-chlorid)
- die *Kalomel-Elektrode* (Redox-Paar: elementares Quecksilber und Quecksilber(I)-chlorid

Werden diese (oder andere) Bezugselektroden in der Potentiometrie verwendet, und verzichtet man (etwa bei computergestützter Aufbereitung der Messwerte) darauf, im Vorfeld die relativen Potentiale dieser Elektroden als Konstanten aus den Messwerten „herauszurechnen", muss man eigentlich nur bedenken, dass sich die erhaltenen Messwerte jeweils im Vergleich zu denen, die sich bei einer Verwendung der NHE ergäben, um das „eigene Potential" der verwendeten Bezugselektroden verschieben. Da das aber für jeden einzelnen Messwert der gesamten potentiometrischen Versuchsreihe gilt, verändert sich der Kurvenverlauf (o. ä.) faktisch nicht – er ist eben nur *verschoben*.

Harris, Abschn. 14.1: Bezugselektroden

10.4 Veränderungen der elektrischen Leitfähigkeit: Konduktometrie

Auch bei der Konduktometrie beobachtet man die Veränderung einer physikalischen Größe in Abhängigkeit von der Wechselwirkung des betreffenden Analyten mit dem verwendeten Titranten: Hier geht es um die Leitfähigkeit, meist mit dem Symbol κ abgekürzt und mit der Einheit μS/cm, also Mikrosiemens pro Zentimeter, angegeben. (Auch wenn Sie das gewiss aus der *Physik* wissen: Der *Leitwert*, angegeben in Siemens, ist der Kehrwert des elektrischen Widerstandes, der in Ω angegeben wird. Somit entspricht 1 S $= 1$ A/V.)

Basis dieser Technik ist die elektrische Leitfähigkeit wässriger Elektrolyt-Lösungen, die sich allerdings bei unterschiedlichen Lösungen durchaus unterscheiden können. Vor allem drei Faktoren wirken sich auf die Leitfähigkeit von Elektrolyt-Lösungen aus:

- die Anzahl der Ladungsträger in der Lösung, die natürlich von der *Konzentration* der verwendeten Lösung abhängt.
- die Anzahl der Ladungen, die jedes einzelne in Lösung befindliche Kation bzw. Anion transportiert (also die *Ionenwertigkeit*).
- die Beweglichkeit der betreffenden Ionen – diese hängt wiederum zum einen von der Größe (und bei mehratomigen Molekül-Ionen ggf. sogar noch dazu dem räumlichen Bau) und der Ladungsdichte der Elektrolyten ab, zum anderen auch von der Viskosität des Lösemittels. (Wer jemals versucht hat, einen Löffel erst durch Wasser, dann durch Honig zu ziehen, der weiß, dass man für die gleiche Strecke durchaus unterschiedlich lange brauchen kann …) Da die Viskosität jedes Lösemittels temperaturabhängig ist, stellt diese beim Abweichen von den Normbedingungen einen weiteren Faktor dar.

Natürlich gibt es auch zum Thema der Konduktometrie wieder weidlich Nachschlagewerke, in denen man etwa die Leitfähigkeiten (l) verschiedenster Ionen unter den einen oder anderen Standardbedingungen (also etwa: bei 25 °C) nachschlagen kann (meist angegeben in der Einheit $S \cdot cm^2 / mol$).

Besonders gut lassen sich entsprechende Leitfähigkeitsmessungen mit Säure/Base-Titrationen kombinieren, da Hydronium-Ionen und Hydroxid-Ionen besonders geeignete Elektrolyten darstellen (Stichwort: Kaskadenmodell der Stromleitung). Bevor wir uns eine konduktometrische Titrationskurve anschauen, sollten wir – anhand der Titration der starken Säure Salzsäure gegen die starke Base Natronlauge – ein paar Überlegungen anstellen, wie es wohl *vor*, *am* und *nach dem* Äquivalenzpunkt um die Leitfähigkeit bestellt sein wird.

Da es hier um das Prinzip an sich geht, nicht um konkrete Leitfähigkeits-Berechnungen, interessieren die Konzentrationen von Analyt-Lösung und Titrant sowie das im Zuge der Titration immer weiter zunehmende Gesamtvolumen (das sich dann verständlicherweise auf die jeweils vorliegende Konzentration auswirkt) hier und jetzt nicht. Stattdessen denken wir erst einmal darüber nach, welche Ionen in jedem der erwähnten Bereiche der Kurve zur Leitfähigkeit beitragen:

▪▪ Vor dem Äquivalenzpunkt

Ganz zu Anfang liegt ausschließlich eine wässrige Lösung von Chlorwasserstoff vor. Da HCl eine starke Säure ist, die (nahezu) vollständig dissoziiert, haben wir reichlich H^+- (genauer: H_3O^+-) und Cl^--Ionen vorliegen. Da Hydronium-Ionen ungleich bessere Elektrolyten sind als Chlorid-Ionen und sich die Gesamtleitfähigkeit einer Lösung additiv aus der Summe der individuellen Leitfähigkeiten aller vorhandenen Elektrolyten ergibt, resultiert eine hohe Leitfähigkeit …

… die aber mit zunehmender Menge an hinzugegebenem Titrant (NaOH, das selbst in Na^+- und OH^--Ionen dissoziiert) abnimmt. Denn auch wenn Hydroxid-Ionen ähnlich gute Elektrolyten sind wie Hydronium-Ionen, reagieren im Zuge dieser Säure/Base-Titrationen die bestleitenden Ionen zu ungeladenen und daher nicht-leitenden Wassermolekülen:

$$H_3O^+ + OH^- \rightarrow 2\,H_2O$$

Andererseits wird das Reaktionsgemisch mit jedem Äquivalent Hydroxid-Ionen, das ein Äquivalent Hydronium-Ionen neutralisiert, auch um ein Äquivalent Natrium-Ionen angereichert, die ihrerseits natürlich ebenfalls Elektrolyten sind – aber den Strom eben deutlich schlechter leiten als H_3O^+ und OH^--Ionen.

▪▪ Am Äquivalenzpunkt

Hier ist mit *minimaler* Leitfähigkeit zu rechnen:

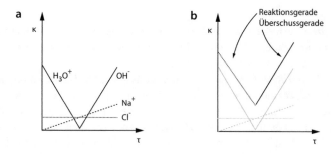

Abb. 10.1   Konduktometrie-Titrationskurve (schematisch)

— Bei Zugabe äquivalenter Mengen Base zur Säure wurden sämtliche von der Säure stammenden Hydronium-Ionen neutralisiert. Die effizientesten bekannten Elektrolyten scheiden also (praktisch) gänzlich aus. (Auf die Autoprotolyse, die hier für pH = 7 sorgt, wollen wir nicht weiter eingehen, auch wenn sie streng genommen auch einen gewissen Beitrag zur Gesamtleitfähigkeit leistet – aber dieser Beitrag hält sich in sehr engen Grenzen. Bitte erinnern Sie sich an die Konzentration der durch die Autoprotolyse entstehenden H^+- und OH^-- Ionen zurück.)

— Die Leitfähigkeit rührt jetzt nur von den *Gegenionen* der Säure (also in unserem Beispiel den Chlorid-Ionen) und den Gegenionen der Titrant-Base (hier: Natrium-Ionen) her.
Na$^+$ und Cl$^-$ sind zwar durchaus gute Elektrolyte, aber mit Hydronium- oder Hydroxid-Ionen können sie es nicht aufnehmen.

■■ Nach dem Äquivalenzpunkt

Die Anzahl in Lösung befindlicher Chlorid-Ionen ändert sich logischerweise nicht mehr, wohl aber die der Natrium- und der Hydroxid-Ionen, und da letztere sehr gute Elektrolyte darstellen, wird die Gesamt-Leitfähigkeit nach dem Überschreiten des Äquivalenzpunktes gehörig ansteigen. ■ Abb. 10.1a zeigt den relativen Beitrag der einzelnen Ionen zur Leitfähigkeit des gesamten Gemisches, in ■ Abb. 10.1b ist schematisch die daraus resultierende Gesamt-Leitfähigkeit dargestellt.

Dass die Kurve anders verläuft, wenn man beispielsweise eine schwache Säure mit einer starken Base umsetzt, sollte einleuchten.

❓ Fragen

13. Welche Farbe zeigt die Probe eines Analyten, der durch relativ energiereiches blaues Licht ($\lambda = 450$ nm) angeregt wird?
14. Welche Farbe nimmt das menschliche Auge bei einer Probe wahr, dessen Analyt zur Anregung noch energiereicheres Licht ($\lambda < 380$ nm) benötigt?
15. Welchen Kurvenverlauf erwarten Sie bei der Titration einer Natriumchlorid-Lösung gegen Silbernitrat-Lösung?
(Die vorliegenden Konzentrationen sind unerheblich.)
Die Ionenleitfähgkeit (jeweils in S · cm^2/mol) beträgt:
$$1(Na^+) = 50{,}1; \; 1(Cl^-) = 76{,}4; \; 1(Ag^+) = 62{,}2; \; 1(NO_3^-) = 71{,}1.$$

Zusammenfassung

Grundbegriffe

In der Maßanalyse und den daraus abgeleiteten Methoden der Analytik wird der in Lösung befindliche oder zu bringende Analyt mit einer genau definierten, (mindestens) (stoffmengen-)äquivalenten Menge eines geeigneten Reagenzes umgesetzt, so dass sich (physiko-)chemische Eigenschaften der resultierenden Reaktionslösung verändern. Die Quantifizierung dieser Veränderung gestattet dann Rückschlüsse darauf, in welcher Stoffmenge/Konzentration (etc.) der betreffende Analyt anfänglich vorgelegen hat.

Maßanalyse

Bei der Maßanalyse nutzt man verschiedene Reaktionstypen aus, um im Rahmen von meist titrimetisch durchgeführten und überwachten Reaktionen die in ▶ Kap. 5–8 erwähnten Veränderungen herbeizuführen:

- Bei der *Säure/Base-Titration* wird eine unbekannte Stoffmenge eines sauer oder basisch reagierenden Analyten mit einer Lösung genau definierter Konzentration eines entsprechend basisch oder sauer reagierenden Titranten umgesetzt; aus dem Titrant-Verbrauch bis zum Erreichen des Äquivalenzpunktes, an dem äquivalente Stoffmengen von Säure und Base vorgelegen haben, wird dann auf die Konzentration des Analyten geschlossen.
- Bei der *Komplexometrie* wird der Analyt im Rahmen einer Komplex-Reaktion direkt oder indirekt titrimetrisch quantifiziert. In den meisten Fällen wird diese Methode bei Analyten verwendet, die dazu neigen, als Zentralteilchen eines Komplexes zu fungieren, also vornehmlich bei Metall-Kationen.
- Bei *Redox-Titrationen* wird ein oxidierbarer bzw. reduzierbarer Analyt gegen ein Oxidations- bzw. Reduktionsmittel titriert. Wieder wird aus dem Verbrauch des Titranten auf den Stoffmengengehalt des Analyten geschlossen.
- Bei *Fällungstitrationen* ermittelt man den (Stoffmengen-)Verbrauch des Reagenzes, mit dem der Analyt eine schwerlösliche Verbindung bildet.

Allen Methoden der Maßanalyse ist gemein, dass zur Bestimmung des Äquivalenzpunktes eine geeignete Detektionsmethode gewählt werden muss.

Gravimetrie

Basiert die Quantifizierung des Analyten auf der Ermittlung einer Masse (wird also etwas „ausgewogen"), befindet man sich auf dem Gebiet der Gravimetrie. Hier ist zu berücksichtigen, dass ein Analyt, der mit einem geeigneten Reaktionspartner als schwerlösliche Verbindung aus der Lösung ausfällt (▶ Abschn. 8.1), nicht unbedingt auch in Form dieser Verbindung ausgewogen werden kann. Manche metallische Analyten lassen sich durch Elektrolyse in ihrer elementaren Form erhalten; dies stellt die Sonderform der *Elektrogravimetrie* dar.

ausgewählte Detektionsmethoden

Bei der *Kolorimetrie* vergleicht man die Farbtiefe einer Probenmischung unbekannter Konzentration mit entsprechenden Referenzproben.

Mit der *Photometrie* kann anhand einer Kalibrierkurve auf der Basis des Lambert–Beer'schen Gesetzes die Konzentration einer Probe ermittelt werden.

Bei der *Potentiometrie* wird der Verlauf einer volumetrischen Messung anhand des elektrochemischen Potentials im Vergleich zu einer Bezugselektrode nachvollzogen.

Bei der *Konduktometrie* nutzt man die unterschiedliche Leitfähigkeit verschiedener Elektrolyte zur Ermittlung des Äquivalenzpunktes von Titrationen aus.

Antworten

1. Entscheidend ist hier, ob es sich um starke, mittelstarke oder schwache Säuren handelt. Ist der pKS-Wert <0, darf von vollständiger Dissoziation ausgegangen werden, also gilt für Bromwasserstoff das Gleiche wie für in Wasser gelösten Chlorwasserstoff: $[HA]_{Anfang} = [H_3O^+]_{im\ Gleichgewicht}$. Und wenn man die Konzentration der Hydronium-Ionen kennt, kennt man auch den pH-Wert. Damit gilt:

a) $[H_3O^+]_{im\ Gleichgewicht} = 0{,}1\ mol/L$, entsprechend ist pH(HBr)

$$= -\lg(0,1) = -\lg\left(\frac{1}{10}\right) = -\lg\left(\frac{1}{10^1}\right) = -\lg 10^{-1} = -(-1) = 1$$

b) $[H_3O^+]_{i.Ggw.} = 0{,}01\ mol/L$, also pH(HCl)

$$= -\lg(0,01) = -\lg\left(\frac{1}{100}\right) = -\lg\left(\frac{1}{10^2}\right) = -\lg 10^{-2} = -(-2) = 2$$

Die Essigsäure mit $pK_S(HAc) = 4{,}75$ hingegen ist eine *schwache* Säure, hier wird also die entsprechende Näherungs-Formel (bekannt als ▶ Gl. 5.10) benötigt:

c) Mit $[HA]_{am\ Anfang} = 0{,}2$ mol/L und $pK_S = 4{,}75$ ergibt sich

$pH = \frac{1}{2}\,(4{,}75 - \lg(0{,}2)) = \frac{1}{2}\,(4{,}75 - (-0{,}7)) = \frac{1}{2}\,(4{,}75 + 0{,}7) = \frac{1}{2}\,(5{,}45) = 2{,}73$.

Kann das sein? – Führen wir die Plausibilitäts-Prüfung durch: In ▶ Abschn. 5.2 hatten wir für 0,1-molare Essigsäure mit der Näherungs-formel $pH = 2{,}88$ herausbekommen. Unsere Essigsäure hier hatte eine doppelt so hohe Konzentration, also ist verständlich, dass der pH-Wert hier etwas niedriger liegt.

❗ Achtung

Zwei beliebte Fehler:

— **Leute, die *überhaupt nicht* verstanden haben, was es mit dem pH-Wert (der bekanntermaßen logarithmisch ist) auf sich hat, bringen allen Ernstes folgende Rechnungs-Art zustande:**

„Wenn eine 0,1-molare Lösung den pH-Wert x hat, dann hat eine 0,2-molare Lösung den pH-Wert 2x". Dass damit unweigerlich ein höherer Wert herauskommt (die Lösung trotz höherer Säuren-Kon-zentration also vermeintlich *weniger* sauer ist), wird einfach ignoriert.

— **Wer *ein bisschen* verstanden hat, aber noch nicht genug, kürzt gerne folgendermaßen ab:**

„Wenn eine 0,1-molare Lösung den pH-Wert x hat, dann hat eine 0,2-molare Lösung, die natürlich einen niedrigeren pH-Wert haben soll, den pH-Wert x/2." Das leuchtet auf den ersten Blick sogar fast ein – ist aber immer noch völlig falsch.

2. Zunächst einmal sind bei allen drei Teilaufgaben die Gegen-Ionen nicht von Belang: Ob nun Natrium oder Kalium als Gegen-Ion der konjugierten Base der Essigsäure fungieren, tut ebenso wenig zur Sache, wie das Chlo-rid-Ion als Gegen-Ion der konjugierten Säure der Base Ammoniak. Also brauchen wir bei den Aufgaben 2a und 2b nur das Verhältnis $[HAc]/[Ac^-]$ zu betrachten, bei Aufgabe 2c nur das Verhältnis $[NH_3]/[NH_4^+]$. In allen drei Fällen sollte man sofort an die Henderson-Hasselbalch-Gleichung (▶ Gl. 5.11) denken, die dann nach dem Stoffmengenverhältnis umzustellen ist:

$pH = pK_S - \lg\frac{[HA]}{[A^-]}$ Daraus ergibt sich: $\lg\frac{[HA]}{[A^-]} = pK_S - pH$. Kennt man die pK_S-Werte, muss man anschließend nur noch delogarithmieren:

$\frac{[HA]}{[A^-]} = 10^{(pK_S - pH)}$ Damit ergibt sich für die Essigsäure mit $pK_S = 4{,}75$:

a) $[HAc]/[Ac^-] = 10^{(4{,}75 - 5{,}05)} = 10^{(-0{,}3)} = 0{,}5$, also muss das Verhältnis

$[HAc]/[Ac^-] = 0{,}5{:}1$ sein, also 1:2. *Plausibilitäts-Prüfung*: Bei diesem Verhältnis liegt mehr von der konjugierten Base vor als von der Säure. Da ist es einleuchtend, dass der resultierende pH-Wert größer ist als der pK_S-Wert.

b) $[HAc]/[Ac^-] = 10^{(4{,}75 - 3{,}87)} = 10^{(0{,}88)} = 7{,}6$. Hier liegen in der Lösung also fast achtmal so viele Säure-Moleküle vor wie Moleküle der zugehörigen konjugierten Base. *Plausibilitäts-Prüfung*: Dann ist es auch nicht erstaunlich, dass der pH-Wert deutlich unterhalb dem pK_S-Wert liegt.

c) Beachten Sie, dass hier das Ammonium-Ion (NH_4^+) die Säure darstellt, gesucht wird also $[NH_4^+]/[NH_3]$. Aus ▶ Abschn. 5.2 wissen wir, dass $pK_S(NH_4^+) = 9{,}25$. Mit $[NH_4^+]/[NH_3] = 10^{(9{,}25 - 10{,}0)} = 10^{(-0{,}75)} = 0{,}2$. Damit liegt das Stoffmengenverhältnis etwa bei 1:5, also haben wir deutlich mehr Base als Säure vorliegen – und auch das ist wieder plausibel, schließ-lich ist der vorliegende pH-Wert größer als der pK_S-Wert der verwendeten Säure. Passt!

3. Gemäß ▶ Gl. 5.12 ergibt sich mit f = 1,09 und
   c_{soll} = 0,23 mol/L ein Wert c_{ist} = f × csoll = 1,09 × 0,23 mol/L = 0,25 mol/L.
4. Mit c_{soll} = 0,25 mol/L und c_{ist} = 0,26 mol/L ergibt sich, wieder gemäß
   ▶ Gl. 5.12, ein Titer von f = 1,04.
5. Am Äquivalenzpunkt entspricht die Stoffmenge des zur Analyt-Lösung hinzugegebenen EDTA der Stoffmenge des Analyts, also n(EDTA) = n(Analyt). Idealerweise bilden EDTA und Analyt hier einen stabilen Chelat-Komplex. (Tatsächlich erfolgt in minimalem Maße auch Dissoziation, so dass wirklich winzige Mengen freier Analyt-Teilchen und freies EDTA in Lösung vorliegen. Unter den weitaus meisten Bedingungen darf man diese Dissoziation aber vernachlässigen.)
6. Die tatsächliche Konzentration der verwendeten EDTA-Lösung lässt sich wieder einmal gemäß ▶ Gl. 5.12 ermitteln:
   c_{ist}(EDTA) = f × c_{soll}(EDTA) = 1,03 × 0,1 = 0,103 mol/L. Gemäß Aufgabe 5 ergibt sich dann

$$n(Analyt) = n(EDTA) = c_{ist}(EDTA) \times V(EDTA)$$
$$= 0,103\,[mol/\!\!\!L] \times 0,01042\,[\!\!\!L] = 0,00107\,mol = 1,07\,mmol.$$

Und mit c(Analyt) = n(Analyt)/V(Analyt) ergibt sich eine Analyt-Konzentration von 1,07 [mmol]/20,00 [mL] = 53,5 mmol/L.

7. Zunächst ist wieder zu berücksichtigen, ob die Messwerte vor oder nach dem Äquivalenzpunkt liegen.

   a) V(Titrant) = 7,00 mL liegt vor dem ÄP, also hängt das Potential von Zinn(II) und Zinn(IV) ab: Mit 7,00 mL Titrant sind dann 70 % aller Zinn(II)-Ionen zu Zinn(IV) umgesetzt. Also

   $$E_{(neu\ 1)} = 0,139\ V + \frac{0,059\ V}{2} \cdot lg\,\frac{70}{30} = 0,150\ V.$$

   b) V(Titrant) = 9,90 mL liegt immer noch (ganz knapp) vor dem ÄP. Hier sind 99 % aller Zinn(II)-Ionen umgesetzt:

   $$E_{(neu\ 2)} = 0,139\ V + \frac{0,059\ V}{2} \cdot lg\,\frac{99}{1} = 0,198\ V.$$

   c) 13,00 mL Titrant liegen nach dem ÄP, also dürfen wir 10,00 mL als Cer(III)-Lösung auffassen, die restlichen 3,00 mL als Cer(IV)-Lösung:

   $$E_{(neu\ 3)} = 1,61\ V + \frac{0,059\ V}{1} \cdot lg\,\frac{3}{10} = 1,58\ V.$$

   Schauen wir uns die graphische Auftragung an (die drei „neuen" Messwerte sind als Quadrate markiert):

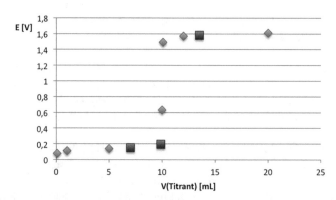

Graphische Auftragung der Cerimetrie aus 5.2

Das ist ganz in Übereinstimmung mit der Tendenz, die sich durch die mit Rauten gekennzeichneten Messwerte ergibt.

8. Hier muss man zunächst bedenken, dass es sich beim pK_L-Wert um den negativen dekadischen Logarithmus des K_L-Wertes handelt, also gilt:

$$K_L = 10^{-pK_L}$$

a) Damit ergibt sich: $K_L(AgBr) = 10^{-12,3} = 5,01 \times 10^{-13}$.

b) Da die Dissoziationsgleichung lautet: $AgBr \rightleftarrows Ag^+ + Br^-$, ergibt sich für das Löslichkeitsprodukt $\left([Ag^+] \times [Br^-]\right)$ die Einheit mol^2/L^2.

c) Da in dieser Lösung $[Ag^+] = [Br^-]$ sein muss (es gehen ja exakt gleich viele Kationen wie Anionen in Lösung, gilt auch

$$K_L = [Ag^+]^2 = [Br^-]^2, \text{ also ist } n(Ag^+) = n(Br^-) = n(AgBr)\cdot$$

$$\text{in Lösung} = \sqrt{K_L} = \sqrt{10^{-12,3}} = 7,077,07 \times 10^{-7} \text{ mol/L}$$

Um von der gelösten Stoffmenge (also der Stoffmengenkonzentration, die Sie aus Teil I gemäß DIN 1310 als c_i kennengelernt haben) auf die Massenkonzentration β_i (eigentlich in kg/m^3 angegeben, aber wir halten uns hier an kg/L) zu kommen, brauchen wir noch die molare Masse unserer Substanz. Aber die können wir jedem brauchbaren Periodensystem entnehmen, schließlich braucht man nur die Massen der beteiligten Atome nachzuschlagen. Mit $M(Ag) = 107,86$ g/mol und $M(Br) = 79,90$ g/mol kommt man auf $M(AgBr) = 187,76$ g/mol. Gemäß der aus Teil I bekannten Formel $n = m/M$ und der (aus dem gleichen Teil bekannten) Bestimmungsgleichung für die Massenkonzentration kommen wir bei einem Volumen $V_{Lsg} = 1,0$ L auf:

$$\beta_i = \frac{m_i}{V_{Lsg}} = \frac{n_i \times M_i}{V_{Lsg}} = \frac{7,07 \times 10^{-7} [\cancel{mol}] \times 187,76 \left[\frac{g}{\cancel{mol}}\right]}{1[L]}$$

$$= 0,000132 \text{ g/L} \quad 0 \quad 0,132 \text{ mg/L}.$$

Viel ist das nicht.

9. Gesucht wird ja V(Titrant), bei dem gilt n(Titrant) = n(Analyt). Entsprechend lohnt es sich, zunächst einmal n(Analyt) und n(Titrant) zu bestimmen.
Wir wissen: V(Analyt) = 10,0 mL, c(Analyt) = 0,23 mol/L.
Durch Umstellen von c = n/V kommt man über

$$n(Analyt) = c(Analyt) \times V(Analyt) = 0,23 \text{ [mol/\cancel{L}]} \times 0,010 \text{ [\cancel{L}]}$$

$$\text{(Dimensionsanalyse kommt him!)} = 0,0023 \text{ mol } (= 2,3 \text{ mmol}).$$

Weiterhin wissen wir: $c_{soll}(Titrant) = 0,1$ mol/L, f(Titrant) = 1,02. Mit der gleichen Formel, erweitert um den Korrekturfaktor f, ergibt sich

$$n(Titrant) = V(Titrant) \times c_{ist}(Titrant) = V(Titrant) \times f(Titrant) \times c_{soll}(Titrant).$$

Gesucht ist aber nun V(Titrant), und wir wissen, dass am Äquivalenzpunkt gilt:
n(Titrant) = n(Analyt). Insgesamt ergibt sich so:

$$V(Titrant) = n(Analyt)/\left(f(Titrant) \times c_{soll}(Titrant)\right)$$

$$= 0,0023 [\cancel{mol}]/(1,02 \times 0,1 \text{ [\cancel{mol}/L]})$$

(Dimensionsanalyse kommt schon wieder hin!) $= 0,02.255$ L $= 22,55$ mL.
Plausibilitäts-Prüfung: Die Analyt-Lösung ist mehr als doppelt so hoch

konzentriert wie die Titrant-Lösung, also wird auch mehr als das doppelte Titrant-Volumen benötigt, um den Äquivalenzpunkt zu erreichen.

10. Hier könnte man jetzt sehr ausführlich „um die Ecke denken" und viele, viele Formeln ins Feld führen, aber letztendlich stecken dahinter einige viel einfachere Überlegungen.
Erstens: Die Stoffmenge an Blei(II)-chromat muss der in der Probe enthaltenen Stoffmenge an Chrom(III)-Ionen entsprechen. Also: $n(PbCrO_4) = n(Cr^{3+})$. Also gilt auch: $m(PbCrO_4)/M(CrO_4) = m(Cr^{3+})/M(Cr^{3+})$. Mit anderen Worten: Es lässt sich leicht ermitteln, welche Masse an Chrom in der Fällungsform enthalten sind:

$$m(Cr^{3+}) = M(Cr^{3+}) \times m(PbCrO_4)/M(PbCrO_4).$$

Mit $M(Cr^{3+}) = M(Cr) = 51{,}99$ g/mol und $M(PbCrO_4) = 323{,}14$ g/mol *(das PSE hilft weiter!)* kommen wir, da $m(PbCrO_4)$ ja vorgegeben ist, auf

$$m(Cr^{3+}) = 51{,}99 \left[\cancel{g/mol}\right] \times 23{,}0 \left[mg\right]/323{,}14 \left[\cancel{g/mol}\right] = 3{,}70 \text{ mg}.$$

Zweitens: Die Fällung muss quantitativ erfolgt sein, also kann man diese Masse an Chrom gleich in die Bestimmungsgleichung für den Massenanteil ω_{Cr} (aus Teil I) nutzen.
Damit ergibt sich

$$\omega_{Cr} = m(Cr^{3+})/m_{ges} = 3{,}70 \left[mg\right]/50{,}0 \left[g\right]$$

$$= 3{,}70 \left[\cancel{mg}\right]/50.000 \left[\cancel{mg}\right] = 7{,}4 \times 10^{-5} \text{ oder } 0{,}0074 \%.$$

11. Ein Massenanteil von $\omega_{Pb} = 42 \%$ bedeutet (Stellen Sie die zugehörige Bestimmungsgleichung um!), dass $m(Pb) = \omega_{Pb} \cdot m_{ges} = 0{,}42 \cdot 25 \left[g\right] = 10{,}5$ g. Gemäß $n = m/M$ ergibt sich damit

$$n(Pb) = 10{,}5 \left[\cancel{g}\right]/207{,}19 \left[\cancel{g/mol}\right] = 0{,}051 \text{ mol}.$$

Da $n(Pb) = n(PbSO_4)$, können wir in einem Schritt angeben:

$$m(PbSO_4) = M(PbSO_4) \cdot m(Pb)/M(Pb)$$

$$= 303{,}22 \left[\cancel{g/mol}\right] \cdot 10{,}5 \left[g\right]/207{,}29 \left[\cancel{g/mol}\right] = 15{,}36 \text{ g}.$$

12. Wir wissen: $m(Cu) = 666$ mg; $V(Lösung) = 42{,}23$ mL. Für die Stoffmengenkonzentration $c(Cu)$ lässt sich $c = n/V$ und $n = m/M$ zusammenfassen zu $c = m/MV$. Also gilt:

$$c(Cu) = 0{,}666 \left[\cancel{g}\right]/63{,}55 \left[\cancel{g}/mol\right] \times 0{,}04.223 \left[L\right]$$

(die Dimensionsanalyse verrät uns also schon, dass es richtigerweise auf die Einheit mol/L hinausläuft!) $= 0{,}25$ mol/L. Und für die Massenkonzentration? – Da ist es noch einfacher, schließlich lautet die Bestimmungsgleichung hierfür $\beta_i = m_i/V_{ges}$. m_i ist hier $m(Cu)$, und $V_{ges} = V(Lösung)$, also ist $\beta_i = 666 \left[mg\right]/42{,}23 \left[mL\right] = 15{,}77$ (oder $0{,}1577 \%$).

13. Die konkrete Wellenlänge ist hier nicht übermäßig von Bedeutung: Was wir hier brauchen, ist wieder einmal der Farbkreis (▶ Abschn. 6.2): Die Komplementärfarbe zu blau ist orange (die Mischfarbe, die sich aus „den beiden anderen Primärfarben" ergibt), also wird die Probe eines Analyten, der sich durch diese Wellenlänge anregen lässt und sie daher aus dem Spektrum des sichtbaren Lichtes teilweise oder vollständig „herausschneidet", in wässriger Lösung orange wirken.

14. Elektromagnetische Strahlung mit $\lambda < 380$ nm ist für das menschliche Auge nicht mehr sichtbar (wir befinden uns im nahen UV-Bereich); entsprechend gibt es auch keine Komplementärfarbe: Wird Strahlung aus diesem Wellenlängenbereich aus dem Spektrum „herausgeschnitten", führt das *nicht* zu einem für das menschliche Auge wahrnehmbaren Farbeindruck. Wenn der Analyt nicht auch noch elektromagnetische Strahlung aus dem als VIS bezeichneten Teil des Spektrums absorbiert (also aus dem Bereich 380 nm $< \lambda <$ 780 nm), erscheint die Probe farblos. Für den Menschen zumindest. Manche Schmetterlinge zum Beispiel nehmen auch noch einen Teil der UV-Strahlung wahr, weswegen diese Tiere in für uns „langweilig weißen" Blüten bemerkenswerte Muster erkennen, die für das menschliche Auge nur mit Falschfarbenaufnahmen nachvollziehbar sind.

15. Anfänglich, also vor der Zugabe der Silbernitrat-Lösung, liegen nur Natrium- und Chlorid-Ionen vor, die entsprechend beide zur Leitfähigkeit beitragen. Aber sobald der erste Tropfen des Titranten hinzugegeben wurde, muss berücksichtigt werden, was bei dieser konduktometrischen Titration eigentlich chemisch geschieht: Während NaCl und AgNO$_3$ recht gut in Wasser löslich sind, gilt das für Silberchlorid (AgCl) keineswegs: Das Löslichkeitsprodukt dieser Verbindung ist mit $K_L(AgCl) = 2 \times 10^{-10}$ mol^2/L^2 ($pK_L(AgCl) = 9{,}7$) ziemlich niedrig. Entsprechend ergibt sich die folgende Reaktionsgleichung:

$$Na^+_{(aq)}Cl^-_{(aq)} + AgNO_{3(aq)} \rightarrow Na^+_{(aq)} + NO_{3^-_{(aq)}} + AgCl \downarrow$$

Mit anderen Worten: Während die neu hinzukommenden Nitrat-Ionen ihren Teil zur Leitfähigkeit des Reaktionsgemisches beitragen, fällt für jedes hinzukommende NO$_3^-$-Ion ein Chlorid-Ion aus. Für die Natrium-Ionen ändert sich nichts, und die Silber-Ionen haben überhaupt keine Chance, ihren Teil zur Leitfähigkeit beizusteuern, da sie sofort ausfallen. Da aber Nitrat-Ionen weniger leitfähig sind als Chlorid-Ionen (das verrät Ihnen die Aufgabenstellung!), wird die Leitfähigkeit des Gemisches im Ganzen sinken. Zumindest bis zum Äquivalenzpunkt, und dort ändert sich dann alles: Am ÄP sind exakt so viele Silber-Kationen wie Chlorid-Ionen aufeinandergetroffen, dass praktisch sämtliche Chlorid-Ionen ausgefallen sind. (AgCl ist so schlecht in Wasser löslich, dass die wenigen Ag$^+$- und Cl$^-$-Ionen, die doch noch in Lösung verbleiben, kaum etwas zur Gesamt-Leitfähigkeit beitragen.) Nach dem ÄP kommen nun neue Silber- und Nitrat-Ionen hinzu, und ab jetzt tragen auch die Ag$^+$-Kationen zur Leitfähigkeit bei, schließlich enthält das Reaktionsgemisch jetzt keine Ionen mehr, mit denen sie zur sofortigen Niederschlagsbildung gezwungen würden. Entsprechend steigt die Leitfähigkeit nach dem ÄP deutlich an:

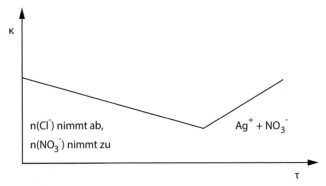

Konduktometrische Titration einer Kochsalz-Lösung mit Silbernitrat

Weiterführende Literatur

Binnewies M, Jäckel M, Willner, H, Rayner-Canham, G (2016) Allgemeine und Anorganische Chemie. Springer, Heidelberg

Brown T L, LeMay, H E, Bursten, BE (2007) Chemie: Die zentrale Wissenschaft. Pearson, München

Harris DC (2014) Lehrbuch der Quantitativen Analyse. Springer, Heidelberg

Jander G, Jahr KF (1989) Maßanalyse. de Gruyter, Berlin

Mortimer CE, Müller U (2015) Chemie: Das Basiswissen der Chemie. Thieme, Stuttgart

Kunze UR, Schwedt G (2002) Grundlagen der qualitativen und quantitativen Analyse. Wiley, Weinheim

Ortanderl S, Ritgen U (2018) Chemie – das Lehrbuch für Dummies. Wiley, Weinheim

Ortanderl S, Ritgen U (2015) Chemielexikon kompakt für Dummies. Wiley, Weinheim

Schwister K (2010) Taschenbuch der Chemie. Hanser, München

Einige der hier erwähnten Werke sind eher für das Nacharbeiten oder Vertiefen der „chemischen Grundlagen" geeignet, andere gehen hinsichtlich ausgewählter Gebiete der Analytik noch über „den Harris" hinaus.

10

Chromatographische Methoden

Inhaltsverzeichnis

■ **Voraussetzungen**

Bei der Chromatographie geht es vornehmlich um die Interaktion der uns interessierenden Analyten mit dem jeweils verwendeten chromatographischen Material, also sind in diesem Teil insbesondere die intermolekularen Wechselwirkungen von unerlässlicher Bedeutung. Die folgenden Begriffe sollten Ihnen daher in Fleisch und Blut übergegangen sein:

— Ion-Dipol- und Dipol/Dipol-Wechselwirkungen
— Wasserstoffbrückenbindungen
— van-der-Waals-Kräfte

Entsprechend sollten Sie auch mit Begriffen wie polar/unpolar nicht nur vertraut sein, sondern (ganz wichtig!) verinnerlicht haben, dass diese beiden Begriffe nicht „digital" zu behandeln sind („Polar? ja/nein"), sondern von „gänzlich unpolar" bis „extrem polar" ein kontinuierlicher Übergang besteht. Dass die Polarität eines Moleküls (oder Molekül-Ions) vornehmlich von der Elektronegativitätsdifferenz der beteiligten Atome sowie dem räumlichen Bau der jeweiligen Verbindung abhängt (hier sei auf das VSEPR-Modell aus der *Allgemeinen und Anorganischen Chemie* verwiesen!), sollte ebenfalls eine Selbstverständlichkeit sein.

Dazu kommen verschiedene Aspekte der Extraktion aus Teil I, insbesondere:

— *„Gleiches löst sich in Gleichem."*
— der Nernst'sche Verteilungssatz/der Verteilungskoeffizient
— die Begriffe stationäre und mobile Phase
— Adsoption & Desorption

Lernziele

Unter den Sammelbegriff „Chromatographie" fallen zahlreiche Trennmethoden, in denen ausgenutzt wird, dass die einzelnen Analyten unterschiedlich stark an Feststoffe adsorbiert werden, sich unterschiedlich leicht in Lösung bringen lassen etc. In diesem Teil werden Sie verschiedene chromatographische Methoden kennenlernen, bei denen die Analyten in Lösung oder in Gasform vorliegen und mit Feststoffen oder Flüssigkeiten in Wechselwirkung treten. Dabei werden Sie feststellen, dass die dahinterstehenden Grundlagen bereits in Teil I und Teil II angesprochen wurden, aber dieses Mal sollen nicht nur grob qualitative, sondern auch quantitative Aussagen getätigt werden, insbesondere hinsichtlich der Güte (= Auflösung) einer Stofftrennung. Dabei kommen diverse (statistische) Effekte zum Tragen, die ebenfalls bereits in Teil I und Teil II (und zum Teil auch in anderen Lehrveranstaltungen bzw. -werken) behandelt wurden. Diverse Aspekte der *Allgemeinen und Anorganischen Chemie* einerseits und der *Physikalischen Chemie* andererseits werden hier Hand in Hand gehen.

Wie schon im Teil II sollen neben den verschiedenen Trennverfahren auch wieder verschiedene Detektionsmethoden betrachtet werden, die zumindest zum Teil auf bereits vertrauten Prinzipien basieren, während andere bereits einen Ausblick auf nachfolgende Teile (insbesondere zum Thema *Instrumentelle Analytik*) bieten.

In Teil I wurden die qualitativen Grundlagen der Extraktion behandelt, die letztendlich bereits die ersten Stofftrennungen auf der Basis (physiko-)chemischer Eigenschaften wie der Polarität ermöglicht haben und die auf Verteilungsgleichgewichten basieren. Diesen Grundlagen der Adsorption und Desorption werden wir uns hier im Hinblick auf unterschiedliche chromatographische Verfahren erneut widmen und sie ein wenig genauer betrachten, zum Teil bis hin zur Quantifizierung (oder zumindest Quantifizierbarkeit).

- In der Flüssigchromatographie, insbesondere der Variante, in der Chromatographiesäulen zum Einsatz kommen, liegen die Analyten in Lösung vor und werden, je nach physikochemischen Eigenschaften, stärker oder schwächer an einen Feststoff adsorbiert, von dem sie anschließend auch wieder desorbiert werden müssen, damit geeignete Detektoren letztendlich ihr Auftreten nachweisen können.
- In der Gaschromatographie werden gasförmige Analyten entweder in analoger Weise an einen Feststoff adsorbiert oder aber in einem die Oberfläche eines Feststoffs benetzenden Flüssigkeitsfilm gelöst und anschließend wieder freigesetzt.
- Bei speziellen Formen der Chromatographie kommen noch andere Kräfte zwischen Analyt und Adsorptionsmaterial zum Tragen als nur Polarität und damit gegebenenfalls Wasserstoffbrückenbindungen oder andere Dipol-Dipol-Wechselwirkungen.
- Nur auf den ersten Blick scheinen ausgewählte Formen der Elektrophorese, in der es um die Bewegung geladener Teilchen in einem elektrischen Feld geht, mit der Chromatographie nichts zu tun zu haben.

Je genauer man die dahintersteckenden Prinzipien verstanden hat, desto eher wird man auch einen Blick für etwaige Probleme oder neuartige Problemstellungen entwickeln und damit von der reinen Wissens-Reproduktion zum eigenständigen Denken (auf seinem Fachgebiet oder auch darüber hinaus) kommen … aber gerade das macht schließlich den Unterschied zwischen „auswendig lernen" und „studieren" aus.

Allgemeines zur Chromatographie

© Springer-Verlag GmbH Deutschland, ein Teil von Springer Nature 2019
U. Ritgen, *Analytische Chemie I*, https://doi.org/10.1007/978-3-662-60495-3_11

Harris, ▶ Abschn. 22.2: Was ist
Chromatographie?

Unter dem Oberbegriff *Chromatographie* wird eine ganze Reihe verschiedenster Verfahren zur Stofftrennung zusammengefasst, denen allen eines gemein ist – das dahinterstehende Prinzip:

Jegliche Chromatographie basiert darauf, dass unterschiedliche in einer *mobilen* Phase (flüssig oder gasförmig) vorliegende Substanzen (meist: die Analyten) in unterschiedlicher Art und Weise mit einer *stationären* Phase (meist einem Feststoff) wechselwirken.

Dahinter stecken zahlreiche Konzepte, die wir beim Thema „Extraktion" bereits in Teil I recht ausführlich behandelt haben, wobei – wie bereits in besagtem Teil erwähnt – bei der Chromatographie, anders als bei der Extraktion, eine der verwendeten Phasen *unbeweglich* ist (die **stationäre Phase,** die sich nicht bewegt bzw. die festgehalten wird), während die zweite Phase die erste mehr oder minder schnell passiert (an ihr vorbei- oder durch sie hindurchströmt) und deswegen als **mobile Phase** bezeichnet wird. Die erwünschte Trennwirkung ergibt sich dann daraus, wie stark (oder schwach) der in der mobilen Phase gelöste Analyt mit der stationären Phase in Wechselwirkung tritt und entsprechend beim Durchströmen der Versuchsanordnung (meist als **Säule** bezeichnet) behindert/ zurückgehalten wird.

Das Ausmaß der betrachteten Wechselwirkungen wird dabei fast ausschließlich durch die Polarität bestimmt: Die einzelnen Analyt-Partikel (Neutralverbindungen oder auch Ionen gleichwelcher Ladung) werden eine gewisse Zeit lang an die Oberfläche der stationären Phase adsorbiert, um dann letztendlich, nachdem kontinuierlich weiteres Lösemittel (also die mobile Phase) nachgeströmt ist, desorbiert zu werden.

Dabei ist wichtig, dass sich mobile und stationäre Phase in ihrer Polarität unterscheiden:

— Häufig kombiniert man eine unpolare (oder sehr wenig polare) mobile Phase mit einer (mäßig bis stark) polaren stationären Phase. Dies wird als **Normalphasen-Chromatographie (NP-)** bezeichnet.

— Abhängig von den voneinander zu trennenden Analyten hält man es gelegentlich aber auch genau umgekehrt; dann spricht man von **Umkehrphasen-Chromatographie** (nach der englischen Bezeichnung *reversed phase* meist mit **RP-** abgekürzt).

❶ Achtung
Es sei noch einmal mit Nachdruck betont, dass die Begriffe „polar" und „unpolar" stets *relativ* zu betrachten sind: Zwei Substanzen, die als „polar" eingestuft werden, können sich in ihrer Polarität immer noch immens unterscheiden. Entsprechend mag bei einer hinreichend polaren stationären Phase für die mobile Phase auch ein Lösemittel erforderlich werden, das man außerhalb dieses konkreten Kontextes bzw. ohne den direkten Vergleich mit seinem Gegenstück keineswegs „unpolar" nennen würde. Ethanol beispielsweise (C_2H_5OH) ist zwar zweifellos „weniger polar als Wasser", betrachtet man aber die dort vorliegenden Elektronegativitätsdifferenzen und ermittelt Hilfe des VSEPR-Modells den räumlichen Bau dieses Moleküls, wird sofort ersichtlich, dass dieses Molekül immer noch ein deutliches Dipolmoment aufweist und deswegen sehr wohl „polar" ist – nur eben nicht so polar wie H_2O.

Je nachdem, was als mobile und was als stationäre Phase dient, unterscheidet man verschiedene Techniken:

— Bei der **Flüssigchromatographie (LC** – ▶ Kap. 12), die zu den Adsorptionschromatographie-Methoden gehört, wird als stationäre Phase meist ein Feststoff verwendet, während als mobile Phase eine Flüssigkeit (meist ein Lösemittel oder auch Lösemittelgemisch) dient.

- Ein klassisches Beispiel für die Flüssigchromatographie, die aus dem Laboralltag nur schwerlich wegzudenken ist, stellt die **Dünnschicht-chromatographie** dar. (Mit der befassen wir uns in ▶ Abschn. 12.1.)
- Auch die LC, bei der die bereits in Teil I erwähnten **Säulen** zum Einsatz kommen, fällt in dieses Gebiet (▶ Abschn. 12.2), ebenso die darauf basierende **Hochleistungs-Flüssigchromatographie** (gemeinhin **HPLC** abgekürzt; ▶ Abschn. 12.3).
- Die **Gaschromatographie (GC)** basiert ebenfalls auf der Adsorption des oder der Analyten an die stationäre Phase, die ebenfalls gemeinhin als Feststoff vorliegt. Der große Unterschied besteht darin, dass in der GC die mobile Phase eben gasförmig ist und auch die Analyten zunächst in diesen Aggregatzustand gebracht werden müssen (mehr dazu in ▶ Kap. 13).
- Zudem gibt es zahlreiche speziellere Formen der Chromatographie (auf einige davon gehen wir in ▶ Kap. 14 ein). Exemplarisch seien genannt:
  - die auf Ionenaustauscher-Säulen basierende **Ionen-Chromatographie,**
  - die **Ionenpaar-Chromatographie,** die man auch als Sonderform der HPLC ansehen kann,
  - die **Ausschluss-Chromatographie,** in der vornehmlich die absolute Größe der Analyten von entscheidender Bedeutung ist,
  - die **Affinitätschromatographie,** in der die Wechselwirkung zwischen dem Analyten und den beiden Trennphasen nicht ausschließlich auf den klassischen intermolekularen Wechselwirkungen (polar/unpolar) basiert und die deutlich spezifischer ist.
  - Letztendlich lassen sich auch verschiedene Formen der (Gel-)**Elektrophorese** als Chromatographie auffassen. Aus diesem Grund wurden sie ebenfalls in diesen Teil aufgenommen; den wichtigsten Grundlagen zu diesem Thema widmen wir uns in ▶ Kap. 15.

Einen guten Überblick über die verschiedenen Formen bzw. Grundtypen der Chromatographie bietet (natürlich!) der ▶ Harris.

Harris, Abb. 22.2, Abschn. 22.1: Lösungsmittelextraktion

Flüssigchromatographie (LC)

Bei der **Flüssigchromatographie**, die nach dem englischen Terminus *liquid chromatography* meist nur als **LC** bezeichnet wird, Bei der **Flüssigchromatographie**, die nach dem englischen Terminus *liquid chromatography* meist nur als **LC** bezeichnet wird, basiert die Trennung verschiedener Analyten auf der Wechselwirkung zwischen den in Lösung befindlichen Analyten und dem Lösemittel (der mobilen Phase) einerseits und der Wechselwirkung zwischen den Analyten und der stationären Phase andererseits. Prinzipiell unterscheidet man zwei Fälle:

— Bei der *Dünnschicht-Chromatographie* liegt die stationäre Phase auf ein Trägermaterial aufgebracht vor.

— Bei der *Säulenchromatographie* wird ein (meist säulenförmiger oder hohldraht-artiger) Hohlkörper mit dem als stationäre Phase dienenden Feststoff gefüllt.

Das Trennprinzip – je besser der Analyt mit der einen oder anderen Phase wechselwirken kann, desto schneller oder langsamer bewegt er sich zum anderen Ende der stationären Phase – bleibt dabei unverändert.

12.1 Dünnschichtchromatographie (TLC)

Die schon seit langer Zeit bekannte Dünnschichtchromatographie (meist nach der englischen Bezeichnung *thin layer chromatography* mit **TLC** abgekürzt, aber auch die Abkürzung **DC** findet sich in der Literatur) gehört in vielen Labors noch heute zum Alltag, weil sich damit zumindest grob qualitative Trennungen verschiedener Analyten sehr leicht und innerhalb kurzer Zeit (meist nur weniger Minuten) bewirken lassen.

Dabei wird je ein Tropfen der verschiedenen Proben auf eine Startlinie nahe dem unteren Ende einer mit Kieselgel (Siliciumdioxid, SiO_2), Aluminiumoxid (Al_2O_3) oder Cellulose (ein Polysaccharid mit der allgemeinen Summenformel $(C_6H_{10}O_5)_n$) beschichteten Trägerplatte aufgebracht. Als Trägermaterial dienen dabei häufig Glas oder dickere Alufolie.

> **Labor-Tipp**
>
> In letzterem Falle lässt sich die Größe der TLC-Platte mithilfe einer einfachen Schere individuell festlegen, was natürlich gerade bei alltäglichen Routineuntersuchungen sehr praktisch ist. Allerdings erfordert das Schneiden der Platten ein wenig Geschick: Hält man das Schneidewerkzeug im falschen Winkel, können zwei Probleme auftreten:
>
> — Hält man die Schere zu schräg, kann es passieren, dass die Beschichtung mehr oder minder vollständig abbröckelt.
>
> — Hält man die Schere zu steil, besteht die Gefahr, dass es in der Beschichtung zu Spannungsrissen kommt. Die sind mit dem bloßen Auge nicht unbedingt erkennbar, führen aber zu – eindeutig ungewollten – zusätzlichen Kapillareffekten (siehe unten).
>
> Wie so häufig im Labor gilt: Üben hilft.

Anschließend stellt man die Platte in ein Gefäß, dessen Boden mit der mobilen Phase – einem (eher) unpolaren Lösemittel oder Lösemittelgemisch – bedeckt ist. Dank der Kapillarwirkung der feinen Kristalle auf der Trägerplatte wandert das Lösemittel dann aufwärts – und je nachdem, wie ausgeprägt das unpolare Verhalten der Analyten ist, werden diese von der mobilen Phase mehr oder weniger stark „mitgerissen". Exemplarisch zeigt ◻ Abb. 12.1 die dünnschichtchromatographische Auftrennung zweier (beliebiger) Analytgemische.

12.1 · Dünnschichtchromatographie (TLC)

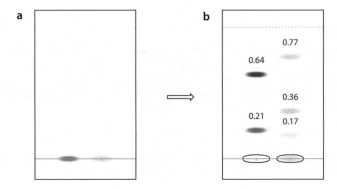

◻ Abb. 12.1   TLC-Auftrennung zweier Analytgemische

Hat die durch die Kapillarkräfte aufsteigende mobile Phase das obere Ende der TLC-Platte fast erreicht (in ◻ Abb. 12.1b ist die **Lösemittelfront** durch die gepunktete Linie angedeutet), entnimmt man die Platte dem Lösemittelbehälter und ermittelt anschließend, wie weit sich die jeweiligen Substanzflecken von der Startlinie entfernt haben. Das Verhältnis der Laufstrecke des jeweiligen Analyten zur Strecke, die die Lösemittelfront zurückgelegt hat, bezeichnet man als **Retentionsfaktor,** häufig nur **R_f-Wert** genannt:

$$R_f = \frac{\text{Laufstrecke des Analyten}}{\text{Laufstrecke des Lösemittels}} \qquad (12.1)$$

Da hier zwei Strecken miteinander ins Verhältnis gesetzt werden, es sich also um eine *Relativmessung* handelt, ist der Retentionsfaktor R_f eines jeden Analyten dimensionslos und bei gleichem Lösemittel und gleicher TLC-Platten-Beschichtung (sowie anderweitig identischen Bedingungen, wie etwa Temperatur etc.) stoffspezifisch. (In ◻ Abb. 12.1b sind die jeweiligen R_f-Werte der einzelnen Analyten individuell angegeben. Natürlich gilt *immer* $0 \leq R_f \leq 1$. Wie sollte es auch anders sein?)

Labor-Tipp
Da für das Aufsteigen des Lösemittel(gemische)s, wie oben erwähnt, Kapillarkräfte verantwortlich sind, wird verständlich, wie die oben erwähnten Spannungsrisse das TLC-Ergebnis extrem verfälschen können: Ergeben sich aufgrund feiner Risse lokal zusätzliche Kapillarwirkungen, wandert die Lösemittelfront an den entsprechenden Abschnitten der Platte deutlich rascher als anderweitig – was man aber, da die meisten Lösemittel(gemische) farblos sind, zunächst kaum sehen wird. Die dabei erhaltenen vermeintlichen R_f-Werte sind dann kaum noch miteinander vergleichbar.

Nach den in ▸ Kap. 11 wiederholten Prinzipien sollte verständlich sein, dass bei Verwendung einer unpolaren flüssigen Phase und einer polaren stationären Phase (und alle oben angegebenen Beschichtungsmaterialien sind stark polar) der R_f-Wert der einzelnen Analyten mit steigender Polarität *sinkt.*

Ein übermäßig polarer Analyt würde allerdings derart stark mit der stationären Phase wechselwirken, dass er sich unter dem Einfluss der unpolaren mobilen Phase *überhaupt nicht* bewegen würde. Für solche Fälle bzw. Analyten gibt es dann auch die **Reversed-Phase**-Dünnschichtchromatographie (kurz: RP-TLC), bei der die Analyten auf eine *unpolar* beschichtete TLC-Platte aufgetragen werden und dann ein *polares* Lösemittel als mobile Phase dient. Bei dieser Form der Umkehrphasen-Chromatographie *steigt* der R_f-Wert dann entsprechend mit der Polarität des jeweiligen Analyten.

12

Harris, Abschn. 22.2: Was ist
Chromatographie?

Labor-Tipp

Die Dünnschichtchromatographie wird häufig in der Synthese-Chemie
eingesetzt, um beispielsweise festzustellen, ob die Reaktionslösung bereits
das gewünschte Produkt enthält – oder zumindest irgendeinen Stoff, der
zu Beginn der Reaktion noch nicht im Reaktionsgemisch vorgelegen hat.
(Dann muss man noch überlegen, ob die im Vergleich zu den Edukten
gesteigerte oder herabgesenkte Polarität dieses neuen Stoffes auch zur
Struktur des gewünschten Produktes passt. Gelegentlich lässt sich also schon
dünnschichtchromatographisch bemerken, wenn die Synthese einen gänzlich
unerwarteten/ungewünschten Verlauf genommen hat.)

? Fragen

1. Auf einer TLC-Platte von 10 cm Länge wurde auf der Startlinie, die sich 1 cm
   oberhalb der Unterkante befindet, ein Substanzgemisch aufgetragen und
   dann die Auftrennung eingeleitet. Nachdem die Platte dem Lösemittelbehälter entnommen wurde, als die Lösemittelfront noch 4 mm von der
   Oberkante der Platte entfernt war, ließen sich auf der Platte drei diskrete
   Substanzflecken nachweisen, deren Mittelpunkt bei 4,2 cm, 5,8 cm und
   7,3 cm respektive oberhalb der Unterkante der Platte liegen. Bestimmen Sie
   die R_f-Werte der drei Substanzen.
2. Warum ist bei TLC-Platten, die mit Aluminiumoxid beschichtet sind, die
   Verwendung von Wasser als mobiler Phase wenig ratsam?
3. Ein auf eine Siliciumdioxid-TLC-Platte aufgebrachter mutmaßlicher
   Reinstoff zeigte bei Verwendung des Laufmittels Diethylether
   (C_2H_5–O–C_2H_5) einen R_f-Wert, der von 0 nicht verschieden war. Ein
   Laborkollege empfiehlt ihnen, es bei einem zweiten Versucht statt mit
   reinem Diethylether lieber mit einem Diethylether/Ethanol-Gemisch zu
   versuchen. Was halten Sie davon?

12.2 Säulenchromatographie

Auch wenn Säulen in Spiel kommen, handelt es sich um Adsorptionschromatographie: Es geht wieder um die Wechselwirkung des oder der Analyten mit der
stationären und der mobilen Phase. Je weniger stark die Wechselwirkung mit
dem Säulenmaterial (also der stationären Phase) ausfällt, desto schneller wird
der Analyt wieder „von der Säule gespült". Entsprechend werden zwei Analyten
unterschiedlicher Polarität auch unterschiedliche *Verweilzeiten auf der Säule* aufweisen (auch **Retentionszeiten t_r** genannt).

Anders als bei der Dünnschichtchromatographie, geht es in der Säulenchromatographie nicht darum, *wie weit* der Analyt innerhalb einer bestimmten
Zeit kommt, sondern *wie lange* es jeweils dauert, bis der eine oder andere Analyt
die Säule wieder verlässt. Sehr schön verdeutlicht wird das Prinzip der Säulenchromatographie in Abb. 22.5 des ▶ Harris, Abschn. 22.2.

Nachdem die Dünnschichtchromatographie nicht nur die mehr oder minder
effiziente Trennung diverser Analyten von unterschiedlicher Polarität gestattet,
sondern der zum jeweiligen Analyten gehörige (stoffspezifische) R_f-Wert nicht
nur relative, sondern unter gleichbleibenden Bedingungen sogar zumindest
grob quantitative Aussagen gestattet, sollte für die Säulenchromatographie, die ja
schließlich auf dem gleichen Prinzip basiert, Ähnliches gelten.

Sollte. Das Problem ist, dass es in der Säulenchromatographie neben dem
verwendetem Säulenmaterial (also der stationären Phase) und dem eingesetzten
Fließmittel (der mobilen Phase) sowie der Temperatur noch eine Vielzahl weiterer Parameter zu beachten gibt:

- die *Säulenlänge:* Da hier schließlich keine Relativmessung erfolgt, sondern die Retentionszeit *absolut* gemessen wird, führt eine Veränderung der Säulenlänge selbst bei unveränderten stationären und mobilen Phasen (verständlicherweise) zu unterschiedlichen Ergebnissen.
- die *Fließgeschwindigkeit* der mobilen Phase: Je schneller sich diese bewegt, desto rascher sollte sie die Analyten auch mit sich reißen. – Aber wie gibt man diese Geschwindigkeit an? Sollen wir vielleicht im Laborbuch vermerken, dass die *Volumenfließgeschwindigkeit* unserer Säule beispielsweise 23 mL/min beträgt? Hilft diese Aussage überhaupt weiter? Um mit einer solchen Aussage etwas anfangen zu können, wäre ja schließlich noch etwas zu berücksichtigen:
- der *Säulendurchmesser:* Das Innenvolumen einer breiteren Säule ist zweifellos größer als das einer schmaleren Säule. Entsprechend wird für eine breitere Säule auch von vornherein mehr Lösemittel/mobile Phase benötigt. Also sollten wir lieber auf die *lineare Fließgeschwindigkeit* zurückgreifen, die uns verrät, wie viele Zentimeter (oder Millimeter) der gesamten Säulenlänge die „Lösemittelfront" innerhalb einer vorgegebenen Zeit zurücklegt.
- die reine „Strecke": Selbst ein Analyt, der mit der stationären Phase überhaupt nicht wechselwirkt, sondern einfach „mit der Lösemittelfront" mitgerissen wird, benötigt ja eine gewisse Zeit, um das andere Ende der Säule zu erreichen.

Um all diesen Aspekten Rechnung zu tragen, sind einige einfache Überlegungen und Berechnungen erforderlich – die verständlicherweise umso leichter fallen und umso einleuchtender sind, je mehr man weiß, was man hier eigentlich tut.

■ **Chromatogramme – wie sie aussehen …**

Schauen wir uns zunächst ein stilisiertes Chromatogramm mit vier Analyten mit den folgenden Retentionszeiten an: $t_1 = 60$ s; $t_2 = 123$ s; $t_3 = 242$ s; $t_4 = 593$ s.

Harris, Abschn. 22.3: Chromatographie aus der Sicht eines Rohrlegers

Sicherlich ist es sinnvoll, auf der x-Achse die (Retentions-)Zeit auftragen, auf der y-Achse die Stärke des für jeden einzelnen Analyten erhaltenen Detektorsignals (■ Abb. 12.2).

Abgesehen davon, dass wir schon jetzt wissen, welcher der vier Analyten am stärksten mit der stationären Phase in Wechselwirkung getreten ist (das ist natürlich Analyt 4, eben weil es bei ihm am längsten gedauert hat, den Detektor zu erreichen), führt uns dieses stilisierte Chromatogramm gleich zu mindestens drei weiteren Fragen:

a) Was für Detektoren verwendet man eigentlich?
b) Sprechen die Detektoren auf jeden einzelnen Analyten exakt in der gleichen Art und Weise an? (Das wäre doch zumindest sehr nützlich, wenn man die unterschiedlichen Analyten auch gleich noch *quantifizieren* will.)
c) Sehen alle Signale (in der Chromatographie meist **Peaks** genannt) wirklich immer gleich aus?

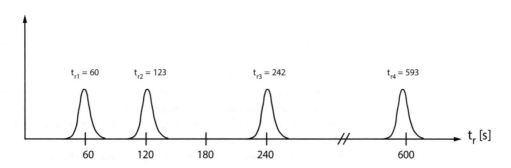

■ **Abb. 12.2**   Chromatogramm eines Analyt-Gemischs

Gehen wir diese Fragen der Reihe nach durch:

— Zu a) lässt sich sagen: Prinzipiell verwendet man hier vornehmlich die gleichen Detektoren, die wir bereits in Teil II angesprochen haben. (Zudem gibt es zwar auch noch speziellere Sonderfälle, aber auf die soll hier nicht weiter eingegangen werden.) Viele der in der Chromatographie üblichen Detektoren basieren auf der Absorption elektromagnetischer Strahlung der einen oder anderen Wellenlänge (meist aus dem UV/VIS-Bereich).

— Was b) betrifft: Gelegentlich muss man entweder ein wenig länger ausprobieren, bis man den richtigen Detektor (oder auch nur die richtige Mess-Wellenlänge) findet … oder aber man muss sich überlegen, wie sich das Problem lösen oder anderweitig umgehen lässt, wenn der gewählte Detektor auf unterschiedliche Analyten unterschiedlich stark anspricht. (Aber auch dieses Problem kennen wir eigentlich schon: Erinnert das nicht frappierend an das Problem der Kalibrierung [aus Teil I]? Vorerst interessiert uns das Problem der Quantifizierung allerdings noch nicht: Wir gehen jetzt erst einmal davon aus, dass alle Analyten in der gleichen Konzentration vorliegen und der Detektor auf sie alle auch in gleicher Weise anspricht.)

— Und zu c): ein entschiedenes *nein*. Tatsächlich lässt sich mit ein wenig Sachverstand und etwas Geschick aus der individuellen Form eines jeden Peaks eine ganze Menge zusätzlicher Informationen gewinnen. Einigen Aspekten davon werden Sie noch in diesem Teil (in ▶ Abschn. 12.3) wiederbegegnen; der überwiegende Teil jedoch würde den Rahmen einer jeden grundlegenden Einführung sprengen. Hier bleibt mir nur, Sie auf die weiterführende Fachliteratur zu verweisen.

Vorerst machen wir es uns also ein bisschen einfach: Wir betrachten vier *Peaks*, die sich ausschließlich in ihrer jeweiligen Retentionszeit (t_{r1-4}) unterscheiden.

Um nun die vorliegenden Messwerte vergleichen zu können, müssen wir zunächst einmal herausfinden, welche „vermeintliche Retentionszeit" sich (abhängig eben von Säulenlänge und linearer Fließgeschwindigkeit) für eine Substanz ergibt, die ein Minimum an Zeit auf der Säule verbringt, diese also praktisch ganz ohne Wechselwirkung mit der stationären Phase passiert. Es gilt somit, folgende Frage zu klären:

Wie lange bräuchte ein Stoff, um einfach nur die Säule zu passieren, selbst wenn ihn die stationäre Phase nicht durch Wechselwirkungen gleichwelcher Art zurückhält?

Genau das treffe in unserem Beispiel auf die Substanz mit $t_{r1} = 60$ s zu, unseren (vermeintlichen) Analyten 1. Den haben wir nämlich in Wahrheit unseren eigentlichen Analyten (2–4) als *internen Standard* hinzugesetzt (ganz so, wie Sie das schon aus Teil I kennen!), um die Minimal-Verweilzeit (die **Totzeit**) einer jeglichen Substanz auf der Säule zu ermitteln.

❶ **Achtung**

Für ein solches Vorgehen muss man sich natürlich darauf verlassen können, dass die als interner Standard gewählte Substanz (um was auch immer es sich handeln mag) die Säule auch wirklich wechselwirkungsfrei passieren wird. Entsprechend sollte man sich im Vorfeld ausgiebig informieren. *„Trial and Error"* wäre hier vermutlich die falsche Vorgehensweise, aber es gibt einen technischen Aspekt, die sich hier gelegentlich ausnutzen lässt: Das Analyt-Gemisch muss zu Beginn der Trennung schließlich überhaupt erst auf die Säule aufgebracht werden; dies geschieht meist durch die eine oder andere Form der Injektion, und diese führt häufig zu einem *Injektionspeak*. Dieser ist gemeinhin umso deutlicher zu erkennen,

— **je mehr sich der Brechungsindex des Analyt-Gemisches vom Brechungsindex der verwendeten mobilen Phase unterscheidet,**

— **je empfindlicher der verwendete Detektor ist und**

— **je kürzer die Wellenlänge ist, auf die der Detektor eingestellt wurde.**

Wenn alles gut läuft, ist der Injektionspeak deutlich zu sehen, aber er kann sich gegebenenfalls auch – den obigen Kriterien gemäß – auf eine geringfügige und nicht gerade aussagekräftige Basislinien-Störung beschränken.

Labor-Tipp

Die Verwendung eines internen Standards ist nicht zwingend erforderlich – gerade bei einem eingespielten Paar aus mobiler und stationärer Phase und bei kontinuierlicher Verwendung der gleichen Säule (mit entsprechend bekanntem konstantem Volumen und konstanter Länge) kann man ggf. auch darauf verzichten. Aber *sicherer* (und auch für andere nachvollziehbarer – denken Sie an die Qualitätssicherung aus Teil I!) ist es zweifellos, stets mit einem internen Standard zu arbeiten.

Allerdings wird ein interner Standard, der ausschließlich zum Anzeigen der Totzeit dient, im Laboralltag nur äußerst selten verwendet (in diesem Text wurde er gezielt eingeführt, um zunächst das Konzept der Totzeit zu erläutern). Gemeinhin nutzt man eher einen internen Standard, der in seiner Polarität (und damit hinsichtlich seiner Wechselwirkung mit dem Säulenmaterial) und – soweit möglich – auch im Hinblick auf seine Struktur (funktionelle Gruppe/n o. ä.) eine gewisse Ähnlichkeit mit den tatsächlich relevanten Analyten besitzt. Kennt man das chromatographische Verhalten dieses internen Standards, lassen sich die für die jeweiligen Analyten erhaltenen Retentionszeiten viel besser bewerten. Wird der interne Standard zudem noch in einer genau bekannten Konzentration eingesetzt, gestattet dies bei quantitativen Überlegungen zugleich – durch den Abgleich mit der erhaltenen Peakhöhe (bzw. -fläche) – Aussagen über etwaige Substanz-verluste bei der Aufarbeitung bzw. über die Empfindlichkeit des verwendeten Detektors.

Zieht man nun diese Minimal-Verweilzeit (t_m, für *minimum*) von den tatsächlich gemessenen Retentionszeiten t_r der anderen Analyten ab, landet man bei den **reduzierten Retentionszeiten** t_r' – und mit denen kann man schon deutlich mehr anfangen.

$$t_r' = t_r - t_m \tag{12.2}$$

Retentionszeiten (t_r) und reduzierte Retentionszeiten (t_r')

	Retentionszeit [s]	Reduzierte Retentionszeit [s]
Analyt 1 (interner Standard)	60	t_m
Analyt 2	123	83
Analyt 3	242	182
Analyt 4	593	533

Jetzt lassen sich nämlich für ein Gemisch verschiedener Analyten (hier: die, zu denen die Peaks 2 bis 4 gehören) deren jeweilige *reduzierte* Retentionszeit durchaus vergleichen – mit Hilfe des **Trennfaktors α,** der nichts anderes ist als das Verhältnis der relativen reduzierten Retentionszeiten (also die *relative Retention*):

$$\alpha = \frac{t_{r(b)}'}{t_{r(a)}'} \tag{12.3}$$

Definitionsgemäß handhabt man es immer so, dass die größere der beiden korrigierten Retentionszeiten ($t_{r(b)}$) als Zähler fungiert, die kleinere ($t_{r(a)}$) als Nenner.

Auf diese Weise gilt immer $\alpha > 1$, wobei die Trennung umso besser ist, je größer der Trennfaktor ausfällt. (Wäre er genau 1, hätte man offensichtlich gar keine Trennung, und das ist ja nicht Sinn der Sache.)

> ❯❯ Je nachdem, welche Fachliteratur Sie zusätzlich verwenden, ist es gut möglich, dass Ihnen der Ausdruck *„korrigierte Retentionszeit"* begegnet. Bitte prägen Sie sich ein, dass **reduzierte Retentionszeit** und **korrigierte Retentionszeit** Synonyme sind. (Gleiches gilt natürlich auch für die *unreduzierte* und die *unkorrigierte* Retentionszeit.)

Bitte beachten Sie, dass durch die Verwendung der reduzierten Retentionszeit bereits etwas über die Minimal-Verweilzeit auf der Säule ausgesagt wird. In manchen Fällen ist es allerdings nützlicher, nicht die korrigierte relative Retention anzugeben, sondern das Verhältnis der relativen unreduzierten Retentionszeiten (also die *unkorrigierte relative Retention*) zu ermitteln, meist abgekürzt mit dem griechischen Buchstaben γ:

$$\gamma = \frac{t_{r(b)}}{t_{r(a)}} \tag{12.4}$$

◘ Abb. 12.2 zeigt bereits deutlich, dass die Trennung sauber verlaufen ist, schließlich überlappen die einzelnen Peaks nicht (was durchaus nicht immer so sein muss, wie Sie bald sehen werden!). Trotzdem sollten wir uns die betreffenden Trennfaktoren anschauen (dass man immer nur unmittelbar benachbarte Peaks miteinander vergleicht, sollte einleuchten …):

$$\alpha_{3/2} = 182/83 = 2{,}19; \quad \alpha_{4/3} = 533/182 = 2{,}93$$

Allerdings führt der Trennfaktor wieder nur zu einer *relativen* Aussage, es werden ja stets zwei Analyten miteinander verglichen. Will man nur einen einzelnen Analyten beschreiben, empfiehlt sich die Verwendung des **Retentionsfakors k**, bei dem die minimale Verweilzeit eines Analyten auf der Säule ebenfalls berücksichtigt wurde:

$$k = \frac{t_r - t_m}{t_m} = \frac{t_r'}{t_m} \tag{12.5}$$

So erhält man für jeden einzelnen Analyten das säulenchromatographische Gegenstück zum R_f-Wert aus der Dünnschichtchromatographie, ganz unabhängig von allen anderen Analyten, die ebenfalls die Säule passiert haben mögen; in diesem Falle: $k_2 = 1{,}38$; $k_3 = 3{,}03$; $k_4 = 8{,}88$. (Die Frage, warum für Analyt 1 kein *k*-Wert angegeben wurde, stellt sich hoffentlich nicht …)

❓ Fragen

4. Ein Chromatogramm, erhalten mit Hilfe einer Säule mit einer im Vorfeld ermittelten Minimalverweilzeit von 27 s, zeigt die folgenden Retentionszeiten: $t_{r1} = 42$ s, $t_{r2} = 93$ s, $t_{r3} = 142$ s, $t_{r4} = 169$ s und $t_{r5} = 267$ s.
   a) Welche reduzierten Retentionszeiten ergeben sich?
   b) Sagen Sie etwas über die zugehörigen Retentionsfaktoren aus.
   c) Ermitteln Sie exemplarisch die unkorrigierte relative Retention und den Trennfaktor für die Peaks 3 und 4.

▪ … und wie man sie auswertet

Die einzelnen Peaks aus unserem stilisierten Chromatogramm (◘ Abb. 12.2) sind sauber getrennt, aber was passiert, wenn die (korrigierten oder auch unkorrigierten) Retentionszeiten enger beieinander liegen? Und wie breit sind Peaks in Chromatogrammen gemeinhin eigentlich?

Es wäre gewiss wünschenswert, dass die Peak-Profile immer so erfreulich schmal ausfielen wie in ◘ Abb. 12.3a gezeigt, so dass selbst eng beieinander liegende Peaks (also Peaks, deren [un-]korrigierte Retentionszeiten sehr ähnlich sind) deutlich voneinander getrennt wären. Im realen Leben hat man es aber

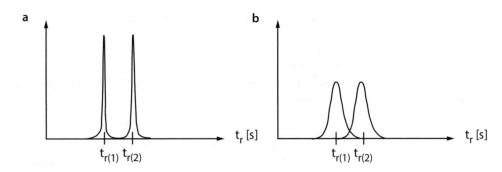

Abb. 12.3 (a) beinahe ideale und (b) realistischere *Peak*-Formen

häufig nicht mit derart schmalen Peaks zu tun, sondern erlebt bei zu geringen t_r-Unterschieden ein Ineinander-Übergehen oder Überlappen der einzelnen Peaks, wie schematisch in ◘ Abb. 12.3b dargestellt.

Bitte beachten Sie, dass der Unterschied der Retentionszeiten der beiden Analyten in ◘ Abb. 12.3a und b identisch ist, und das gilt damit auch für die unkorrigierte relative Retention γ und den Trennfaktor α. Offenkundig entscheidet also zumindest schon einmal nicht der Trennfaktor alleine über die *Auflösung* eines Chromatogramms.

▪ Peaks als Gauß-Kurven

Wenn wir uns die beiden Peak-Formen aus ◘ Abb. 12.3 etwas genauer anschauen, kommen wir zum Ergebnis, dass beide weitgehend einer Gauß-Kurve entsprechen, deren Mitte jeweils als t_r angesehen wird – deswegen stimmen die beiden Retentionszeiten aus ◘ Abb. 12.3a und b ja auch überein. Trotzdem benötigen wir ein Werkzeug, auch die Form der real existierenden Peaks zu beschreiben. Prinzipiell könnte man dafür etwa die **Basisbreite w** ermitteln. Gebräuchlicher ist es jedoch, die Breite des entsprechenden Peaks nicht an der Basis zu messen (◘ Abb. 12.3b zeigt uns ja, dass das schwierig bis unmöglich werden kann, wenn zwei oder gar mehr Peaks überlappen, also ineinander übergehen), sondern stattdessen dafür $w_{1/2}$ zu wählen, die Breite des Peaks *(peak width)* auf halber Höhe (zunehmend als **Halbwertsbreite** bezeichnet), so wie es Abb. 22.9 aus dem ► Harris zeigt.

Harris, Abschn. 22.4: Effizienz einer Trennung

Bei einem Peak, der dem Gauß'schen Ideal entspricht, ist das Verhältnis von $w_{1/2}$ zu w konstant – wobei schon jetzt darauf hingewiesen werden soll, dass nicht alle Peaks diesem Ideal auch nur nahekommen: Möglichkeiten für entsprechende Störungen gibt es reichlich (einer davon werden Sie gleich im kommenden Abschnitt begegnen). Bevor wir uns aber mit nicht-idealen Peakformen befassen, sollen wir uns der Frage widmen, wie sich eine (ideale) Gauß-Kurve eigentlich mathematisch beschreiben lässt:

Hier hilft eine Formel weiter, zu deren Verständnis gewiss auch Abb. 4.3 aus dem ► Harris beiträgt:

Harris, Abschn. 4.1: Gauß-Verteilung

$$y = \frac{1}{\sigma\sqrt{2\pi}} e^{\frac{-(x-\bar{x})^2}{2\sigma^2}} \qquad (12.6)$$

Schauen wir uns an, wofür die einzelnen Variablen stehen:
- σ ist die Standardabweichung, die wir schon in Teil I hatten.
- e ist die Euler'sche Zahl (2,718281…), auf der u. a. der natürliche Logarithmus (ln) basiert.
- $\bar{x}$ ist der Mittelwert sämtlicher Messwerte der betreffenden Messreihe (auch den kennen Sie schon aus Teil I). Dann wird auch gleich verständlich, dass die Kurven umso breiter und flacher werden (und damit, ganz wie in ◘ Abb. 12.3b, im Sinne der Analytik weniger gut brauchbar), je mehr die einzelnen Messwerte voneinander abweichen.

Angewendet auf $w_{\frac{1}{2}}$ und w ergibt sich für den Gauß-Ausdruck dann

- $w_{\frac{1}{2}} = 2{,}3548\,\sigma$ (meistens rechnet man allerdings der Einfachheit halber mit $w_{\frac{1}{2}} = 2{,}35$)
- $w = 4\,\sigma$

Auch hier sieht man wieder: größere Schwankungen führen zu breiteren und flacheren Peaks.

Für diejenigen, die es ganz genau wissen wollen

Diese geheimnisvolle Zahl 2,3548 kommt nicht etwa aus dem Nichts, sondern berechnet sich als:

$$2\sqrt{(2\ln 2)} \hspace{6cm} (12.7)$$

Das herzuleiten, würde aber den Rahmen dieser Einführung sprengen.

▪▪ Schwankungen

Bitte vergessen Sie nicht, womit wir es hier eigentlich zu tun haben: In einer Lösung, die nur „einen Analyten" enthält (also genauer gesagt: nur Teilchen einer Analyt-*Sorte*), befindet sich immer noch eine (gewaltig große) Vielzahl einzelner Analyt-Partikel (Moleküle oder Ionen). Diese werden kaum alle gleichzeitig, sozusagen gebündelt, den Detektor erreichen. Je näher die einzelnen Partikel bei ihresgleichen bleiben, desto schärfer fällt das Detektor-Signal aus, denn dann besitzen wirklich praktisch alle Analyt-Partikel annähernd die gleiche Retentionszeit. Ist das der Fall, erhält man auch einen sehr schmalen und scharfen Peak. Aber wenn Sie sich noch einmal Abb. 22.5 aus dem ▶ Harris anschauen, sollte sofort klar werden, dass es schlichtweg illusorisch ist, sämtliche Analyt-Partikel exakt gleichzeitig „loslaufen" lassen zu wollen: Je breiter die „Startzone" auf der Säule, desto mehr unterscheiden sich die individuelle Retentionszeit der einzelnen Analyt-Partikel, alleine schon deswegen, weil die Retentionszeit auf der (irrigen) Annahme basiert, es seien alle Analyt-Partikel exakt gleichzeitig und exakt am gleichen Punkt zu Beginn der Säule losgelaufen. Je größer der Unterschied der individuellen Verweilzeiten auf der Säule, desto breiter wird letztendlich der Peak ausfallen.

Harris, Abschn. 22.2: Was ist Chromatographie?

12

Eigentlich aber wollen wir ja betrachten, wie *verschiedene Peaks* zueinander stehen, also: wie gut die verschiedenen Analyten voneinander getrennt wurden und inwieweit man sich auf die erhaltenen Messergebnisse auch verlassen kann. (Bitte verlieren Sie bei all den mathematischen Betrachtungen hier nicht aus den Augen, dass es hier nicht um „das Rechnen an sich" geht, sondern wir nach wie vor Analytik betreiben wollen!)

Die Auflösung eines Chromatogramms hängt untrennbar mit den einzelnen Gauß-Kurven der jeweiligen Analyten zusammen. Allgemein gilt:

$$\text{Auflösung} = \frac{\Delta t_r}{w_{(av)}} = \frac{0{,}589\,\Delta t_r}{w_{1/2(av)}} \hspace{4cm} (12.8)$$

Um die Auflösung zu ermitteln, müssen wir die Retentionszeiten der verschiedenen (im Chromatogramm benachbarten) Analyten ebenso betrachten wie deren jeweilige Peakbreiten:

- Δt_r ist einfach nur die Differenz zwischen den jeweiligen Retentionszeiten.
- $w_{(av)}$ ist der Mittelwert *(average)* der Breite der beiden betrachteten Peaks.
- $w_{\frac{1}{2}\,(av)}$ ist dann – das wird Sie kaum überraschen – entsprechend der Mittelwert der beiden Peakbreiten auf halber Peakhöhe.

Schauen Sie sich ◨ Abb. 12.4 an (die natürlich auf ◨ Abb. 12.3 basiert): Bei den nahezu idealen Peakformen a) ist die schon die Basisbreite w so gering, dass sich

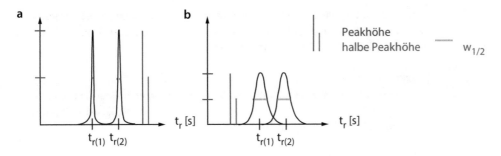

a

$t_{r(1)}$ $t_{r(2)}$

t_r [s]

b

Peakhöhe

halbe Peakhöhe $w_{1/2}$

$t_{r(1)}$ $t_{r(2)}$

t_r [s]

◻ **Abb. 12.4**   Die Breite auf halber Peakhöhe

$w_{1/2}$ kaum noch messen lässt. Bei den deutlich realistischeren stilisierten Peaks b) sieht das schon ganz anders aus.

Dabei gibt man die Breite eines Peaks, egal ob w oder $w_{1/2}$, gemeinhin ebenfalls in Zeiteinheiten an. Das mag sprachlich ein wenig holperig klingen, aber die Halbwertsbreite entspricht ja der Retentionszeit $t_r \pm x$ Sekunden, schließlich ist auf der x-Achse die Zeit aufgetragen. Schauen wir uns einen einzelnen Peak noch etwas genauer an: In ◻ Abb. 12.5 liegt die Retentionszeit bei $t_r = 35$ s.

Wenn man sich anschaut, bei welchem Zeitwert der Peak beginnt (etwa 26 s) und wo er endet (44 s), ergibt sich eine *Basisbreite* von 44–26 s, also w = 18 s. Zur Ermittlung der Peakbreite auf halber Höhe sind – leicht abzulesen durch die senkrechten Strichellinien – die Werte 30 s und 40 s von Bedeutung, also beträgt $w_{1/2} = 10$ s.

Plausibilitätsprüfung

Passen diese Werte zu unserer Vorstellung von einer Gauß-Kurve?

Aus ▶ Gl. 12.6 ließ sich ableiten, dass bei einer „richtigen" Gauß-Kurve das Verhältnis $w_{1/2}$:w dem Verhältnis 2,3548:4 entspricht. Dieses Verhältnis steckt auch in ▶ Gl. 12.8: 2,3548/4 = 0,5887, sinnvoll gerundet also 0,589.

Und wie sieht es hier aus? – Hier ist $w_{1/2}$ = 10 s, w = 18 s, also $w_{1/2}$/w = 0,555. Das ist nicht ganz ideal, kommt dem aber doch schon recht nahe.

Wieder zeigt sich, dass bei einem Peak, der dem Gauß-Ideal nahe kommt, die Basisbreite und die Breite eines Peaks auf halber Höhe über eine Konstante miteinander zusammenhängen, nämlich 0,589 – und $w_{1/2}$ ist nun einmal einfach entschieden leichter zu messen als w.

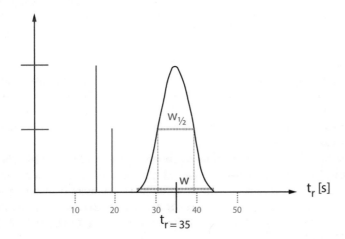

$w_{1/2}$

w

t_r [s]

10   20   30   40   50

$t_r = 35$

◻ **Abb. 12.5**   Bestimmung von w und $w_{1/2}$

Harris, Abschn. 22.4: Effizienz einer
Trennung

Allgemein lässt sich sagen: *Eine Auflösung > 1,50 ist zumindest wünschenswert.*
Was passiert, wenn die Auflösung geringer (also, salopp gesagt: schlechter) ist,
zeigt sehr schön Abb. 22.10 aus dem ▶ Harris.

? **Fragen**

5. Ein Chromatogramm mit drei Peaks zeigt die folgenden Eigenschaften:
    $t_{r(1)} = 23$ s, $w_{\frac{1}{2}(1)} = 6$; $t_{r(2)} = 42$ s, $w_{\frac{1}{2}(2)} = 12$; $t_{r(3)} = 72$ s, $w_{\frac{1}{2}(3)} = 10$. Sagen Sie
    etwas über die jeweilige Auflösung aus.

■ **Einfluss der Säule**

Dass die Retentionszeit eines beliebigen Analyten maßgeblich davon abhängt,
wie sehr er mit der stationären Phase, also dem Säulenmaterial, in Wechselwirkung tritt, wurde ja bereits weidlich diskutiert – und ebenso, dass diese
Wechselwirkungen zumindest in der gewöhnlichen Chromatographie auf
dem Wechselspiel polar/unpolar basiert. (Auf ausgewählte andere Wechselwirkungen wird in ▶ Kap. 14 eingegangen.) Aber um die Trennleistung einer
Säule zu quantifizieren (und genau das haben wir ja hinsichtlich der Auflösung
gerade eben getan), ist es vor allem sinnvoll, sich mit dem (rein theoretischen!)
Konstrukt der **theoretischen Böden** und der daraus resultierenden (ebenso
theoretischen) **Bodenhöhe** der betreffenden Säule zu befassen.

Um sich diesem Themengebiet angemessen widmen zu können, müssen wir
uns noch einmal ins Gedächtnis zurückrufen, was wir seit Teil I über das (dynamische) Verteilungsgleichgewicht von Analyten in/an mobiler und stationärer
Phase wissen.

Hier kommen das verwendete Säulenmaterial und die zum Einsatz gebrachte
mobile Phase ebenso ins Spiel wie die (physiko-)chemischen Eigenschaften des
jeweiligen Analyten, aber letztendlich läuft es bei der Betrachtung der *theoretischen Böden* darauf hinaus, wie oft sich, wenn Analyt und mobile Phase die
gesamte Länge einer Säule durchströmen, dabei erwähntes Verteilungsgleichgewicht erneut einstellt.

> **Veranschaulichung**
>
> Sehr vereinfacht lässt sich das Ganze ein wenig wie eine Mehrfach-Destillation
> auffassen: Jedes Mal, wenn eine Substanz destilliert wird, stellt sich erneut
> das Gleichgewicht zwischen der Zusammensetzung eines Stoffgemisches in
> der Gasphase und in der flüssigen Phase ein. Verständlicherweise nähert man
> sich bei mehrmaliger Destillation immer weiter dem Reinstoff der leichter
> siedenden Komponente an. Kurz gesagt: Je häufiger man destilliert, desto
> reiner wird das Ergebnis. Wegen dieser Analogie der Chromatographie zur
> Theorie, die hinter derlei Destillationsvorgängen steht, verwendet man auch in
> der Säulenchromatographie die entsprechenden Fachtermini.

Allerdings lässt sich die Bodenerhöhe einer Säule nicht einfach messen: Man
kann nur rückwirkend, nachdem eine Trennung (mehr oder minder erfolgreich)
erfolgt ist, Aussagen darüber treffen, wie viele theoretische Böden die Säule nun
aufgewiesen haben muss, um die eben erhaltene Trennleistung bewirkt zu haben.
Das Formelsymbol für diese **Bodenzahl einer Säule** lautet **N**. (Was man damit
anfangen kann, erfahren Sie gleich.)

Hat man auf diese Weise herausgefunden, wie viele theoretische Böden die
betrachtete Säule wohl aufgewiesen hat, kann man auch die (ebenso theoretische)
Höhe der einzelnen Böden, also die **Bodenhöhe H,** ermitteln (wobei man – sinnvollerweise – davon ausgeht, dass diese theoretischen Böden jeweils äquidistant
sind): Sie entspricht einfach dem Verhältnis von Säulenlänge (L) und Anzahl der
Böden (N), also

$$H = L/N.$$

> **Veranschaulichung**
> Wenn Sie wissen, dass eine Treppe einen Höhenunterschied von drei Metern
> zurücklegt und jede einzelne Stufe zwanzig Zentimeter höher liegt als die
> vorangegangene: Wie viele Treppenstufen müssen Sie dann überwinden, um
> das obere Ende der Treppe zu erreichen? – Die Antwort „alle" gilt nicht.

Und jetzt holen wir uns wieder die Statistik ins Boot – und damit auch alle
Überlegungen zur Standardabweichung σ … auf die wir aber nicht weiter eingehen wollen, denn das Entscheidende ist auch hier das *Prinzip*, und mittlerweile
sollte klar geworden sein, dass die Trennung umso effizienter verläuft, je kleiner
die Standardabweichung σ ausfällt. Den Zusammenhang von σ, Peakbreite und
Retentionszeit haben wir gerade eben behandelt, also fassen wir das Ganze einmal zusammen:

Aus ▶ Gl. 12.6 wissen wir, dass für die Basisbreite eines Peaks gilt: $w = 4\sigma$, mit
anderen Worten: $\sigma = w/4$. Anhand von Überlegungen, die den Rahmen dieser
Ausführungen ein wenig sprengen würden (aber im ▶ Harris gut nachvollziehbar
dargelegt sind), kommt man dann zu:

Harris, Abschn. 22.4: Effizienz einer
Trennung

$$N = \frac{t_r^2}{\sigma^2}$$

Daraus ergibt sich:

$$N = \frac{16t_r^2}{w^2} \tag{12.9}$$

Und da sich die Breite des Peaks in halber Höhe $w_{1/2}$ nun einmal leichter ermitteln
lässt als die Basisbreite, die beiden aber (gemäß ▶ Gl. 12.8) über eine Konstante
miteinander zusammenhängen, können wir über die Bodenzahl einer Säule auch
sagen:

$$N = \frac{5{,}55t_r^2}{w_{1/2}^2} \tag{12.10}$$

Je größer die Bodenzahl einer Säule, desto besser, denn (nur, damit klar wird,
dass dieses theoretische Konstrukt unmittelbare Aussagen über die Trennleistung
gestattet!) je mehr Böden eine Säule pro Längeneinheit aufweist, desto häufiger
stellt sich das Verteilungsgleichgewicht ein, desto dezenter fällt die Standardabweichung σ aus und desto schmaler werden die Peaks:

- In der Gaschromatographie sollten sich Bodenhöhen zwischen 0,1 mm und
  1,0 mm ergeben.
- In der Flüssigchromatographie liegt man gemeinhin zwischen 30 und 50 μm,
  bei der höher aufgelösten HPLC (dazu mehr in ▶ Abschn. 12.3) sind auch
  Werte <10 μm erreichbar.
- Mit Hilfe der Kapillarelektrophorese (zu der kommen wir in ▶ Abschn. 15.1)
  kommt man sogar auf Werte <1 μm.

Die Bodenhöhe H lässt sich auch direkt mit der Auflösung eines Chromatogramms korrelieren: Solange die einzelnen Peaks eines Chromatogramms symmetrisch genug sind, um sich im Sinne von Gauß beschreiben zu lassen, gilt für
zwei benachbarte Peaks 1 und 2 (mit den unkorrigierten Retentionszeiten $t_{r2} > t_{r1}$)
▶ Gl. 12.4:

$$\text{Auflösung} = \left(1 - \frac{t_{r(2)}}{t_{r(1)}}\right)\frac{\sqrt{N}}{4}, \text{ also:} (1 - \gamma)\frac{\sqrt{N}}{4}, \text{ ganz gemäß}$$

$$\tag{12.11}$$

Allerdings zeigen entsprechende Messreihen, dass man sich im Vorfeld so viele Gedanken über potentiell geeignete stationäre und/oder mobile Phasen machen kann, wie man will: *Je länger ein Analyt auf der Säule verbleibt, je größer also die Retentionszeit ist, desto breiter wird der zugehörige Peak.*

■ **Abhängigkeit der Peakbreite von der Retentionszeit**

Dahinter steckt unter anderem die *Diffusion* der einzelnen Analyt-Partikel: Das, was Sie als **Brown'sche Molekularbewegung** kennen, macht sich auch bei der Bewegung der einzelnen Analyt-Partikel in Richtung „Säulen-Ausgang" bemerkbar:

Je länger die einzelnen Partikel auf der Säule verweilen, desto mehr bewegt sich jedes einzelne von ihnen rein statistisch in allen drei Raumrichtungen hin und her und kann sich dabei – rein statistisch – auch von den anderen entfernen. Das bedeutet dann, dass selbst eine ursprünglich sehr gebündelte Gruppe von Analyt-Partikeln im Laufe der Zeit immer weiter „auseinandergetrieben" wird: σ nimmt zeitabhängig immer weiter zu.

Das besitzt noch einen weiteren Aspekt: Je größer und/oder schwerer und damit (massen-)träger die Analyten sind, desto weniger drastisch fällt die Peak-Verbreiterung aus. In der Gasphase allerdings (wir hatten die Grundlagen der Gaschromatographie schon in Teil I, mehr dazu gibt es in ▶ Kap. 13), bei der sich die einzelnen Teilchen praktisch ungestört voneinander in alle Raumrichtungen bewegen können, ist die diffusionsbedingte Verbreiterung der Analyten-Peaks *zehntausendmal* ausgeprägter als bei Flüssigkeiten. (Der ▶ Harris bietet mit Abb. 22.12 eine graphische Veranschaulichung des betreffenden Phänomens.) Ohne im Übermaß auf die dahinterstehende Mathematik eingehen zu wollen, lässt sich doch das Phänomen der Diffusion mithilfe eines Diffusionskoeffizienten D zusammenfassen, der unmittelbar mit ▶ Gl. 12.6 zur Beschreibung der Gauß-Kurve des betrachteten Peaks zusammenhängt. (Der ▶ Harris geht dabei etwas tiefer ins Detail; hier soll es uns wieder nur ums Prinzip gehen.) Letztendlich lässt sich, ausgehend von diesem Diffusionskoeffizienten D, dann die *Standardabweichung einer Bande* beschreiben:

$$\sigma = \sqrt{2Dt}$$

Dass das Ausmaß der Diffusion im Laufe der Zeit zunimmt, hatten wir ja gerade. Tatsächlich aber steckt noch mehr hinter diesem Diffusionskoeffizienten.

■ **Die van-Deemter-Gleichung**

Diese Gleichung zur Bestimmung der Bodenhöhe H zerlegt die faktisch auftretende Diffusion in drei verschiedene Einzelfaktoren, bei denen zwei von der Fließgeschwindigkeit (*u*) der betrachteten Säule abhängig sind, ein dritter nicht. Allgemein lässt sich diese in der Chromatographie äußerst wichtige Gleichung folgendermaßen angeben:

$$H \sim A + \frac{B}{u} + C \cdot u \tag{12.12}$$

Schauen wir uns die drei Terme dieser Gleichung, die auch in der Literatur häufig als *A- bis C-Term der van-Deemter-Gleichung* bezeichnet werden, der Reihe nach an:

— **A** – Zunächst gilt es den „zusätzlichen Weg" zu berücksichtigen, den die Teilchen zurücklegen müssen, um überhaupt den Detektor zu erreichen. Rufen Sie sich bitte noch einmal vor Ihr geistiges Auge, wie so eine Säule eigentlich aussieht: Ein Rohr, gefüllt mit der stationären Phase (die Sie sich gerne vorerst vereinfachend als kleine feste Partikel vorstellen dürfen), das dann von der mobilen Phase durchströmt wird. Soll nun ein Analyt vom einen Ende des Rohres zum anderen wandern, kann er nun einmal nicht einfach „geradeaus laufen", weil die Partikel der stationären Phase im Weg sind. Manche Analyten

Harris, Abschn. 22.4: Effizienz einer Trennung

12

Harris, Abschn. 22.5: Warum Banden breiter werden

werden dann zum Ausweichen nach links abbiegen, andere nach rechts etc. Mit anderen Worten: Jedes Analyt-Partikel legt einen etwas anderen Weg zurück, und die individuell gewählten Wege können sich in ihrer Länge durchaus ein wenig unterscheiden. Insgesamt ergibt sich eine *Streudiffusion*, die einer Wirbelbewegung entspricht (sozusagen „Umrühren auf molekularer Ebene"; in der Fachliteratur setzt sich zunehmend der englische Terminus **Eddy-Diffusion** durch). Übermäßig groß ist der Weglängenunterschied der einzelnen Partikel zwar gewiss nicht, aber es sollte verständlich sein, dass die resultierenden Weg-Unterschiede der einzelnen Analyt-Partikel gänzlich unabhängig von der Fließgeschwindigkeit der mobilen Phase sind: Zurücklegt werden muss die Strecke so oder so. (Abb. 22.20 aus dem ► Harris verdeutlicht dieses Phänomen recht anschaulich.)

Harris, Abschn. 22.5: Warum Banden breiter werden

— **B** – Hier kommt die bereits erwähnte Brown'sche Molekularbewegung in allen drei Raumrichtungen ins Spiel. Manche dieser Bewegungen lassen sich gewiss auch als „Hin-und-her-Zucken" beschreiben, weil ein betrachtetes Teilchen sich gerade in die eine Richtung bewegt, im nächsten Augenblick aber gleich wieder in die genau entgegengesetzte Richtung, so dass sich vieles statistisch ausmittelt – aber es steht (ebenso statistisch) zu erwarten, dass zumindest einige Analyten häufiger in die „Zielrichtung" zucken als andere (also entlang der Längsachse der Säule, die sie gerade durchqueren), während andere genau in die entgegengesetzte Richtung tendieren. Die Analyt-Teilchen diffundieren also nicht nur wegen der *Eddy-Diffusion* aus Term A von ► Gl. 12.12 auseinander, sondern auch wegen der Brown'schen Molekularbewegung. Für den B-Term der van-Deemter-Gleichung ist nun insbesondere die **Longitudinal-Diffusion** von Bedeutung, also der Effekt, dass aufgrund eben der statistischen Bewegungen manche Analyten eher in Richtung Ziel laufen als andere – und entsprechend (etwas) früher ankommen. (Die *Transversal-Diffusion*, also die Bewegung im rechten Winkel zur Strömungsrichtung innerhalb der Säule, findet natürlich ebenfalls statt, aber für den Detektor macht es gemeinhin keinen Unterschied, ob sich der zu detektierende Analyt zum Zeitpunkt seines Eintreffens nun eher am Rand oder eher in der Mitte der Säule befindet.) Hier sollte, wie oben bereits angedeutet, klar werden, dass ein längeres Verweilen auf der Säule eine Verbreiterung jeglicher Gauß-Kurven zur Folge hat, denn je länger ein statistisches System besteht, desto mehr „Ausreißer" (im Sinne von „unwahrscheinliche(re)n Ereignissen") wird man beobachten. (Noch besser nachvollziehbar wird dieser Term der van-Deemter-Gleichung eventuell mit Abb. 22.17 aus dem ► Harris.)

Harris, Abschn. 22.5: Warum Banden breiter werden

Veranschaulichung

Weil es so viele falsche Vorstellungen zum Thema Statistik und „Wahrscheinlichkeit" gibt, sei mir an dieser Stelle ein kurzer Einschub gestattet: Wenn Sie dreimal hintereinander würfeln und jedes Mal eine 6 erhalten, sollten Sie dem Würfel zumindest ein gewisses Maß an Misstrauen entgegenbringen. Wenn Sie aber zig*tausend* Mal hintereinander würfeln und hinterher die resultierende Zahlenfolge betrachten (…121635243…), werden Sie mit größter Wahrscheinlichkeit irgendwo auch auf (…666…) stoßen. Was man niemals vergessen sollte: Auch ein (rein statistisch bestimmtes) sehr unwahrscheinliches Ereignis *wird* früher oder später eintreffen, wenn man dem zugehörigen System nur oft genug hintereinander eine Chance dafür gibt. Dahinter steckt keinerlei zielgerichtete Absicht (von wem auch immer), sondern einfach nur das Gesetz der Wahrscheinlichkeit. Tritt also ein unwahrscheinliches (oder, was noch viel häufiger geschieht, ein als unwahrscheinlich *eingeschätztes*) Ereignis ein, besitzt das keine tiefere Bedeutung als das Eintreten eines beliebigen anderen ebenso

12

unwahrscheinlichen Ereignisses … auch wenn ein Betrachter das von seiner Warte aus zunächst einmal anders sehen mag:

Stellen Sie sich einen Affen vor, dem man beigebracht hat, wahllos drei mit jeweils einem Buchstaben beschriftete Tafeln aus einem Sack zu ziehen, in dem jeder Buchstabe genau einmal vorkommt. (Die Betonung liegt auf: *wahllos*. Es geht hier nicht darum, einem Affen das Schreiben beizubringen!) Wenn besagter Affe das oft genug macht, wird er früher oder später auch die Buchstabenfolge I-C-H erhalten – was nicht etwa bedeuten würde, er sei sich endlich seiner selbst bewusst geworden oder es sei ein anderweitig irgendwie besonderes Ereignis eingetreten: Das Ergebnis ist einfach nur eine *mögliche* Buchstabenfolge. Bitte bedenken Sie: Diese Buchstabenfolge ist ohne jegliche intrinsische Bedeutung. Für jemanden, der nicht der deutschen Sprache mächtig ist, wäre diese Buchstabenfolge ebenso bedeutungslos wie etwa E-W-P oder Z-R-K, die das Tier mit exakt gleicher Wahrscheinlichkeit aus dem Beutel holen wird.

Verwechseln Sie „statisch unwahrscheinliche, aber mögliche und rein statistisch bestimmte Dinge" nicht mit Dingen, die *nicht* ausschließlich statistisch bestimmt sind! Egal, wie oft Sie es versuchen mögen: Sie *werden*, wenn Sie hochspringen, nicht einfach in der Luft schweben oder gar fliegen wie ein Vogel. Da hat nämlich auch noch die Schwerkraft ein Wörtchen mitzureden.

— **C** – Ist die Fließgeschwindigkeit der Säule zu groß, stellt sich das Problem, dass dem System nicht mehr genug Zeit dafür bleibt, ein neues Verteilungsgleichgewicht zu erreichen (man spricht hier auch vom **Massetransfer-Term**). Damit sollte einleuchten, dass eine zu hohe Fließgeschwindigkeit zu einer (nicht erwünschten) Vergrößerung der theoretischen Bodenhöhe führt, und damit letztendlich zu suboptimalen Messergebnissen (im Sinne von: verbreiterten Peaks).

> ❯ Wir merken uns: In der Chromatographie gilt keinesfalls: „Je schneller, desto besser". Vielmehr sollte man die Maxime beherzigen: **So schnell wie möglich, so langsam wie nötig.** Jedes chromatographisches System sollte optimiert werden.

Ausgezeichnet verdeutlicht ist das letztendliche Zusammenspiel der unterschiedlichen, teilweise eben auch gegenläufigen Terme der van-Deemter-Gleichung in Abb. 22.16 aus dem ▶ Harris.

Harris, Abschn. 22.5: Warum Banden breiter werden

Die van-Deemter-Gleichung sollte auch den im vorangegangenen Absatz erwähnten Unterschied hinsichtlich der erreichbaren theoretischen Bodenhöhen der verschiedenen chromatographischen Techniken ein wenig nachvollziehbarer machen: In der Gaschromatographie etwa (▶ Kap. 13) haben wir es mit Analyten in Gasform zu tun, und bei gasförmigen Partikeln ist die (Longitudinal-)Diffusion viel stärker ausgeprägt (B-Term). Will man diese minimieren, muss man die Flussgeschwindigkeit deutlich steigern. Bei den anderen erwähnten Methoden werden unterschiedlichen Säulen verwendet, und das jeweils eingesetzte Säulenmaterial wirkt sich ebenfalls auf die faktisch erreichbare Bodenhöhe/Trennleistung aus.

12.3 Hochleistungs-Säulenchromatographie (HPLC)

Eine besonders leistungsfähige Methode der Flüssigchromatographie stellt die **HPLC** dar, wobei diese (weltweit übliche) Abkürzung heutzutage für *high performance liquid chromatography* steht. Da bei den weitaus meisten

HPLC-Systeme die (flüssige) mobile Phase unter teilweise beachtlichem Druck durch die Säule gepumpt wird, wurde es früher als *high pressure ...* gelesen, was aber gerade ausgewiesene HPLC-Experten gemeinhin äußerst ungerne hören.

Das dahinterstehende Prinzip entspricht genau dem, was wir schon in ▶ Abschn. 12.2 behandelt haben. Trotzdem werden wir dieser Sonderform der LC ein wenig mehr Platz einräumen, einfach weil sie mittlerweile zu einer echten Standardmethode avanciert ist.

Letztendlich geht es also wieder einmal darum, einen Analyten, der mit der stationären Phase einer Säule mehr oder weniger stark wechselwirkt, mithilfe einer mobilen Phase (also eines Lösemittels gleichwelcher Art) von besagter Säule herunterzuspülen – wobei es fachsprachlich deutlich besser ist, hier von **eluieren** zu sprechen.

Bei der Elution gibt es prinzipiell verschiedene Möglichkeiten:

1. Sie können einfach ein geeignetes Lösemittel auswählen. Es ist aber gut möglich, dass ein einzelnes Lösemittel nicht zu idealen Ergebnissen führt, weil es beispielsweise zu wenig polar ist, um auch noch den polarsten Analyten von der Säule zu holen. (Vielleicht würde es aber auch einfach viel zu lange dauern, und der Verbrauch an Lösemittel wäre nicht mehr vertretbar – denken Sie zurück an Teil I: Auch mit Wasser alleine, ganz ohne Spülmittel [Detergentien], *kann* man fettige Teller reinigen, aber der Wasserverbrauch wird beachtlich sein, und es dauert und dauert und dauert ...)

Ist das der Fall, empfiehlt sich Möglichkeit 2:

2. Sie entscheiden sich nicht für ein einzelnes Lösemittel, sondern stattdessen für ein Lösemittel*gemisch.* (Genau das hatte Ihnen Ihr Laborkollege schon in Aufgabe 3 vorgeschlagen!) Diethylether beispielsweise ist deutlich weniger polar als Ethanol, aber ein Gemisch aus 95 Volumen-% Diethylether und 5 % Ethanol (oder allgemein: x % A und y % B) besitzt dann vielleicht genau das benötigte Ausmaß an Polarität.

In beiden Fällen nähmen Sie eine **isokratische Elution** vor, und je nach den verwendeten Lösemitteln A und B (oder notfalls auch noch C, D, E ...) mag das Ergebnis bereits recht befriedigend ausfallen. Schauen Sie sich in Abb. 24.12 aus dem ▶ Harris an, wie ein unterschiedlicher Anteil von B bei isokratischer Vorgehensweise zu deutlich verschiedenen Chromatogrammen beim jeweils gleichen Stoffgemisch führt.

Harris, Abschn. 24.1: Der chromatographische Prozess

Häufig aber führt ein solches isokratisches Vorgehen dazu, dass Analyten mit ähnlichen Elutionseigenschaften übermäßig eng nacheinander eluiert werden, also die entsprechenden Peaks im zugehörigen Chromatogramm dicht aufeinander folgen oder gar überlappen (Stichwort: Auflösung, ▶ Abschn. 12.2). Bessere Ergebnisse lassen sich meist anderweitig erzielen:

3. Sie wählen einen **Elutionsgradienten,** d. h. Sie verändern während des Elutionsvorganges das Lösemittel. Dafür beginnen Sie mit Lösemittelgemisch aus den Komponenten A und B und steigern – schrittweise oder kontinuierlich – den B-Anteil des Gemisches. Gegebenenfalls können auch noch weitere Lösemittel(-gemische) C, D etc. hinzukommen.

Vergleichen Sie die verschiedenen Chromatogramme aus Abb. 24.12 des ▶ Harris mit Abb. 24.13 aus dem gleichen Buch: Man sieht sehr deutlich, dass der dort gewählte Gradient zu einem ungleich befriedigenderen Chromatogramm geführt hat.

Harris, Abschn. 24.1: Der chromatographische Prozess

■ **Lösemittel(-gemische)**

Auch bei der HPLC wird als stationäre Phase meist (mehr oder weniger) polares Säulenmaterial verwendet, in den meisten Fällen (modifiziertes) Siliciumdioxid (also Silicagel; einige andere Säulenmaterialien sehen wir uns in ▶ Abschn. 13.1 und in ▶ Kap. 14 an). Entsprechend ist es sinnvoll, potentiell

Harris, Abschn. 24.1: Der chromatographische Prozess

nutzbare Lösemittel nach ihrer Polarität zu sortieren (genauer genommen: nach deren *steigender Adsorptionsenergie*; siehe dazu Abb. 24.11 aus dem ▶ Harris). Auf diese Weise erhält man die **Elutrope Reihe** der Lösemittel. (Tab. 24.2 des ▶ Harris können Sie die relative Elutionskraft der gebräuchlichsten Lösemittel bei Säulen aus reinem Silicagel entnehmen.)

> **❶ Achtung**
>
> **Bitte vergessen Sie nicht, dass sich dieses relative Elutionsvermögen der verschiedenen Lösemittel, das mit zunehmender Polarität des Lösemittels steigt, immer auf eine polare stationäre Phase bezieht, wie es in der sogenannten Normalphasen-Chromatographie (NP-HPLC) üblich ist! Selbstverständlich ist es auch möglich, *Umkehrphasen*-Chromatographie (RP-HPLC) zu betreiben und eine unpolare stationäre Phase mit dem einen oder anderen polaren Lösemittel(-gemisch) zu kombinieren. (Das kennen Sie ja schon von der RP-TLC aus ▶ Abschn. 12.1) In diesem Falle steigt das Elutionsvermögen der diversen Lösemittel erwartungsgemäß mit *sinkender* Polarität.**

■ **Besonderheiten der HPLC**

Der vielleicht größte Vorteil dieses Trennverfahrens besteht darin, dass sich unter den gewählten Bedingungen (Säulenmaterial, Druck etc. – darauf gehen wir gleich noch ein wenig ein) besonders schnell das Verteilungsgleichgewicht zwischen stationärer und mobiler Phase einstellt (bekannt aus Teil I und schon in ▶ Abschn. 12.2 erneut erwähnt). Zudem kommt auch wieder die van-Deemter-Gleichung zum Tragen, die (wir erinnern uns) die theoretische Bodenhöhe H eines Chromatographie-Systems beschreibt (je kleiner, desto besser):

— Da wir es einerseits mit Feststoffen (stationäre Phase) und andererseits mit Flüssigkeiten (mobile Phase) zu tun haben, erfolgt die Diffusion (der B-Term aus ▶ Gl. 12.12) etwa nur mit einem Hundertstel der Geschwindigkeit, die sie in der gasförmigen mobilen Phase besitzt (mehr zur Gaschomatographie in ▶ Kap. 13).

— Zudem wird in der Hochleistungs-Flüssigchromatographie die mobile Phase mit beachtlichem Druck und entsprechend recht schnell durch die stationäre Phase geleitet, es ergibt sich also eine beachtliche Fließgeschwindigkeit. Sie werden sich gewiss erinnern, dass beim B-Term der van-Deemter-Gleichung durch die Fließgeschwindigkeit (u) geteilt wird und somit höhere Fließgeschwindigkeiten zu einem *niedrigeren* Wert führen – was letztendlich dann eine verminderte Bodenhöhe H und damit eine *gesteigerte Trennleistung* bewirkt.

Die stationäre Phase (also die Säule) sollte derartigen Drücken verständlicherweise auch standhalten. Damit stellt sich nun die Frage, was für Säulenmaterial bei der HPLC überhaupt verwendet wird.

■ **Säulen-Material**

Solange wir uns auf dem Gebiet der NP-HPLC bewegen, ist die Grundlage jeglichen Säulenmaterials zunächst einmal hochreines Kieselgel (Silicagel, amorphes Siliciumdioxid, SiO_2) – meist in Form mikroporöser Kugeln, so dass sich eine beachtliche Oberfläche ergibt.

> **Zur Erinnerung**
>
> Dass maximierte Oberflächen wünschenswert sind, kann man sich wieder einmal selbst herleiten, schließlich geht es bei der ganzen Adsorptions-chromatographie um die Wechselwirkung der zu trennenden Analyten mit dem Lösemittel einerseits und dem Säulenmaterial andererseits. Mehr Oberfläche bedeutet kurz gesagt: mehr Wechselwirkungen.

Genau diese Oberfläche sollten wir uns nun ein wenig genauer ansehen, denn schließlich geht es uns hier ja um die möglichen Wechselwirkungen der an dieser Oberfläche beteiligten Atome mit unseren Analyten. (Vielleicht möchten Sie sich über die Chemie des[amorphen] Kieselsäure-Anhydrids noch einmal im Binnewies informieren?)

Binnewies, Abschn. 18.15: Siliciumdioxid
Binnewies, Abschn. 18.16: Silicate und Alumosilicate

Im amorphen Siliciumdioxid liegen ebenso wie in dessen kristallinen Gegenstücken (Quarz und Co.) jeweils eckenverknüpfte SiO_4-Tetraeder vor:

- die Silicium-Atome sind tetraedrisch von vier Sauerstoff-Atomen umgeben,
- die Sauerstoff-Atome verbrücken – mehr oder minder linear – jeweils zwei Silicium-Atome.

Allerdings ist, im Gegensatz zur kristallinen Form, das amorphe SiO_2 unter basischen Bedingungen nicht sonderlich stabil: Eine wässrige Lösung mit $pH > 8$ vermag dieses Material bereits innerhalb kürzester Zeit in Form der verschiedensten Silicate in Lösung zu bringen.

Wenn wir nun die Struktur des amorphen Siliciumdioxids genauer betrachten wollen, stellt sich uns ein allgemeines Problem, das sich bei der Beschreibung eines jeglichen Feststoffs immer und überall ergibt (ob nur kristallin oder amorph): Man geht der Einfachheit halber immer davon aus, ein solches System sei in allen drei Raumrichtungen unendlich – aber genau das ist ja nicht der Fall: An der Oberfläche muss das System „Fehler" aufweisen.

> **Beispiel**
> Die kristalline Struktur von Kochsalz (NaCl) darf wohl als allgemein bekannt vorausgesetzt werden:
> - Jedes Natrium-Kation ist oktaedrisch von sechs Chlorid-Ionen umgeben.
> - Jedes Chlorid-Ion ist oktaedrisch von sechs Natrium-Kationen umgeben.
>
> Aber was passiert an der *Oberfläche* eines solchen Salz-Kristalls? Ein dortiges Chlorid-Ion *kann* nicht mehr oktaedrisch von sechs Natrium-Atomen umgeben sein, sonst wäre es ja nicht die Oberfläche. Also ist *jeder* Kristall an seiner Oberfläche nicht mehr perfekt. Entsprechende Defekt-Stellen können dann durch Adsorption anderer Moleküle bedingt ausgeglichen werden (H_2O aus der Luftfeuchtigkeit, oder O_2-Moleküle etc.).

Und wie ist es denn um die Oberfläche von amorphem Siliciumdioxid (also von Kieselgel) bestellt? – Dort, wo die $-Si-O-Si-O-Si$-Kette endet, findet sich statt eines radikalischen Sauerstoff- oder Silicium-Atoms stets eine an das betreffende Silicium-Atom gebundene OH-Gruppe. In Analogie zu den Kohlenstoff-OH-Verbindungen, die bekanntermaßen „Alkohole" genannt werden, spricht man bei derartigen Si–OH-Gruppierungen von **Silanol-Gruppen.**

Vor diesem Hintergrund sollte dann auch verständlich werden, warum Kieselgel derart polar ist:

- Der Elektronegativitätsunterschied zwischen Silicium ($EN_{Si} = 1,9$) und Sauerstoff ($EN_O = 3,5$) ist zwar beachtlich, aber wenn beide Bestandteil eines Kristallgitters sind, ergeben sich kaum Möglichkeiten zur Wechselwirkung mit Fremd-Atomen.
- Bei den Silanol-Gruppen hingegen ergibt sich zwischen O und H ($EN_H = 2,2$) die bereits vom Wasser-Molekül gewohnte Polarisation ($H^{\delta+}$, $O^{\delta-}$); entsprechend ist auch hier mit Wasserstoffbrückenbindungen und dergleichen zu rechnen.
- Es gilt noch eine weitere Parallele zu Wasser und Alkoholen zu berücksichtigen: Beide zeigen OH-Acidität, lassen sich also – einen hinreichend basischen Reaktionspartner vorausgesetzt – auch deprotonieren. Bei anderweitig

unbehandeltem amorphen Kieselgel – das der großen Oberfläche wegen über *reichlich* Silanol-Gruppen verfügt – geschieht das bei pH = 2–3. Wenn man also nicht im stark sauren Medium arbeitet (und das geschieht eher selten), sind die Silanol-Gruppen des Kieselgels deprotoniert, liegen also anionisch vor. Unter neutralen bis moderat sauren Bedingungen (dass zumindest unbehandeltes Kieselgel unter basischen Bedingungen leicht hydrolysiert wird, wurde ja bereits erwähnt) liegen also deprotorierte Silanol-Gruppen vor, also –Si–O$^\ominus$. Dass diese für Polarität sorgen, sollte einleuchten.

Allerdings führen die mit diesem unmodifiziertem und unter den gewählten Bedingungen partiell deprotoniertem Silicagel gefüllten Säulen nicht gerade zu optimalen Chromatogrammen – insbesondere dann nicht, wenn die zu trennenden Analyten selbst einzelne Atome mit erhöhter positiver Ladungsdichte aufweisen (etwa protonierte Amine mit R–NH$_3^+$): Hierbei ergibt sich eine als **Tailing** bezeichnete Abweichung der Peak-Form von der Gauß-Kurve: Sie wird asymmetrisch verzerrt, so dass die Rückseite leicht abgeflacht wird.

> **Veranschaulichung**
> Der Grund für das als Tailing bezeichnete Phänomen ist eigentlich recht naheliegend. Erinnern wir uns noch einmal, wie es zur Gauß-Kurve kommt: „Eigentlich" sollten ja alle Analyten zum gleichen Zeitpunkt beim Detektor eintreffen, nur dass es – aus (diversen) statistischen Gründen – immer ein paar etwas schnellere und ein paar etwas langsamere Vertreter gibt. Treten jedoch übermäßig starke Wechselwirkungen zwischen dem Analyten und dem Säulenmaterial auf, führt das nicht nur zu einer *allgemeinen* Verlangsamung der Analyten (mit anderen Worten: zu einer verlängerten Retentionszeit), sondern zusätzlich (und vor allem) zu einer gewissen Verlangsamung der Analyten beim Prozess des Abdiffundierens vom Säulenmaterial selbst. Hier kommen also zusätzliche Kräfte ins Spiel, die dafür sorgen, dass es hier zwar statistisch einige *schnellere* Kandidaten gibt, aber eben überdurchschnittlich viele *langsamere* (eben weil sie zusätzlich zurückgehalten werden). Entsprechend wird der Peak, der rein statistisch betrachtet eigentlich spiegelsymmetrisch sein sollte, in Richtung *größerer Retentionszeit* verzerrt.

Aus diesem Grund wurden neben dem „normalen" Kieselgel diverse Varianten entwickelt, bei denen die Silanol-Gruppen auf chemischem Wege teilweise modifiziert wurden (allgemein spricht man von **Endcapping**), so dass die Anzahl freier Si–OH-Gruppen deutlich reduziert ist. Besonders leicht geht das mit Verbindungen der allgemeinen Summenformel R(CH$_3$)$_2$SiCl (also Derivaten von Trimethylsilylchlorid (CH$_3$)$_3$SiCl) (◘ Abb. 12.6).

Typische Reste R für NP-Säulen sind etwa –CH$_2$–CH$_2$–CH$_2$–NH$_2$ und –CH$_2$–CH$_2$–CH$_2$–C≡N. (Beachten Sie, dass die Aminogruppe bzw. die Nitrilfunktion am Ende der –(CH)$_2$-Kette für eine ähnliche Polarität sorgt, wie das bei einer freien Silanol-Gruppe der Fall wäre.)

❶ **Die resultierenden Polaritäten sind ähnlich, aber keineswegs gleich. Erwartungsgemäß führt die Elektronegativitätsdifferenz zwischen C und N in der C≡N-Gruppe zur positiven Polarisation des Kohlenstoffs und zur negativen Polarisation des Stickstoff-Atoms, aber die resultierende negative Partialladung am N liegt nicht in der gleichen Größenordnung wie die negative Ladungsdichte am Sauerstoff-Atom eines deprotonierten Silanols –Si–O$^\ominus$.**

Werden derart modifizierte Kieselgele als stationäre Phase verwendet, verhindert das besagtes Tailing zumindest weitgehend; gelegentlich ergibt sich dadurch sogar

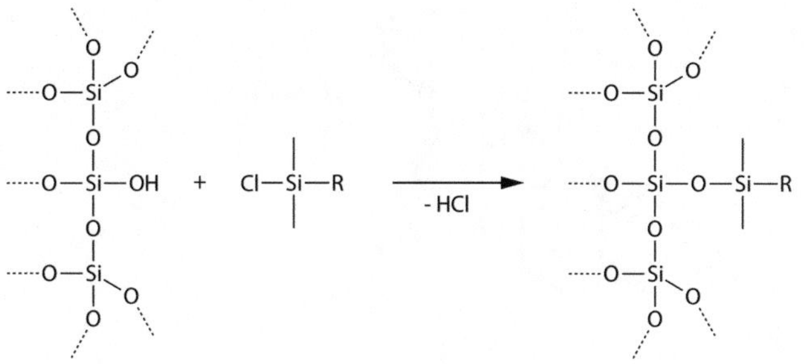

Abb. 12.6 Endcapping

eine mindestens ebenso gute Trennung (Stichwort: Auflösung) bei sogar noch verminderten Retentionszeiten (siehe dazu etwa Abb. 24.7 aus dem ▶ Harris).

Harris, Abschn. 24.1: Der chromatographische Prozess

> **Bonus-Information**
> In ähnlicher Weise lässt sich übrigens auch die Basenstabilität von Kieselgel steigern: Erzwingt man bei zumindest einigen der freien Silanol-Gruppen eine Kondensationsreaktion mit Ethylenglycol (1,2-Ethandiol, HO–CH$_2$–CH$_2$–OH), erhält man entsprechende Si–O–CH$_2$–CH$_2$–O–Si-Vernetzungen, die für deutlich erhöhte Stabilität sorgen (siehe dazu Abb. 24.6b aus dem ▶ Harris).

Harris, Abschn. 24.1: Der chromatographische Prozess

Bei der Normalphasen-HPLC wechselwirken die Analyten mit dem (stark) polaren Lösemittel; entsprechend werden stark polare Analyten stärker zurückgehalten als weniger polare, während gänzlich unpolare oder nur sehr schwach polare Analyten praktisch mit der Lösemittelfront von der Säule eluiert werden. Mit anderen Worten: Die NP-HPLC ist vornehmlich zur Trennung *polarer* Analyten geeignet.

Ein beachtlicher Teil aller Verbindungen, insbesondere derer, die als „organisch" eingestuft werden, sind jedoch deutlich weniger polar oder gar unpolar. Hier empfiehlt sich die Phasenumkehr, so wie wir das schon von der *Reversed-Phase*-TLC in ▶ Abschn. 12.1 kennen.

- **RP-HPLC**

Tatsächlich ist die Umkehrphasen-HPLC mittlerweile die mit Abstand gebräuchlichere Variante der Hochleistungs-Flüssigkeitschromatographie. Sie findet unter anderem Verwendung:

- bei Doping-Tests im Leistungssport
- im Drogen-Screening
- allgemein bei der Untersuchung von Pharmaka und deren biologischen Abbauprodukten

Exemplarisch seien hier einige Substanzen betrachtet, die mit Hilfe der RP-HPLC isoliert und/oder quantifiziert werden (häufig in Kombination mit anderen Methoden der Instrumentellen Analytik, vor allem der Massenspektrometrie, mit der wir uns in der „Analytischen Chemie II" befassen werden; ◘ Abb. 12.7).

- ◘ Abb. 12.7a zeigt das vom Testosteron abgeleitete anabole Steroidhormon Nandrolon, das mit der freien OH-Gruppe noch ein gewisses Maß an Polarität zeigt (obwohl der unpolare Anteil in diesem Molekül weit überwiegt).
- In ◘ Abb. 12.7b dargestellt ist Nandrolondecanoat (b), bei dem die Hydroxygruppe von (a) mit Decansäure verestert wurde, so dass dieser Analyt als nahezu unpolar angesehen werden kann. In dieser Form wird Nandrolon auch als Dopingmittel verabreicht (meist durch intramuskuläre Injektion).

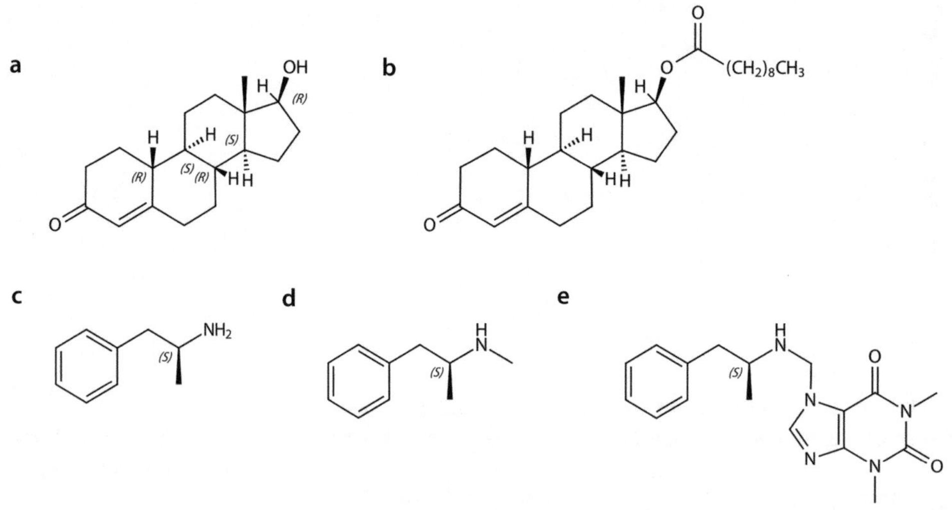

Abb. 12.7   Ausgewählte Analyten für die RP-HPLC

— Auch Stimulantien lassen sich durch die (RP-)HPLC gut isolieren und quantifizieren: ◻ Abb. 12.7c zeigt die Struktur von Amphetamin, ◻ Abb. 12.7d die
von Methamphetamin. Beide werden häufig zur Leistungssteigerung konsumiert. Das wegen der zusätzlichen Methylgruppe am Stickstoff weniger polare
Methamphetamin kann, eben wegen der verminderten Polarität, noch leichter
die Blut-Hirn-Schranke überwinden und besitzt daher zusätzliche euphorisie-
rende und psychotrope Wirkungen; als *‚Crystal Meth'* findet es derzeit (Stand:
2019) recht häufig Erwähnung in den Medien.

— Strukturell eng verwandt und trotz des Theobromin-Ringsystems ähnlich
unpolar ist das Fenetyllin (◻ Abb. 12.7e), das seiner leistungssteigernden
Wirkung wegen bis in die Achtzigerjahre des vergangenen Jahrhunderts im
Leistungssport weit verbreitet war; obwohl mittlerweile verboten, wird es nach
wie vor gelegentlich im Rahmen von Doping-Untersuchungen detektiert.

Diese Analyten mit extrem eingeschränkter Polarität sind typisch für eine Untersuchung oder Auftrennung mit Hilfe einer RP-HPLC-Säule. Das Bemerkenswerte
dabei: Auch die für die Umkehrphasenchromatographie erforderlichen Säulen
basieren auf Kieselgel.

Die gewünschte Invertierung der Polarität erfolgt erneut durch *Endcapping*.
Das Prinzip der Modifikation entspricht exakt dem in ◻ Abb. 12.6 Dargestellten,
nur dass hier langkettige Kohlenwasserstoff-Derivate oder andere deutlich weniger polare Molekülfragmente als Reste –R eingesetzt werden. Typische Reste –R
sind hier etwa der Octyl-Rest ($-CH_2-(CH_2)_6-CH_3$) und der (natürlich noch
weniger polare) Octadecylrest ($-CH_2-(CH_2)_{16}-CH_3$). (Bezeichnet werden solche
Säulen dann als RP-C8 oder RP-C18; die meisten hier beschriebenen sind im entsprechenden Handel erhältlich).

Es sollte verständlich sein, dass die Art der „weniger polaren Ketten", die über
Endcapping an das Säulengrundgerüst gebunden werden, maßgeblichen Einfluss
auf den Anwendungsbereich der betreffenden Säule besitzt:

— Der Octyl-Rest (RP-C8) ist dabei besonders gut für die Trennung *mäßig* polarer Analyten geeignet,

— der Octadecyl-Rest (RP-C18) für *mittelmäßig polare bis gänzlich unpolare*
Analyten.

— Endcapping mit dem Propylphenyl-Rest ($-CH_2-CH_2-CH_2-C_6H_5$) führt
zu einer Säule, die für *mäßig polare* Verbindungen geeignet ist, wobei die
Wechselwirkung zwischen Analyt und stationärer Phase gesteigert wird, wenn
der Analyt *einfach oder mehrfach ungesättigt* ist.

— Ein am aromatischen System perfluorierter Propylphenyl-Rest ($-CH_2-CH_2-$
$CH_2-C_6F_5$) gestattet die besonders effiziente Auftrennung *halogenierter* Analyten etc.

Selbstverständlich gibt es noch weitere, weniger polare Reste, die in der RP-HPLC eingesetzt werden; die weiterführende Fachliteratur dürfte Ihnen weidlich Tabellenmaterial liefern.

> **Ein wenig mehr OC**
> Falls Sie bei ◘ Abb. 12.7 genau hingeschaut haben, wird Ihnen nicht entgangen sein, dass dort bei allen Chiralitätszentren die absolute Konfiguration nach Cahn, Ingold und Prelog (CIP) angegeben wurde (die Sie aus den Grundlagen der *Organischen Chemie* kennen werden), denn auch in der Analytik kann die Stereochemie von beachtlicher Bedeutung sein. In ► Abschn. 15.1 werden sie zum Beispiel eine Trennmethode kennenlernen, die auch die Unterscheidung von Stereoisomeren, sogar von Enantiomeren (!), ermöglicht.

❓ Fragen

6. Sie haben sich zur Trennung Ihrer Analyten via NP-HPLC für eine isokratische Methode mit 50 % Ethanol und 50 % Diethylether entschieden, stellen aber beim ersten Testlauf fest, dass Ihre Analyten nicht nur allesamt sehr kurze Retentionszeiten aufweisen, sondern auch noch so dicht nacheinander eluieren, dass die Auflösung des resultierenden Chromatogramms mehr als bescheiden ist. Wie gehen Sie vor, um eine bessere Trennleistung zu erzielen?

7. Die Aufgabe lautet die Auftrennung aller Isomere von Octanol (1-Octanol, 2-Octanol, 2-Methyl-1-heptanol etc.) via HPLC. Entscheiden Sie sich für die Normalphasen-Chromatographie oder für die Verwendung einer PR-HPLC-Säule? Begründen Sie Ihre Antwort.

12.4 Detektionsmethoden

Die gebräuchlichste Methode, die Analyten zu detektieren, besteht wieder einmal in der Photometrie, die wir ja schon aus Teil II kennen. Zur Erinnerung: Man ermittelt man das Ausmaß, in dem die Inhaltsstoffe einer Lösung elektromagnetische Strahlung der einen oder anderen Wellenlänge absorbieren, wobei gemeinhin Strahlung aus dem UV/VIS-Bereich gewählt wird.

Dabei muss allerdings berücksichtigt werden, dass gegebenenfalls auch *die Lösemittelmoleküle selbst* durch die eine oder andere Wellenlänge angeregt werden können, wenn diese nur energiereich (also kurzwellig) genug ist. Deswegen ist bei jedem Lösemittel eine UV-**Grenzwellenlänge** (λ_{CutOff}) angegeben, unterhalb derer eine Messung nicht mehr sinnvoll ist – schließlich kann der Detektor logischerweise nicht unterscheiden, ob eine etwaige Absorption nun auf den Analyten oder auf das Lösemittel selbst zurückzuführen ist. (Erneut sei hier auf Tab. 24.2 aus dem ► Harris verwiesen.)

Harris, Abschn. 24.1: Der chromatographische Prozess

> **Ausblick**
> Besonders leicht anregbar sind Lösemittel mit C-O-Doppelbindung (wie Aceton, $(CH_3)_2C{=}O$) oder aromatischem System (wie Toluen, $C_6H_5-CH_3$), deswegen liegen die entsprechenden Grenzwellenlängen mit 330 nm (Aceton) bzw. 284 nm (Toluen) deutlich oberhalb derer von Kohlenwasserstoffen wie Heptan, Hexan oder Pentan, mit $\lambda_{CutOff} = 200$, 195 und 190 nm respektive.

> Was allerdings *genau* bei dieser Anregung passiert, und warum Mehrfach-
> bindungen hier ganz offenkundig eine besondere Bedeutung zukommt,
> erfahren Sie in Teil IV. Bleiben Sie neugierig!

Solange man die Grenzwellenlänge der betreffenden Komponenten berücksichtigt, stellen auch Lösemittelgemische und/oder Lösemittelgradienten für
einen UV/VIS-Detektor kein Problem dar.

Bei anderen Detektionsmethoden, die wir ebenfalls schon in Teil II
besprochen haben, sieht das allerdings anders aus:

— Verständlicherweise sind auch *potentiometrische* Detektoren, die also auf
Redox-Vorgängen basieren, prinzipiell denkbar. Andererseits setzen sie voraus, dass man über das elektrochemische Verhalten seiner/seines Lösemittel/s
sehr genau Bescheid weiß. Und spätestens, wenn ein Lösemittel*gradient* ins
Spiel kommt, wird die Zahl der Variablen doch leicht zu groß.

— Gleiches gilt für die Detektion vermittels *Leitfähigkeitsmessungen:* Auch das
geht, aber eben nicht (oder zumindest nicht gut) im Zusammenspiel mit
einem Gradienten.

Harris, Abschn. 24.2: Injektion und
Detektion in der HPLC

Dazu kommen noch einige weitere Detektionsmethoden, die bislang noch nicht
angesprochen wurden:

— Sind die Analyten hinreichend untersucht oder hält sich die Anzahl der zu
detektierenden Substanzen sehr in Grenzen (idealerweise sollte die Frage
lauten: „Enthält meine zu untersuchende Lösung neben dem Lösemittel
überhaupt noch etwas anderes, und wenn ja: wie viel davon?") kann man,
auf der Basis einer Kalibierkurve, auch den *Brechungsindex* zur Messgrund-
lage erheben – was bei Gradienten, deren unterschiedliche Komponenten mit
größter Wahrscheinlichkeit unterschiedliche Brechungsindizes (ja, das ist der
richtige Plural!) aufweisen, nachvollziehbarerweise kaum funktionieren wird.

— Gegebenenfalls kann man auch *Fluoreszenzdetektoren* einsetzen – über die Sie
allerdings erst in Teil IV mehr erfahren werden.

— Das Signal, das ein *Lichtstreudetektor* liefert, hängt nur von der tatsächlich vorliegenden (absoluten) *Gesamt*masse des betreffenden Analyten ab,
nicht aber von dessen Struktur oder der Masse der *einzelnen* Analyt-Partikel
– dafür interessiert diesen Detektor dann aber nicht, ob der Analyt nun
isokratisch oder mithilfe eines Gradienten eluiert wurde: Diese Detektionsmethode basiert darauf, dass zunächst einmal *jegliche* Lösemittelmoleküle
verdampft werden und man dann schaut, wie sehr die Strahlung an der
verbleibenden Analyt-Menge gestreut wird. Allerdings ist diese Methode nur
für Analyten geeignet, die nicht leichter verdampfbar sind als das/die ver-
wendete/n Lösemittel.

— Ganz wunderbar lässt sich die HPLC mit der *Massenspektrometrie* (MS) kombinieren – HPLC/MS entwickelt sich gerade in zahlreichen Labors zu einem
neuen Standard. Allerdings werden wir uns der Massenspektrometrie erst in
der „Analytischen Chemie II" zuwenden, insofern muss ich Sie noch um ein
wenig Geduld bitten.

Gaschromatographie (GC)

Hinter der Gaschromatographie steckt (wieder einmal) das gleiche Prinzip wie hinter der Flüssigchromatographie: Adsorption der Analyten an die stationäre Phase sowie die Frage, wie lange die mobile Phase braucht, um den Analyten wieder zu desorbieren.

Als „Lösemittel" dient in der GC das eine oder andere *Trägergas*. Typisch sind Helium, Stickstoff und Wasserstoff; dabei ist wichtig, dass die zu untersuchenden Analyten mit diesem Gas nicht reagieren und entsprechend nicht im Zuge der Trennung verändert werden.

Harris, Abschn. 23.1: Der Trennprozess in der Gaschromatographie

Das in der GC verwendete Säulenmaterial (also die stationäre Phase) unterscheidet sich allerdings doch beträchtlich vom (modifizierten) Kieselgel aus der Flüssigchromatographie.

13.1 Säulen in der GC

Es fängt schon damit an, dass in der GC fast ausschließlich sehr dünne Kapillarsäulen (mit einem Innendurchmesser von 100–$500\,\mu m$) zum Einsatz kommen, also Säulen mit einem ungleich kleineren Durchmesser als in der LC (deren Durchmesser im Prinzip unbegrenzt ist; siehe etwa Abb. 22.8 aus dem ▶ Harris). Zudem müssen die verwendeten Säulen in der GC über ihre gesamte Länge hinweg (10–$100\,m$; üblich sind etwa $30\,m$) idealerweise homogen beheizt werden, damit der Dampfdruck aller zu trennenden Komponenten (Analyten, Lösemittel etc.) über die Gesamtlänge konstant bleibt. (Außerdem würden die Stofftrennung bei zu niedriger Temperatur einfach viel zu lange dauern.)

Harris, Abschn. 22.3: Chromatographie aus der Sicht eines Rohrlegers

Je nach verwendeter Methode der Gaschromatographie spielen verschiedene Verteilungsgleichgewichte eine Rolle:

▪▪ Verteilungsgleichgewicht
Analyt_{adsorbiert an der Oberfläche des Feststoffs}/**Analyt**_{in der Gasphase}

Analyt$_\text{adsorbiert an der Oberfläche des Feststoffs}$/Analyt$_\text{in der Gasphase}$

Hier wird der Analyt an die Oberfläche eines *Feststoffs* adsorbiert (so wie wir das schon kennen). Auch in der GC stellt Quarz (also SiO_2) die Grundlage des Säulenmaterials dar; allerdings wird die Innenwand dieses Quarz-Rohrs (eben der Säule) mit einem weiteren Feststoff beschichtet – idealerweise einem Feststoff mit möglichst großer Oberfläche. Typische Vertreter sind:
- Aktivkohle (gut geeignet zur Trennung verschiedener unpolarer oder wenig polarer Verbindungen).
- Alumosilicate wie die verschiedenen Zeolithe (die sind deutlich polarer und daher auch eher für polare Analyten geeignet); auch manche Molekularsiebe basieren darauf (aber damit sind wir schon bei einem Thema, das eher in ▶ Kap. 14 gehört).
- Cyclodextrine – diese cyclischen Polysaccharide (Zucker und dergleichen sollten Sie aus den Grundlagen der *Organischen Chemie* kennen) sind (wie so viele Naturstoffe) chiral und erlauben, anders als alle bisher erwähnten Säulenmaterialien, auch die Auftrennung von Enantiomeren. (Schauen Sie sich hierzu bitte Exkurs 23.1 aus dem ▶ Harris an.)

Harris, Abschn. 23.1: Der Trennprozess in der Gaschromatographie

Zum Einsatz kommen hier meistens *offene Kapillarsäulen*. „Offen" bedeutet hier, dass die Säulen, von der Wandbedeckung einmal abgesehen, *nicht* mit Säulenmaterial gleichwelcher Art gefüllt sind. Das hat einen immensen Vorteil: So entfällt der gesamte fließgeschwindigkeits-unabhängige Term der van-Deemter-Gleichung (der A-Term aus ▶ Gl. 12.12), der die unterschiedlichen Weglängen der einzelnen Analyt-Partikel berücksichtigt.

■■ **Verteilungsgleichgewicht**

Analyt$_{\text{gelöst in der flüssigen stationären Phase}}$/Analyt$_{\text{in der Gasphase}}$

Die Alternative besteht darin, als stationäre Phase eine *Flüssigkeit* zu verwenden. Für diese Art der GC stehen unterschiedliche Arten von Säulen zur Verfügung:

— Bei *gepackten Säulen* wird feinkörniges Trägermaterial verwendet, auf dessen Oberfläche sich die als stationäre Phase dienende Flüssigkeit befindet; das Trägermaterial ist mit dieser Flüssigkeit (mehr oder minder homogen) benetzt.

— Alternativ nimmt man *wandbelegte offene Kapillarsäulen,* bei denen die Innenseite der Kapillare selbst mit einem dünnen Flüssigkeitsfilm bedeckt ist.

   — Als Flüssigkeiten kommen verschiedene Polysiloxane unterschiedlicher Polarität zum Einsatz, die ganz nach den physikochemischen Eigenschaften der jeweils zu untersuchenden Analyten ausgewählt werden sollten (eine Auswahl bietet Tab. 23.1 aus dem ▶ Harris).

   — Manche der Stoffe, die im vorangegangenen Abschnitt als Säulenbeschichtung die Grundlage für die Feststoff-Adsorption geboten haben, können auch in Form einer Lösung genutzt werden (etwa die in besagtem Abschnitt erwähnten Cyclodextrine, die uns in ▶ Abschn. 14.3 und ▶ Abschn. 15.1 erneut begegnen werden).

   — Teilweise bemerkenswerte Eigenschaften besitzen einige ionische Flüssigkeiten, die in jüngster Zeit ebenfalls in der GC verwendet werden. (Allerdings tummeln wir uns damit dann wirklich in einem ziemlich neuen Forschungsgebiet, in dem das vielzitierte „letzte Wort" noch nicht einmal ansatzweise gesprochen ist.)

Unterschiedliche Säulen sind auch für unterschiedliche Zwecke geeignet:

— *Gepackte* Säulen vermögen deutlich größere Substanzmengen aufzunehmen (und damit auch zu trennen); deswegen wird diese Art Säule vor allem *präparativ* genutzt.

— *Offene* Kapillaren hingegen führen zu deutlich saubereren Trennungen; zudem sind sie ungleich empfindlicher. Dafür lassen sich damit nur kleinere Mengen von Analyten auftrennen, deswegen scheidet ihr präparativer Einsatz praktisch aus. Will man aber richtig saubere (Spuren-)Analytik betreiben, sind sie eindeutig vorzuziehen.

Da bekanntermaßen (gemäß ▶ Gl. 12.11) die Auflösung einer Säule mit der Anzahl ihrer theoretischen Böden N zunimmt und die Anzahl der theoretischen Böden einer Säule mit deren Länge zusammenhängt, stehen auch Säulenlänge und Trennleistung in einem engen Verhältnis. (Dass man nicht unendlich lange Säulen verwendet, ist einfach der Tatsache geschuldet, dass man irgendwann auch einmal fertig sein will.)

> **Technische Aspekte**
> Wenn die offenen Kapillarsäulen eigentlich nichts anderes sind als extrem dünne, dafür aber dutzende von Metern lange Röhrchen aus Siliciumdioxid (und aus nichts anderem besteht auch Glas), wieso zerbrechen die nicht sofort? – Das liegt einfach daran, dass diese haarfeinen Glasröhrchen mit Kunststoff ummantelt sind: einem Polyimid, das auch die erforderlichen Heiztemperaturen, teilweise >300 °C, übersteht. Diese Ummantelung sorgt nicht nur für die erforderliche Stabilität, sondern schützt das Säulenmaterial auch noch vor (Luft-)Feuchtigkeit. (Einen guten Überblick über den Aufbau entsprechender Kapillaren bietet Abb. 23.2 aus dem ▶ Harris.)

Harris, Abschn. 23.1: Der Trennprozess in der Gaschromatographie

Harris, Abschn. 23.1: Der Trennprozess in der Gaschromatographie

Harris, Abschn. 23.4:
Probenvorbereitung

■ **Probenvorbereitung**

Nicht jede Verbindung kann „einfach so" gaschromatographisch untersucht werden:

— Manche Lösungen sind zu konzentriert und würden die Säule hoffnungslos überlasten. (Das passiert im Analytiker-Alltag ungleich häufiger, als einem lieb sein kann!)

— Andere Lösungen sind entschieden zu verdünnt, entsprechend gilt es dann, nach geeigneten Anreicherungs-Methoden Ausschau zu halten – hier empfiehlt sich die Beschäftigung mit weiterführender Literatur. (Einige konkrete Vorschläge zum Thema Probenvorbereitung bietet auch schon der ▶ Harris.)

Allerdings gibt es noch weitere „Probleme", die sich vor der gaschromatographischen Untersuchung einer Substanz oder eines Substanzgemisches ergeben können:

— Bitte vergessen Sie nicht, dass das Prinzip der GC nun einmal darauf basiert, die verschiedenen Analyten *in die Gasphase* zu überführen.

> ⓘ **Mit anderen Worten: Was sich nicht unzersetzt verdampfen lässt, wird sich auch nur schwerlich per GC untersuchen lassen. Ein vollständiger DNA-Strang wird wohl kaum mitspielen wollen, gleiches gilt für Gläser und vergleichbare Feststoffe (so häufig genau das in zahlreichen Fernsehserien, deren Namen hier gnädigerweise unerwähnt bleiben sollen, auch vermeintlich geschieht).**

— Manche Substanzen sind trotz ihrer moderaten molekularen Masse nur schwer in die Gasphase zu bringen: Denken Sie etwa an die verschiedensten Alkohole oder gar Carbonsäuren, die dank ausgeprägter intermolekularer Wechselwirkungen deutlich höhere Siedepunkte aufweisen, als man möglicherweise erwarten würde.

— Und dann sind da noch die Analyten, die mit dem Säulenmaterial reagieren würden: Freie Carbonsäuren beispielsweise würden entweder die Polysiloxane angreifen, oder aber sie würden sich mit dem Siliciumdioxid-„Rückgrat" der Säule zu einem gemischten Säureanhydrid verbinden. In letzterem Falle hätten Sie dann gleich zwei Dinge erreicht:
  — Ihr Analyt kommt nicht mehr von der Säule.
  — Die Säule lässt sich nicht mehr weiterverwenden.

Aus diesem Grund reagieren praktisch alle Gaschromatographiker (gleichwelchen Geschlechts) auf freie Carbonsäuren regelrecht allergisch. Dabei ist es eigentlich recht einfach, eine (aggressive und viel zu schlecht in die Gasphase zu befördernde) Säure zur Kooperation zu bewegen: Man muss sie nur *verestern*, also die freie Säure zu einem Ester *derivatisieren* (kurz angerissen wurde das bereits in Teil I).

Besonders gut geht das mit Diazomethan (CH_2N_2). Unter Freisetzung von elementarem Stickstoff (N_2) werden Carbonsäuren damit zu ihrem Methylester umgesetzt (◻ Abb. 13.1).

Auf diese Weise wird die Carboxylgruppe in ihrer Polarität deutlich herabgesetzt (was den Siedepunkt deutlich senkt: während etwa Essigsäure bei 118 °C siedet, geht deren Methylester trotz der um etwa 14 g/mol höheren molekularen Masse bereits bei 57 °C in die Gasphase über), und wir verhindern zusätzlich jegliche chemische Reaktion zwischen dem (nun derivatisierten) Analyten und dem Säulenmaterial.

◻ **Abb. 13.1**   Veresterung freier Carbonsäuren mit Diazomethan

Hat man schließlich den Analyten in einer GC-kompatiblen Form vorliegen (also gegebenenfalls derivatisiert und in angemessener Konzentration in Lösung vorliegend), muss er in die Kapillare eingebracht werden – was alles andere als trivial ist, schließlich sollen idealerweise letztendlich alle Analyt-Partikel der gleichen Sorte weitestgehend gleichzeitig den Detektor erreichen, also sollten sie auch alle gleichzeitig starten. Schauen Sie sich hierzu noch einmal Abb. 22.5 aus dem ▶ Harris an (auch wenn es da um Flüssigchromatographie geht):

Harris, Abschn. 22.2: Was ist Chromatographie?

Eine gewisse Peak-Verbreiterung ist natürlich unvermeidbar (Stichwort: van-Deemter-Gleichung!), aber je schmaler die Proben-Zone in der Säule, desto schmaler sollte auch der zugehörige Peak ausfallen. Gleiches gilt auch in der GC, insofern sind die verschiedenen technischen Möglichkeiten, die Proben-Zone so klein wie möglich zu halten, im wahrsten Sinne des Wortes eine Wissenschaft für sich – weswegen wir darauf hier auch nicht weiter eingehen wollen. (Ein wenig zynisch könnte man behaupten: Das hat ja nichts mit „Chemie an sich" zu tun, das gehört in das Gebiet der Ingenieurswissenschaften.) Die Grundlagen zu diesem Thema können Sie selbstverständlich dem ▶ Harris entnehmen.

Harris, Abschn. 23.2: Probeninjektion

13.2 Detektoren

Da die Analyten bei der gaschromatographischen Trennung den Detektor nun einmal in Gasform erreichen, kommen wir dieses Mal mit der Photometrie (leider) nicht weiter. Stattdessen gibt es zahlreiche weitere Detektoren, die hier nur kurz angesprochen werden sollen (etwas mehr dazu findet sich im ▶ Harris):

Harris, Abschn. 23.3: Detektoren

— Die Standard-Methode der Detektion in der Gaschromatographie bestand lange Zeit (seit Entwicklung der GC selbst) darin, die Wärmeleitfähigkeit des vorliegenden Gasgemisches zu ermitteln: Die Wärmeleitfähigkeit von Helium (dem Standard-Trägergas) ist bemerkenswert hoch; erreicht jedoch ein Helium-Analyt-Gemisch den zugehörigen *Wärmeleitfähigkeits-Detektor*, nimmt die Leitfähigkeit unweigerlich ab.

— Mittlerweile praktisch zum Standard geworden ist allerdings die Kombination von Gaschromatographie und Massenspektrometrie (kurz: GC/MS) – ganz analog zur LC/MS aus ▶ Abschn. 12.4. Auf diese Weise werden Detektion und weitere Analytik sinnvoll miteinander verknüpft (aber die Massenspektrometrie kommt nun einmal erst in der „Analytischen Chemie II").

— *Flammen-Ionisationsdetektoren* (kurz: FID) weisen (indirekt) Kohlenstoff-Atome des Analyten nach, indem das Gemisch aus Trägergas und Analyt mit Wasserstoff und Luftsauerstoff thermisch umgesetzt wird. C-Atome, die nicht bereits im Analyten Teil einer C-O-Doppelbindung waren, werden unter den gewählten Bedingungen zu CH-Radikalen, die mit dem Luftsauerstoff zur Radikalkationen (der Summenformel CHO^+) und freien Elektronen reagieren. Letztere sorgen dann für einen Stromfluss – und *der* wird nachgewiesen. Auch wenn nur etwa jedes zehntausendste C-Atom tatsächlich nachweisbare Elektronen freisetzt (was die Empfindlichkeit dieser Methode drastisch schmälert), ist doch der resultierende Strom der Analyt-Masse proportional.

— Dazu kommt noch eine Vielzahl speziellerer Detektoren, die jeweils nur für im Vorfeld genauestens zu ermittelnde Analyten geeignet sind. Hier hilft wirklich nur noch der Blick in deutlich speziellere Literatur.

❓ Fragen

8. Weswegen führt eine Überladung der Säule durch Injektion einer zu hoch konzentrierten Analyt-Lösung zu unbefriedigenden Trennergebnissen?

9. Woran liegt es, dass der Verwendung von Stickstoff (N_2) anstelle von Helium (He) als Trägergas die Auflösung sinkt?

Speziellere Formen der Chromatographie

Auch wenn die Adsorptions-Chromatographie gewiss mit Abstand die am weitesten verbreitete chromatographische Stofftrennungs-Methode darstellt – unter anderem, weil sie so vielseitig ist und die Auftrennung einer beinahe unendlichen Vielfalt von Stoffen gestattet –, soll doch nicht verhohlen werden, dass es noch weitere Analytik-Methoden gibt, die auf einem zwar ähnlichen Prinzip basieren, dabei aber als deutlich spezieller angesehen werden – sei es, weil die jeweilige Trennmethode eben nur für eine relativ kleine Gruppe von Analyten geeignet ist (die dann das eine oder andere besondere Charakteristikum aufweisen müssen), oder weil die dahinterstehende Technik (noch) als recht aufwendig gilt.

14.1 Ionenaustauscher-Säulen

Harris, Abschn. 25.1:
Ionenaustausch-Chromatographie

Das Prinzip der Ionenaustausch-Chromatographie besteht darin, dass in den Hohlräumen eines dreidimensionalen Netzwerkes geladene Teilchen (also Kationen oder Anionen) eingelagert oder kovalent fixiert werden, die dann mit entgegengesetzt geladenen Analyten in elektrostatische Wechselwirkung treten. Dass besagte Analyten unter derartigen Umständen die Säule nicht mehr einfach ungehindert durchströmen können, sondern zurückgehalten werden, sollte nachvollziehbar sein. Und ganz in Analogie zur Adsorptions-Chromatographie ist eine größere Menge Lösemittel – das verständlicherweise ebenfalls Ladungsträger enthalten muss – erforderlich, um den derzeit noch stark mit dem „Säuleninhalt" wechselwirkenden Analyten von besagter Säule wieder zu eluieren. Gehen wir die verschiedenen, sich unweigerlich stellenden Fragen der Reihe nach durch:

■ **Verwendete Säulen**

Hauptbestandteil der Ionenaustauscher-Säulen ist wieder einmal das Säulenmaterial, also die stationäre Phase. Dabei handelt es sich um:

— (organische) Harze: Meist verwendet man Polystyren-Harze (polymerisiertes Styren C_6H_5–CH=CH$_2$; mehr über Polymere erfahren Sie in der *Organischen Chemie* oder der *Makromolekularen Chemie*), deren Vernetzungsgrad sich über die hinzudosierte Menge an Vernetzungsmittel (meist: Divinylbenzen) relativ fein einstellen lässt, so dass man die gewünschte Porengröße erhält. (Prinzipiell sind derlei Säulen für Analyten mit einer molaren Masse <500 g/mol gut verwendbar; die Porengröße kann sich, abhängig von der Größe der relevanten Analyten, unmittelbar auf die Trennleistung auswirken.) *oder*

— (ebenfalls organische) Gele: Diese bestehen meist aus Polysacchariden (bitte denken Sie zurück an die Kohlenhydrate aus der *Organischen Chemie*) und weisen deutlich größere Poren/Hohlräume/Zwischenräume auf, so dass sich damit auch *große* Moleküle (zum Beispiel Proteinfragmente oder ggf. sogar vollständige Proteine) auftrennen lassen.

Verständlicherweise sind beide Gel-Materialien nicht auf extrem rigide Bedingungen (hohe Temperaturen, starke Oxidations- oder Reduktionswirkung von Analyten und/oder Lösemittel, extreme pH-Werte etc.) ausgelegt.

— Für derlei (wirklich spezielle) Fälle greift man dann auf (anorganische) Ionenaustauscher-Materialien zurück, deren Grundgerüste aus mehr oder minder kovalent aufgebauten Metall-Oxiden bestehen. Das ist aber wirklich schon ziemlich speziell.

■ **Das Ausmaß an Wechselwirkungen**

Das Säulenmaterial alleine (ob nun aus Polystyren oder aus Polysacchariden der einen oder anderen Art) trägt noch nicht (oder zumindest nicht nennenswert) zu den hier gewünschten Wechselwirkungen bei. Damit man akzeptable Trennleistungen erhält, müssen in die stationäre Phase noch entsprechend fixierte negative oder positive Ladungen eingebracht werden. Dies geschieht

- in Form von (stark oder mäßig sauren) Sulfon- oder Carbonsäuregruppen ($-SO_3H$ oder $-COOH$), die oberhalb eines gewissen pH-Wertes eben deprotoniert und damit anionisch vorliegen
  bzw.
- durch tertiäre oder quartäre Amine ($-NR_2H^+$ bzw. $-NR_3^+$), die entsprechend für positive Ladungen sorgen – im Falle der tertiären Amine unterhalb eines gewissen pH-Wertes, im Falle der quartären Amine sogar dauerhaft (weil hier eine Deprotonierung nun einmal einfach nicht möglich ist).
  (Es ist empfehlenswert, sich hierzu Abb. 25.1 aus dem ▶ Harris anzuschauen.)

Harris, Abschn. 25.1:
Ionenaustausch-Chromatographie

Wie stark nun Analyten entsprechend gegensätzlicher Ladungen von den fixierten Ladungen im Säulenmaterial angezogen werden, hängt von mehreren Faktoren ab:
- Zum einen spielt die **Ladungsdichte** eine wichtige Rolle.
  Dabei ist zu berücksichtigen, dass wir hier meist in dem einen oder anderen Lösemittel arbeiten, insofern wird sich bei allen Ladungsträgern eine Solvathülle ausbilden – wobei diese mit zunehmender Ladungsdichte des betrachteten Teilchens recht massiv ausfallen kann. Aus diesem Grund kann es auch vorkommen, dass ein *eigentlich kleines* Kat- oder Anion mit Solvathülle im Ganzen größer ist als ein *eigentlich größeres* Ion mit „im freien Zustand" geringerer Ladungsdichte.
- Auch die Polarisierbarkeit (ganz im Sinne des HSAB-Konzeptes aus der *Allgemeinen und Anorganischen Chemie*) ist von Bedeutung.

Das Ganze lässt sich auch (bedingt) quantifizieren und die resultierende Selektivität („Wer wechselwirkt womit besonders effektiv?") in Formeln oder zumindest Kennzahlen umsetzen. Da es in diesem Teil aber wieder vornehmlich um das dahinterstehende Prinzip gehen soll, wollen wir hier nicht weiter darauf eingehen; bei Interesse hilft beispielsweise Tab. 25.3 aus dem ▶ Harris weiter.

Harris, Abschn. 25.1:
Ionenaustausch-Chromatographie

- **Elution der Analyten**

Bevor wir die Frage beantworten können, wie sich die Wechselwirkungen auf die Elution der Analyten auswirken, sollten wir uns noch einmal die Ausgangssituation vor Augen führen: Wir haben es mit (positiv oder negativ) geladenen Analyten zu tun, die natürlich, bevor sie in Kontakt mit der Chromatographiesäule gekommen sind, ein Gegen-Ion besessen haben müssen. (Man kann es nicht oft genug betonen: Dauerhafte makroskopische Ladungstrennung ist nicht möglich.)

In gleicher Weise müssen auch die fixierten (positiven oder negativen) Ladungen des Säulenmaterials ein Gegen-Ion mitgebracht haben. Nun nutzt man aus, dass die Wechselwirkung zwischen Analyt und Säulenmaterial stärker ist als die zwischen
a) dem Analyten und seinem (ursprünglichen) Gegen-Ion einerseits *und*
b) dem Säulenmaterial und dessen ursprünglichen Gegen-Ion andererseits.

Es findet also *ionischer Partnertausch* statt – deswegen heißt dieses Verfahren ja auch Ionen*austausch*-Chromatographie.

Nachdem geklärt ist, dass Säulenmaterial und Analyt stärker miteinander wechselwirken als die anfänglich vorliegenden beiden Wechselwirkungs-Paare, gibt es prinzipiell zwei Möglichkeiten:
- Ist die Wechselwirkung zwischen Analyt und stationärer Phase nur leidlich ausgeprägt, mag es reichen, der stationären Phase in zunehmend hoher Konzentration ihr *ursprüngliches* Gegen-Ion anzubieten: als **Elutions-Gradient.**
  Dafür dosiert man ein Gemisch aus zwei Flüssigkeiten auf die Säule:
  - Gefäß 1 enthält nur das Lösemittel, mit dem schon von Anfang an gearbeitet wurde.

— Gefäß 2 enthält eine hoch konzentrierte Lösung des ursprünglichen Gegen-Ions des Säulen-Materials (mit einem „Gegen-Gegen-Ion", das selbstverständlich vom Analyten verschieden sein sollte …).

Die Elution beginnt dann unter Verwendung ausschließlich des freien Löse-mittels, das vermutlich nicht ausreichen wird, um die Analyten von der Säule zu spülen (sonst wäre die Wechselwirkung zwischen säulenfixierten Ladungsträgern und Analyten arg schwach). Nach und nach wird der Anteil der Lösung aus Gefäß 2 immer weiter gesteigert, bis die Konzentration des ursprünglichen Gegen-Ions unseres Analyten ausreicht, um ihn von der sta-tionären Phase zu eluieren.

— Ist die Wechselwirkung zwischen stationärer Phase und Analyt sehr stark, mag selbst eine maximiert konzentrierte Lösung des ursprünglichen Gegen-Ions nicht mehr ausreichen, um die gewünschte Elution zu bewirken. Dann hilft nur noch, einen neuen Stoff (einen Alternativ-Partner) einzuführen, der die gleiche Ladung wie unser Analyt besitzt, aber mit dem Säulenmaterial *noch stärker* wechselwirkt. Geschieht das, wird der Analyt entsprechend eluiert. Das birgt einen gewissen Nachteil: Jetzt sitzt nämlich dieser neue Stoff ziemlich fest an unserer Säule. Nach Gebrauch muss man die Ionenaus-tauscher-Säule **renaturieren,** also wieder in ihren ursprünglichen Zustand zurückversetzen. Das lässt sich bewirken, indem man die Säule mit einer Lösung ihrer ursprünglichen Gegen-Ionen spült. Gewiss, man muss *ziemlich lange* spülen, und die Konzentration dieser Spül-Lösung sollte ziemlich hoch sein, aber es funktioniert. – Warum eigentlich?

Ein Rückgriff auf die Allgemeine und Anorganische Chemie

Wieso reicht es aus, die Säule ausgiebig mit einer „Gegen-Ion-Lösung" zu spülen? – Dahinter steckt letztendlich wieder einmal das Massenwirkungsgesetz. Zur Veranschaulichung betrachten wir die Geschehnisse auf der Säule mit deutlich kleineren, aber dafür anschaulicheren Zahlen, als wenn wir wirklich in der Größenordnung der Avogadro-Zahl arbeiten müssten:

Wenn das Säulenmaterial (beispielsweise) 1000 anionische Bindungsstellen aufweist (ja, natürlich werden es in Wahrheit mehr sein!), können entsprechend 1000 (kationische) Analyt-Partikel daran hängengeblieben sein. Eluieren wir diese mit einem weiteren Stoff (wir nennen Ihn X), hängen anschließend bis zu 1000 kationische Teilchen X an der stationären Phase.

Hat es sich nun (beispielsweise) beim ursprünglichen Gegen-Ion zum Säulenmaterial um Natrium-Kationen gehandelt, reicht es meist aus, ausgiebig (!) mit Kochsalzlösung zu spülen, denn hier bieten wir den 1000 Bindungsstellen eben nicht nur 1000 Natrium-Ionen an, sondern eine ungleich größere Anzahl. (Jetzt dürfen Sie, wenn Sie wollen, *doch* wieder die Avogadro-Zahl hervorkramen.) Das Massenwirkungsgesetz verrät uns zwar, wie sehr ein Gleichgewicht auf die eine oder andere Seite verschoben ist, aber – und hier holen wir jetzt noch Le Chatelier ins Boot – wir wissen ja auch, dass man durch weitere Zugabe eines Edukts oder Produkts die Lage eines chemischen Gleichgewichtes sehr wohl verschieben kann. Und genau das geschieht hier.

Die Wechselwirkungsverhältnisse zwischen Analyt und Säulenmaterial lassen sich zudem durch Veränderung des pH-Wertes und anderer Aspekte modi-fizieren. Auch in der Ionenaustausch-Chromatographie sind viele verschiedene Parameter zu berücksichtigen. Aber hier geht es ja ums Prinzip.

14

■ **Sonderanwendung 1: Ionenchromatographie**

So wie die HPLC die Hochleistungs-Variante der Flüssigchromatographie ist, darf man die Ionenchromatographie als deren Gegenstück zur klassischen Ionenaustauscher-Chromatographie betrachten. Sie wird vornehmlich bei der Analytik von Anionen angewendet (man arbeitet also mit kationischen stationären Phasen) und entwickelt sich – wieder ganz in Analogie zur HPLC – allmählich zu einem echten Labor-Standard.

Die Detektion der betrachteten Analyten erfolgt in dieser Technik meist konduktometrisch, also ganz so, wie wir das schon aus Teil II kennen. Entsprechend muss, gerade bei Veränderungen des pH-Wertes, dafür gesorgt werden, dass etwaige Hydronium- oder Hydroxid-Ionen nicht jegliche anderen potentiellen Messwerte überdecken.

Die dahintersteckenden Aspekte dieser *Suppression,* die technischen Anforderungen der Trennungen an sich und auch die Betrachtung möglicher Betriebs-Varianten würden den Rahmen dieser kurzen Einführung wieder einmal sprengen, deswegen sei hier nur auf Abschn. 25.2 des ▶ Harris verwiesen.

Harris, Abschn. 25.2: Ionenchromatographie

■ **Sonderanwendung 2: Ionenpaar-Chromatographie**

Hier treffen – vielleicht unerwarteterweise – das Konzept der Ionenaustauscher-Chromatographie und das Prinzip der Umkehrphasen-HLPC aufeinander: Durch Zusatz eines anionischen Tensids (also eines an sich unpolaren Molekül-Ions, das an einer funktionellen Gruppe eine negative Ladung trägt, vgl. Abb. 25.12 aus dem ▶ Harris) wird eine entsprechende RP-HPLC-Säule, die ja eigentlich ebenfalls unpolar ist, in eine Ionenaustauscher-Säule umgewandelt, an der nun die ursprünglichen Gegen-Ionen des Tensids mit den Analyten konkurrieren.

Harris, Abschn. 25.2: Ionenchromatographie

So elegant dieses Konzept auch ist: Weil das „Adsorptions-/Wechselwirkungs-Gleichgewicht" hier äußerst pH-empfindlich ist, mit Temperaturschwankungen nicht sonderlich gut zurechtkommt und sich zudem auch noch nur sehr langsam einstellt, haben wir es hier mit einer echten Sonderanwendung zu tun, zu der man gemeinhin erst dann greift, wenn sich die betreffenden Analyten durch nichts anderes auftrennen lassen.

? Fragen

10. Wieso steigt die Selektivität einer Ionenaustauscher-Säule auf Polystyren-Basis mit sinkender Porengröße?
11. Weswegen ist die Ionenpaar-Chromatographie so empfindlich Veränderungen des pH-Wertes gegenüber?

14.2 Ausschlusschromatographie

Dieses Verfahren wird gelegentlich auch als **Gelfiltration** bezeichnet – und praktischerweise beschreibt der Term ‚Filtration' das ziemlich genau das dahintersteckende Prinzip ... allerdings „einmal um die Ecke gedacht":

Das Prinzip eines „gewöhnlichen" Filters ist ja zunächst einmal von dem eines Nudelsiebs kaum zu unterscheiden (denken Sie an Teil I):

Hinreichend kleine Dinge (z. B. Wasser-Moleküle oder auch in Wasser gelöste Ionen des beim Kochen verwendeten Salzes – oder salzen Sie Ihr Nudelwasser nicht?!) passieren das Sieb praktisch ungehindert, größere Dinge (vornehmlich die Nudeln) bleiben in dem Sieb zurück, das hier die Funktion eines Filters erfüllt.

Bei der Ausschlusschromatographie kommen wieder Säulen zum Einsatz, deren stationäre Phase zahlreiche Poren aufweist, die also neben der „äußeren Oberfläche" auch eine große „innere Oberfläche" besitzen (so wie wir das schon aus ▶ Kap. 11 kennen). Die Poren des Säulenmaterials sind groß genug, dass kleine Analyten (oder Verunreinigungen) mehr oder minder mühelos dort

Harris, Abschn. 25.3:
Molekülausschluss-Chromatographie

eindringen können, während größeren Molekülen dieser Weg versperrt ist: Die können nur daran vorbeigleiten – womit sie aber einen deutlich *kürzeren* Weg zurücklegen, als die kleineren Partikel, die durch das labyrinthartige Innere des Säulenmaterials wandern. Auf diese Weise erreichen die größeren Analyten eher das Ende der Säule als kleinere (gut dargestellt in Abb. 25.14 des ▶ Harris); sie werden also früher eluiert.

Als Säulenmaterial finden entweder die gleichen Polysaccharide Verwendung, die wir schon bei den Ionenaustauscher-Säulen in ▶ Abschn. 14.1 kennengelernt haben, oder aber Polyacrylamid: ebenfalls ein Polymer, das (genau wie beim Polystyren) durch Zusatz eines Netzwerkbildners ein dreidimensionales Netzwerk bildet. (Schauen Sie sich Abb. 25.15 aus dem ▶ Harris an; genau dieses Netzwerk werden wir in ▶ Abschn. 15.2 erneut benötigen.) Und genau wie beim vernetzten Polystyren, können wir auch beim Polyacrylamid durch gezielte Steigerung oder Verringerung des Netzwerkbildner-Anteils in der Gesamtmischung für kleinere oder größere Poren sorgen. Damit sind derlei Säulen sehr vielseitig: Sie lassen sich auf die konkreten Analytik-Bedürfnisse praktisch passgenau zuschneiden.

Harris, Abschn. 25.3:
Molekülausschluss-Chromatographie

Zu den Anwendungsgebieten der Ausschlusschromatographie gehört auch die Ermittlung der molaren Masse größerer bis ziemlich großer Moleküle (womit wir wieder bei Proteinen oder anderen hochmolekularen Naturstoffen wären).

> ⊘ Allerdings muss man dabei beachten, dass ab einer bestimmten Größe, oberhalb derer man entsprechende Moleküle nicht mehr mit „in erster Linie radialsymmetrisch" beschreiben kann (oder zumindest sollte), eben auch die dreidimensionale Form eine Rolle spielen kann: Ein wirklich (annähernd) kugelförmiges großes Molekül wird das in Abb. 25.14 des ▶ Harris dargestellte Gel nicht mit der gleichen Geschwindigkeit passieren wie ein in erster Näherung stäbchenförmigen Teilchen gleicher molekularer Masse. Aber für einen ersten Erkenntnisgewinn reicht die Gelfiltration oft trotzdem schon aus.

Das Praktische an diesem „invertierten Filtrieren" ist, dass man auf diese Weise auch sehr leicht in einer Lösung befindliche Salze entfernen kann: Jegliche (meist deutlich größere) Analyten kommen mehr oder minder rasch von der Säule, die in der Analyt-Lösung vorliegenden Salze bleiben zunächst einmal zurück und können, bei Bedarf, zu einem späteren Zeitpunkt separat eluiert werden (oder sie werden im Rahmen der Säulen-Renaturierung verworfen). Dieses als **Entsalzung** bezeichnete Verfahren ist vor allem in der in der Bioanalytik von immenser Bedeutung.

> ❓ **Fragen**
> 12. Was könnte der Grund sein, wenn sich bei einer Ausschluss-chromatographie keine Trennung der Analyten einstellt?

14.3 Affinitätschromatographie

Bei dieser Form der Stofftrennung gilt es weniger, ein komplexes Gemisch vollständig in seine einzelnen Komponenten zu zerlegen, als vielmehr, einen einzelnen Analyten (oder eine Reihe chemisch sehr ähnlicher Verbindungen) aus einem komplexeren Gemisch herauszuholen. Dafür verwendet man – ähnlich der Ionenaustauscher-Chromatographie – ein Säulenmaterial, mit dem der relevante Analyt deutlich stärker wechselwirkt als alle anderen. (Da der Grund für diese stärkere Wechselwirkung durchaus auch die eine oder andere funktionelle Gruppe sein kann, gestattet die Affinitätschromatographie gelegentlich auch das Isolieren einer ganzen Stoff-Familie.) Entsprechend werden alle anderen Bestandteile des Substanzgemisches die Säule rascher passieren als der Analyt, den man anschließend durch Wechsel der Elutionsbedingungen (anderes Lösemittel, anderer pH-Wert etc.) wieder von der Säule holt. (Wenn man spitzfindig ist, könnte man behaupten, beim Versuch der gaschromatographischen Analyse freier Carbonsäuren betreibe man ebenfalls Affinitätschromatographie: So schön wie freie Carbonsäuren wechselwirkt niemand sonst mit dem Säulenmaterial. Allerdings ist das dort zum einen nicht gewünscht, und zum anderen ist die Elution der Carbonsäuren ein ganz eigener Spaß … meist sehr eng mit Frustration verbunden.)

Da man das erforderliche Säulenmaterial sehr gezielt herstellen kann, indem man an das Trägermaterial praktisch jede nur erdenkliche Substanz mechanisch oder auch kovalent anbinden kann, sind die Möglichkeiten, was sich damit gezielt „abfangen" lässt, nahezu unbegrenzt – neben den bereits erwähnten funktionellen Gruppen zur Abtrennung ganzer Stoffklassen spricht auch nichts dagegen, zum Beispiel ein bestimmtes Protein, einen Antikörper, ein Antigen oder beliebiges anderes zum Einsatz zu bringen.

- Auf diese Weise lassen sich beispielsweise Proteine isolieren (die nur unter ganz bestimmten physiologischen Bedingungen auch wirklich genau die gewünschte Art der Wechselwirkung eingehen).
- Die Trennung von Enantiomeren (oder anderen Stereoisomeren) ist ja bekanntermaßen nicht ganz trivial. In ▶ Kap. 13 hatten wir aber bereits angesprochen, dass die Verwendung eines chiralen Säulenmaterials (Stichwort: Cyclodextrine) entsprechende Trennungen ermöglicht: Bei geschickter Wahl des (dann ebenfalls chiralen) Säulenmaterials gestattet auch die Affinitätschromatographie die Unterscheidung von (R)- und (S)-Enantiomeren etc.
- Und das ist nur der Anfang.

Harris, Abschn. 25.4: Affinitätschromatographie

- **Chirale Chromatographie**

Enantiomere besitzen, wie Sie in der *Organischen Chemie* erfahren haben werden, prinzipiell die gleiche Struktur und unterscheiden sich „nur" in der Konfiguration an dem/den Chiralitätszentrum/-zentren. (Bitte vergessen Sie nicht, dass ein Molekül auch *mehr als ein* Chiralitätszentrum aufweisen kann; bei Enantiomeren ist die Konfiguration dann an *sämtlichen* Chiralitätszentren invertiert.) Aus diesem Grund wechselwirken die beiden Verbindungen eines Enantiomerenpaares in exakt der gleichen Art und Weise, und das bedeutet auch, dass deren Schmelz- und Siedepunkt, Dichte und alle anderen physikalischen Eigenschaften exakt den gleichen Wert besitzen (vom Drehwinkel bei Wechselwirkung mit linear polarisiertem Licht einmal abgesehen). Aus diesem Grund lassen sich Enantiomere nicht destillativ oder durch ähnliche physikalische Verfahren voneinander trennen.

Eine Trennung kann aber bewirkt werden, wenn die beiden Enantiomere mit einer anderen chiralen Verbindung in Wechselwirkung treten, von der *eben nicht* beide Konfigurationen vorliegen, sondern nur eine der beiden – und genau das ist bei der chiralen Chromatographie der Fall: Hier kommen enantiomerenreine Cyclodextrine (oder anderes enantiomerenreines chirales Säulenmaterial) zum Einsatz.

Wechselwirkt dann das (R)-konfigurierte Isomer des Analyten mit dem Säulenmaterial – dem hier, rein willkürlich, ebenfalls (R)-Konfiguration zugesprochen sei – ergibt sich ein Addukt, das nun (R,R)-Konfiguration besitzt, während der (S)-konfigurierte Analyt mit der (R)-konfigurierten Säulenmaterial entsprechend (S,R)-Konfiguration aufweist. Damit stellen die Analyt-Säulenmaterial-Addukte aber keine *Enantiomere* mehr dar, sondern *Diastereomere*, und diese stimmen in ihren physikalischen Eigenschaften keineswegs immer überein. Entsprechend wird hier eine Enantiomerentrennung, eben durch Entstehung chiraler Addukte, sehr wohl möglich.

Wir werden diesem Prinzip in ▶ Abschn. 15.1 (kurz) erneut begegnen.

Gerade im Umgang mit chiralen Verbindungen (Naturstoffe, Pharmaka, anderweitig unter Berücksichtigung der Stereochemie synthetisierte Substanzen) ist das Prinzip der Enantiomerentrennung von immenser Bedeutung.

Elektrophorese

© Springer-Verlag GmbH Deutschland, ein Teil von Springer Nature 2019
U. Ritgen, *Analytische Chemie I*, https://doi.org/10.1007/978-3-662-60495-3_15

Dieses Kapitel mag zunächst überraschen, weil der Elektrophorese ein gänzlich anderes Prinzip zugrunde zu liegen scheint als der Chromatographie, schließlich befasst man sich auf diesem Gebiet der Analytik mit der Wanderung geladener Teilchen (also: Ionen) in einem elektrischen Feld. Sie werden aber bald sehen, warum dieses Thema trotzdem hier behandelt wird.

Um verschiedene (geladene) Teilchen auf elektrophoretischem Wege effizient voneinander trennen zu können, müssen sich die verschiedenen Analyten in ihrer **elektrophoretischen Mobilität (μ_{ep})** unterscheiden. Diese folgt der folgenden Formel:

$$\mu_{ep} = \frac{qE}{f} \tag{15.1}$$

Befindet sich ein Ladungsträger mit der allgemeinen Ladung q (angegeben in Coulomb; ob positiv oder negativ geladen, ist vorerst egal) in einem elektrischen Feld E (mit der Einheit Volt pro Meter), wirkt auf diesen Ladungsträger prinzipiell eine Kraft mit der Einheit Newton, die mit qE angegeben werden kann.

Unter elektrophoretischen Bedingungen befindet sich der Ladungsträger (also: das Ion) allerdings in Lösung, damit wirkt dieser für die Bewegung (fachsprachlich: die **Migration**) Kraft qE eine *Reibungskraft* f entgegen, die (natürlich) von der Geschwindigkeit des sich bewegenden Teilchens (Ions) abhängt. (Erinnern Sie sich noch an den Löffel, den Sie beim Thema „Konduktometrie" aus Teil II durch Honig ziehen sollten? Je schneller sich der Löffel bewegen soll, umso mehr merken Sie, wie sehr der Honig Ihren Bemühungen eine Gegenkraft entgegensetzt.) Und die Viskosität der betreffenden Lösung spielt ebenfalls eine Rolle (womit wir schon wieder beim Honig wären). Dazu kommt noch, dass die Viskosität jeder Flüssigkeit *temperaturabhängig* ist.

> **Veranschaulichung**
> Dass die Viskosität von Wasser temperaturabhängig ist, hat jeder schon einmal erlebt, der erst bei der Benutzung einer Tasse mit Sprung bemerkt hat, das besagte Tasse besagten Sprung überhaupt *hat:* Füllt man sie mit normal-kühlem Leitungswasser, passiert fast gar nichts (man bemerkt höchstens einen kleinen Tropfen am Boden der Tasse, so dass man sich fragt, ob man beim Einfüllen vielleicht ein wenig ungeschickt war); gießt man jedoch in dieser Tasse einen Teebeutel mit *kochendem* Wasser auf, entweicht der Tasseninhalt praktisch über die gesamte Länge des Risses.

Der zahlreichen zu berücksichtigenden Parameter wegen sind tabellierte Werte der elektrophoretischen Mobilität verschiedenster Ionen immer nur unter Berücksichtigung *sämtlicher* Parameter überhaupt miteinander vergleichbar. Am Prinzip der Elektrophorese *an sich* ändert das aber nichts.

15.1 Kapillarelektrophorese (CE)

Bei der Kapillarelektrophorese (nach dem englischen Fachterminus *capillary electrophoresis* auch in der deutschsprachigen Fachliteratur meist mit **CE** abgekürzt) werden offene Kapillaren verwendet, die vom reinen Aufbau her beachtliche Ähnlichkeiten mit den Säulen aus der Gaschromatographie besitzen (▶ Abschn. 13.1) – allerdings sind sie längst nicht so lang (eine typische CE-Kapillare liegt zwischen 30 und 100 cm Länge), dafür aber noch ein gutes Stückchen dünner: Ein Innendurchmesser von 20–80 μm ist die Regel, wobei auch in der CE ein geringerer Durchmesser zu einer besseren Auflösung beiträgt.

Besagte Kapillaren bestehen wieder einmal aus amorphem Siliciumdioxid, wieder einmal werden die dünnen „Glasröhrchen" durch eine Polyimid-Schicht vor Bruch und Feuchtigkeit geschützt, und wieder einmal stellt sich das Problem der freien Silanol-Gruppen (zumal die verwendeten Kapillaren in keiner Weise zuvor modifiziert wurden, also hat's diese –Si–OH-Gruppen hier wirklich *reichlich*).

Aber *führen* die freien –Si–OH-Gruppen hier überhaupt zu einem Problem? – Sie werden gleich bemerken, dass hinter dem Versuchsaufbau, der derzeit noch schwer nach verkappter Gaschromatographie aussieht (was erklären sollte, warum sie hier und jetzt auftaucht), ein sehr eleganter Gedanke liegt, der die CE zu etwas völlig Eigenständigem, äußerst Leistungsfähigem macht.

■ **Besonderheiten der CE**

Wie schon in der Gaschromatographie, sorgen die offenen Säulen der Kapillarelektrophorese dafür, dass der fließgeschwindigkeits-unabhängige Term der van-Deemter-Gleichung (► Gl. 12.12) – der A-Term mit den unterschiedlichen Weglängen – vollständig entfällt. Entsprechend ergibt sich eine im Vergleich zur HPLC ungleich geringere Bodenhöhe H und damit eine deutlich höhere Anzahl theoretischer Böden (N) – mit anderen Worten: eine bessere Auflösung.

Aber es wird noch besser:

Hinter der Kapillarelektrophorese steckt keineswegs das Prinzip der Adsorptionschromatographie (so sehr der Gedanke auch naheliegen mag!). Es geht *nicht* darum, dass die Analyten mit der Wandung der Kapillare wechselwirken. So abstrus es klingen mag:

In der Kapillarelektrophorese gibt *es überhaupt keine stationäre Phase!*

> **Für Spitzfindige**
> Aus diesem Grund legen Sprach-Puristen, die „Chromatographie" als Stofftrennung auf der Basis der unterschiedlichen Wechselwirkung diverser Analyten mit mobiler und stationärer Phase definieren (so wie wir das in ► Kap. 11 getan haben), immensen Wert darauf, dass es sich bei der CE keineswegs um ein chromatographisches Verfahren handelt.
> Deswegen erhält man hier auch keine **Chromatogramme**, sondern **Elektropherogramme.**
> Bei manchen Prüfern mag eine solche sprachliche Feinheit zwischen einer Note und einem „Raus!" entscheiden.

Das bedeutet also, dass sich auch kein Adsorptions- oder Lösungsgleichgewicht einstellen muss, und das wiederum heißt, *auch der C-Term* der van-Deemter-Gleichung entfällt.

Damit ist für die CE die theoretische Bodenhöhe H nur noch zum Term der Longitudinal-Diffusion (dem B-Term) proportional – und damit eben umgekehrt proportional zur Strömungsgeschwindigkeit: Je *größer* diese ist, desto *mehr* theoretische Böden ergeben sich bei einer vorgegebenen Säulenlänge H:

$$H = \frac{B}{u} \tag{15.2}$$

Wenn aber die Trennung nicht auf der Wechselwirkung der Analyten mit dem Säulenmaterial basiert, worauf basiert sie dann?

■ **Sehr dünne Kapillaren**

Wie bereits erwähnt, gibt es auf der Oberfläche der Säulen-Innenseite reichlich Silanol-Gruppen, die – wie bereits in ► Abschn. 12.3 angesprochen –, OH-Acidität zeigen. Ihr pK_S-Wert ist niedrig genug, dass sie oberhalb von $pH = 3$ als vollständig deprotoniert aufgefasst werden können.

- Solange wir uns also nicht im wirklich extrem sauren Medium befinden (pH < 3), weist die Oberfläche einer solchen CE-Kapillare entsprechend zahlreiche negative Ladungen auf – zu denen somit entsprechende Gegen-Ionen gehören. Im Gegensatz zu den negativen Ladungen, die ja nun eindeutig an genau definierten Sauerstoff-Atomen lokalisiert sind, gilt das für die (positiv geladenen) Gegen-Ionen nicht: Diese werden zwar gewiss in der Nähe *der einen oder anderen* negativen Ladung bleiben, können aber ihre Position relativ zur negativ geladenen Oberfläche der Kapillare zumindest theoretisch immer noch recht leicht verändern.

- Es ergibt sich also eine *elektrochemische Doppelschicht:* Eine Lage positiver Ladungsträger liegt mehr oder minder locker auf einer ortsfesten Lage negativer Ladungen. (Schauen Sie sich das Ganze in Abb. 25.24a aus dem ▶ Harris bitte genau an, wir werden das gleich noch brauchen.)

Harris, Abschn. 25.6: Grundlagen der Kapillarelektrophorese

- Nun berücksichtigen wir noch, dass diese Kapillare ja nicht „trocken" verwendet wird, sondern eben in Gegenwart einer Lösung, die neben (ungeladenen) Lösemittelmolekülen auch noch den einen oder anderen Ladungsträger enthält (und wenn es nur unsere Analyten sind, aber da die CE auch sehr gerne in der Bioanalytik verwendet wird, stehen die Chancen nicht schlecht, dass unsere Analyt-Lösung noch weitere Ionen enthält, zum Beispiel Kat- und Anionen, die Bestandteil eines Puffers o. ä. sind).

Und nun schauen Sie sich bitte in Abb. 25.24b aus dem ▶ Harris an, was passiert, wenn das elektrische Feld angelegt wird, ohne das Elektrophorese (verständlicherweise) nicht funktioniert:

- Die negativen Ladungen an der Kapillaren-Oberfläche (in Abb. 25.24 als kleine weiße Kreise dargestellt) können sich in dem elektrischen Feld, wie bereits erwähnt, nicht bewegen; sie sind ortsfest fixiert.

- Deren positiv geladene Gegen-Ionen (in Abb. 25.24 grau markiert) werden sich zwar nicht allesamt in Richtung der Kathode bewegen, denn zumindest einige sind gewiss mehr oder minder fest an die Oberfläche adsorbiert, aber ein Teil von ihnen wird sich sehr wohl in Bewegung setzen – wobei dann wieder die elektrophoretische Mobilität aus ▶ Gl. 15.1 eine gewisse Rolle spielt … aber eben nur eine *gewisse,* weil die elektrostatische Wechselwirkung zwischen den ortsfesten negativen Ladungen und den partiell mobilen positiven Ladungen die Bewegungsfreiheit dieser Kationen zweifellos einschränkt.

- Selbiges gilt aber eben nicht für die nächste „Schicht", die sich hier ergibt, denn nach dem alten Gesetz *gegensätzliche Ladungen ziehen einander an, gleiche Ladungen stoßen einander ab* wird sich auch der Rest der in der Kapillare befindlichen Kationen und Anionen sortieren, so dass sich unmittelbar über der *bedingt mobilen* positiven Lage eine *frei mobile* negative Lage ergibt, und darüber wieder eine positive ebenso mobile Lage.

Insgesamt führt, weil es hier effektiv mehr positive als negative frei bewegliche Ladungsträger gibt, das elektrische Feld zu einer Netto-Triebkraft des ganzen Systems in Richtung Kathode: Innerhalb der Kapillare ergibt sich ein **elektroosmotischer Fluss.**

Dieser elektroosmotische Fluss sorgt für eine einheitliche Bewegungsrichtung und ein einheitliches Bewegungsprofil innerhalb der gesamten Kapillare – einschließlich einer „klaren vorderen Front", wie es sehr gut in Abb. 25.25a des ▶ Harris (Querschnitt einer Kapillare) zu erkennen ist.

Harris, Abschn. 25.6: Grundlagen der Kapillarelektrophorese

- Der elektroosmotische Fluss sorgt nun nicht nur dafür, dass die *positiven* Ladungsträger dank ihrer eigenen elektrophoretischen Mobilität (μ_{ep}) im elektrischen Feld wandern, sondern dass ihre Geschwindigkeit durch den elektroosmotischen Effekt noch gesteigert wird: Sie erhalten einen Geschwindigkeitszuwachs von μ_{eo}.

- Auch auf die *negativen* Ladungsträger wirkt sich die Bewegungsrichtung des elektroosmotischen Flusses aus: Während jedes negativ geladene Teilchen *eigentlich* zur Anode (in Abb. 25.24b des ► Harris links) wandern sollte, wird es durch den elektroosmotischen Fluss dabei zumindest ordentlich auf –, wenn nicht sogar vollständig davon abgehalten. Ihre eigene μ_{ep} (die dann selbstverständlich in die andere Richtung weist und deswegen ein anderes Vorzeichen besitzt) wird um μ_{eo} (mit entgegengesetztem Vorzeichen) verringert. Ist $\mu_{eo} < \mu_{ep}$, wird der betreffende negative Ladungsträger *nie* bei der Anode ankommen, bei $\mu_{eo} > \mu_{ep}$ dauert es zumindest erkennbar länger (umso länger, je größer μ_{ep} ist).

Für alle Ladungsträger ergibt sich dann eine Gesamt-Mobilität (μ_{ges}), die sich aus der Summe der beiden Mobilitäts-Komponenten ergibt, wie ► Gl. 15.3 zeigt:

$$\mu_{ges} = \mu_{ep} + \mu_{eo} \tag{15.3}$$

> ❯ Es sei noch einmal darauf hingewiesen, dass bei negativen Ladungsträgern μ_{eo} und μ_{ep} unterschiedliche Vorzeichen aufweisen, der elektroosmotische Fluss also zumindest ein Abbremsen des Analyt-Partikels zufolge hat.

Es sollte verständlich sein, dass *ungeladene* Teilchen, für deren elektro*phoretische* Mobilität logischerweise immer $\mu_{ep} = 0$ gilt, vom elektro*osmotischen* Fluss sehr wohl mitgerissen werden: Sämtliche ungeladenen Bestandteile des Analyt-Gemisches bewegen sich mit der exakt gleichen Geschwindigkeit (nämlich μ_{eo}) in Richtung Kathode. Dass damit für ungeladene Bestandteile *keinerlei* Trennung zu erwarten steht, sollte nachvollziehbar sein.

Wie bei der Gaschromatographie auch, gibt es für die Kapillarelektrophorese verschiedene Möglichkeiten, den Analyten in die Kapillare zu injizieren oder anderweitig einzubringen. (Da zumindest die aufzutrennenden Analyten allesamt geladen sein müssen, besteht etwa die Möglichkeit der *elektrokinetischen Injektion*, bei der die Analyten durch ein elektrisches Feld in die Kapillare „hineingesaugt" werden und dergleichen mehr.) Zudem gibt es noch eine Vielzahl eleganter Methoden, die Auflösung eines Kapillarelektropherogramms zu optimieren, indem man mit Probenlösungen/Puffern unterschiedlicher Konzentration arbeitet oder während der Messung den pH-Wert variiert etc. Auch zum Thema CE kann dieser Teil nur einen groben ersten Einblick bieten: Die Fachliteratur hierzu ist bemerkenswert umfangreich – die CE entwickelt sich nämlich allmählich, vor allem in den Biowissenschaften, ebenfalls zu einem ernstzunehmenden Standard.

Und da es – über Mittel und Wege, die hier wieder einmal den Rahmen sprengen würden – auch möglich ist, chirales Säulenmaterial zu verwenden (wieder einmal kommen die Cyclodextrine ins Spiel), ist mittlerweile auch die Enantiomerentrennung per Kapillarelektrophorese nicht nur möglich, sondern kommt vor allem in der pharmazeutischen Forschung mittlerweile routinemäßig zum Einsatz.

❓ Fragen

13. Exakt identischen Ionen-Radius vorausgesetzt: Wäre μ_{ep} eines zweiwertigen Kations X^{2+} tatsächlich doppelt so hoch wie μ_{ep} eines einwertigen Kations Y^+? (Begründen Sie Ihre Antwort.)
14. Warum ist es, wiederum in Analogie zur Gaschromatographie, auch in der CE erforderlich, die Temperatur der verwendeten Säule über ihre gesamte Länge konstant zu halten?

15.2 Gelelektrophorese

Wie der Name dieser Methode schon vermuten lässt, kommt hier keine Säule, sondern vielmehr ein Gel zum Einsatz: Meistens bedient man sich eines mehr oder minder engmaschig vernetzten Polyacrylamid-Gels, so wie wir das schon aus der Ausschlusschromatographie aus ► Abschn. 14.2 kennen – und genau wie dort kann man auch hier durch Variation des Anteils an Vernetzungsmittel die Porengröße/Maschenweite des Netzes gezielt beeinflussen.

> ❯ Wenngleich Gelelektrophorese auch mit anderen Netzbildnern als mit Polyacrylamid möglich ist (etwa mit diversen Agarose-Gel-Varianten), ist doch Acrylamid als Ausgangsstoff für derlei Gele derart üblich (obwohl monomeres Acrylamid alles andere als gesund ist!), dass die Begriffe Gelelektrophorese und **PAGE** (Polyacrylamid-Gelelektrophorese) gelegentlich synonym verwendet werden. Besonders häufig kommt gerade diese Form der Gelelektrophorese in der Bioanalytik zum Einsatz, insbesondere zur Trennung von Makromolekülen wie Proteinen oder Protein-Untereinheiten. (Darauf wird in Lehrveranstaltungen oder -werken der *Biochemie* ausführlich eingegangen.)

Allerdings gibt es einen feinen, aber entscheidenden Unterschied zwischen Gel*filtration* und Gel*elektrophorese:* Bei letzterer kann man sich das „Um-die-Ecke-denken" sparen, denn wenn es darum geht, Makromoleküle voneinander zu trennen, sind selbst die kleinsten noch entschieden zu groß, um in etwaige Hohlräume hineinzupassen und auf dem Weg zum anderen Ende des Gels unterschiedliche Strecken zurückzulegen. Vielmehr bedient man sich hier eines einfachen *Sieb-Effektes:*

— Je kleiner der Analyt, desto leichter wird es ihm fallen, durch das Gel-Netz hindurchzuwandern (wobei der Analyt auch wieder eine Netto-Ladung aufweisen muss; dazu gleich mehr).

— Je nach Maschengröße des vorliegenden Netzes ist es sehr gut möglich, dass oberhalb einer gewissen Analyt-Größe eine Trennung nicht mehr bewirkt werden kann – dann muss man eben beim nächsten Gel, das man gießt, weniger Vernetzungsmittel hinzufügen, um ein nicht ganz so engmaschiges Gel zu erhalten.

▪ SDS-PAGE

Wie bei jeder Form der Elektrophorese müssen die Analyten die eine oder andere Ladung aufweisen. In der Bioanalytik, insbesondere bei der Untersuchung von Proteinen und DNA- oder RNA-Fragmenten, sorgt man durch Zugabe eines anionischen Detergenzes, das mit allen unpolaren Molekülbestandteilen bestens wechselwirkt, für eine homogene Umhüllung sämtlicher Analyten. Diese weisen dann jeweils weidlich negative Ladungen auf, schließlich besitzen anionische Detergenzien neben einem langen, unpolaren Molekülschwanz auch noch einen anionischen, polaren Kopf (mit dem zugehörigen Gegen-Ion).

▪▪ Proteine – ein kurzer Vorgriff auf die Biochemie

Bei der Untersuchung von Proteinen werden die Analyten im Rahmen der Probenvorbereitung dann noch mit einem Reduktionsmittel umgesetzt. Für den Fall, dass Sie sich mit der *Biochemie* erst später befassen sollten, sei trotzdem hier kurz erklärt, warum das so ist: Biochemisch/biologisch aktive Proteine sind recht große Moleküle, die, um ihre biologische Funktion auch erfüllen zu können, eine jeweils proteinspezifische dreidimensionale Raumstruktur (= *native Faltung*) einnehmen müssen. Diese räumliche Form wird durch die typischen inter- bzw. intramolekularen Wechselwirkungen zusammengehalten, die wir schon kennen (Wasserstoffbrückenbindungen, Dipol-Dipol-Wechselwirkungen, van-der-Waals-Kräfte etc.). Dazu kommen fast immer auch noch im Rahmen der Faltung neu geknüpfte Disulfid-Brücken (–S–S–), die dann – schließlich sind das echte kovalente Bindungen! – eine weitere Veränderung des Faltungszustandes recht effizient verhindern. – Das ist auch gut so, denn ohne ihre jeweilige native Faltung würden die Proteine ihre biologische Wirksamkeit einbüßen. Werden die für die native Faltung zuständigen Wechselwirkungen oder Bindungen gestört oder aufgebrochen, kommt es zur *Denaturierung* des Proteins, das dann gänzlich andere Eigenschaften besitzt – auch makroskopisch. Die Denaturierung von Proteinen lässt sich durch Temperaturerhöhung bewirken (das ist einer der Gründe, weswegen die menschliche Biochemie ernsthaft außer Kontrolle gerät, wenn sich die Körpertemperatur 42 °C annähert) oder auch durch hinreichend aggressive Chemikalien.

Manche Naturwissenschaftler sagen konsequent ‚in Kalkschale thermisch denaturiertes Ovalbumin', wenn sie ein hartgekochtes Ei meinen, und Sie werden mir gewiss beipflichten, dass rohes (noch natives) Hühnereiweiß wirklich andere (auch rein physikalische) Eigenschaften besitzt als gekochtes (denaturiertes) Hühnereiweiß. (Wenn Sie natives Hühnereiweiß mit Salzsäure behandeln, sieht dieses übrigens sehr rasch ebenfalls aus wie gekocht. Essen würde ich es trotzdem nicht.) Das Entscheidende beim Denaturieren, also dem Zerstören der erwähnten intramolekularen Wechselwirkungen, ist nun, dass dabei ein energetisch günstigerer Zustand mit minimierter Oberfläche eingenommen wird: Denaturierte Proteine sind in erster Näherung annähernd radialsymmetrisch.

Will man die Denaturierung im Rahmen der Analytik gezielt herbeiführen – etwa, um durch eine PAGE die molekulare Masse von Proteinen (oder deren Untereinheiten, aber das würde hier zu weit führen) zu ermitteln, geht man auf Nummer Sicher und zerstört durch das zugesetzte Reduktionsmittel auch noch die Disulfidbrücken, die dabei zu Thiol-Gruppen (–S–H, also: „Thio-Alkohol") umgesetzt werden.

Da sich an unterschiedliche Analyten je nach deren Größe auch eine unterschiedliche Anzahl von Detergenz-Molekülen anlagern können und der Zusammenhang zwischen Anzahl an Detergenz-Molekülen (also: Anzahl der vorliegenden negativen Ladungen) und räumlicher Größe (und damit molare Masse) des Analyten in erster Näherung linear ist, erhält man negativ geladene Analyten unterschiedlicher Größe, aber annähernd identischer Ladungsdichte bzw. annähernd identischem Masse/Ladungs-Verhältnis.

Weil als Standard-Detergenz bei der PAGE Natriumdodecylsulfat $(CH_3–(CH_2)_{11}–OSO_3^- \ Na^+)$ eingesetzt wird, das nach der englischen Bezeichnung *sodium dodecyl sulfate* meist SDS abgekürzt wird, spricht man bei dieser Variante der Gelelektrophorese fast ausschließlich von einer **SDS-PAGE**.

Letztendlich besitzt ein solches Gel dann wieder frappierende Ähnlichkeit mit einem Dünnschicht-Chromatogramm (▶ Abschn. 12.1), denn hier wird wieder geschaut, wie weit die jeweiligen Analyten auf dem Gel in Richtung Anode gewandert sind: Je schwerer die (denaturierten) Proteine sind, desto weniger weit kommen sie. Zum Vergleich, und um einen Referenzwert (analog zur Lösemittelfront) zu erhalten, der die Ermittlung der jeweiligen R_f-Werte gestattet, wird die zu analysierende Mischung meist mit einem internen Standard versetzt: einem kleinen, leichten Molekül(-Ion), das auf dem Gel hinreichend gut erkennbar ist (häufig angefärbt) und sich rasch genug durch das Gel bewegt, um als Gegenstück zur „Lösemittelfront" aus der Dünnschichtchromatographie (▶ Abschn. 12.1) angesehen werden zu können.

- **Native PAGE**

Auch wenn es darum geht, Proteine in ihrem natürlichen (nicht-denaturierten, also nativen) Faltungszustand aufzutrennen, kann eine PAGE hilfreich sein, denn die weitaus meisten Proteine besitzen unter physiologischen Bedingungen (pH ~ 7) zumindest die eine oder andere Ladung und bewegen sich daher ebenfalls im elektrischen Feld. (Gelegentlich kommen auch hier Detergenzien zum Einsatz, um die Anzahl der Ladungen zu erhöhen – allerdings sind diese derart mild, dass sie keine Denaturierung bewirken.) Da jedoch bei der nativen Faltung die Proteine auch noch gänzlich andere räumliche Strukturen besitzen können als nur die (annähernde) Kugelform, ist die native PAGE nicht zur absoluten Bestimmung molekularer Massen geeignet. Die Analyse von Proteinen *unter Beibehaltung* ihrer nativen Faltung ist allerdings schon recht speziell.

■ **Kombiniert mit der CE**

Auch wenn die Gelelektrophorese häufig noch im mittelgroßen Maßstab (mit Gelen von 10–20 cm Kantenlänge) erfolgt, lässt sich die (SDS-)PAGE auch im Inneren von CE-Kapillaren durchführen. Gerade für Routineuntersuchungen und *High-Throughput*-Messreihen empfiehlt sich ein solches Vorgehen. (Bei dieser Methode geht es dann wieder nicht mehr um R_f-Werte, sondern um Retention*szeiten*. Das Prinzip ist trotzdem das Gleiche.) Abb. 25.22 aus dem ► Harris zeigt schematisch den Aufbau einer Kapillarelektrophorese-Apparatur; weitere Details dazu finden sich in Abschn. 25.7.

Harris, Abschn. 25.7: Durchführung der Kapillarelektrophorese

Labor-Tipp

Man darf nur nicht vergessen, dass für jede neue Messung zuvor auch neues Gel in die Kapillare eingebracht werden muss – nach Gebrauch wäscht man die Kapillaren einfach wieder aus.

Aber auch das Einbringen neuer Gele dauert nicht lange: Angesichts der minimalen Innen-Volumina von CE-Kapillaren ist die Mischung aus Acrylamid und Vernetzungsmittel innerhalb kürzester Zeit durchpolymerisiert und damit ausgehärtet.

❓ Fragen

15. Muss bei der Durchführung eines Kapillar-Gelelektrophorese-Experiments unter Verwendung von SDS als Detergenz die Polung des elektrischen Feldes umgekehrt werden? (Wie stets bei derlei Ja/Nein-Fragen: Bitte begründen Sie Ihre Antwort.)

15

Wahl der Methodik

© Springer-Verlag GmbH Deutschland, ein Teil von Springer Nature 2019
U. Ritgen, *Analytische Chemie I*, https://doi.org/10.1007/978-3-662-60495-3_16

In den vorangegangenen Kapiteln haben Sie diverse, teilweise sehr unterschiedliche Methoden zur Trennung verschiedenster Analyten kennengelernt – und zweifellos haben alle ihre Vorteile und gegebenenfalls auch Nachteile. Das führt unweigerlich zur Frage:

- ■ **Nach welchen Kriterien wird über die Analytik-Methode entschieden?**

Selbstverständlich hängt es maßgeblich von den zu trennenden Analyten ab, für welches Verfahren (NP- oder RP-HPLC oder doch lieber Molekülausschluss-Chromatographie?) Sie sich entscheiden und welche/s Lösemittel(-gemisch/e) Sie dabei verwenden sollten. Prinzipiell empfiehlt es sich, zunächst einmal eine grobe Unterteilung der (potentiellen) Analyten vorzunehmen:

- ━ Handelt es sich um eher kleine Moleküle mit einer molekularen Masse < 2000 g/mol (ungefähr)?
- ━ Oder geht es um Makromoleküle, deren molekulare Massen gegebenenfalls weit oberhalb dieser (mehr oder minder willkürlichen) Grenze liegen? Bei letzteren sind häufig nicht so sehr die individuellen Wechselwirkungen der Moleküle, d. h. effektiv die einzelnen darin vorkommenden Atome von Belang, sondern vielmehr Größe, Masse oder sogar die räumliche Form dieser deutlich größeren Moleküle.

Ist diese Frage erst einmal beantwortet, muss noch geklärt werden, in welchem oder welchen Lösemittel/n die Probe gut löslich ist. (Ist sie also eher polar oder eher unpolar?) Anschließend ist es hilfreich, sich am entsprechenden Entscheidungshilfe-Baum aus dem ► Harris zu orientieren.

Harris, Abb. 24.15, Abschn. 24.1: Der chromatographische Prozess

Zusammenfassung

Flüssigchromatographie (LC)

Bei der auf Adsorption basierenden flüssigchromatographischen Stofftrennung nutzt man aus, dass Analyten unterschiedlicher Polarität unterschiedlich stark mit dem Säulenmaterial wechselwirken und daher unterschiedlich lange brauchen, um eine bestimmte Strecke zurückzulegen. In der Dünnschichtchromatographie misst man dann, wie weit unterschiedliche Analyten innerhalb einer gewissen Zeitspanne auf dem Adsorptionsmaterial migriert sind, während in der Säulenchromatographie ermittelt wird, wie lange unterschiedliche Analyten benötigen, um die gesamte Säulenlänge zurückzulegen.

Je mehr ein Analyt in seiner Polarität der stationären Phase ähnelt, desto stärker wird er vom Adsorptionsmittel zurückgehalten; je mehr seine Eigenschaften denen der mobilen Phase entsprechen, desto rascher bewegt er sich.

- ━ Bei der Normalphasen-Chromatographie (NP-) wird eine polare stationäre Phase mit einer unpolaren mobilen Phase kombiniert.
- ━ Bei der Umkehrphasen-Chromatographie (*Reversed Phase*, daher RP-) trifft eine unpolare stationäre Phase auf eine polare mobile Phase.

Neben den intermolekularen Wechselwirkungen zwischen Analyt und stationärer bzw. mobiler Phase sind bei der Säulenchromatographie auch die durch die van-Deemter-Gleichung beschriebenen verschiedenen Aspekte der Diffusion zu berücksichtigen, die sich auf den Elutionsprozess auswirken.

Die Auflösung eines Chromatogramms stellt ein Maß für die Qualität der Stofftrennung dar; hier kommen diverse Aspekte der Statistik zum Tragen.

Die Detektion der Analyten erfolgt bevorzugt UV/VIS-photometrisch; bei der Detektion im UV-Bereich ist die Grenzwellenlänge der jeweils verwendeten Lösemittel(-gemische) zu beachten. Auch andere Detektoren sind gebräuchlich, manche sind jedoch nicht für Lösemittelgemische oder –gradienten geeignet. Von besonderer Bedeutung ist die Kombination der Hochleistungs-Flüssigchromatographie (HPLC) mit der Massenspektrometrie (HPLC-MS).

16

Gaschromatographie (GC)

In der GC wechselwirken die Analyten mit einer festen stationären Phase oder (häufiger) mit einer flüssigen Phase, mit der die Oberfläche des Säulenmaterials benetzt ist. Nur unzersetzt in die Gasphase überführbare Analyten können via GC analysiert werden; Carbonsäuren und andere äußerst polare und/oder aggressive funktionelle Gruppen, die gegebenenfalls das Säulenmaterial angreifen, können eine Derivatisierung erforderlich machen.

Da die Longitudinaldiffusion in der Gasphase ungleich stärker ausgeprägt ist als in der flüssigen Phase, erfordert die GC gemäß der van-Deemter-Gleichung eine deutlich höhere Fließgeschwindigkeit.

Die Detektion der Analyten erfolgt bevorzugt über Wärmeleitfähigkeitsmessung; je nach Bedarf kommen auch andere Detektoren zum Einsatz. Analog zur HPLC/MS wird auch die Gaschromatographie zunehmend mit der Massenspektrometrie verknüpft.

Speziellere Formen der Chromatographie

Hier basiert die Stofftrennung nicht auf dem Wechselspiel aus Adsorption und Desorption:

- Bei der *Ionenaustauscher*-Chromatographie wird die Säule mit fixierten positiven oder negativen Ladungen versehen; weist der Analyt eine entsprechend entgegengesetzte Ladung auf, wird er elektrostatisch zurückgehalten.
  - Die Variante der *Ionenchromatographie* wird vornehmlich für anionische Analyten verwendet.
  - Die *Ionenpaarchromatographie* leitet sich von der Umkehrphasen-Chromatographie ab; sie ist störenden Einflüssen gegenüber äußerst empfindlich und kommt daher nur in speziellen Fällen zum Einsatz.
- Bei der *Ausschlusschromatographie,* auch Gelfiltration genannt, wird feinporiges Säulenmaterial verwendet: Hinreichend kleine Analyten (oder auch Verunreinigungen) können in diese Poren eindringen und müssen so beim Durchqueren der Säule einen weiteren Weg zurücklegen als größere Analyten, die ausschließlich zwischen den einzelnen Säulenfüllungspartikeln hindurchgleiten können. Deswegen erreichen sie schneller das Ende der Säule; das Prinzip der Ausschlusschromatographie gestattet auch das Entsalzen von Lösungen.
- In der *Affinitätschromatographie* werden andere Wechselwirkungen als nur Polarität bzw. van-der-Waals-Kräfte zwischen Analyt und Säulenmaterial genutzt. Dahinter können komplexe funktionelle Gruppen stehen, aber auch Antigen-Antikörper-Wechselwirkungen (Biowissenschaften!). Entsprechend ist diese Methode sehr speziell, damit aber gegebenenfalls auch bemerkenswert spezifisch.

Elektrophorese

Bei der Elektrophorese wird die Bewegung geladener Teilchen im elektrischen Feld betrachtet. Entsprechend sind die diversen elektrophoretischen Trennungsmethoden auch nur für geladene Analyten geeignet; ungeladene Partikel gleichwelcher Art werden hierdurch gemeinhin nicht aufgetrennt (obwohl sich auch das ggf. bewirken lässt, aber das ist dann *sehr* speziell).

- Der entscheidende Aspekt der *Kapillarelektrophorese* ist der aus den ortfesten negativen Ladungen der oberhalb von pH = 3 deprotonierten Silicagel-Kapillare und der Beweglichkeit der positiven Gegen-Ionen resultierende elektroosmotische Fluss, der in dem Augenblick einsetzt, in dem ein elektrisches Feld angelegt wird: Er beschleunigt kationische Analyten (oder andere Proben-Bestandteile) in Richtung Kathode, während anionische Komponenten deutlich verlangsamt werden, aber letztendlich auch die Kathode (und den dortigen Detektor) erreichen.
  Die eigentliche Trennung der verschiedenen (kationischen und anionischen) Analyten erfolgt nach deren unterschiedlicher elektrophoretischer *Mobilität.*

— Bei der Gelelektrophorese bedient man sich eines Sieb-Effektes, der kleineren (im Sinne von „weniger massereichen") Analyten eher das Durchwandern des Gels ermöglicht als größeren Analyten. Durch geschickte Wahl der Menge an Vernetzungsmittel kann die „Maschengröße" des resultierenden Gels an die jeweiligen Bedürfnisse der zu trennenden Analyten sehr genau angepasst werden.

> — Analog zur Dünnschichtchromatographie ermittelt man zu den verschiedenen Analyten auf dem Gel R_f-Werte.
> — Die Kombination von Gelelektrophorese und CE führt zu Kapillar-Gelelektrophorese, bei der die verschiedenen Analyten wieder anhand ihrer Retentionszeiten unterschieden werden.

Antworten

1. Zunächst muss die tatsächliche Laufstrecke des Lösemittels ermittelt werden: 10 cm = 100 mm. Der Abstand von Startlinie und Lösemittelfront beträgt $100 - 10 - 4$ mm = 86 mm. Nun muss man nur noch die jeweiligen Laufstrecken ermitteln und diese dann, wie durch ▶ Gl. 12.1 beschrieben, durch die Laufstrecke des Lösemittels teilen:
   a) Der Fleck, der 4,2 cm oberhalb der Unterkante liegt, ist damit 32 mm weit gewandert, es ergibt sich also $R_{f(1)} = 32/86 = 0{,}37$.
   b) Für den Fleck auf 5,8 cm Höhe ergibt sich $R_{f(2)} = 48/86 = 0{,}56$.
   c) Für die Substanz, die auf eine Höhe von 7,3 cm gewandert, also 6,3 cm weit aufgestiegen ist, ergibt sich $R_{f(3)} = 63/86 = 0{,}73$.
   Angaben mit mehr als 2 Stellen hinter dem Komma sind in den seltensten Fällen sinnvoll.

2. Aluminiumoxid (Al_2O_3) ist ähnlich polar wie Siliciumdioxid (SiO_2), und Wasser (H_2O) ist ebenfalls polar, also wird sich kaum eine verwendbare Trennung ergeben. In der TLC sollte immer eine (eher) polare stationäre Phase mit einer (eher) unpolaren mobilen Phase verwendet werden oder umgekehrt. Nur wenn die Analyten so polar sind, dass sie extrem stark mit der stationären Phase wechselwirken und ein zu unpolares Lösemittel keine Auftrennung bewirkt, ist es sinnvoll, die Polarität der mobilen Phase behutsam zu steigern (für eine unpolare stationäre Phase und unpolare Analyten gilt das entsprechend genau Umgekehrte). Genau darum geht es in der folgenden Aufgabe.

3. Hier stellt sich genau das Problem, das in der vorangegangenen Aufgabe (bzw. Lösung) bereits angesprochen wurde: Ist die Wechselwirkung zwischen Analyt und stationärer Phase sehr stark, muss ein Lösemittel(gemisch) zum Einsatz kommen, das den Eigenschaften der stationären Phase etwas näherkommt (gelegentlich ist *Trial-and-Error* erforderlich, um ein geeignetes Lösemittelgemisch zu finden). Da Ethanol, alleine schon wegen der OH-Gruppe und deren Möglichkeit, entsprechende Wasserstoffbrückenbindungen einzugehen, deutlich polarer ist als Diethylether, ist den Vorschlag Ihres Kollegen auf jeden Fall sinnvoll. (Je nach Art der Analyten ist es zwar gut möglich, dass auch das nicht ausreicht, aber die Richtung stimmt schon einmal.)

4. Die Minimalverweilzeit $t_m = 27$ s wurde vorgegeben.
   a) Gemäß ▶ Gl. 12.2 ergibt sich damit für die jeweiligen reduzierten Retentionszeiten $t'_{r(1)} = (42 \text{ s} - 27 \text{ s}) = 15$ s, $t'_{r(2)} = 66$ s, $t'_{r(3)} = 115$ s, $t'_{r(4)} = 142$ s und $t'_{r(5)} = 240$ s. (Dass hier $t'_{r(4)}$ und $t_{r(3)}$ identisch sind, ist reiner Zufall.)
   b) Für die Retentionsfaktoren gilt dann gemäß ▶ Gl. 12.5 entsprechend: $k_1 = (42 - 27)/27 = t'_{r(1)}/27 = 0{,}555$; $k_2 = 66/27 = 2{,}444$, $k_3 = 115/27 = 4{,}259$, $k_4 = 142/27 = 5{,}259$ und $k_5 = 240/27 = 8{,}888$. (Sie sehen also: Obwohl $t_{r(3)}$ den gleichen Zahlenwert besitzt wie $t'_{r(4)}$, unterscheiden sich k_3 und k_4 sehr wohl.)

c) Die unkorrigierte Retention für die Peaks 3 und 4 ergibt sich gemäß ▶ Gl. 12.4 zu 169/142, also ist $\gamma = 1{,}190$, der zugehörige Trennfaktor berechnet sich dann nach ▶ Gl. 12.3 zu 142/115, also $\alpha = 1{,}235$.

5. Verständlicherweise ist es sinnvoll, hinsichtlich der Auflösung immer nur unmittelbar benachbarte Peaks zu betrachten. Entsprechend brauchen wir hier Auflösung$_{Peak1/Peak2}$ und Auflösung$_{Peak2/Peak3}$. Gemäß ▶ Gl. 12.8 benötigen wir jeweils den Unterschied der Retentionszeit (Δt_r) und den jeweils zugehörigen Mittelwert der Peakbreiten auf halber Höhe ($w_{\frac{1}{2}av}$). Für Peak 1 und Peak 2 ist $\Delta t_r = (42 - 23) = 19$ und $w_{\frac{1}{2}av} = (6 + 12)/2 = 9$. Damit ist Auflösung$_{Peak1/Peak2} = 0{,}589 \times 19/9 = 1{,}243$. Für Peak 2 und Peak 3 ist $\Delta t_r = (72 - 42) = 30$ und $w_{\frac{1}{2}av} = (12 + 10)/2 = 11$; d. h. Auflösung$_{Peak\,2/Peak3} = 0{,}589 \times 30/11 = 1{,}61$. Peak 1 und Peak 2 liegen zu nahe beieinander, um von einer befriedigenden Auflösung zu sprechen, während Peak 2 und Peak 3 klar genug voneinander getrennt sind.

6. NP-HPLC bedeutet, dass das Säulenmaterial (die stationäre Phase) polar ist und eine deutlich weniger polare mobile Phase zum Einsatz kommt. Eluieren die Analyten bei dem gewählten Lösemittelgemisch sehr rasch, bedeutet das, dass das Elutionsmittel ein zu hohes Elutionsvermögen besitzt, also in seinen Eigenschaften denen der stationären Phase zu ähnlich ist. Entsprechend wäre es geboten, zunächst den polaren Anteil des zur Elution verwendeten Lösemittelgemisches drastisch zu vermindern. Sollte der Einsatz eines Ethanol/Diethylether-Gemisches des Verhältnisses 10:90 dafür sorgen, dass die Retentionszeiten der einzelnen Analyten zu groß werden (was einerseits zu einem deutlich größeren Unterschied der einzelnen Retentionszeiten führt, andererseits aber auch, der langen Verweilzeit auf der Säule wegen, zu einer Peak-Verbreiterung), könnte man die Polarität des Gemisches dann mit einem Gradienten behutsam steigern.

7. Auch wenn man Polaritäten eher einfach aufgebauter Verbindungen abschätzen können sollte, empfiehlt es sich stets, mehr über die zu erwartenden Analyten in Erfahrung zu bringen. Ein Blick in das entsprechende Nachschlagewerk (bzw. ein Zugriff auf eine entsprechende Datenbank) verrät uns, dass beispielsweise 1-Octanol nur sehr schlecht in Wasser löslich ist (in der Größenordnung von 0,5 g/L); entsprechend ist dieser Analyt trotz der Hydroxygruppe nur sehr wenig polar: Eine Trennung via NP-HPLC dürfte damit ausscheiden, schließlich wäre die Wechselwirkung zwischen Analyt und stationärer Phase nur minimal ausgeprägt, so dass sich entsprechend kleine Retentionszeiten ergäben. Für die anderen Isomere des Octanols dürfte Ähnliches gelten. Insofern wäre eine RP-HPLC gewiss die bessere Wahl. Ob nun allerdings eine C8- oder eine C18-Säule besser ist, lässt sich anhand der im Rahmen dieses Teils vorgelegten Informationen noch nicht beurteilen: Dafür wäre erforderlich, sich mit entsprechender Fachliteratur zu befassen.

8. Das hat gleich zwei Gründe: Zum einen müssen die Analyten ja allesamt mit der Säule in Wechselwirkung treten, und gerade bei offenen Säulen ist die dafür zur Verfügung stehende Oberfläche recht begrenzt (um eine gepackte Säule in dieser Hinsicht zu überladen, ist deutlich mehr Substanz erforderlich); bei zu großer Analyt-Menge wird ein Teil einfach die Säule passieren, ohne dass sich das gewünschte Adsorptions-Desorptions-Gleichgewicht einstellt. Zum anderen kann eine Säule (ob offen oder gepackt) auch dann überladen werden, wenn prinzipiell zunächst einmal jedes Analyt-Partikel sehr wohl mit dem Säulenmaterial in Wechselwirkung tritt, schlichtweg weil die Proben-Zone zu breit ist und die Analyten eben nicht mehr oder minder gleichzeitig den Detektor erreichen. (Schauen Sie sich zur Veranschaulichung noch einmal ◘ Abb. 22.5 aus dem Harris an, auch wenn es dort um Flüssig-Chromatographie geht.) Ist dann auch noch der Unterschied der

Retentionszeiten der einzelnen Analyten zu gering, ist es nur zu verständlich, dass die verbreiterten Banden ineinander übergehen werden.

9. Stickstoff ist deutlich schwerer als Helium ($M(N_2) = 28$ g/mol, $M(He) = 4$ g/mol), entsprechend ist es für die Analyten deutlich schwieriger, durch das massereichere Gas hindurchzudiffundieren. Das verlangsamt die Einstellung des Adsorptions-Desorptions-Gleichgewichts (ganz im Sinne des C-Terms der van-Deemter-Gleichung, ▶ Gl. 12.12), und somit nimmt die theoretische Bodenhöhe zu (bzw. die Anzahl der theoretischen Böden sinkt), und das vermindert die Auflösung empfindlich.

10. Je kleiner die Poren, desto schwieriger ist es sowohl für die Analyten als auch für alle anderen Teilchen gleicher Ladung, überhaupt erst an die betreffenden eine Gegenladung tragenden Plätze des Säulenmaterials zu gelangen. Verminderte Porengröße verlangsamt also den Wechselwirkungs-Prozess, und – das werden Sie aus der *Organischen Chemie* kennen – je langsamer ein Prozess abläuft, desto spezifischer ist er.

11. Wenn Sie sich noch einmal ◘ Abb. 25.12 aus dem Harris anschauen, sehen Sie, dass (vor Wechselwirkung des Säulenmaterials mit den Analyten) die negativen Ladungen der funktionellen Gruppe der anionischen Tenside mit deren ursprünglichen Gegen-Ionen ein vergleichsweise enges Ionenpaar bilden, also räumlich nahe beieinander bleiben. Steigt die Konzentration freier H_3O^+- bzw. OH^--Ionen, werden diese mit der anionischen Gruppe wechselwirken (und sie damit bis zur Neutralität protonieren) bzw. in Wechselwirkung mit deren Gegen-Ion treten, so dass dieses enge Ionenpaar nicht mehr besteht. Dazu kommt, dass die (notwendigerweise ebenfalls vorliegenden) Gegen-Ionen der für die Veränderung des pH-Wertes verantwortlichen Säure bzw. Base ebenfalls Wechselwirkungen eingehen.

12. Eine zu kleine Porengröße des verwendeten Säulenmaterials: Falls alle Analyten zu groß sind, um in die Hohlräume zu diffundieren, werden sie allesamt ohne Trennung die Säule passieren.

13. Nein, wäre sie nicht. Bitte bedenken Sie, dass ein Ion mit gleichem Radius, aber erhöhter Ladung, auch eine erhöhte Ladungs*dichte* aufweist. Entsprechend wird die Wechselwirkung mit den Lösemittel-Molekülen auch zu einer umfangreicheren Solvathülle führen, also würde hier ein Teilchen zur Migration gebracht werden, das zwar *unsolvatisiert* den gleichen Ionen-Radius aufweist, *solvatisiert* aber deutlich größer ist. Analog zu dem zur Ladungsdichte solvatisierter Ionen bereits in ▶ Abschn. 14.1 Gesagten, ist es sogar möglich, dass der Radienzuwachs durch die Solvathülle trotz höherer faktischer Ladung letztendlich zu einer im Vergleich zum einfach geladenen Ion *verminderten* elektrophoretischen Mobilität führt.

14. Bedenken Sie die Bedeutung der Viskosität des Lösemittels: Mit steigender Temperatur sinkt sie gemeinhin, was die Mobilität der Analyten erhöht. Würden Sie zweimal das gleiche Experiment durchführen (gleiches Lösemittel, gleiche Analyten, gleiche Kapillare und Kapillarenlänge etc.), dabei aber die Temperatur verändern, würden sich die resultierenden Elektropherogramme drastisch unterscheiden. Diese Temperaturempfindlichkeit ist auch ein weiterer Grund dafür, dass die Auflösung mit steigendem Innendurchmesser der verwendeten Kapillare sinkt: Jede Bewegung eines geladenen Teilchens im elektrischen Feld führt zur Erwärmung. Kann diese Wärme nicht über den gesamten Säulendurchmesser gleichermaßen und gleichmäßig abgegeben werden (deswegen werden die Kapillaren mit Hilfe eines Thermostaten gekühlt), führt dies zu einem Innentemperatur-Gradienten mit einem Maximum in der Kapillaren-Mitte – und dort ist die Viskosität des Lösemittels dann deutlich vermindert. Entsprechend würden sich dann die Mobilitäten selbst von Analyten der gleichen Sorte je nach ihrer relativen Position innerhalb der Kapillaren verändern – was zu einer beachtlichen Verbreiterung der resultierenden Peaks

führen würde. Und je dicker eine Kapillare, desto schwerer ist es, die durch die Elektrophorese entstehende Wärme abzuleiten.

15. Man könnte meinen, eine Umpolung sei hier tatsächlich notwendig (oder zumindest sinnvoll), denn wenn die Analyten durch das Detergenz SDS effektiv mehrfach negativ geladen sind, würden Sie ja „eigentlich" bei der üblichen Polung (die Kathode befindet sich am „Ausgang" der Kapillare) genau in die falsche Richtung wandern. Allerdings ist das nicht richtig, denn auch bei der Kapillar-Gelelektrophorese wirkt sich der elektroosmotische Fluss aus, und die elektrophoretische Mobilität (μ_{ep}) ist gerade bei großen/schweren Analyten wie etwa Proteinen oder DNA-/RNA-Fragmenten) deutlich kleiner als die Bewegung durch μ_{eo}. Das bedeutet, dass die Analyten, obwohl sie aufgrund ihrer eigenen Ladung eher in die Gegenrichtung migrieren sollten, nur bei der Migration zum anderen Pol verlangsamt werden (weil bei Anionen μ_{eo} und μ_{ep} entgegengesetzte Vorzeichen besitzen) – was letztendlich nur die Trennleistung steigert, schließlich werden verschiedene Analyten auch unterschiedliche Werte für μ_{ep} besitzen. Bei einer Umpolung hingegen würden sich μ_{eo} und μ_{ep} ergänzen. Damit ginge das Experiment zwar deutlich schneller, aber die Trennleistung würde drastisch vermindert, wenn nicht sogar gänzlich aufgehoben (alle Analyten würden praktisch gleichzeitig den Detektor erreichen).

Weiterführende Literatur

Binnewies M, Jäckel M, Willner, H, Rayner-Canham, G (2016) Allgemeine und Anorganische Chemie. Springer, Heidelberg

Cammann K (2010) Instrumentelle Analytische Chemie. Spektrum, Heidelberg

Hage DS, Carr JD (2011) Analytical Chemistry and Quantitative Analysis. Prentice Hall, Boston

Harris DC (2014) Lehrbuch der Quantitativen Analyse. Springer, Heidelberg

Langford A, Dean J, Reed R, Holmes D, Weyers J, Jones A (2010) Practical Skill in Forensic Science. Prentice Hall, Pearson Education Ltd, Harlow

Lottspeich F, Engels JW (2012) Bioanalytik. Springer, Heidelberg

Ortanderl S, Ritgen U (2018) Chemie – das Lehrbuch für Dummies. Wiley, Weinheim

Ortanderl S, Ritgen U (2015) Chemielexikon kompakt für Dummies. Wiley, Weinheim

Schwister K (2010) Taschenbuch der Chemie. Hanser, München

Skoog DA, Holler FJ, Crouch SR (2013) Instrumentelle Analytik. Springer, Heidelberg

Unger KK (1989) Handbuch der HPLC, Teil 1. GIT, Darmstadt

Einige der hier erwähnten Werke gehen hinsichtlich ausgewählter Gebiete der Analytik noch weit über „den Harris" hinaus.

Molekülspektroskopie

Inhaltsverzeichnis

■ **Voraussetzungen**

Unter dem Begriff „Spektroskopie" werden verschiedene Methoden der Analytik zusammengefasst, die auf der Wechselwirkung der betreffenden zu analysierenden Substanz(en) mit elektromagnetischer Strahlung der verschiedensten Wellenlängen basieren. Dabei können Elektronen so angeregt werden, dass andere Energieniveaus besetzt werden, als das im Grundzustand normalerweise geschieht, oder es werden Molekülbestandteile oder das gesamte Molekülgerüst zum Schwingen gebracht. Dass eine genauere Betrachtung der jeweiligen Vorgänge gewisse Vorkenntnisse voraussetzt, sollte verständlich sein.

Ganz allgemein brauchen wir:

— die Quantelung der Energie
— das Konzept des Photons
— das elektromagnetische Spektrum
— den Zusammenhang zwischen Wellenlänge und Energiegehalt
— Farbigkeit und Komplementärfarben
— die Leerprobe (und was das eigentlich bedeutet) und
— das Lambert-Beer'sche Gesetz.

Wenn es um die Anregung von Elektronen geht, sollten folgende Begriffe mehr als nur „grob" bekannt sein:

— Atomorbitale (und deren räumliche Gestalt)
— das Konzept der Molekülorbitale
— σ- und π-Wechselwirkungen
— bindende /antibindende Wechselwirkung
— nichtbindende Wechselwirkungen

Bei der Schwingungsspektroskopie brauchen Sie:

— das VSEPR-Modell und/oder weitere Methoden, den räumlichen Bau von Molekülen anhand der zugehörigen Strukturformel vorherzusagen,
— genug Übung, dabei auch immer freie Elektronenpaare und dergleichen im Blick zu behalten und zu erwartende Bindungswinkel abschätzen zu können,
— einen Blick für Dipolmomente (die sich drastisch verändern können, wenn es zu Veränderungen von Bindungslängen oder – winkeln kommt),
— ein Gespür für die Polarisierbarkeit von Bindungen *und*
— zumindest eine grobe Vorstellung vom Gebiet der Molekülsymmetrie.

Lernziele

In diesem Teil soll Ihnen der Einfluss elektromagnetischer Strahlung unterschiedlicher Wellenlänge auf mehratomige Systeme verdeutlich werden: Je nach Energiegehalt kann derlei Strahlung die Veränderung der Besetzung von Orbitalen ebenso bewirken wie ein dynamisches, zeitlich begrenztes Abweichen vom jeweiligen räumlichen Bau, der gemäß den in den bisherigen Lerneinheiten behandelten Modellen zur Vorhersage von Strukturen zu erwarten stünde.

Anhand der Molekülorbital-Theorie werden Sie den Zusammenhang von mikroskopischen Objekten (mehratomige Moleküle und deren Bindungsgegebenheiten) und makroskopischen Phänomenen (Farbigkeit, Absorption und Emission von elektromagnetischer Strahlung/Licht) erkennen und verschiedene Arten von Spektren nicht nur „lesen", sondern *verstehen* lernen.

Unter Berücksichtigung von Symmetrieüberlegungen werden Sie in Form der Schwingungsspektroskopie ein leistungsstarkes Werkzeug der Analytik kennenlernen, das anhand von Absorptions- bzw. Emissionsspektren genug Rückschlüsse auf die in einer Verbindung vorliegenden Bindungsverhältnisse gestattet, um gegebenenfalls auch bislang unbekannte Verbindungen eindeutig zu identifizieren.

Wie schon bei Teil I, II und III dient auch dieser Text vor allem dazu, die Bedeutung gewisser im Harris behandelter Themen zu betonen und Schwerpunkte zu setzen. Allerdings geht der Harris auf die Schwingungsspektroskopie, die zu den Hauptthemen dieses Teils gehört, nur sehr knapp ein.

Aus diesem Grund bietet Ihnen ▶ Kap. 19 eine allgemeine Einführung, während im ▶ Abschn. 19.2 die Infrarot- und in ▶ Abschn. 19.3 die Raman-Spektroskopie ein wenig ausführlicher vorgestellt werden. Eine empfehlenswerte Literatur zur Vertiefung stellt der Hesse/Meier/Zeeh dar. (Dieses Buch wird Ihnen, falls Sie sich auch mit der „Analytischen Chemie II" befassen, zweifellos erneut gute Dienste leisten.)

Harris, Kap. 17: Grundlagen der Spektralphotometrie

Hesse/Meier/Zeeh, Spektroskopische Methoden in der organischen Chemie, Kap. 1: UV/Vis-Spektren & Kap. 2: Infrarot- und Raman-Spektren

Allgemeines zur Spektroskopie

Binnewies, Abschn. 2.3: Der Aufbau der
Elektronenhülle

Unter dem Begriff „Spektroskopie" werden verschiedenste Methoden der Analytik zusammengefasst, die auf der Wechselwirkung der zu analysierenden Substanz mit elektromagnetischer Strahlung verschiedenster Wellenlängen basieren.

Aus der *Allgemeinen Chemie* und der *Physik* (sowie aus dem ▶ Binnewies) kennen Sie sicher den Zusammenhang von Wellenlänge λ, Frequenz –ν und Energiegehalt E:

$$E = h \times \nu = \frac{hc}{\lambda} \tag{17.1}$$

Dabei gilt:

- h ist das Planck'sche Wirkungsquantum: h = $6{,}626 \times 10^{-34}$ Js
- c ist die Lichtgeschwindigkeit; m Vakuum ist c = $2{,}998 \times 10^{8}$ m/s.

In den weitaus meisten Fällen darf man getrost mit c = 3×10^{8} m/s rechnen, schließlich findet die Analytik, bei der man mit dem Zahlenwert der Lichtgeschwindigkeit rechnen muss, nicht zwangsweise im Vakuum statt, und in anderen Medien ergibt sich für c nun einmal ein *etwas* anderer Zahlenwert.

Gl. 17.1 besagt: Je kürzer die Wellenlänge der betrachteten elektromagnetischen Strahlung ist, desto energiereicher ist sie. Das gilt (selbstverständlich) für *jegliche* elektromagnetische Strahlung des gesamten Spektrums, das sie in seiner ganzen Pracht noch einmal in ◘ Abb. 17.1 bewundern können, ob es nun um den Bereich des sichtbaren Lichtes geht (mit Wellenlängen λ von 380 bis 780 nm), um die deutlich energieärmere Infrarot-Strahlung oder auch um energiereichere Photonen, etwa aus dem UV-, dem Röntgen- oder dem γ-Strahlungs-Bereich.

Absorbiert nun ein Analyt elektromagnetische Strahlung, so widerfahren ihm je nach deren Energiegehalt gänzlich unterschiedliche Dinge – auf jeden Fall aber wird zunächst einmal sein eigener Energiegehalt um exakt die Energie gesteigert, die das betreffende Photon besessen und somit übertragen hat.

> **Wichtig**
> Es sei noch einmal ausdrücklich darauf hingewiesen, dass die durch elektromagnetische Strahlung übertragene oder übertragbare Energie **gequantelt** ist. Energie kann, wie Max Planck um die letzte Jahrhundertwende herum entdeckt hat, nur in Form von „Energiepaketen" übertragen werden, deren Energiegehalt eben einem Vielfachen des Planck'schen Wirkungsquantums (h) entspricht.

17

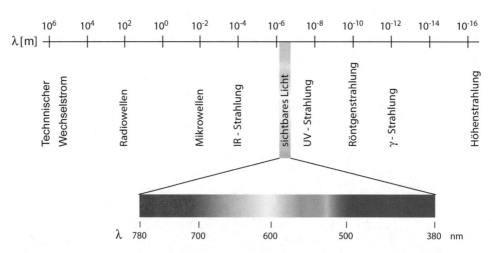

◘ **Abb. 17.1**   Das elektromagnetische Spektrum. (S. Ortanderl, U. Ritgen: Chemie – das Lehrbuch für Dummies, S. 137. 2018. Copyright Wiley-VCH Verlag GmbH & Co. KGaA. Reproduced with permission)

Das bedeutet eben auch, dass etwa das sichtbare Licht, das sich mithilfe eines Prismas in die verschiedenen Wellenlängen aufspalten (dispergieren) lässt, in Wahrheit ein **Quasikontinuum** darstellt, das man lieber als sehr enge Abfolge einzelner, strikt voneinander getrennter Wellenlängen auffassen sollte. (Schauen Sie sich diesbezüglich bei Bedarf noch einmal Abb. 26.24 aus dem ► Binnewies an.)

Zugleich bedeutet das auch, dass ein theoretisch anregbarer Analyt, dessen unterschiedliche Energiezustände nun einmal ebenfalls gequantelt sind (!), nur durch *genau definierte* Wellenlängen angeregt werden kann, während der Analyt alle anderen Wellenlängen *nicht* absorbieren wird.

Das ist einer der grundlegenden Unterschiede zwischen der **mikroskopischen** und der **makroskopischen** Welt:

Binnewies, Anhang A (Einige Grundbegriffe der Physik)

- Wollen Sie in der *makroskopischen* Welt einen Energieunterschied überwinden, ist für Sie nur der dafür erforderliche *minimale* Aufwand entscheidend. Beispiel: Wenn Sie eine Treppenstufe hinaufsteigen wollen (und damit Ihre potentielle Energie um die Energiemenge steigern, die sich aus dem Höhenunterschied der beiden Stufen ergibt), müssen Sie den Fuß *mindestens* so weit anheben, dass er die nächsthöhere Stufe erreicht. Sie können ihn aber eben auch deutlich weiter anheben und dann auf die Ziel-Treppenstufe fallenlassen. (Das sähe zwar gewiss eigentümlich aus, würde aber funktionieren.)

- Besteht für ein *mikroskopisches* System zwischen dem aktuellen und dem nächsthöheren möglichen Energieniveau ein Energieunterschied von (willkürlich) 100 Energieeinheiten, wird diese zugehörige Anregung auch nur durch Absorption eines Photons mit *exakt* dem erforderlichen Energiegehalt bewirkt. Dass ein zu energiearmes Photon (von nur 99 Energieeinheiten) nichts erreicht, mag vielleicht noch mit dem vielzitierten gesunden Menschenverstand kompatibel sein, trifft aber das betreffende System auf ein Photon, das 101 Energieeinheit übertragen würde, erfolgt eben – anders als in der makroskopischen Welt – keineswegs Anregung, der dann die Abgabe der überschüssigen (weil für die Anregung nicht erforderlichen) Energie in der einen oder anderen Form folgen würde. Tatsächlich passiert *gar nichts:* In der mikroskopischen Welt ist „ein bisschen zu viel Energie" genauso unbrauchbar wie „ein bisschen zu wenig".

Das sollte man bei der Spektroskopie *stets* im Hinterkopf haben.

Wird ein Photon von einem Atom oder Molekül absorbiret, steigert das dessen Energiegehalt. Aber was genau ändert sich da eigentlich? – Gehen wir einmal das gesamte elektromagnetische Spektrum nach steigendem Energiegehalt durch (in Abb. 17.2 aus dem ► Harris oder ◘ Abb. 17.1 also von rechts nach links): Sie werden sehen, dass sich eigentlich *jeder* Wellenlängenbereich für die eine oder andere Form der Analytik nutzen lässt:

Harris, Abschn. 17.1: Eigenschaften des Lichts.

- Der sehr bescheidene Energiegehalt von **Radiowellen** reicht immer noch aus, um den *Spinzustand von Atomkernen* zu verändern. Das ist die Grundlage der Kernresonanzspektroskopie (NMR), auf die wir in Teil I der „Analytischen Chemie II", recht ausführlich eingehen werden.

- Der Bereich der **Mikrowellenstrahlung** bietet gleich zwei reizvolle Möglichkeiten:
  - Mit vergleichsweise langwelliger Mikrowellenstrahlung lassen sich Elektronen in ähnlicher Weise anregen, wie das durch Radiowellen mit Atomkernen möglich ist. Da die Methode der **Elektronenspinresonanz** (ESR) aber nur für recht spezielle Analyten geeignet ist (sie müssen mindestens ein ungepaartes Elektron aufweisen, also **paramagnetisches Verhalten** zeigen), soll darauf hier nicht weiter eingegangen werden.

— Absorbiert ein Analyt-Molekül kurzwellige Mikrowellenstrahlung, wird es in **Rotation** versetzt; die resultierenden Absorptionslinien erlauben dann Rückschlüsse auf Details hinsichtlich des Baus bzw. der Rotation des Analyten. Man spricht von der **Mikrowellenspektroskopie.**

❶ **Was man nicht vergessen sollte**
Die Rotation eines Moleküls (oder Molekül-Ions), also dessen Bewegung um seinen eigenen Schwerpunkt, stellt ein mikroskopisches Ereignis dar: Auch wenn man sich gewiss vorstellt, die Drehung eines Moleküls um seine eigene Achse gehe kontinuierlich vonstatten, sollte man im Blick haben, dass hier Objekte betrachtet werden, für die nun einmal die Gesetze der *Quantenwelt* gelten, also auch die Quantelung *jeglicher* möglichen Energiezustände. Ein Molekül kann sich nicht „stufenlos" und damit in jedem beliebigen Winkel drehen. Da diese Drehbewegung also gequantelt ist, sind eben auch nur ausgewählte Wellenlängen dazu geeignet, eine solche Rotation herbeizuführen. Mit anderen kann das Molekül, salopp gesagt, nichts anfangen. Entsprechend gibt es (analog zu den verschiedenen Energieniveaus, die wir von den Elektronen kennen und die sich in ihrem Energiegehalt durchaus unterscheiden können) auch *Rotations-Niveaus.*

— Infrarotstrahlung kann *molekülinterne Schwingungen* (Fachsprachlich: **Vibrationen**) herbeiführen – wobei zu beachten ist, dass auch diese Vibrationen (genau wie die Rotationen) *gequantelt* sind: Werden entsprechende IR-Photonen absorbiert, führt die Energiezufuhr dazu, dass unterschiedliche *Vibrations-Niveaus* eingenommen werden, wodurch sich Bindungsabstände oder Bindungswinkel ändern. Den darauf basierenden Schwingungsspektroskopischen Methoden widmen wir uns in ▶ Kap. 19. Dazu gehören:
  — die **IR-Spektroskopie,** bei der ein **Absorptionsspektrum** aufgenommen wird, *und*
  — die **Raman-Spektroskopie,** bei der man die relevanten Daten einem **Emissionsspektrum** entnimmt.

— Schon manche Photonen aus dem Bereich des sichtbaren Lichtes **(VIS)** übertragen genug Energie, um Elektronen von einem energetisch günstigeren Orbital in ein energetisch ungünstigeres Orbital wechseln zu lassen, also das betreffende Molekül in einen (elektronisch) **angeregten Zustand** zu versetzen.
  — Erst recht gilt das für die noch energiereichere **UV-Strahlung.** Das Prinzip der **UV/VIS-Spektroskopie** wurde in Teil II bereits kurz angesprochen, wir werden dazu allerdings in ▶ Abschn. 18.1 noch einmal zurückkehren.

— Um Größenordnungen energiereicher ist die **Röntgenstrahlung,** und auch diese bewirkt eine Anregung von Elektronen – allerdings mit einem entscheidenden Unterschied: Während man sich bei der UV/VIS-Spektroskopie mit *Valenzelektronen* bzw. den Elektronen in den **Grenzorbitalen** befasst, reicht der Energiegehalt von Röntgen-Photonen aus, um **Rumpfelektronen** anzuregen. Eine der wichtigsten Analytik-Techniken, bei denen man sich der Röntgenstrahlung bedient, ist die Röntgenfluoreszenzanalyse, mit der wir uns im Teil V befassen werden.

> **Bonus-Information**
> Ja, auch bei der **Röntgenstrukturanalyse** (auch **Röntgenbeugung**
> genannt) kommt, wie die Bezeichnungen gewiss schon vermuten lassen,
> Röntgenstrahlung zum Einsatz. Allerdings basiert diese Methode der
> **Festkörperanalytik** nicht auf der *Absorption* dieser Strahlung, sondern
> vielmehr auf deren *Beugung am Kristallgitter.* Und da es in diesem Teil um
> spektroskopische Methoden gehen soll, werden wir dieses Thema hier nicht
> weiter vertiefen.

— Sogar mit der wirklich äußerst energiereichen **γ- Strahlung** lässt sich noch
Analytik betreiben, auch wenn deren Energie mehr als ausreicht, um innerhalb kürzester Zeit kovalente Bindungen zu zerreißen (weswegen es der
Gesundheit auch nicht gerade zuträglich ist, derlei Strahlung längere Zeit
ausgesetzt zu sein). Die wichtigste Analytik-Technik, die sich dieser Strahlung
bedient, ist die **Mößbauer-Spektroskopie,** bei der fest in ein Kristallgitter ein-
gebundene Atomkerne (!) energetisch angeregt werden. Aus dem resultierenden Absorptions- oder **Transmissionsspektrum** lassen sich nicht nur einzelne
Atome identifizieren, sondern auch relative Atompositionen innerhalb des
vorliegenden Gitters, Ladungsdichteverteilungen und noch einiges mehr
ermitteln. Aber auch darauf soll hier nicht weiter eingegangen werden.

Anregung von Elektronen

Das Prinzip jeglicher Analytik, die auf der Anregung von Elektronen durch Absorption von (UV/VIS-)Photonen basiert, haben wir bereits in Teil II kennengelernt, denn nichts anderes ist die *Photometrie*. (Zudem sind wir auch in Teil III bei den in der Chromatographie üblichen Detektoren zu diesem Thema zurückgekehrt.) Ein kurzer Blick zurück:

Bei der Photometrie schauen wir, ob der betrachtete Analyt elektromagnetische Strahlung aus einem bestimmten Wellenlängenbereich absorbiert:

- Beschränkt man sich dabei auf den Bereich des sichtbaren Lichtes (VIS), spricht man gelegentlich auch von **Spektrophotometrie.**
- Deutlich gebräuchlicher sind jedoch Messanordnungen, die neben dem sichtbaren Licht auch noch im UV-Bereich nach Absorption durch den Analyten suchen. Dann ergeht man sich in der **UV/VIS-Spektroskopie.**

Da also die Spektrophotometrie als „Sonderform" der UV/VIS-Spektroskopie angesehen werden kann – schließlich steckt dahinter exakt das gleiche Prinzip, nur dass bei der UV/VIS-Spektroskopie ein größerer Wellenlängenbereich abgedeckt wird –, behandeln wir beide Techniken gemeinsam.

18.1 Spektrophotometrie und UV/VIS-Spektroskopie

Wechselwirkt ein Analyt mit elektromagnetischer Strahlung aus dem UV/VIS-Bereich, geschehen mehrere Dinge auf einmal:

- Trifft ein geeignetes Photon auf den Analyten, wird die Energie dieses Photons (dessen Energiegehalt sich gemäß ▶ Gl. 17.1 ausrechnen lässt) auf das Molekül übertragen.

Harris, Abschn. 17.2: Lichtabsorption

- Der Energiegehalt des Analyten steigt um exakt diesen Betrag. (Betrachten Sie dazu schon jetzt einmal Abb. 17.3 aus dem ▶ Harris; was diese Energie-Absorption auf mikroskopischer Ebene genau bedeutet, schauen wir uns in ▶ Abschn. 18.2 an.)
- Nutzt man die Tatsache aus, dass für diese Art der Energieübertragung die (in ▶ Kap. 17 erneut angesprochene) Energie-Quantelung gilt – also nur bestimmte Photonen absorbiert werden können, andere hingegen nicht –, lässt sich anhand entsprechender Spektren ermitteln, welche Wellenlänge(n) (es können auch mehr als eine sein) absorbiert wurde(n) – und in welchem Ausmaß. (Auf diese Weise lassen sich nicht nur qualitative, sondern auch *quantitative* Spektren erstellen.)
    - Sollte die elektromagnetische Strahlung aus dem Bereich des sichtbaren Lichtes (VIS) stammen, stünde zu erwarten, dass das menschliche Auge (bzw. das zugehörige Gehirn) die Komplementärfarbe der absorbierten Photonen sieht (bzw. wahrnimmt/meldet), weil dem quasi-kontinuierlichen VIS-Spektrum durch die Absorption ein Teil dieser Strahlung entzogen wurde – ganz so, wie wir das schon in Teil II hatten (denken Sie an den Farbkreis). Damit lässt sich dann auch die – dort bereits behandelte – *Kolorimetrie* betreiben.

18

Ähnlich wie in der Photometrie aus Teil II geht es auch bei der Spektrophotometrie bzw. UV/VIS-Spektroskopie um das Ausmaß, in dem der Analyt elektromagnetische Strahlung absorbiert – natürlich in Abhängigkeit von deren Wellenlänge. Allerdings gibt es einen gewaltigen Unterschied zwischen der Photometrie und der Spektrophotometrie:

- Bei der *Photometrie* arbeitet man bevorzugt mit **monochromatischem** Licht genau der Wellenlänge, von der man weiß, dass der Analyt sie absorbiert. (Dazu muss man seinen Analyten natürlich schon recht gut kennen.)
- Bei der *Spektrophotometrie* bzw. der *UV/VIS-Spektroskopie* wird der Analyt nacheinander (oder auch gleichzeitig, das ist eine Frage des apparativen Aufbaus) mit verschiedenen Wellenlängen bestrahlt, und dann wird *für jede*

einzelne Wellenlänge ermittelt, ob und wenn ja in welchem Maße der Analyt sie absorbiert (oder eben nicht) – gerne auch gleich über das gesamte Quasi-kontinuum von UV- und VIS-Bereich hinweg.

Da, wie Sie im kommenden ▶ Abschn. 18.2 sehen werden, bereits der Wellen-längenbereich, in dem Absorption erfolgt, gewisse Rückschlüsse auf den Analyten gestattet, lässt sich über die Spektrophotometrie bzw. die noch aussagekräftigere UV/VIS-Spektroskopie gegebenenfalls sogar ein bislang unbekannter Stoff identi-fizieren. (Alleine mit UV/VIS wäre das zwar ziemlich knifflig, aber in Kom-bination mit diversen anderen Methoden der Analytik – von denen wir eine ganze Reihe im der „Analytischen Chemie II" behandeln werden – ist die UV/VIS-Spektroskopie ein sehr effizientes Werkzeug.)

■ **Transmissions- und Extinktionsspektren**

Es sollte nicht überraschen, dass für die Spektrophotometrie bzw. die UV/VIS-Spektroskopie die gleichen Gesetze gelten, die wir schon bei der „gewöhn-lichen" Photometrie in Teil II durchgesprochen haben. Weil besagte Gesetze aber auch hier so wichtig sind, seien sie noch einmal wiederholt.

Letztendlich steckt hinter beiden Techniken das **Lambert-Beer'sche** Gesetz:

$$A = \varepsilon_\lambda \times c \times d \qquad \qquad \textbf{(18.1)}$$

ε_λ ist dabei der (stoffspezifische und wellenlängenabhängige, deswegen das tief-gestellte λ) *Extinktionskoeffizient* des betrachteten Analyten, c ist die Konzen-tration der Analyt-Lösung und d die Dicke der verwendeten Küvette, also die Schichtdicke, durch die sämtliche Lichtstrahlen der jeweiligen Wellenlänge λ hindurchgetreten sind.

> ❯ **Wichtig**
> Es sei noch einmal ausdrücklich betont, dass auch das Lambert-Beer'sche
> Gesetz seine Grenzen hat:
> — Zum einen ist es nur für echte Lösungen geeignet, also nicht für
> Suspensionen, Emulsionen oder anderweitige Gemische, die einen
> Tyndall-Effekt zeigen.
> — Zum anderen ist der Zusammenhang zwischen Absorption und
> Konzentration nur bei sehr verdünnten Lösungen (als Faustregel gilt:
> <0,01 mol/L) wirklich linear: *Zu hoch konzentrierte Lösungen folgen dem
> Lambert-Beer'schen Gesetz nicht mehr.*

Auf dieser Basis vergleicht man dann die Intensitäten der jeweils durch die Pro-ben getretenen Wellenlängen. Gemeinsam ergeben sie die **Extinktion:** Im Eng-lischen spricht man von der *absorbance*, deswegen lautet das internationale Formelzeichen für die Extinktion **A** (und es schleicht sich in die Fachsprache all-mählich auch das (Kunst-)Wort *Absorbanz* ein).

Um quantitative Messungen durchführen zu können, muss natürlich – genau wie bei der Photometrie auch – der Intensitäts-Verlust durch Lösemittel, Küvettenmaterial etc. berücksichtigt werden, also muss man zusätzlich eine **Leer-probe** vermessen, deren Intensität (I) der durch die Leerprobe getretenen Strah-lung mit der Ausgangsintensität (I_0) gleichgesetzt wird. Anschließend trägt man die jeweils erhaltene Intensität I_{Probe} für jede einzelne Wellenlänge graphisch auf:
— Zahlreiche Wellenlängen wird der Analyt schlichtweg nicht absorbieren, das heißt diese Wellenlängen werden die Analyt-Lösung in gleicher Weise ungehindert durchqueren wie die Leerprobe.
— Manche Wellenlängen hingegen absorbiert der Analyt eben doch, also wird hier I_{Probe} deutlich kleiner sein als I_0. (Das ist wirklich *genau* wie bei der Photometrie aus Teil II.)

Natürlich misst man im Labor nicht jede einzelne Wellenlänge von Hand und trägt die erhaltenen photometrischen Daten dann mühsam auf Millimeterpapier auf. Das ginge zwar auch, würde aber entschieden zu lange dauern. Heutzutage erfolgt die Spektrenaufnahme nahezu vollautomatisiert und innerhalb kürzester Zeit. (Die absoluten Grundlagen zum Aufbau der hierbei verwendeten Geräte werden Sie in ▶ Abschn. 18.5 kennenlernen.)

Es gibt zwei grundlegend verschiedene Methoden, die jeweiligen Messergebnisse zu visualisieren – und wieder kennen Sie die dahinterstehenden Prinzipien bereits aus Teil II:

Für **Transmissionsspektren** trägt man auf der x-Achse die Wellenlänge (λ) und auf der y-Achse die **Transmission T** auf, also die relative Durchlässigkeit (für die jeweilige Wellenlänge), letztere gerne angegeben in Prozent. Die zugehörige Formel lautet:

$$T = \frac{I}{I_0} \times 100 \, [\%] \tag{18.2}$$

Da die Leerprobe idealerweise kein einziges Photon gleichwelcher Wellenlänge absorbieren sollte, stünde dort jeweils eine Transmission von 100 % zu erwarten, deswegen hat es sich eingebürgert, bei Transmissionsspektren die x-Achse *oben* zu beschriften. Heraus kommt dann so etwas:

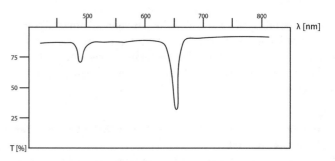

Stilisiertes Transmissionsspektrum

Man sieht deutlich, dass die Probe – worum auch immer es sich handeln mag – Strahlung der Wellenlängen 480 nm und 650 nm absorbiert, wobei die Absorption bei der längerwelligen Strahlung stärker ausgeprägt ist. Anders ausgedrückt:

Das Spektrum weist zwei Absorptionsbanden (oder kurz: **Banden**) auf.

Derlei Transmissionsspektren sind in der UV/VIS-Spektroskopie jedoch nicht sonderlich gebräuchlich, weil die absolute Transmission von der *Küvettendicke* abhängig ist. (Allerdings werden Ihnen in ▶ Abschn. 19.2 ganz ähnlich aussehende Spektren bei der IR-Spektroskopie wiederbegegnen.)

Viel üblicher ist es, auf der y-Achse die **Extinktion** anzugeben, die wir schon aus der Photometrie (aus Teil II) kennen und die den großen Vorzug besitzt, mit der Schichtdicke der Küvette linear zu korrelieren:

$$A = \lg \frac{I_0}{I} \tag{18.3}$$

Die resultierenden Spektren sehen dann natürlich ein wenig anders aus (die *Lage* der Banden ändert sich dabei selbstverständlich nicht):

18

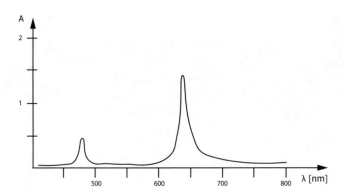

Stilisiertes Extinktionsspektrum

Der Zusammenhang zwischen diesen beiden Spektren sollte erkennbar sein.

> **❶ Achtung**
>
> **Bitte beachten Sie, dass hier nicht nur einfach „das Spektrum auf den Kopf gestellt wurde": Bei Absorptionsspektren sind auf der y-Achse *logarithmierte* Werte aufgetragen, schließlich gilt (wegen ▶ Gl. 18.2):**
>
> $$A = -\lg T \tag{18.4}$$
>
> **Damit ist es kein Wunder, dass die Absorptionsbanden nicht so steil verlaufen wie die Banden im Transmissionsspektrum.**

> **❓ Fragen**
>
> 1. Ein UV/VIS-Transmissionsspektrum zeigt drei Banden: Für $\lambda_1 = 280$ nm ergibt sich $T_1 = 70\,\%$, für $\lambda_2 = 440$ nm ergibt sich $T_2 = 52\,\%$ und für $\lambda_3 = 713$ nm ergibt sich $T_3 = 23\,\%$. Sagen Sie etwas darüber aus, welche $A_1 - A_3$ im zugehörigen Extinktionsspektrum zu erwarten stehen.
> 2. Vorausgesetzt, Ihre Probe gehorcht selbst dann noch dem Lambert-Beer'schen Gesetz, wenn ihre Konzentration verdoppelt würde: Welchen Extinktionswert E_2 würden Sie für eine Probe der Konzentration c_2 erhalten, wenn eine Probe der Konzentration c_1 bei einer gegebenen Wellenlänge λ zu einem Extinktionswert von $E_1 = 0{,}21$ führt (eine Messung bei gleicher Wellenlänge und der Annahme $c_2 = 2 \cdot c_1$ vorausgesetzt)?

18.2 Was bewirkt die vom Photon übertragene Energie?

Aus der *Allgemeinen Chemie* wissen Sie wahrscheinlich, dass sich manche Metalle anhand der Flammenfärbung identifizieren lassen, die sich ergibt, wenn Salze dieser Metalle in eine Brennerflamme eingebracht werden. (Wichtige Beispiele sind die Alkalimetalle und die meisten Erdalkalimetalle.) Wahrscheinlich wissen Sie auch noch, woher diese charakteristischen Farben jeweils stammen (falls nicht, möchten Sie vielleicht noch einmal in den Binnewies schauen), aber sicherheitshalber sei es noch einmal kurz wiederholt:

Die thermische Energie der Flamme reicht aus, um ein Valenzelektron (evtl. sogar mehr als eines) aus dessen Grundzustand – bei dem besagtes Elektron in eben jenem **Atomorbital** lokalisiert ist, in das es laut dem Periodensystem der Elemente auch gehört – herauszulösen und in ein anderes, energetisch ungünstigeres Atomorbital zu befördern. Das steigert natürlich die Gesamtenergie des betrachteten Atoms, und wenn jenes (derzeit angeregte) Elektron wieder in seinen Grundzustand zurückfällt, wird die dabei freiwerdende Energie in Form eines Photons elektromagnetischer Strahlung abgegeben. Liegt die zugehörige Wellenlänge im VIS-Bereich, besitzt sie für das menschliche Auge eine charakteristische Farbe.

Binnewies, Abschn. 15.2: Eigenschaften der Alkalimetallverbindungen

Beispiel

So ist etwa die charakteristische gelbe Färbung praktisch jeglicher Natrium-Salze in der Brennerflamme darauf zurückzuführen, dass das Valenzelektron des Natriums aus dem 3s-Orbital, seinem Grundzustand-Orbital, durch thermische Anregung zunächst in das energetisch ungünstigere 3p-Orbital verbracht wird. Fällt das derzeit angeregte Atom in seinen Grundzustand zurück, wird Licht der Wellenlänge $\lambda = 589$ nm **emittiert** (schön dargestellt in ◨ Abb. 15.1 des ▶ Binnewies).

Entsprechend lässt sich der Energieunterschied zwischen dem 3 s-Orbital und dem (dreifach entarteten) 3p-Orbitalsatz gemäß ▶ Gl. 17.1 berechnen:

$$E == \frac{hc}{\lambda} = (6{,}626 \times 10^{-34}[J \times S] \times 2{,}98 \times 10^{8}[m \times s^{-1}] / 589 \times 10^{-9}[m]$$
$$= 3{,}35 \times 10^{-19}[J])$$

(Zugleich können Sie auf diesem Weg mit Hilfe der Avogadro-Zahl ($N_A = 6.022 \times 10^{23}$ mol^{-1}) ausrechnen, welche Energie benötigt wird, um ein Mol Natrium-Atome entsprechend anzuregen: $E = 201{,}7$ kJ/mol.)

> **Wichtig**
> **Damit Sie die beteiligten Energiemengen wenigstens größenordnungsmäßig einordnen können: Der Energiegehalt (in kJ/mol) von sichtbarem Licht liegt zwischen:**
> — **längstwelliges Rot, schwächer geht im VIS-Bereich nicht:**
> $\lambda = 790$ nm $\Rightarrow$ **150 kJ/mol**
> — **kürzestwelliges Violett, das Energiereichste, was der VIS-Bereich zu bieten hat:** $\lambda = 380$ nm $\Rightarrow$ **315 kJ/mol**

> **Achtung**
> **Natürlich kann, deutlich stärkere Energiezufuhr vorausgesetzt, das Valenzelektron des Natriums auch von seinem „normalen" 3s-Orbital in ein (im Grundzustand natürlich ebenfalls unbesetztes) 3d-Orbital überführt werden, oder in das 4p-Orbital, oder auch in das eine oder andere 5f-Orbital. Es sollte verständlich sein, dass bei einer Rückkehr aus diesen „schwindelnden Höhen" deutlich mehr Energie frei wird – so viel, dass die entsprechenden Photonen nicht mehr im VIS-Bereich des elektromagnetischen Spektrums zu verorten sind. Aber wenn man den Messbereich in die UV-Region oder sogar darüber hinaus erweitert, lassen sich auch die zu diesen Elektronenübergängen gehörigen Spektrallinien finden.**

18

In ähnlicher Weise, wie bei der spektroskopischen Untersuchung gefärbter Flammen die Übergänge von Elektronen aus ihrem Grundzustand zu höheren, energetisch ungünstigeren Orbitalen *bei einzelnen Atomen* betrachtet wird (auf diese Art der *Atomspektroskopie* kommen wir in Teil V zurück), geht es bei der UV/VIS-Spektroskopie um die Elektronenübergänge *innerhalb von Molekülen*. Verständlicherweise gibt es dort ebenfalls mehr als nur eine Möglichkeit, wohin ein Elektron befördert werden kann.

Theoretisch müsste man, um die möglichen Elektronenübergänge im Blick zu behalten, für jedes Molekül zunächst ein vollständiges **Molekülorbital**-Diagramm aufstellen, wie das etwa für das Formaldehyd ($H_2C = O$) in Abb. 17.12 aus dem ▶ Harris dargestellt ist.

Harris, Abschn. 17.6: Vorgänge bei der Lichtabsorption.

Sie werden mir gewiss beipflichten, dass dieses vieratomige Molekül nun wirklich nicht übermäßig kompliziert ist, und dennoch gilt es hier bereits *sechs* Molekülorbitale zu berücksichtigen, die im Grundzustand besetzt sind – und dazu kommen noch all die Molekülorbitale, die im Grundzustand eben *nicht* besetzt sind (insgesamt vier Stück). Abb. 17.12 aus dem ▶ Harris zeigt von denen nur das energetisch günstigste.

■ **Einige wichtige Dinge, um besser über Molekülorbitale sprechen zu können**

Keine Sorge, es soll hier nicht ausführlich darum gehen, wie man Molekül-orbital-Diagramme aufstellt und woher man weiß, welche annähernde Gestalt die resultierenden Molekülorbitale besitzen. Aber ein paar Überlegungen soll-ten wir trotzdem anstellen, damit das ganze Thema nicht gänzlich abstrakt bleibt und damit nur schwer nachvollziehbar (und erlernbar) wird.

1. In der Molekülorbital-Theorie, deren Grundlangen Sie aus der *Allgemeinen Chemie* kennen, wird auf das Konzept der Hybridisierung und/oder davon abgeleitete Aspekte (wie etwa das VSEPR-Modell) vollständig verzichtet. Stattdessen räumt man hier der *Wellennatur* der Elektronen deutlich mehr Platz ein und gesteht den dreidimensionalen stehenden Wellen, die wir als *Orbitale* bezeichnen, auch die Möglichkeit zu, miteinander zu *interferieren*. Dabei müssen in einem mehratomigen Molekül im Prinzip *sämtliche* Orbi-tale jedes einzelnen Atoms berücksichtigt werden.
2. Aber nur im Prinzip.
   ▬ Der Einfachheit halber beschränkt man sich dabei auf die *Valenz*orbitale eines jeden Atoms: Die MO-Theorie geht in erster Näherung davon aus, dass etwaige Rumpfelektronen an der für die Bindung zwischen zwei oder mehr Atomen verantwortlichen Wechselwirkungen nicht beteiligt sind.
   ▬ Trotzdem kann die Anzahl der zu berücksichtigenden Orbitale recht rasch anwachsen, weil bei jedem Atom *sämtliche* Orbitale der Valenzschale zu berücksichtigen sind – auch die, die schon im Vorfeld doppelt besetzt waren oder im Grundzustand **vakant** (also unbesetzt) sind.

Beispiel

Nehmen wir als erstes Beispiel das (im freien Zustand nicht beständige) Molekül Boran (BH_3):

▬ Jedes der drei Wasserstoff-Atome besitzt die Valenzelektronen-konfiguration $1s^1$, steuert also ein s-Orbital bei, das jeweils mit *einem* Elektron besetzt ist.
▬ Das Bor-Atom besitzt die Valenzelektronenkonfiguration $2s^2 2p^1$, das heißt, es steuert bei:
  – das 2s-Orbital, das mit *zwei* Elektronen besetzt ist,
  – ein 2p-Orbital, in dem sich (im Grundzustand) *ein* Elektron aufhält und
  – zwei 2p-Orbitale, die (ebenfalls im Grundzustand) *vakant* sind.

Somit haben wir es mit sieben Atomorbitalen zu tun (insgesamt drei von den H-Atomen, vier vom B), die insgesamt mit sechs Valenzelektronen besetzt sind. Schauen wir uns im Vergleich dazu das Molekül Wasser (H_2O) an:

▬ Auch hier besitzt jedes der beiden Wasserstoff-Atome die Valenzelektronenkonfiguration $1s^1$, steuert also ein s-Orbital bei, das jeweils mit *einem* Elektron besetzt ist.
▬ Der Sauerstoff besitzt die Valenzelektronenkonfiguration $2s^2 2p^4$, das heißt, es steuert bei:
  – das 2s-Orbital, das mit zwei Elektronen besetzt ist (also ein Elektronenpaar enthält),
  – zwei 2p-Orbitale, in dem sich jeweils *ein* Elektron aufhält und
  – ein 2p-Orbital, das wieder ein Elektronen*paar* aufweist.

Hier liegen also insgesamt sechs Atomorbitale vor, in denen sich insgesamt acht Valenzelektronen befinden.

In beiden Fällen gilt es nun, diese Atomorbitale zu **Molekülorbitalen** zu kombinieren und die resultierenden Molekülorbitale dann, gemäß ihrem jeweiligen relativen Energiegehalt, mit den vorhandenen Elektronen zu besetzen.

3. Die Kombination der beteiligten Atomorbitale erfolgt gemäß den Grund-regeln der *LCAO*-Theorie. Wieder würde es den Rahmen sprengen, diese hier ausführlich zu behandeln, obwohl das Grundkonzept recht einfach ist. Entscheidend sind vor allem zwei Dinge:

   a) Treten zwei oder mehr Atomorbitale in Wechselwirkung, so dass sich ein (logischerweise mehratomiges) Molekül ergibt, bestehen zunächst einmal zwei Möglichkeiten, welcher Art diese Wechselwirkung ist:

      – Führt die Interaktion der Atomorbitale zu *konstruktiver* Interferenz, ergibt sich ein **bindendes Molekülorbital,** also ein MO, das zur Stabilität des resultierenden Moleküls beiträgt und verkürzte Bindungslängen/-abstände bewirkt. (Voraussetzung ist hier natürlich, dieses Molekülorbital ist, wenn das MO-Diagramm schließlich vollständig konstruiert ist, auch mit wenigstens einem Elektron besetzt. *Vakante Orbitale besitzen für sich genommen keinerlei Einfluss auf die Molekülstabilität*).

      – Bei destruktiver Interferenz ergibt sich ein **antibindendes** Molekül-orbital, das, wenn es besetzt ist, das Molekül destabilisiert und für ver-größerte Bindungsabstände/Bindungslängen sorgt.

      – *In derlei Fällen ist die* bindende *Wechselwirkung stets energetisch günstiger als die* antibindende *Wechselwirkung.*

      – Die Linearkombination zweier s-Orbitale zu einem bindenden Orbi-tal (das energetisch günstiger ist als die Atomorbitale, aus denen es hervorgegangen ist) und einem (energetisch ungünstigeren) anti-bindenden Molekülorbital finden Sie in Abb. 5.36 des ► Binnewies graphisch dargestellt.

   b) Die Anzahl der Molekülorbitale, die durch Linearkombination erhalten werden, entspricht *immer und unweigerlich* der Anzahl der Atomorbitale, die zu berücksichtigen sind (siehe oben).

Binnewies, Abschn. 5.11: Einführung in die Molekülorbitaltheorie (MO-Theorie)

Binnewies, Abschn. 5.12: Molekülsymmetrie

> **Beispiel**
>
> Für das (im freien Zustand nicht beständige) Boran-Molekül (BH_3) muss das MO-Diagramm entsprechend sieben Molekülorbitale aufweisen, während das MO-Diagramm von Wasser (H_2O) mit sechs Molekülorbitalen auskommt.
>
> Bitte wundern Sie sich nicht, dass die zugehörigen MO-Diagramme weder hier angegeben werden noch im Harris oder im Binnewies zu finden sind. Um derlei Diagramme für Moleküle aufzustellen, die aus mehr als zwei Atomen bestehen, sind ausgiebige Symmetriebetrachtungen auch für sämtliche resultierende Molekülorbitale erforderlich, und das würde den Rahmen dieser Einführung bei Weitem sprengen. Andererseits werden wir ganz ohne Aussagen über die Molekülsymmetrie spätestens dann nicht mehr auskommen, wenn wir uns der Schwingungsspektroskopie zuwenden wollen, insofern könnte es zumindest nicht schaden, (beizeiten) einen Blick in das entsprechende Kapitel im ► Binnewies zu werfen. Aber die Grundlagen zu diesem Thema wurden ja gewiss bereits in der *Allgemeinen und Anorganischen Chemie* behandelt.

4. Die Linearkombination zweier s-Orbitale führt zu je einem bindenden σ-Orbital und einem antibindenden σ*-Orbital (◘ Abb. 18.1a), Gleiches gilt für zwei p-Orbitale, die „Kopf an Kopf" zueinander orientiert sind (also entlang der Kernverbindungsachse; ◘ Abb. 18.1b). Die Linearkombination zweier *parallel* zu einander orientierter p-Orbitale führt hingegen zu je einem bindenden π-Orbital und einem antibindenden π*-Orbital (◘ Abb. 18.1c).

5. Es gilt natürlich noch mehr mögliche Wechselwirkungen zu berück-sichtigen:

   – Bitte vergessen Sie nicht, dass – korrekte räumliche Orientierung vorausgesetzt – auch zwischen einem s- und einem p-Orbital eine bin-dende σ- und/oder eine antibindende σ*-Wechselwirkung möglich ist (◘ Abb. 18.2a).

18

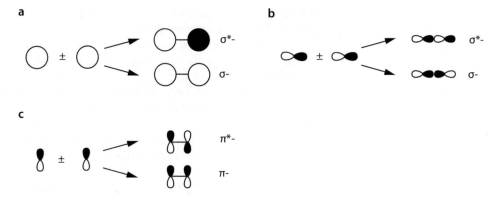

Abb. 18.1   Bindende und antibindende Wechselwirkungen

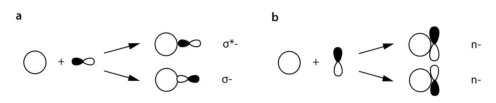

Abb. 18.2   Weitere Wechselwirkungen

— Je nach räumlicher Orientierung besteht die Möglichkeit, dass ein (besetztes oder vakantes) Orbital mit anderen Orbitalen weder in bindender noch in antibindender Weise wechselwirken kann, also weder zur Stabilität beiträgt noch destabilisierend wirkt: Derlei **nichtbindende Wechselwirkungen** (n, ◘ Abb. 18.2b; die beiden hier dargestellten sind natürlich energetisch entaret) sind hin und wieder ebenfalls zu berücksichtigen. Dabei können besetzte Orbitale ebenso beteiligt sein wie vakante. Die Orbitale, die für die nichtbindenden Wechselwirkungen verantwortlich sind – kurz: die n-Orbitale – lassen sich meist als an einem Atom lokalisiert auffassen, also als *freies Elektronenpaar (lone pair).*

6. Nicht alle der resultierenden Molekülorbitale müssen zwangsweise besetzt sein: Gerade die Tatsache, dass bevorzugt die energetisch günstigeren Orbitale besetzt werden (die gemeinhin eher zu bindenden als zu antibindenden Wechselwirkungen gehören), ist der Grund für die Stabilität oder überhaupt die Existenz von Molekülen. Vergleichen Sie etwa das MO-Diagramm des H_2-Moleküls, bei dem nur das bindende σ-Orbital besetzt ist, nicht aber das antibindende σ^*-Orbital (Abb. 5.39 aus dem ▶ Binnewies), mit dem entsprechenden Diagramm für das nicht existente Dihelium-Molekül (He_2; ▶ Binnewies-Abb. 5.41).

Binnewies, Abschn. 5.11: Einführung in die Molekülorbitaltheorie (MO-Theorie)

7. Da sich nicht nur ein Großteil der Chemie im Allgemeinen auf die Wechselwirkung der **Grenzorbitale** beteiligter Moleküle zurückführen lässt (vergleichsweise *energiereiche besetzte* Orbitale übertragen die Ladungsdichte ihrer Elektronen auf vergleichsweise *energiearme unbesetzte* Orbitale des Reaktionspartners), sondern auch die UV/VIS-Spektroskopie auf den Übergängen von Elektronen aus *energiereichen besetzten* Orbitalen in vergleichsweise *energiearme unbesetzte* Orbitale (hier allerdings des gleichen Moleküls) basiert, liegt es nahe, die betreffenden Grenzorbitale mit griffigeren Bezeichnungen zu belegen:

   — Als **HOMO** *(highest occupied molecular orbital)* eines Moleküls (oder auch Molekül-Ions) bezeichnet man das energetisch ungünstigste noch besetzte Molekülorbital. Dieses kann einfach oder doppelt besetzt sein; auch eine

Entartung ist möglich, so dass es zwei oder noch mehr HOMOs mit dem gleichen Energiegehalt geben kann.

- Ist ein HOMO nur mit einem *einzelnen* Elektron besetzt, nicht mit einem Elektronen*paar*, spricht man gelegentlich auch von einem **SOMO** *(singly occupied molecular orbital)*.

— Das energetisch nächsthöhere Molekülorbital wird dann **LUMO** *(lowest unoccupied molecular orbital)* genannt; auch dieses LUMO kann durchaus entartet sein.

- Dass das LUMO (entartet oder nicht) eines Moleküls immer energetisch ungünstiger sein muss als dessen HOMO, versteht sich hoffentlich von selbst.
- Dass es kein „SUMO" geben kann, sollte ebenfalls nachvollziehbar sein.

— Gelegentlich ist es erforderlich, auch das energetisch nächst-niedrigere Molekülorbital (energetisch unterhalb des HOMO) zu betrachten. Dieses wird der Einfachheit halber HOMO-1 genannt. (Natürlich ist auch hier gegebenenfalls Entartung möglich.)

— Das oberhalb des LUMO liegende, natürlich im Grundzustand ebenfalls unbesetzte, Molekülorbital nennt man dann LUMO+1.

Beispiel

Der „gewöhnliche" Disauerstoff (O_2) ist ein Beispiel für ein einfaches diatomares Molekül, dessen HOMO nicht nur zweifach entartet ist, sondern dessen HOMOs auch noch SOMOs darstellen, weil die beiden Orbitale des zweifach entarteten HOMO-Satzes gemäß der **Hund'schen Regel** nur spinparallel einfach besetzt sind; das zugehörige MO-Diagramm können Sie Abb. 5.45 des ▶ Binnewies entnehmen.

Dort sehen Sie auch, dass es sich beim HOMO-Satz um die (antibindenden) π^*-Orbitale handelt. Das LUMO dieses Moleküls stellt somit das σ^*-Orbital dar.

Binnewies, Abschn. 5.11: Einführung in die Molekülorbitaltheorie (MO-Theorie)

Die UV/VIS-Spektroskopie (einschließlich der Spektrophotometrie) basiert nun darauf, dass Elektronen aus dem HOMO (oder einem anderen im Grundzustand besetzten Molekülorbital) in das LUMO (oder ein anderes, energetisch noch ungünstigeres, also oberhalb des HOMO gelegenes Molekülorbital) angeregt werden können: Kennt man die für derlei Übergänge jeweils erforderliche Wellenlänge, lässt sich gemäß ▶ Gl. 17.1 der Energieunterschied der beiden beteiligten Orbitale (also der **Grenzorbital-Abstand**) berechnen.

Ein Bezug zur Anorganischen Chemie

Derartige Grenzorbital-Betrachtungen stellt man keineswegs nur in der Spektroskopie an, sondern durchaus auch in anderen Bereichen der Chemie. Komplexverbindungen etwa kennen Sie bereits aus der *Allgemeinen und Anorganischen Chemie,* daher wissen Sie vermutlich auch, dass viele Komplexe in wässriger Lösung eine (oft charakteristische) Farbe zeigen. Betrachten wir als Beispiel dreiwertiges Titan (Ti^{3+}), das in wässriger Lösung als oktaedrischer Hexaaqua-Komplex $[Ti(H_2O)_6]^{3+}$ vorliegt:

Durch die oktaedrische Koordination der sechs Aqua-Liganden wird der d-Orbitalsatz des Metalls aufgespalten, so dass drei der fünf d-Orbitale (d_{xy}, d_{xz}, d_{yz} – der t_{2g}-Orbitalsatz; diese Bezeichnung wird Ihnen gewiss in Fortgeschrittenen-Veranstaltungen bzw. –Lehrbüchern der *Anorganischen Chemie* wiederbegegnen, nehmen wir ihn vorerst einfach als Eigennamen) energetisch etwas günstiger werden, während der Energiegehalt der beiden anderen d-Orbitale ($d_{x^2-y^2}^{2}$, $d_{z^2}^{2}$, also der e_g-Satz; auch dies sei vorerst einfach nur eine Benennung, um nicht jedes Mal alle beteiligten d-Orbitale ausdrücklich nennen zu müssen) ein wenig steigt. Allerdings ist, da dem dreiwertigen Titan

---

18

die Elektronenkonfiguration d^1 zukommt, nur eines der drei günstigeren Orbitale einfach besetzt, die beiden anderen sowie die beiden energetisch ungünstigeren bleiben vakant.

Entsprechen können wir sagen:

- Der t_{2g}-Orbitalsatz entspricht dem (dreifach entarteten) HOMO dieses Komplexes,
- der e_g-Orbitalsatz entspricht dem (zweifach entarteten) LUMO.

Analog zu den in diesem Abschnitt beschriebenen Elektronenübergängen lässt sich auch dieser Komplex entsprechend zu einem HOMO → LUMO-Übergang anregen – und genau das ist auch der Grund dafür, dass Titan(III)-Ionen ihre wässrige Lösung rotviolett färben. Denken Sie noch einmal an den Farbkreis aus Teil II zurück:

- Die Komplementärfarbe zu Rotviolett ist Blaugrün.
- ◘ Tab. 17.1 aus dem ►Harris verrät uns, dass blaugrünes Licht im Wellenlängenbereich 470–500 nm liegt.

Um nun den Energieunterschied zwischen HOMO und LUMO dieses Komplexes zu berechnen – also die Energie, die benötigt wird, um dort ein Elektron aus dem HOMO ins LUMO zu befördern –, greifen wir einfach auf ► Gl. 17.1 zurück und setzen diese beiden Werte (470 nm, 500 nm) ein. (Bitte rechnen Sie es selbst durch!)

Mit Hilfe anderer Experimente wurde der Grenzorbital-Abstand ebenfalls ermittelt, und man kam zum Ergebnis $\Delta E_{HOMO/LUMO} = 243$ kJ/mol. Sie werden feststellen, dass dieser Wert zur Wellenlänge $\lambda = 490$ nm passt.

Harris, Abschn. 17.2: LichtabsorptionHarris, Abschn. 17.2: Lichtabsorption

Es sei allerdings noch einmal betont: Die mit UV/VIS beobachtbaren Elektronenübergänge beschränken sich nicht zwangsweise auf den Übergang HOMO → LUMO. Auch Elektronen, die im Grundzustand das HOMO-1 populieren, können in das LUMO wechseln, bei hinreichend starker Anregung sind auch Übergänge aus dem HOMO (oder dem HOMO-1) in das LUMO+1 möglich etc.

- Es sollte verständlich sein, dass für derartige größere Energiesprünge auch kürzerwellige Strahlung erforderlich ist.
- Entsprechend werden sich Übergänge mit *noch* größerem Energieunterschied (z. B. von HOMO-2 in das LUMO+3 o. ä.) nicht mehr durch UV/VIS-Strahlung anregen lassen; dort wäre dann *noch* energiereichere Strahlung gefordert.

Für jedes Molekül, in dessen MO-Diagramm σ- und π-Wechselwirkungen zu berücksichtigen sind, gelten die folgenden Überlegungen:

- Wegen der besseren Überlappung der Atomorbitale, aus denen sie hervorgehen, sind σ-Orbitale gemeinhin energetisch günstiger als π-Orbitale, einfach weil dabei mehr Bindungsenergie frei wird.
- Analog sind π*-Orbitale energetisch günstiger als σ*-Orbitale, weil sich die suboptimale Überlappung der zugehörigen Atomorbitale entsprechend weniger stark antibindend/abstoßend auswirkt.
- Treten nichtbindende Orbitale auf, meist in Form von freien Elektronenpaaren, die (aus räumlichen oder anderen Gründen) nicht in Wechselwirkung mit Nachbaratomen treten, sind diese energetisch meist (!) zwischen den π-Orbitalen und den π*-Orbitalen zu verorten.

Die relative Lage der einzelnen Molekülorbital-Arten lässt sich schematisch wie in ◘ Abb. 18.3 darstellen.

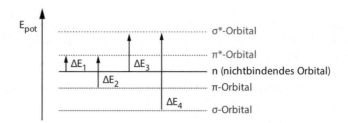

○ **Abb. 18.3**   Energieübergänge in der UV/VIS-Spektroskopie

> ❗ **Achtung**
>
> Bitte beachten Sie, dass ○ **Abb.** 18.3 wirklich nur eine *schematische* Darstellung ist! Auch wenn es hier der Übersichtlichkeit halber so wirken mag, sind die einzelnen Energieniveaus *keineswegs* **äquidistant.** Weiterhin sollten Sie bitte berücksichtigen, dass es mitnichten immer nur genau ein π- oder σ*-Orbital gibt. ○ **Abb.** 18.3 soll nur die relative energetische Lage verschiedener Energie*niveaus* darstellen:
>
> — Ein hinreichend ausgedehntes π-Elektronensystem (genauer gesagt: *jedes* System mit zwei oder mehr konjugierten Mehrfachbindungen) verfügt über *mehrere* π- und π*-Molekülorbitale, die sich in ihrem Energiegehalt (zumindest geringfügig) unterscheiden.
>
> — Die verschiedenen π-Molekülorbitale (mit geringfügig unterschiedlichem Energiegehalt) werden häufig zum π-*Niveau* zusammengefasst, die π*-Molekülorbitale entsprechend zum π*-Niveau.
>
> — (Falls Sie gerade spontan an das Bändermodell der Metalle denken müssen, haben Sie wieder einen Zusammenhang erkannt, denn letztendlich *ist* das Bändermodell nichts anderes als die Ausweitung der Molekülorbitaltheorie auf Metalle.)
>
> Selbstverständlich ist der Energieunterschied zwischen den verschiedenen Orbitalen des *gleichen* Energieniveaus (etwa zwei – nicht-entarteten – π*-Molekülorbitalen) längst nicht so groß wie der Energieunterschied zwischen Orbitalen verschiedener Energieniveaus (etwa π* und σ*).

Bezeichnet werden die verschiedenen Übergänge dann etwa als $n \rightarrow \pi^*$-Übergang, wenn ein Elektron aus einem besetzten nichtbindenden Orbital in ein (vakantes) π^*-Orbital wechselt usw.

Aber UV/VIS-Spektroskopie beschränkt sich nicht darauf, Elektronen aus einem (energetisch günstigeren) Orbital in ein (energetisch ungünstigeres) anderes Orbital zu befördern:

■ **Auch der Spin spielt eine Rolle**

Es macht nämlich energetisch gesehen einen nicht zu vernachlässigenden Unterschied, ob das Elektron, das aus dem Grundzustand in ein höheres Orbital angeregt wird, dabei seinen Spin verändert oder nicht, schließlich wirkt sich das unmittelbar auf den **Multiplizitätszustand** aus.

■■ **Die Multiplizität …**

Dieser Begriff wird Ihnen auch beim Thema der Kernresonanzspektroskopie (etwa in der „Analytischen Chemie II") wiederbegegnen, wo er *etwas* weiter gefasst sein wird. Da es in der UV/VIS-Spektroskopie aber nur um Elektronen geht, beschränken wir uns hier auch auf den **Elektronenspin.**

Wie Sie aus der *Allgemeinen Chemie* wissen, gibt es für jedes Elektron innerhalb eines Orbitals hinsichtlich des Spins prinzipiell nur zwei Möglichkeiten, die sich geringfügig in ihrem Energiegehalt unterscheiden:

18

- Energetisch etwas günstiger ist der Spinzustand, der mit der Spinquantenzahl $m_s = +\frac{1}{2}$ beschrieben und – gerade in der Chemie – gerne mit ($\uparrow$) abgekürzt wird.
- Entsprechend ein wenig ungünstiger ist der Spinzustand mit der Spinquantenzahl $m_s = -\frac{1}{2}$, kurz: ($\downarrow$).
- Andere Möglichkeiten gibt es nicht.

Die Multiplizität macht sich immer erst innerhalb eines Magnetfeldes bemerkbar – aber da wir im Alltag vom Magnetfeld der Erde ebenso umgeben sind wie von einem hochfrequenten elektromagnetischen Feld (wir nennen es „Licht"), befinden sich *sämtliche* Atome, die wir beobachten wollen, *stets* in einem Magnetfeld (es sei denn, wir würden die betrachteten Atome gezielt davor abschirmen, und das wäre … aufwendig). Also müssen wir uns zunächst anschauen, wie viele verschiedene Möglichkeiten es für die Elektronen theoretisch gibt, sich im Magnetfeld auszurichten. Genau das beschreibt die **Multiplizität**.

■■ 1-Elektronen-Systeme

Haben wir ein 1-Elektronen-System (beispielsweise ein Wasserstoff-Atom mit der Elektronenkonfiguration $1s^1$, kann dieses Elektron den (energetisch günstigeren) Spinzustand $m_s = +\frac{1}{2}$ einnehmen (entlang dem Magnetfeld, was sich durch ($\uparrow$) beschreiben lässt) oder den energetisch etwas weniger günstigen Zustand $m_s = -\frac{1}{2}$ (visualisiert durch ($\downarrow$), das Elektron ist dem Magnetfeld entgegen ausgerichtet). Dem einzelnen ungepaarten Elektron stehen also prinzipiell *zwei* Möglichkeiten offen, deswegen liegt hier als Multiplizität (Maß für die Anzahl der möglichen Ausrichtungen) ein **Dublett** (abgekürzt: **D**) vor (verwendet werden die üblichen griechischen Zahlenworte).

■■ Mehrelektronen-Systeme

Bei Mehrelektronensystemen sollten sich theoretisch entsprechend deutlich mehr Möglichkeiten ergeben, aber es ist auch noch von Bedeutung, ob einige oder alle der betreffenden Elektronen *spingepaart* vorliegen:

- Populieren zwei Elektronen das gleiche Orbital, müssen sie sich ja gemäß dem **Pauli-Verbot** in ihrer Spinquantenzahl unterscheiden, was sich mit ($\uparrow\downarrow$) symbolisieren lässt. Hier gibt es also *keine* verschiedenen Möglichkeiten, denn selbst wenn das eine Elektron (aus welchem Grund auch immer) seinen Spin verändern wollte, müsste sein Partner-Elektron es ihm wegen des Pauli-Verbots augenblicklich gleichtun, also würde sich insgesamt *nichts* ändern. Gibt es nur eine einzige Möglichkeit für die Elektronen, sich im Magnetfeld zu orientieren, liegt ein **Singulett (S)** vor.

Anders sieht die Lage aus, wenn sich die beiden ungepaarten Elektronen in *unterschiedlichen* Orbitalen aufhalten, die dann jeweils durch eine Klammer repräsentiert werden sollen. Hier ergeben sich mehrere Möglichkeiten:

- Die beiden Elektronen können – ganz im Sinne der **Hund'schen Regel** – ihre jeweiligen Orbitale spinparallel einfach besetzen: ($\uparrow$)($\uparrow$)
- Eines der beiden Elektronen kann seinen Spin umkehren (was energetisch ein wenig ungünstiger ist als der vorangegangene Fall, aber *möglich* ist es durchaus). In diesem Falle, wenn also ein Elektron parallel zum Magnetfeld orientiert ist, das andere antiparallel dazu, ergibt sich die Orbital-Besetzung ($\uparrow$)($\downarrow$). Welches der beiden Elektronen („links" oder „rechts") dabei die Spin-Umkehr vornimmt, ist für unsere Zwecke unerheblich, ($\uparrow$)($\downarrow$) und ($\downarrow$)($\uparrow$) sind also gleichbedeutend.
- Energetisch noch ungünstiger, aber immer noch möglich, wäre auch die Orientierung *beider* Elektronen antiparallel zum Magnetfeld: ($\downarrow$)($\downarrow$)

Da sich für dieses System mit zwei ungepaarten Elektronen *drei* Möglichkeiten für die Elektronen gibt, sich im Magnetfeld zu orientieren, spricht man von einem **Triplett (T)**.

Liegen zusätzlich zu den ungepaarten Elektronen auch noch das eine oder andere Elektronenpaar ($\uparrow\downarrow$) vor, ändert das nichts an der Multiplizität des Systems, denn bei Elektronenpaaren ist eine Veränderung ja nicht möglich. (Denken Sie an das Pauli-Verbot!) Wir sehen also, dass hier nur die *ungepaarten* Elektronen von Belang sind. Nimmt die Anzahl ungepaarter Elektronen weiter zu, steigt entsprechend auch die Anzahl der möglichen Orientierungen. Dies führt zu einer einfachen Regel zur Berechnung der Multiplizität M für Systeme mit einem oder mehreren ungepaarten Elektronen:

$$M = (\text{Anzahl ungepaarter Elektronen}) + 1 \tag{18.5}$$

- Bei einem System mit drei ungepaarten Elektronen ergibt sich entsprechend $M = 3 + 1 = 4$, also ein *Quartett*.
- Bei vier ungepaarten Elektronen ergibt sich $M = 5$, also haben wir es mit einem *Quintett* zu tun.
- Bei fünf ungepaarten Elektronen ($M = 6$) liegt ein *Sextett* vor usw.

> **Zur Berechnung der Multiplizität**
> Formel ▶ Gl. 18.5 ist für alle Systeme anwendbar, bei denen die einzelnen Teilnehmer einen Spin von $\pm\frac{1}{2}$ besitzen. Bei anderen wird sie ein wenig komplizierter, aber wir wollen uns ja hier auf die Elektronen beschränken. Mit Systemen, bei denen die Spinquantenzahl m_s andere Werte annehmen können, werden wir uns in Teil I der „Analytischen Chemie II", befassen. Die Bezeichnung für die resultierenden Multipletts wird Ihnen auch dort wiederbegegnen.

Bislang haben wir uns nur der Frage zugewandt, welche *möglichen* Orientierungen der Elektronen es gibt, und wir haben festgestellt, dass sich diese verschiedenen Möglichkeiten in ihrem Energiegehalt durchaus unterscheiden. Entsprechend müssen sich diese unterschiedlichen Zustände auch möglichst eindeutig beschreiben lassen.

▪▪ ... und was sie bedeutet

Um die Multiplizität „nutzen" zu können, muss man herausfinden, welcher **Gesamtspin S_{ges}** sich für das System jeweils ergibt. Dazu muss man sich alle Elektronen *noch* genauer anschauen: Man ermittelt, wie viel die einzelnen Elektronen zum Gesamtspin des System beitragen. Dafür addiert man einfach deren jeweilige Spinquantenzahl m_s. Die Formel zur Berechnung des Gesamtspins lautet:

$$S_{ges} = \left| \sum_{i=1}^{i} m_{s(i)} \right| \tag{18.6}$$

Der Gesamtspin ergibt sich also einfach als Betrag der Summe aller m_s-Werte sämtlicher zu berücksichtigenden Elektronen.

> **!** In vielen Lehrbüchern findet sich als Formelzeichen für den Gesamtspin einfach nur das S – und das lässt sich natürlich prächtig mit dem Symbol für das Singulett verwechseln, aus diesem Grund bleiben wir im Rahmen dieses Buches konsequent bei S_{ges}. (Auf diese hinterhältige Stolperfalle wollte ich Sie aber auf jeden Fall hinweisen.)

▶ Gl. 18.6 sieht schlimmer aus, als sie ist, denn der Betrag muss erst ermittelt werden, nachdem die einzelnen Spinquantenzahlen der betrachteten Elektronen addiert wurden:

- Für alle *gepaarten* Elektronen – dargestellt durch ($\uparrow\downarrow$), die Klammer besagt ja, dass sich die beiden Elektronen im gleichen Orbital befinden – ergibt sich ein Beitrag zum Gesamtspin von 0, weil $+\frac{1}{2}+(-\frac{1}{2})=0$.
- Bei allen *ungepaarten* Elektronen ist deren jeweiliger Spin entscheidend:
  - Jedes ($\uparrow$)-Elektron besitzt einen Spin von $+\frac{1}{2}$.
  - Jedes ($\downarrow$)-Elektron besitzt einen Spin von $-\frac{1}{2}$.

Beispiel

Nehmen wir uns als Beispiel das Triplett der Elektronen-Orientierung unseres Systems mit zwei Elektronen vor, die unterschiedliche Orbitale populieren:
- Für den mit ($\uparrow$)($\uparrow$) beschriebenen energetisch günstigsten Fall ergibt sich $S_{ges} = +\frac{1}{2} + \frac{1}{2} = 1$
- Für den Fall ($\uparrow$)($\downarrow$) bzw. ($\downarrow$)($\uparrow$) ergibt sich $+\frac{1}{2} + (-\frac{1}{2})$ bzw. $-\frac{1}{2} + \frac{1}{2} = 0$.
- Beim energetisch ungünstigste Fall, ($\downarrow$)($\downarrow$), kommen wir zunächst auf $-\frac{1}{2} + (-\frac{1}{2}) = -1$, aber da bei der Berechnung des Gesamtspins gemäß ▶ Gl. 18.6 am Ende der *Betrag* betrachtet wird, ergibt sich hier wieder $S_{ges} = 1$

Ein solches System mit zwei ungepaarten Elektronen, ein **Diradikal,** haben wir in diesem Abschnitt schon einmal angesprochen: den „gewöhnlichen" Disauerstoff (O_2), dessen MO-Diagramm Sie als Abb. 5.45 im ▶ Binnewies finden.

Binnewies, Abschn. 5.11: Einführung in die Molekülorbitaltheorie (MO-Theorie)

Allerdings ist es eher unüblich, das Verhalten entsprechender Systeme im Magnetfeld über den Gesamtspin zu beschreiben (obwohl sich auch das in der Fachliteratur findet). Deutlich gebräuchlicher ist die Angabe in Form des **Multiplett-Zustands (M_Z)**. Die zugehörige Formel lautet:

$$M_Z = 2S_{ges} + 1. \tag{18.7}$$

Bezeichnet werden die resultierenden Multiplett-Zustände dann jeweils mit den gleichen Zahlen-Präfixen, die wir schon von den Multipletts selbst kennen.

Beispiel

Kehren wir noch einmal zu den drei Zuständen unseres 2-Elektronen-Systems mit $M = 3$ (und damit zum HOMO des Disauerstoff-Diradikals) zurück:
- Bei ($\uparrow$)($\uparrow$), mit $S_{ges} = 1$, ergibt sich gemäß Gl. 18.7 mit $M_Z = 2 \times 1 + 1 = 3$ ein Triplett-Zustand.
- Für den Fall ($\uparrow$)($\downarrow$) bzw. ($\downarrow$)($\uparrow$) ergibt sich mit $S_{ges} = 0$ und somit $M_Z = 1$ ein Singulett-Zustand.
- Bei der energetisch ungünstigste Orientierung ($\downarrow$)($\downarrow$) führt ▶ Gl. 18.7 wegen des Betrages in der Formel zur Berechnung von S_{ges} (▶ Gl. 18.6) und somit $M_Z = 3$ wieder zu einem Triplett-Zustand, allerdings um einen *angeregten.* (Setzt man diese Ergänzung hinzu, wird die Aussage zumindest eindeutig*er*).

Für ein Ein-Elektronen-System hingegen – wie etwa einem einzelnen Wasserstoff-Atom mit der Valenzelektronenkonfiguration $1s^1$, das ein ungepaartes Elektron aufweist – ergibt sich gemäß 18.5 Dublett, also gibt es zwei Möglichkeiten der Orientierung: Das Elektron kann sich (energetisch etwas günstiger) entlang dem Magnetfeld ausrichten ($\uparrow$), oder genau in die entgegengesetzte Richtung ($\downarrow$), was energetisch etwas ungünstiger ist. Bestimmt man nun für diese beiden Möglichkeiten den Multiplizitätszustand M_Z, so kommt man
- für ($\uparrow$) auf $M_Z = \left(2 \times S_{ges}\right) + 1 = \left(2 \times \left(\left|+^1/_2\right|\right)\right) + 1 = 1 + 1 = 2$ und
- für ($\downarrow$) auf $M_Z = \left(2 \times \left|-^1/_2\right|\right) + 1 = 1 + 1 = 2$.

Mit $M_Z = 2$ liegt also in beiden Fällen ein Dublett-Zustand vor. Beschreibt man den zweiten wieder als „angeregten Dublett-Zustand, besteht keine Verwechselungsgefahr mehr

❶ Achtung

Wieder gibt es eine beliebte Stolperfalle: Viele Lehrtexte unterscheiden leider nicht (oder nicht deutlich genug) zwischen der Multiplizität M und dem Multiplett-Zustand M_Z, obwohl das zwei verschiedene Dinge sind:

- **Die Multiplizität M gibt die Anzahl *möglicher* verschiedener Orientierungen der Elektronen im Magnetfeld an. Sie berechnet sich gemäß ▶ Gl. 18.5.**
- **Der Multiplett-Zustand M_Z (auch Multiplizitätszustand genannt) bezieht sich auf *jeden einzelnen* der gemäß der Multiplizität möglichen Zustände und hängt vom jeweils *tatsächlich vorliegenden* Gesamtspin ab, der sich durch die Spinquantenzahlen aller betrachteten Elektronen gemäß ▶ Gl. 18.6 ergibt. M_Z berechnet sich dann nach ▶ Gl. 18.7.**

Wird jedoch ein Multiplett-*Zustand* ebenso wie die Multiplizität mit M abgekürzt, was bedauerlicherweise in zahlreichen Lehrbüchern geschieht, ist die Verwirrung natürlich vorprogrammiert.
Aber die Verwirrung lässt sich noch maximieren: In vielen Texten wird statt vom Multiplett-Zustand von Mehrelektronen-Systemen vom Spinzustand des betrachteten Systems gesprochen und dieser dann mit S abgekürzt statt mit obigem M oder eben M_Z. Da S allerdings je nach Kontext für eine Multiplizität von 1 (also einem Singulett) oder eben für den Singulett-*Zustand* steht (wenn es um den Multiplizitätszustand geht), kommt man ebenfalls leicht durcheinander. Dass in derlei Texten das Formelzeichen des Spinzustandes ein *kursives S* ist, reicht meist nicht aus, um Klarheit zu schaffen. Im Rahmen dieses Buches halten wir uns um der Klarheit willen an die Unterscheidung M und M_Z, aber da auch das Formelzeichen S in manchen Texten verwendet wird, sollten Sie es wenigstens schon einmal gesehen haben und einordnen können.

- **Anregung von Elektronen, genauer betrachtet**

❶ Achtung

Bevor etwas grundlegend schiefläuft:
Bitte bedenken Sie, dass sich die beiden Elektronen im HOMO des Disauerstoff-Moleküls *in zwei getrennten Orbi*talen (gleichen Energiegehalts) befinden! (Genau das sollen ja die jeweiligen Klammern um die Pfeile bedeuten.)
Gemeint ist *keineswegs* ein einzelnes Orbital, in dem beide Elektronen den gleichen Spin besitzen: Das wäre ein eklatanter Verstoß gegen das Pauli-Prinzip (und damit nach dem gesamten derzeitigen Kenntnisstand der Physik absolut unmöglich).

Harris, Abschn. 17.6: Vorgänge bei der Lichtabsorption

Angenommen, wir hätten es mit einem System zu tun, dessen HOMO zu einem freien Elektronenpaar gehört und in dem es auch π-Wechselwirkungen (und damit ebenso π^*-Wechselwirkungen) gibt. Hier bietet ein Elektronenübergang vom HOMO zum LUMO, also ein $n \rightarrow \pi^*$-Übergang, ganz in Übereinstimmung mit Abb. 17.13 aus dem ▶ Harris, zwei Möglichkeiten:

a) Das energetisch etwas ungünstigere der beiden Elektronen ($\downarrow$), die vor der Anregung gemeinsam das freie Elektronenpaar dargestellt haben ($\uparrow\downarrow$), vollführt den $n \rightarrow \pi^*$-Übergang und behält dabei seinen ursprünglichen Spin (-½) bei (dargestellt in Abb. 17.13a; hier stilisiert als $\genfrac{\{}{\}}{0pt}{}{\downarrow}{\uparrow}$, um zu zeigen, dass hier die beiden beteiligten Orbitale – daher die Klammern – *nicht* den gleichen Energiegehalt besitzen, also *nicht entartet* sind.

b) Eine Alternative wäre, dass das gleiche Elektron exakt den gleichen n → π*-Übergang vollführt, dabei aber seinen Spin *ändert* (wie in Abb. 17.13b; also $\{^\uparrow_\uparrow\}$). Dieser Zustand ist energetisch geringfügig günstiger, was durchaus nachvollziehbar sein sollte, schließlich ist (↑) nun einmal energetisch etwas günstiger als (↓). Und generell geht es in der Natur ja immer darum, so viel Energie zu sparen wie möglich.

Wie unterscheiden sich die beiden Zustände nun? Tun sie das überhaupt? – Ja, tun sie! Schauen wir uns den resultierenden *Gesamtspin S_{ges}* dieses Systems an:
a) Bei $\{^\downarrow_\uparrow\}$ liegen zwei ungepaarte Elektronen vor, die jedoch spinantiparallel orientiert sind. Insgesamt ergibt sich mit $S_{ges(a)} = 0$. Damit beträgt gemäß ▶ Gl. 18.7 in diesem Fall $M_{Z(a)} = 1$, also liegt ein **Singulett-Zustand** vor, und trotzdem handelt es sich um ein Diradikal.
b) Auch bei $\{^\uparrow_\uparrow\}$ handelt es sich um ein Diradikal, aber da $S_{ges(b)} = 1$, ergibt sich eine Multiplizität von $M_{z(b)} = 3$, also handelt es sich um einen **Triplett-Zustand**.

■■ Und welcher dieser Übergänge erfolgt nun?

Dass in der Analytischen Chemie auch die **Molekülsymmetrie** eine wichtige Rolle spielt, wurde ja zu Beginn dieses Abschnitts bereits angemerkt. Da dieses Thema meist bereits im Rahmen der *Allgemeinen und Anorganischen Chemie* behandelt wird, werden Sie mir gewiss folgen können, wenn ich exemplarisch anmerke, dass es bei einem (radialsymmetrischen) s-Orbital keinerlei Unterschied macht, ob es nun um 180° gedreht wurde oder nicht, während eine Drehung um den gleichen Winkel bei jedem (hantelförmigen) p-Orbital exakt zu einer Phasenumkehr führen würde – was sich natürlich auf etwaige Wechselwirkungen mit anderen Orbitalen recht drastisch auswirkt. Vor diesem Hintergrund können Sie sich gewiss zumindest vorstellen, warum manche Übergänge als **symmetrie-verboten** oder **symmetrie-erlaubt** bezeichnet werden:

Ein Beispiel für einen symmetrie-verbotenen Übergang finden wir schon in dem n → π*-Übergang, der zu einem Triplett-Zustand geführt hat (Abb. 17.13b aus dem ▶ Harris): Ein Wechsel der Spinquantenzahl (von –½ nach +½) ist nicht unbedingt zulässig. Das hängt aber auch davon ab, welche Symmetrieeigenschaften das Ausgangs- und das Zielorbital aufweisen. Wie bereits erwähnt: Das mit der Symmetrie ist wirklich eine Wissenschaft für sich. Eines aber sein noch angemerkt: *Ein solches Symmetrie-Verbot hat keineswegs die Folge, dass derlei verbotene Übergänge wirklich* überhaupt nicht *stattfinden, sondern nur sehr viel weniger häufig.* (Genau wie Menschen, halten sich auch nicht alle Atome oder Moleküle unbedingt an jedes Verbot – die meisten zwar schon, aber es gibt immer auch Ausnahmen.)

Harris, Abschn. 17.6: Vorgänge bei der Lichtabsorption

❓ Fragen

3. a) Wie viele Molekülorbitale sind für das Li_2-Molekül zu berücksichtigen (das in der Gasphase, also beim Verdampfen von elementarem Lithium, tatsächlich auftritt)?
   b) Wie viele Molekülorbitale sind für das HCl-Molekül zu betrachten?
4. a) Welche Multiplizität ergibt sich für ein einzelnes Fluor-Atom? Welche Multiplizität besitzt ein einzelnes Stickstoff-Atom im Grundzustand?
   b) Multiplett-Zustände sind jeweils möglich?
5. a) Wie bezeichnet man den Übergang in einem Molekül mit jeweils voll besetzen bindenden σ- und π-Wechselwirkungen sowie einem nichtbindenden Elektronenpaar, wenn ein Elektron aus einem π-Orbital (dem HOMO-1) in das LUMO wechselt? Wie heißt der Übergang vom HOMO zum LUMO+1?
   b) Welche Multiplizitätszustände ergäben sich jeweils, wenn bei den beiden Übergängen aus 5a das angeregte Elektron eine Spinumkehr durchführen würde? Welche, wenn der ursprüngliche Spinzustand beibehalten bliebe?
6. Welche Multiplizitätszustände sind beim O_2-Molekül möglich? Wie unterscheiden sie sich in ihrem jeweiligen relativen Energiegehalt?

18.3 Wer macht was?

Schon in Teil II wurde (beim Thema Farbigkeit) angedeutet, dass sich bestimmte strukturelle Elemente oder funktionelle Gruppen besonders leicht durch Strahlung aus dem UV/VIS-Spektrum anregen lassen. Schauen wir uns an, was dort besonders erwähnenswert ist (bitte behalten Sie dabei ◘ Abb. 18.3 im Blick):

▪▪ Nur σ-Bindungen
Liegen in einem Molekül ausschließlich σ-Bindungen vor, stellt also auch das HOMO ein σ-Orbital dar. Entsprechend groß ist der Abstand zwischen HOMO und LUMO (das dann ein σ*-Orbital sein wird), also wird beachtlich viel Energie benötigt, um den zugehörigen σ → σ*-Übergang zu bewirken. Dafür sind gemeinhin Photonen mit einer Wellenlänge $\lambda < 150$ nm erforderlich, und das liegt noch unterhalb der gebräuchlichen UV-Strahlung.

▪▪ Auch π-Bindungen
Verfügt der Analyt zusätzlich über π-Elektronen (und somit über π- und π*-Orbitale, bei denen letztere nicht allesamt vollständig besetzt sein müssen), sind auch π → π*-Übergänge möglich. Alleine schon aus der schematischen Darstellung des relativen Energiegehalts verschiedener Orbital-Niveaus (◘ Abb. 18.3) sollte ersichtlich sein, dass der Energieunterschied zwischen π- und π*-Orbitalen nicht so groß sein wird wie der zwischen σ und σ*. Entsprechend erfordert der π → π*-Übergang erkennbar weniger Anregungsenergie, lässt sich also durch Photonen mit größerer Wellenlänge herbeiführen: Ganz allgemein kommen hier Wellenlängen von $\lambda = 200$–700 nm ins Spiel. (Das ist zugegebenermaßen ein ziemlich breites Fenster, aber wir werden gleich sehen, dass eine ganze Reihe weiterer Faktoren berücksichtigt werden muss.) Derlei Aussagen beschränken sich dabei nicht auf C=C-Doppelbindungen: Auch C=O- oder C=N-Mehrfachbindungen sorgen dafür, dass es π → π*-Übergänge überhaupt geben kann. (Auf die C=O-Bindung kommen wir gleich noch einmal zu sprechen.)

> **Labor-Tipp**
> Wegen der vergleichsweise leichten Anregbarkeit lassen sich aromatische Verbindungen sehr gut per UV/VIS-Spektroskopie detektieren und anhand einer entsprechenden Kalibrierkurve auch quantifizieren. In der Proteinanalytik beispielsweise schaut man häufig nach den drei aromatischen Aminosäuren Tryptophan (a), Tyrosin (b) und Phenylalanin (c), deren π-Elektronensysteme bei $\lambda_{(Trp)} = 281$ nm (a), $\lambda_{(Tyr)} = 276$ nm (b) respektive $\lambda_{(Phe)} = 258$ nm (c) absorbieren.
>
>
> Die aromatischen Aminosäuren
>
> Andererseits bedeutet das aber auch, dass aromatische Lösemittel (wie Benzen (C_6H_6), Toluen (C_6H_5–CH_3) etc.) für den Einsatz in der UV-Spektroskopie

nur äußerst bedingt geeignet sind, weil auch sie ein Absorptionsmaximum im Bereich $\lambda_{(Ar-R)} = 250{-}280$ nm besitzen. (Dass sich die Natur etwaiger Substituenten –R am aromatischen Ring auf die Lage des Absorptionsmaximums auswirkt, müsste verständlich sein.)

🚫 **Achtung**

Auch wenn es eigentlich bekannt sein sollte, schadet es vielleicht nichts, diesen Punkt noch einmal anzusprechen:

- *Jedes* wie auch immer geartete Molekül weist *auf jeden Fall* σ-Elektronen (also σ- und σ*-Orbitale) auf, denn in jedem Molekül liegt *immer* mindestens eine σ-Bindung vor.
- π-Elektronen (also π- und π*-Orbitale) *können* hinzukommen – immer dann, wenn Mehrfachbindungen vorliegen, denn – das werden Sie aus der *Allgemeinen Chemie* kennen – jede Mehrfachbindung besteht aus *einem* σ-Anteil, zu dem dann im Falle einer Doppelbindung *ein* π-Anteil hinzukommt, bzw. *zwei* π-Anteile bei der Dreifachbindung.

Und noch etwas gilt es zu bedenken: Dass zwischen zwei Atomen zwei (oder gar noch mehr) σ-Bindungen vorliegen, ist nach derzeitigem Kenntnisstand ebenso unmöglich wie das Auftreten einer π–Bindung zwischen zwei Atomen, die *nicht* zudem über eine σ-Bindung miteinander verbunden sind.

■■ **Mit freiem Elektronenpaar**

Weist der Analyt ein freies Elektronenpaar auf, bietet das die Möglichkeit weiterer Übergänge. Hier sind zwei Möglichkeiten zu unterscheiden:

1. Das System, zu dem besagtes freies Elektronenpaar gehört, weist ansonsten *nur* σ-Elektronen auf. In diesem Falle sind neben oben erwähnten σ → σ*-Übergängen, die vom σ-Elektronengerüst herrühren, auch energetisch günstigere n → σ*-Übergänge möglich.
   Freie Elektronenpaare (kurz: n-Elektronen) finden sich (natürlich) an Sauerstoff- und Stickstoff-Atomen (sowie deren höheren Homologen), aber auch bei den Halogenen. n → σ*-Übergänge erfordern immer noch recht viel Energie (wenngleich schon deutlich weniger als σ → σ*-Übergänge): Systeme, die über ein freies Elektronenpaar (oder auch mehrere) verfügen, absorbieren im Bereich 150 – 250 nm, wobei Absorptionen mit $\lambda > 200$ nm eher selten sind. Typische Vertreter für den n → σ*-Übergang sind die Stoffklassen der Alkohole (R–OH) und Thiole (R–SH), der Amine (R-NH$_2$, R-NHR' und R-NR'R") und der (gesättigten!) halogenierten Kohlenwasserstoffe.

Labor-Tipp

Alkohole wie Methanol (CH$_3$OH) und dessen Homologe oder auch Wasser (H$_2$O) sind als Lösemittel für die UV/VIS-Spektroskopie *durchaus* geeignet, weil beide eben nur zu n → σ*-Übergängen angeregt werden können, und das erfordert vergleichsweise kurzwellige UV-Strahlung, d. h. ihre **Grenzwellenlänge** (die kennen Sie schon aus Teil III) liegt recht niedrig:

- λ_{CutOff} (CH$_3$OH) = 185 nm
- λ_{CutOff} (H$_2$O) = 166 nm

2. Der Analyt weist neben dem (oder den) freien Elektronenpaar(en) und zusätzlich zum σ-Elektronengerüst auch noch eine oder mehrere *Mehrfachbindungen* auf, besitzt also neben σ- und und n-Elektronen auch ein π- und ein π*-Niveau. Auf diese Weise werden verständlicherweise auch noch n → π*-Übergänge möglich, und die sind (vergleichen Sie das ruhig noch

einmal mit der schematischen Darstellung aus ◨ Abb. 18.3!) energetisch besonders leicht zu bewirken. Genau deswegen lassen sich Systeme mit (mindestens) einem freien Elektronenpaar und (mindestens) einer Doppelbindung im UV-Bereich leicht anregen (wie Sie schon in Teil II erfahren haben). Besonders hervorzuheben ist hier die Carbonylgruppe (die C=O-Doppelbindung): Der Sauerstoff liefert das freie Elektronenpaar, die C=O-Doppelbindung sorgt für π- und π^*-MOs. Hier reichen zur Anregung Wellenlängen $\lambda > 200$ nm.

Kommt dann noch in α-Stellung zum Carbonyl-Kohlenstoff ein Hetero-Atom mit einem freien Elektronenpaar hinzu, wie es bei der Peptidbindung der Proteine der Fall ist (-C(=O)-NH-), verschiebt sich das Absorptionsmaximum noch weiter in Richtung weniger energiereicher Strahlung: Für diesen $n \rightarrow \pi^*$-Übergang gilt: λ_{max} (Proteine) = 220 nm. Geht es also in der Analytik darum, das Auftreten von Proteinen in einer Lösung zu ermitteln, empfiehlt sich eine UV/VIS-Untersuchung, bei der man gezielt in diesem Wellenlängenbereich nach dem Analyten schaut.

Labor-Tipp

Das bedeutet aber auch, dass Lösemittel mit Carbonylgruppe, wie etwa Aceton, $(CH_3)_2$ C=O, nicht uneingeschränkt für UV/VIS-Spektroskopie geeignet sind – vor allem dann nicht, wenn man wirklich in den UV-Bereich vordringen will. Strahlung aus dem VIS-Bereich hingegen ist dann doch nicht energiereich genug, um eine Anregung zu bewirken – was man daran erkennen kann, dass Aceton dem menschlichen Auge farblos erscheint. Bei der *Spektrophotometrie* kann man Aceton also gefahrlos als Lösemittel verwenden.

■ **Einige Fachtermini**

Eine funktionelle Gruppe, die dafür sorgt, dass sich die Elektronen eines mehratomigen Systems leichter (also bereits durch längerwellige elektromagnetische Strahlung: frühes UV oder sogar VIS) anregen lassen, bezeichnet man als **Chromophor** (von griech. *chromos* = Farbe, *phorein* = tragen, also Farbträger). Diese Chromophore verschieben das UV/VIS-Absorptionsmaximum (λ_{max}) einer Verbindung in Richtung größerer Wellenlängen und sorgen, sobald λ_{max} im VIS-Bereich liegt, für deren Farbigkeit.

— Der wichtigste Vertreter der Chromophore ist wohl die bereits besprochene Carbonyl-Gruppe (◨ Abb. 18.4a), aber auch andere Mehrfachbindungen (die entsprechend $\pi \rightarrow \pi^*$-Übergänge ermöglichen) können als Chromophore aufgefasst werden – insbesondere dann, wenn an dieser Mehrfachbindung mindestens ein Hetero-Atom mit (mindestens) einem freien Elektronenpaar beteiligt ist, das entsprechend (s o.) auch noch die energetisch günstigen $n \rightarrow \pi^*$-Übergänge erlaubt: Dann verschiebt sich λ_{max} noch weiter in Richtung VIS-Region. Aus diesem Grund stellen beispielsweise auch die Iminogruppe (◨ Abb. 18.4b) und die Azobrücke (◨ Abb. 18.4c) gute Chromophore dar.

🛈 Ein Chromophor *ermöglicht* die Farbigkeit einer Verbindung, aber das heißt nicht, dass jede Verbindung, die eine solche funktionelle Gruppe aufweist, unweigerlich ein Absorptionsmaximum im Bereich des sichtbaren Lichtes besitzt. Wie bereits erwähnt: Trotz der Carbonylgruppe erscheint Aceton dem menschlichen Auge nun einmal farblos.

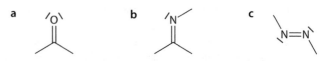

◨ **Abb. 18.4**   Ausgewählte Chromophore

Funktionelle Gruppen, die zwar nicht selbst als Chromophore aufgefasst werden können, aber im Zusammenspiel mit einem Chromophor für eine Verschiebung des Absorptionsmaximums verantwortlich sind, bezeichnet man als **Auxochrome.**

— Verschiebt ein Auxochrom λ_{max} in Richtung energieärmerer Strahlung, spricht man von einem **bathochromen Effekt.**

— Das Gegenteil dazu, also die Verschiebung zu *verminderten* Wellenlängen, gibt es ebenfalls: Dann liegt ein **hypsochromer Effekt** vor.

Einen bathochromen Effekt besitzen beispielsweise Hetero-Atome, die über mindestens ein freies Elektronenpaar verfügen: Vergleichen wir exemplarisch Benzen (C_6H_6) mit Anilin (C_6H_5–NH_2): λ_{max}(Benzen) = 254 nm, λ_{max}(Anilin) = 280 nm; letzteres ist bereits farbig (bräunlich).

Auch konjugierte Doppel- oder Dreifachbindungen stellen Auxochrome dar – was nicht verwunderlich sein sollte, denn mit jeder Doppelbindung kommen ein neues π- und ein π*-Molekülorbital hinzu (von dem nur das bindende besetzt ist), entsprechend gibt es weitere energetische Möglichkeiten sowohl für das π- wie das π*-Niveau.

■ ■ Dieses Mal doch: viel hilft viel

Je ausgedehnter ein konjugiertes π-Elektronensystem ist (also: je mehr Atome daran beteiligt sind), desto mehr π- und π*-Molekülorbitale gibt es, und desto kleiner wird der Energieabstand zwischen den einzelnen Molekülorbitalen. Für ein System, das nicht zusätzlich noch nichtbindende Elektronen aufweist, bedeutet das, dass der Abstand zwischen dem energetisch ungünstigsten π-MO (dem HOMO) und dem energetisch günstigsten π*-MO (dem LUMO) mit zunehmender Anzahl konjugierter Mehrfachbindungen immer kleiner wird – und sich damit λ_{max} immer weiter zu größeren Wellenlängen verschiebt ... bis hin zu dem Punkt, an dem Farbigkeit auftritt, *ohne* dass ein Chromophor vorliegt. Schauen wir uns drei Beispiele an:

— Im β-Caroten (◘ Abb. 18.5a) sind 11 Doppelbindungen miteinander konjugiert, aber einen Chromophor im eigentlichen Sinne suchen wir hier vergebens: Streng genommen handelt es sich bei diesem Farbstoff, der für die charakteristische Farbe von Karotten maßgeblich verantwortlich ist, lediglich um einen mehrfach ungesättigten Kohlenwasserstoff ohne jegliche funktionelle Gruppe.
Die 11 Doppelbindungen sind – ein Blick zurück zu den Atomorbitalen, aus denen dieses π-Elektronensystem hervorgegangen ist – die Folge der Wechselwirkung von insgesamt 22 p-Orbitalen.
Entsprechend besteht sowohl das π- wie das π*-Niveau aus jeweils 11 Molekülorbitalen.
Der Energieunterschied zwischen dem energetisch ungünstigsten noch besetzten (π-)Orbital, also dem HOMO, und dem energetisch günstigsten

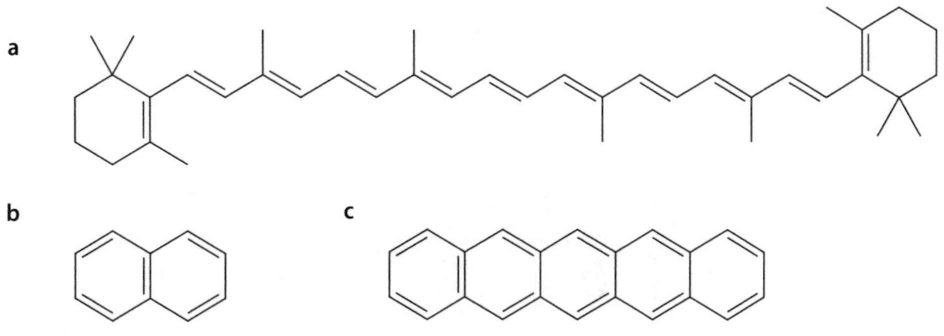

◘ Abb. 18.5   Ausgedehnte konjugierte π-Systeme

noch nicht besetzten (π^*-)Orbital, dem LUMO, ist so weit abgesunken, dass λ_{max}(β-Caroten) = 450 nm. Diese Verbindung absorbiert also blaues Licht, deswegen sehen wir das typische Möhren-Orange.

Noch deutlicher wird es, wenn wir zu aromatischen Systemen kommen:

— Naphthalen (◘ Abb. 18.5b) weist ein System aus π- und π^*-Molekülorbitalen auf, das aus 10 p-Orbitalen entstanden ist. Sowohl das π-Niveau als auch das π^*-Niveau besteht aus 5 Molekülorbitalen. Dem menschlichen Auge erscheint Naphthalen farblos; $\lambda_{max} = 286$ nm. (Beachten Sie bitte, dass das im Vergleich zum Benzen mit nur je 3 Molekülorbitalen im π- und im π^*-Niveau bereits eine Verschiebung um mehr als 30 nm darstellt!)

— Die π- und π^*-Niveaus von Pentacen (◘ Abb. 18.5c) hingegen bestehen aus jeweils 11 Molekülorbitalen: Der HOMO-LUMO-Abstand ist hier bereits so gering, dass *gelbes* Licht zur Anregung ausreicht: λ_{max}(Pentacen) = 580 nm; diese Verbindung nehmen wir als violett wahr.

> **❯ Ein größeres π-Elektronensystem lässt sich durch längerwellige elektromagnetische Strahlung anregen – was wiederum bedeutet, dass sich das Absorptionsmaximum immer mehr in Richtung des VIS-Bereiches verschiebt, bis es zu für das menschliche Auge wahrnehmbarer Farbigkeit kommt.**

Die verschiedenen möglichen Elektronenübergänge in der UV/VIS-Spektroskopie sollte man allerdings nicht ganz so strikt getrennt voneinander betrachten, denn schon das Beispiel der Carbonylgruppe zeigt, dass es sehr leicht zu einem Zusammenspiel der einzelnen Molekülorbitale kommt. Tatsächlich zeigt das UV/VIS-Spektrum von Aceton auch nicht nur *ein* Absorptionsmaximum, sondern sogar zwei:

— 186 nm (der $\pi \rightarrow \pi^*$-Übergang; deutlich schwächer ausgeprägt) und
— 266 nm (der wegen des geringeren Energieunterschiedes leichter anregbare $n \rightarrow \pi^*$-Übergang).

■ **Ein wichtiger Aspekt**

Wir sollten stets im Blick behalten, dass sich Molekülorbitale immer über das *gesamte* Molekül erstrecken: Auch zwei funktionelle Gruppen, die sich „an den entgegengesetzten Enden" eines Moleküls befinden, wechselwirken sehr wohl miteinander. Schauen wir uns als Beispiel den *p*–Dimethylaminozimtaldehyd an (◘ Abb. 18.6).

Hier liegt ein über den aromatischen Ring hinausgehendes, vollständig durchkonjugiertes π-Elektronen-System vor, das wegen der negativen

18

◘ **Abb. 18.6** *p*-Dimethylaminozimtaldehyd

Polarisation am Dimethylamino-Stickstoff und der positiven Partialladung am „gegenüberliegenden" Carbonyl-Kohlenstoff ein **push-pull-System** darstellt:

- Der Stickstoff besitzt eindeutig einen + M-Effekt, der zunächst einmal für erhöhte π-Elektronendichte im aromatischen Ring sorgen sollte: Er „schiebt" π-Elektronen *(push);* anders ausgedrückt: Er stellt ein *Auxochrom* dar.
- Der Sauerstoff hingegen besitzt, da er über eine Doppelbindung mit dem Carbonyl-Kohlenstoff verbunden ist, einen –M-Effekt; insgesamt ist diese Carbonylgruppe natürlich der *Chromophor.*
- Da die Carbonylgruppe über die Vinylgruppe (-CH = CH-) ebenfalls mit dem aromatischen System in Konjugation steht, wird die π Elektronenladungsdichte im aromatischen Ring wieder etwas vermindert: Effektiv „zieht" der Carbonyl-Kohlenstoff an den dortigen π-Elektronen *(pull).*

Auf diese Weise verschiebt sich der Schwerpunkt der π-Elektronendichte, wie die mesomeren Grenzformeln (◘ Abb. 18.6a/b) verdeutlichen sollten (das Zusammenspiel der für die π- und π*-Molekülorbitale verantwortlichen p-Orbitale ist in ◘ Abb. 18.6c angedeutet). Das führt dazu, dass sich das System recht leicht anregen lässt. Das zugehörige UV/VIS-Spektrum zeigt zwei relative Maxima:

- $\lambda = 255$ nm (mit einer Extinktion von 0,2) und
- $\lambda = 395$ nm (mit einer Extinktion von 0,58)

Wieder ist der Übergang, der sich leichter (also durch weniger energiereiche Photonen) anregen lässt, unverkennbar dominant.

Frage: Wenn p-Dimethylaminozimtaldehyd elektromagnetische Strahlung der Wellenlänge $\lambda = 395$ nm absorbiert, müsste es dann nicht farbig sein? – Ganz genau. Diese Wellenlänge gehört zu violettem Licht, also sollte das menschliche Auge die zugehörige Komplementärfarbe wahrnehmen. Gemäß dem Farbkreis aus Teil II ist das auf jeden Fall ein Gelbton, ◘ Tab. 17.1 des ▶ Harris ist da noch etwas präziser und bezeichnet diesen Farbton als grüngelb … und tatsächlich liegt p–Dimethylaminozimtaldehyd bei Raumtemperatur als feinkristallines, beiges Pulver vor.

Harris, Abschn. 17.2: Lichtabsorption

Den Zusammenhang von Absorptions- oder Extinktionsmaximum und Farbe zeigt sehr schön Farbtafel 15 aus dem ▶ Harris.

Harris, Farbtafeln

? **Fragen**

7. Bei welcher der folgenden Verbindungen erwarten Sie das am weitesten in Richtung längerer Wellenlängen verschobene Extinktionsmaximum?

Mehrfach ungesättigte, konjugierte Aldehyde

8. Wo ergeben sich bei den pH-Indikatoren aus Teil II, deren Strukturen in der dortigen Abb. 3.2 angegeben sind, *push-pull*-Systeme?

18.4 Rückkehr in der Grundzustand

Welcher Elektronenübergang auch durch die Strahlung aus dem UV/VIS-Bereich bewirkt werden mag: Auf jeden Fall wird auf diese Weise der Analyt energetisch angeregt. Da es aber in der Natur stets darum geht, übermäßige (Energie-) Anstrengung zu vermeiden (alles spontan Ablaufende geschieht eben nur dann, wenn dabei in der einen oder andere Weise Energie freigesetzt oder anderweitig „gespart" werden kann!), wird dieses angeregte System früher oder später wieder in den Grundzustand zurückkehren.

Es stünde zu erwarten, dass sich das Ganze leicht zusammenfassen lässt: Das angeregte Elektron sollte einfach genau dorthin zurückkehren, woher es gekommen ist. Irgendwie müsste es dafür die zuvor absorbierte Energie natürlich wieder abgeben. Dafür gibt es zunächst einmal zwei Möglichkeiten:

— Die Energieabgabe könnte in Form eines Photons geschehen. Dieses Photon müsste man dann eigentlich auch wieder detektieren können – es müsste sich also ein *Emissionsspektrum* des angeregten Analyten aufnehmen lassen. Da allerdings die Rückkehr in den Grundzustand durchaus auch zeitverzögert erfolgen kann, also nicht alle Analyten gleichzeitig aus ihrem jeweiligen angeregten Zustand in den Grundzustand zurückkehren, ist das meist wenig zielführend: Die Photonenausbeute hält sich in (engen) Grenzen.

— Alternativ könnte das angeregte Teilchen die aufgenommene Energie auch einfach in Form von *Wärme* abgeben und auf diese Weise in den Grundzustand zurückkehren. Das wäre dann ein **strahlungsloser Übergang,** der das Teilchen wieder in seinen Ausgangszustand zurückversetzt.

Und tatsächlich passiert beides auch – mit der Betonung auf „auch". Es gibt nämlich noch weitere Möglichkeiten: Elektronen von einem Orbital in ein anderes (mit einem anderen Energiegehalt) wechseln zu lassen, ist bei Weitem nicht das Einzige, was ein Molekül tun kann, wenn es angeregt wird: In ▶ Kap. 17 wurde ja bereits angedeutet, dass der Energiegehalt längerwelliger Strahlung (etwa aus dem IR- und dem Mikrowellenbereich) dafür nicht ausreicht. Stattdessen werden die betreffenden Moleküle dabei zu **Vibrationen** und **Rotationen** angeregt, die – das kann gar nicht oft genug betont werden – *ebenfalls gequantelt* sind. Mit anderen Worten:

Es gibt Energieniveaus nicht nur

— für Elektronen (diese Elektronen-Niveaus nennen wir meist „Orbitale"),

sondern auch

— für Schwingungs-Bewegungen (die sogenannten *Vibrations*-Niveaus) und
— für Dreh-Bewegungen (*Rotations*-Niveaus).

Auf den Unterschied zwischen diesen beiden wollen wir hier nicht weiter eingehen; fassen wir sie der Einfachheit halber als **Vibrations-/Rotations-Niveaus** zusammen (kurz: Vib./Rot.-Niveaus). Ebenso wie sich ein System also elektronisch anregen lässt, kann es auch vibratorisch/rotatorisch angeregt sein (kurz: vib./rot.-angeregt).

Die Tatsache, dass wir bei Molekülen (und anderen mehratomigen Systemen) diese zusätzlichen Niveaus berücksichtigen müssen, führt dazu, dass wir zunächst die *Anregung* unseres Systems noch einmal ein wenig genauer anschauen sollten. Was genau passiert dort eigentlich?

■ **Anregung eines Moleküls – etwas genauer betrachtet**
Ebenso wie ein Elektron eine genau definierte Energie-Portion (stets ein Vielfaches des Planck'schen Wirkungsquantums) benötigt, um von einem in einen anderen Zustand (eine andere Schale/ein anderes Orbital) zu wechseln, gilt das für Vibrationen und Rotationen ebenfalls – nur sind die dort benötigten Energie-Mengen ungleich kleiner. Nun spricht aber nichts dagegen, dass ein System, das in einem *elektronisch* angeregten Zustand vorliegt, zusätzlich auch noch einen genau definierten (Vibrations- oder Rotations-)Energieüberschuss besitzt (der natürlich nach wie vor ein Vielfaches des Planck'schen Wirkungsquantums darstellen muss): Es werden also diese zusätzlichen Vib./Rot.-Niveaus genutzt.

Ohne nun konkrete Energiewerte und/oder zur Anregung geeignete Wellenlängen betrachten zu wollen, schauen wir uns an, welchen Einfluss diese Vib./Rot.-Niveaus auf den möglichen Energiezustand des betrachteten Systems besitzen. Bitte beachten Sie: Hier kann die Anregung des Systems nicht mehr nur mit einer einzelnen Wellenlänge erfolgen, sondern durch mehrere, nahe beieinanderliegende Wellenlängen aus einem (eng begrenzten) Wellenlängen-*bereich*, so dass sich ein **Quasi-Kontiuum** ergibt (eine sehr enge Aufeinander-folge mehrerer, *aber immer noch strikt voneinander getrennter* Wellenlängen).

> ❯ **Wichtig**
>
> Bitte haben Sie nicht das Gefühl, wir müssten uns jetzt, wo von Wellenlängen*bereichen* die Rede ist, von einer liebgewonnenen (und wichtigen) Grundlage der Quantenmechanik verabschieden! Zur Erinnerung: Es ist schon voll und ganz richtig, dass sich *einzelne Atome* wirklich nur durch exakte, genau definierte Wellen*längen* anregen lassen – ganz so, wie Sie das in der *Allgemeinen Chemie* (und in der Wiederholung auch in ▶ Kap. 17 und ▶ Abschn. 18.2) kennengelernt haben. Bei den Atomen wurden, wie Sie sich erinnern werden, Elektronen von einem energetisch günstigeren in einen energetisch ungünstigeren (Quanten-)Zustand versetzt, also in eine höhere Schale bzw. ein höheres Orbital verbracht. Anschließend lag das System (das Atom) in einem *elektronisch angeregten* Zustand vor. Entsprach aber die Wellenlänge, mit der diese Anregung herbeigeführt werden sollte, nicht *exakt* der Energiedifferenz zwischen den betreffenden Schalen bzw. Orbitalen, blieb die Anregung vollständig aus.
> *Aber das gilt eben nur für einzelne Atome.*
> Sobald wir es mit einem mehratomigen System (also einem Molekül oder einem Ionen-Verbund) zu tun haben, sind auch die *interatomaren* Wechselwirkungen (Bindungen) zu berücksichtigen. Das wiederum bedeutet, dass auch *Vibrationen* (also Schwingungen; mehr dazu in ▶ Abschn. 19.1) und *Rotationen* berücksichtigt werden müssen, die – wie oben erwähnt – ebenfalls gequantelt sind. Das bedeutet, dass es in mehratomigen Systemen eben nicht mehr nur eine einzige Wellenlänge gibt, durch die sich das System anregen lässt, sondern dass (anders als bei einzelnen Atomen) eine Anregung auch dann erfolgen kann, wenn *etwas mehr* als die für den reinen Elektronenübergang erforderliche Energie eingestrahlt (oder anderweitig eingebracht) wird.

Veranschaulichung mit vereinfachten Zahlen

Treffen wir zunächst verschiedene Annahmen:

- Beim Grundzustand des Teilchens handle es sich um einen Singulett-Zustand, den wir als S_0 bezeichnen wollen: $\genfrac{}{}{0pt}{}{0;}{(\uparrow\downarrow)}$ die leere Klammer stehe für ein energiereicheres, vakantes Orbital.

- Auch der erste (elektronisch) angeregte Zustand ist ein Singulett – $\genfrac{}{}{0pt}{}{(\downarrow)}{(\uparrow)}$ –, das seines höheren Energiegehaltes wegen, S_1 genannt werden soll (ganz so, wie das auf den $n \rightarrow \pi^*$-Übergang in Abb. 17.13a aus dem ▶ Harris zutrifft).

- Der relative Energieunterschied zwischen S_0 und S_1 betrage (willkürliche) 1000 Energieeinheiten; er lasse sich mit elektromagnetischer Strahlung der Wellenlänge λ_1 überwinden. Anders ausgedrückt: Ein Photon mit der Wellenlänge λ_1 bewirkt den Übergang $S_0 \rightarrow S_1$ – in unserem vereinfachten Orbitalschema: $\genfrac{}{}{0pt}{}{0}{(\uparrow\downarrow)} \overrightarrow{} \genfrac{}{}{0pt}{}{(\downarrow)}{(\uparrow)}$.

Gäbe es ausschließlich elektronische Anregung, und wäre die Anregung auch wirklich mit einem Photon der Wellenlänge λ_1 erfolgt, muss nach Abgabe der überschüssigen Energie (entweder als Photon mit der Wellenlänge λ_1 oder als Wärme) wieder der S_0-Grundzustand vorliegen.

Harris, Abschn. 17.6: Vorgänge bei der Lichtabsorption

Da es aber nun einmal auch noch Vibrations- und Rotationsniveaus gibt, die energetisch gesehen sehr viel enger beieinander liegen (sich also deutlich weniger in ihrem Energiegehalt unterscheiden als die verschiedenen *Elektronen*-Niveaus), kann ein mehratomiges System, anders als ein einzelnes Atom, auch durch geringfügig energiereichere Strahlung λ_2 ($\lambda_2 < \lambda_1$) angeregt werden.

— Nehmen wir der Einfachheit halber an, der Energieunterschied der Vib./Rot.-Niveaus betrage jeweils 2 Energieeinheiten. (Tatsächlich sind sie nicht äquidistant, aber das führt jetzt zu weit.)

Das würde bedeuten, dass dieses System auch mit einer Wellenlänge anregbar wäre, die zum Energiegehalt „1002 Energieeinheiten" gehört. Mit dieser Wellenlänge würde das System dann nicht einfach nur in den angeregten Zustand S_1 versetzt (so wie oben), sondern in einen angeregten Zustand $S_1{}^*$, der *zusätzlich* auch noch vib./rot.-angeregt wäre – und damit noch etwas energiereicher als „einfach nur" der elektronische Anregungszustand S_1, (der sich ja auf seinem niedrigst-möglichen Schwingungsniveau befindet). Ebenso ließe sich das System mit 1004 Energieeinheiten anregen: Hier läge anschließend ein elektronischer Anregungszustand vor, der zusätzlich vibratorisch/rotatorisch noch etwas energiereicher wäre, also $S_1{}^{**}$ usw. Gleiches ginge – in der Annahme, dass die Schwingungsniveaus tatsächlich äquidistant wären – auch mit 1006, 1008 usw. Energieeinheiten. Wichtig ist aber, dass die Wellenlänge, die zu einem Energiegehalt von 1003 oder 1005 Energieeinheiten gehört, nach wie vor *nicht* zu einer Anregung des Systems führen würde. Selbst wenn es nun schon wirklich oft gesagt bzw. geschrieben wurde: Auch die Schwingungszustände (Vibration/Rotation) sind *gequantelt*.

Dass „in Wahrheit" eben nicht nur *ein* Grundzustand und ebenso genau definierte angeregte Zustände (gleichwelcher Multiplizität) existieren, sondern es für jedes Elektronen-Niveau noch eine Vielzahl Vib./Rot.-Niveaus gibt, ist auch der Grund dafür, dass die Absorptionsbanden der UV/VIS-Spektren *vergleichsweise breit* sind:

Es ist ja durchaus möglich, dass der elektronisch noch nicht angeregte Analyt im Hinblick auf Vibration und Rotation *sehr wohl* bereits mehr oder minder stark angeregt ist ($S_0{}^*$ oder $S_0{}^{**}$ etc.). Ist das der Fall, reicht diesem System schon ein etwas weniger energiereiches Photon aus, um etwa in den elektronisch angeregten Zustand S_1 (mit minimaler Vib./Rot.-Anregung) zu gelangen. Entsprechend lässt sich ein solches, bereits zu Schwingungen angeregtes System, bereits durch eine etwas größere Wellenlänge λ_2 (mit $\lambda_2 > \lambda_1$) elektronisch anregen.

Ebenso kann eben auch ein „eigentlich" ein wenig zu energiereiches Photon absorbiert werden, um den Analyten aus dem elektronischen Grundzustand (ob nun ohne zusätzliche vib./rot.-Anregung S_0 oder aus einem vibratorisch/ rotatorisch bereits angeregten elektronischen Grundzustand $S_0{}^*$ oder $S_0{}^{**}$ usw.) heraus in einen mehr oder minder vib./rot.-angeregten elektronischen Anregungszustand $S_1{}^*$, $S_1{}^{**}$ etc.) zu versetzen.

(Quantitative Aussagen über Zusammenhänge zwischen den verschiedenen (quantisierten!) Elektronenanregungs-Zuständen und Vibrationen – eben auf der Basis der Quantenmechanik – lassen sich mit dem **Franck-Condon-Prinzip** treffen … das allerdings den Rahmen dieser Einführung wieder deutlich sprengen würde. Was man jedoch alles über Analyten herausfinden kann, wenn man sich *ausschließlich* auf deren Vibrationen konzentriert, erfahren Sie in ▶ Kap. 19.)

■ **Relaxation**

Befindet sich ein System in einem elektronisch und/oder vib./rot.-angeregten Zustand, ist dies rein energetisch gesehen natürlich ungünstig; entsprechend wird das System versuchen, wieder in den (energieärmeren) Grundzustand zurückzukehren (oder wenigstens einen nicht mehr ganz so stark angeregten Zustand einzunehmen), wobei ein gewisses Maß an Vib./Rot.-Anregung durchaus noch verbleiben kann. Diese Verminderung des Energiegehaltes eines jeglichen Systems wird als **Relaxation** bezeichnet. Schauen wir uns nun der Reihe nach die verschiedenen Möglichkeiten an, die ein System hat, seinen Energiegehalt zu vermindern, nachdem es durch Energiezufuhr in einen angeregten Zustand versetzt wurde. (Für diesen Abschnitt sollten Sie Abb. 17.15 aus dem ► Harris griffbereit haben.) Wieder gehen wir davon aus, dass es sich bei dem Grundzustand des Systems um einen Singulett-Zustand handelt, den wir wieder als S_0 bezeichnen wollen; graphisch sei er erneut mit $_{(\uparrow\downarrow)}{}^{(\ )}$ dargestellt.

Harris, Abschn. 17.6: Vorgänge bei der Lichtabsorption

Wie in den vorangegangenen Abschnitten dargelegt, kann ein elektronisch (und gerne auch vibratorisch/rotatorisch) bislang noch unangeregtes System S_0 durch Energiezufuhr nicht nur in den rein elektronisch angeregten Zustand S_1 versetzt werden, graphisch dargestellt als $_{(\uparrow)}{}^{(\downarrow)}$, sondern zusätzlich auch noch vib./rot.-angeregt sein, so dass $S_1{}^*$ oder $S_1{}^{**}$ etc. vorliegt (was natürlich an der Verteilung/Orientierung der Elektronen nichts ändert). Diese „überschüssige" Rotations-/Vibrationsenergie kann das System zunächst einmal abgeben, meist durch Zusammenstöße mit anderen Molekülen (entweder anderen Analyten oder auch, so vorhanden, dem Lösemittel). Dies führt zu einer (geringfügigen) Erwärmung des Analytengemisches – die mag makroskopisch sogar beobachtbar sein, *muss* aber nicht.

— Auf diese Weise geht das System von seinem elektronisch *und* vibratorisch/rotatorisch angeregten Zustand $S_1{}^*$ in den elektronisch angeregten vib./rot.-Grundzustand S_1 über – der natürlich immer noch energetisch ungünstiger ist als der Grundzustand S_0 *ohne* Vib./Rot.-Anregung. Dieser Relaxationsvorgang wird in Abb. 17.15 aus dem ► Harris als R_1 bezeichnet.

— Kehrt das System anschließend aus diesem elektronisch angeregten Zustand $S_1 - _{(\uparrow)}{}^{(\downarrow)} -$ (der jetzt nicht mehr auch noch zusätzlich zur Schwingung angeregt ist) wieder in den (elektronischen) Grundzustand $- _{(\uparrow\downarrow)}{}^{(\ )} -$ zurück und strahlt dabei die dabei freiwerdende Energie in Form eines Photons ab, entspricht dessen Wellenlänge nicht mehr der Wellenlänge der Anfangsstrahlung, weil ja ein Teil der Anregungsenergie (die zur gesteigerten Rotation oder Vibration des Systems geführt hat) verbraucht wurde. Entsprechend beobachtet/misst man eine geringfügige Vergrößerung der Wellenlänge (größere Wellenlänge bedeutet ja geringerer Energiegehalt), man sieht also eine andere Farbe als die der Anregungsstrahlung. Dieses Phänomen – dass eben ein System, das mit einer Wellenlänge λ_1 angeregt wurde, Licht der Wellenlänge λ_2 emittiert, wobei $\lambda_2 > \lambda_1$ ist –, bezeichnet man als **Fluoreszenz.** (Im kommenden Abschnitt werden wir darauf noch ein wenig ausführlicher eingehen.)

Das ist aber, wie bereits erwähnt, nicht die einzige Möglichkeit. Hat das System aus dem elektronisch *und* vibratorisch/rotatorisch angeregten Zustand $S_1{}^*$ in den nur noch elektronisch angeregten Zustand S_1 relaxiert (also die in Abb. 17.15 aus dem ► Harris als R_1 bezeichnete Relaxation durchgeführt), gibt es zwei weitere Alternativen:

— Sie werden erkannt haben, dass die in Abb. 17.15 aus dem ► Harris (nur angedeutete) y-Achse den relativen Energiegehalt der verschiedenen Elektronen- bzw. Vib./Rot.-Niveaus verdeutlichen soll. Es gibt also nicht nur vibratorisch/rotatorisch vollständig un-angeregte Zustände S_0 oder S_1, sondern neben den bereits vertrauten mäßig vib./rot.-angeregten Zuständen $S_0{}^*$ und $S_1{}^*$ auch noch deutlich stärker vib./rot.-angeregte Zustände $S_0{}^{***}$ oder $S_1{}^{***}$. (*** soll hier allgemein heißen, dass es um nicht näher definierte Vib./

Rot.-Niveaus geht, die deutlich energiereicher sind.) Weiterhin sehen Sie, dass ein vibratorisch/rotatorisch stark angeregter Zustand S_0^{***} durchaus exakt den gleichen Energiegehalt besitzen kann wie der nur elektronisch, aber nicht vib./rot.-angeregte Zustand S_1 (oder auch der *zusätzlich* vib./rot.-angeregte Zustand S_1^* etc.). Ist das der Fall, so dass energetisch entartete Energieniveaus vorliegen, kann es zu einer **inneren** (oder **internen**) **Konversion** kommen (wegen der üblichen englischen Bezeichnung *internal conversion* meist mit **IC** abgekürzt), bei der sich der Multiplett-Zustand des Systems nicht ändert ($S_1 \rightarrow S_0^{***}$), wohl aber die Besetzung der betrachteten Orbitale: $_{(\uparrow)}{}^{(\downarrow)} \rightarrow {}_{(\uparrow\downarrow)}{}^{()}$ Der resultierende elektronische Grundzustand S_0^{***} ist aber deutlich vib./rot.-angeregt (genau das besagt ja ***).

Diese überschüssige Energie kann nun wieder durch Zusammenstöße mit anderen Molekülen abgegeben werden, was zur weiteren Erwärmung des Gemisches führt; in Abb. 17.15 aus dem ▶ Harris ist dieser Relaxationsweg mit R_2 gekennzeichnet.

Insgesamt führt dies letztendlich zur strahlungslosen Relaxation bis zum Grundzustand S_0.

Es gibt aber noch einen zweiten Weg, der zwar eine gewisse Ähnlichkeit mit der inneren Konversion besitzt, aber nicht als solche bezeichnet wird, weil es einen grundlegenden Unterschied gibt:

— Bei diesem Relaxationsweg *verändert sich der Multiplizitätszustand* des Systems: Das elektronisch angeregte Singulett-System $S_1^{(*)}$ (mit oder ohne zusätzlicher Vib./Rot.-Anregung), dessen Elektronenbesetzung sich wieder mit $\binom{\downarrow}{\uparrow}$ darstellen lässt, kann unter Spinumkehr des Elektrons im energetisch ungünstigeren der beiden Orbitale in den elektronisch immer noch angeregten Triplett-Zustand T_1^* übergehen: $\binom{\uparrow}{\uparrow}$. Eine solche Veränderung des Multiplizitätszustandes eines Systems wird als *Intersystem Crossing* (**ISC**) bezeichnet (ein deutschsprachiger Fachausdruck für diesen Prozess hat sich bislang nicht durchsetzen können).

Harris, Abschn. 17.6: Vorgänge bei der Lichtabsorption

In ▶ Abschn. 18.2 und in Zusammenhang mit Abb. 17.13 aus dem ▶ Harris haben Sie erfahren, dass der Spinzustand $+\frac{1}{2}$ (also: $\uparrow$) energetisch etwas günstiger ist als der Spinzustand $-\frac{1}{2}$ (also: $\downarrow$), entsprechend sollte das *Intersystem Crossing* eigentlich bevorzugt ablaufen. Allerdings wurden Sie im gleichen Abschnitt auch darauf hingewiesen, dass ein solcher einfacher Wechsel der Spinquantenzahl in den meisten Fällen symmetrie-verboten ist, und das bedeutet: Er findet sehr viel weniger häufig statt. (Aber es bedeutet eben *nicht*, dass er *gar nicht* stattfindet. Er tritt einfach nur *seltener* auf.) Der durch *Intersystem Crossing* entstandene vib./rot.-angeregte Triplett-Zustand T_1^* (der natürlich auch elektronisch angeregt ist, denn es *gibt* für unser System keinen elektronischen Triplett-*Grund*zustand) kann nun wieder durch **Kollision** mit anderen Molekülen die Vibrations-/Rotationsenergie abbauen und strahlungslos (unter Abgabe der Energie an die Umgebung in Form von Wärme) in den nicht mehr vib./rot.-angeregten Zustand T_1 übergehen. Der zugehörige Relaxationsprozess wird in Abb. 17.15 aus dem ▶ Harris als R_3 bezeichnet.

❯ **Wichtig**
In dieser bei diesem Thema so unerlässlichen Abb. 17.15 findet sich leider ein kleiner Fehler: Zunächst relaxiert das nach dem *Intersystem Crossing* vorliegende System T_1 (das zudem vib./rot. angeregt ist, so dass man es streng genommen als T_1^{***}-Zustand bezeichnen sollte) strahlungslos (über R_3), so dass der nicht mehr vib./rot.-angeregte Zustand T_1 vorliegt. Anschließend erfolgt ein zweites *Intersystem Crossing*, bei dem das System vom vib./rot.-unangeregten Zustand T_1 in einen vib./rot.-angeregten Zustand S_0^{***} übergeht. An dem entsprechenden Pfeil von T_1 nach S_0 sollte dann also nicht „zu T_0" stehen, sondern „zu S_0", denn wir hatten zu

Anfang festgestellt, dass es sich bei dem *elektronischen Grundzustand* (und nichts anderes bedeutet die tiefgestellte 0) um einen *Singulett*-Zustand handelt, und somit muss hier *jeder* Triplett-Zustand automatisch elektronisch angeregt sein, was eben durch tiefgestellte Zahlen > 0 symbolisiert wird.

Ja, das ist sehr pingelig, aber weil man bei diesem Thema ohnehin leicht durcheinander kommen kann, möchte ich Ihnen die Frustration einer nicht verständlichen vermeintlichen Zustandsänderung gerne ersparen.

Liegt nun ein vibratorisch/rotatorisch *nicht mehr* angeregter Zustand T_1 vor, bleiben dem System zur weiteren Relaxation zwei Möglichkeiten:

- Zum einen kann ein weiteres *Intersystem Crossing* erfolgen: $T_1 \rightarrow S_0{}^{***}$, weil es mit größter Wahrscheinlichkeit wieder einen vib./rot.-angeregten elektronischen *Grundzustand* geben wird, der exakt den gleichen Energiehalt besitzt wie der vibratorisch/rotatorisch *nicht mehr* angeregte Zustand T_1. Auch hier verändert sich wieder die Besetzung der beteiligten Orbitale (sonst würde man nicht von einem ISC sprechen): $_{(\uparrow)}{}^{(\uparrow)} \rightarrow {}_{(\uparrow\downarrow)}{}^{()}$

  Die überschüssige Energie wird dann wieder strahlungslos (durch Kollision) abgegeben, so dass am Schluss das System im vibratorisch/rotatorisch nicht mehr angeregten Zustand S_0 vorliegt; der entsprechende Relaxationsvorgang ist in Abb. 17.15 aus dem Harris mit R_4 gekennzeichnet.

- Alternativ kann das System auch „direkt" in den Grundzustand S_0 übergehen. Die bislang überschüssige Energie wird dann wieder in Form eines Photons abgestrahlt, das entsprechend weniger energiereich und damit längerwellig ist als die Anregungsstrahlung, schließlich hat das System seit seiner Anregung bereits einen Teil seines Energiegehaltes eingebüßt. Diese Leuchterscheinung wird als **Phosphoreszenz** bezeichnet; auf sie wird gleich ebenfalls noch einmal kurz eingegangen.

Graphische Darstellungen der möglichen Übergänge von Elektronen zu den verschiedenen Anregungszuständen (sowohl elektronisch wie vibratorisch/rotatorisch, so wie in Abb. 17.15 aus dem ▶ Harris) werden **Jablonski-Diagramme** oder auch **Jablonski-Termschemata** genannt.

Die verschiedenen Möglichkeiten eines Analyten, zunächst einmal aufgenommene Energie in Form von elektromagnetischer Strahlung wieder abzugeben, führen also (neben der Flammenfärbung, über die wir ja schon gesprochen haben) zu zwei wichtigen Leuchterscheinungen. Gerade weil sie so wichtig sind (und auch, weil sie jenseits der physiko-chemischen Fachsprache häufig fälschlicherweise (!) als Synonyme angesehen werden), sollen sie noch einmal etwas (!) ausführlicher betrachtet werden.

- **Fluoreszenz und Phosphoreszenz**

In beiden Fällen wird zunächst ein System **photochemisch** angeregt, aber was dann folgt, unterscheidet sich deutlich:

- Bei der **Fluoreszenz** kommt es zunächst zu einem nahezu zeitverlustlosen strahlungslosen Übergang (*ohne* Veränderung des Multiplett-Zustandes, also zu einer *inneren Konversion*, IC), so dass ein Teil der Anregungsenergie in Rotations- und/oder Vibrationsenergie umgewandelt wird; die restliche Energie wird in Form eines Photons abgegeben, das energieärmer ist als das Anregungs-Photon. Ein zur Fluoreszenz fähiges System wird also durch kürzerwellige Strahlung dazu gebracht, längerwellige Strahlung abzugeben. (Sie kennen derlei Fluoreszenzerscheinungen gewiss auch: So kann man gelegentlich in Clubs, Diskotheken o. ä. beobachten, dass manche Kleidungsstücke mit Fluoreszenzfarben bedruckt sind und mit „Schwarzlicht" – also vergleichsweise langwelliger UV-Strahlung – dazu angeregt werden, in gänzlich anderer Farbe zu leuchten.) Fluoreszenzerscheinungen enden praktisch augenblicklich, wenn die Anregung ausbleibt; die zugehörigen Übergänge sind meist innerhalb von 10^{-7} bis 10^{-10} Sekunden abgeschlossen.

— Auch hinter dem Phänomen der **Phosphoreszenz** stecken strahlungslose Übergänge, die letztendlich zur Emission von Photonen vergrößerter Wellenlänge führen. Anders als bei der Fluoreszenz jedoch *ändert sich bei der Phosphoreszenz der Multiplizitätszustand*, es findet also ein *Intersystem Crossing* (ISC) statt. Derlei symmetrieverbotene Übergänge dauern deutlich länger, und so bleibt die Anregungsenergie eine gewisse Zeit lang im System „gespeichert"; entsprechend kann die als Phosphoreszenz bezeichnete Leuchterscheinung durchaus mehrere Minuten oder (in speziell darauf optimierten Systemen) sogar Stunden nach Beendigung der photochemischen Anregung bestehen bleiben. (Auch derlei „nachleuchtende Farbe" haben Sie gewiss schon in Aktion erlebt: Gelegentlich werden damit Fluchtwege markiert, etwa in Flugzeugen oder in (sonst beleuchteten) Tunneln: Auch wenn dort in einem Notfall o. ä. die Beleuchtung ausfällt, sind die Markierungen dank des Nachleuchtens noch längere Zeit deutlich zu erkennen.)

> ❶ Die beiden Phänomene, die jeweils auf Energieaufnahme und mehr oder minder unmittelbarer Wiederabgabe basieren, sollten Sie bitte nicht mit **Chemilumineszenz** verwechseln: Davon spricht man bei chemischen Reaktionen, die von Leuchterscheinungen begleitet werden, etwa die allmähliche Oxidation von weißem Phosphor (P_4) durch den Luftsauerstoff. Obwohl das damit einhergehende Leuchten der *Phosphoreszenz* ihren Namen verliehen hat, wäre es schlichtweg falsch, bei dieser Oxidationsreaktion von „Phosphoreszenz" zu sprechen, denn bei den oben beschriebenen Leuchterscheinungen (Fluoreszenz und Phosphoreszenz) verändert sich die betrachtete Substanz (der Analyt o.ä.) chemisch gesehen *nicht,* und so können die betreffenden Leuchterscheinungen theoretisch beliebig oft wiederholt werden. Ganz anders sieht es bei der Chemilumineszenz aus: Ist etwa der weiße Phosphor erst einmal vollständig zu Phosphor(III)-oxid (P_4O_6) umgesetzt, ist es vorbei mit dem schönen Leuchten.

> ❓ **Fragen**
> 8. Welche Art des strahlungslosen Überganges muss erfolgt sein, wenn ein elektronisch *und* vib./rot.-angeregtes System T_2^{**} zum Zustand S_1^* relaxiert?

18.5 Technische Aspekte von (Spektral-)Photometern

Ohne den technischen Aspekten dieser Messgeräte übermäßig viel Raum zuzugestehen, seien doch die wichtigsten Baukomponenten wenigstens kurz angerissen (siehe dazu ◘ Abb. 19.1 aus dem ▶ Harris).

Harris, Kap. 19: Spektralphotometer

▪ Lichtquellen
Zunächst einmal wird eine Lichtquelle benötigt, die idealerweise den gesamten UV/VIS-Bereich abzudecken vermag – reproduzierbar, kontinuierlich, ohne Schwankungen oder „fehlende" Bereiche … und gerne dazu auch noch kostengünstig. Wie so häufig, ist so etwas nicht ganz so leicht zu bekommen, aber zwei wichtige Lichtquellen seien trotzdem angesprochen:
— Wird Deuterium (schwerer Wasserstoff: $^2H_2$, also D_2) in einer entsprechenden Bogenlampe durch eine elektrische Ladung zur Dissoziation gebracht, emittiert diese Lampe UV-Strahlung mit $\lambda = 200 - 400$ nm.

— Glühender Wolfram-Draht deckt mit seiner Emission das gesamte VIS-Spektrum ab, dazu noch das längerwellige UV und die ersten Regionen des Infrarot: $\lambda = 315 - 2400$ nm.

Kombiniert man beide, sind jegliche Wellenlängen aus dem gesamten UV/VIS-Bereich verfügbar. Die Strahlungs-Intensität ist zwar jeweils wellenlängenabhängig (siehe ◘ Abb. 19.4 aus dem ▶ Harris), aber da man das weiß, kann man im Zweifelsfall mit Kalibrierkurven arbeiten oder – heutzutage gebräuchlicher – eine computergestützte Kalibrierung vornehmen lassen.

— Braucht man nur eine einzige Wellenlänge, diese dafür aber wirklich weitgehend exklusiv, nutzt man meist einen **Laser** – dessen technische Aspekte aber den Rahmen dieses Buches wirklich sprengen würden.

■ Monochromatoren

Für photometrische Untersuchungen ist es unerlässlich, die Probe gezielt mit einer (oder mehreren) möglichst genau definierten Wellenlänge(n) bestrahlen zu können. Dazu muss man die betreffende Wellenlänge natürlich aus dem elektromagnetischen Spektrum isolieren (es sei denn, man arbeitet mit einem Laser, der nur monochromatische Strahlung aussendet). Es gibt verschiedene Möglichkeiten:

— Man kann das Licht an einem Prisma (oder einem anderen geeigneten Dispersionskörper) *brechen;* dabei wird ausgenutzt, dass der Brechungsindex nicht nur vom Material abhängig ist, sondern auch von der Wellenlänge.

— Man kann die elektromagnetische Strahlung auch an einem Gitter *beugen.* Auch hier unterscheiden sich die Wellenlängen in ihrem Verhalten.

Durch den Einsatz konkaver Spiegel lassen sich die unterschiedlichen Wellenlängen entsprechend unterschiedlich fokussieren. Mit einem hinreichend schmalen Austrittsspalt kann man dann extrem schmale Wellenlängenbereiche in die gewünschte Richtung lenken. (Zum Strahlengang in einem Gitter-Monochromator schauen Sie sich bitte Abb. 19.6 aus dem ▶ Harris an.)

Harris, Abschn. 19.2: Monochromatoren

■ Detektoren

Schon in den Teilen I, II und III wurden gelegentlich Detektoren erwähnt. Nun wird es Zeit, auf diesen Begriff zumindest ein wenig näher einzugehen:

Solange es um die Wechselwirkung unserer Analyten mit elektromagnetischer Strahlung – also mit Photonen – geht, basiert das Grundkonzept eines jeden dafür geeigneten Detektors darauf, das Auftreffen von Photonen zu registrieren. Trifft ein Photon (ggf. auch genau definierter Wellenlänge) ein, erzeugt der Detektor ein elektrisches Signal.

— Ein Beispiel für einen solchen Aufbau stellt die *Photozelle* dar, die auf dem **photoelektrischen Effekt** basiert: Hierbei löst ein (hinreichend energiereiches, also kurzwelliges) Photon beim Auftreffen auf eine Metalloberfläche mit negativer Ladung (also einer Kathode) ein Elektron heraus. Dieses bewegt sich dann (meist im Vakuum) zur Anode und sorgt so für einen messbaren Stromfluss. Dass der resultierende Strom umso stärker wird, je mehr Photonen eintreffen und entsprechend mehr Elektronen herauslösen, sollte verständlich sein.

Der photoelektrische Effekt

Hinter der Photozelle steckt der photoelektrische Effekt, der bereits im 19. Jahrhundert entdeckt und seitdem ausgiebig untersucht wurde. Aufwendige Messungen führten dabei zunächst zu folgenden Ergebnissen (ausgedrückt in der heutzutage üblichen Fachsprache – bitte vergessen Sie nicht: im 19. Jahrhundert war die Quantelung der Energie noch nicht bekannt!):

- Trifft hinreichend energiereiche elektromagnetische Strahlung (wir sind also nach wie vor im UV/VIS-Bereich) im Vakuum auf eine kathodische Metallfläche, können Elektronen herausgelöst werden, die sich dann von der Metallfläche entfernen.
- Die Geschwindigkeit, mit der sich die herausgelösten Elektronen bewegen, lässt sich messen.
- Intensiviert man die *Strahlungsintensität* (treffen also mehr Photonen auf die Metallfläche auf), nimmt die Anzahl herausgelöster Elektronen zu. Dabei zeigte sich, dass auch noch so intensive Strahlung nicht die *Geschwindigkeit* der herausgelösten Elektronen steigert.
- Steigert man hingegen den *Energiegehalt* der zum Herauslösen der Elektronen verwendeten Strahlung (verkürzt man also deren Wellenlänge), führt dies bei gleichbleibender Strahlungsintensität zu einer gleichbleibenden Anzahl von herausgelösten Photonen, die sich dann allerdings mit *größerer Geschwindigkeit* durch das Vakuum bewegen.

Die Wellenlänge des verwendeten Lichtes wirkt sich nur auf die Geschwindigkeit der herausgelösten Elektronen aus, nicht auf deren Anzahl; die Strahlungsintensität wiederum beeinflusst nur die Anzahl der herausgelösten Elektronen, nicht aber deren Geschwindigkeit.
Erst im Jahr 1905 wurde von einem jungen Doktoranden der Physik eine schlüssige Erklärung dafür vorgelegt, die allerdings ein gewisses Abweichen von jeglichen bisherigen Vorstellungen zur Natur des Lichtes an sich erforderlich machte (weswegen ihm auch prompt im Jahr 1922 der Nobelpreis verliehen wurde): Die von erwähntem jungen Doktoranden – sein Name war Albert Einstein – vorgelegte Deutung setzte voraus, dass elektromagnetische Strahlung nur genau definierte Energiemengen zu übertragen vermag, kurz: dass das Licht *quantisiert* ist – womit Einstein also das Konzept des *Photons* einführte.
Diese Quantelung der durch Licht (oder allgemein: elektromagnetische Strahlung) übertragenen Energie führt zur vielleicht ein wenig sonderbar anmutenden, aber nicht gänzlich falschen Vorstellung eines „Licht-Teilchens", das beim Auftreffen auf die Kathodenoberfläche ein Elektron herausschlägt, so wie eine auftreffende Billardkugel eine andere in Bewegung versetzt – wobei dann auch verständlich ist, dass eine schnellere Billardkugel (also ein energiereicheres, kürzerwelliges Photon) mehr Bewegungsenergie auf das Zielobjekt überträgt als eine langsamere Billardkugel, nicht aber die Zahl der auf diese Weise beschleunigten, also in Bewegung versetzten anderen Billardkugeln.
(Dass bei diesem Bild das Elektron als „reines Teilchen" angesehen und damit dessen **Welle-Teilchen-Dualismus** ignoriert wird, ist zwar bedauerlich, macht es aber anschaulicher.)

Da allerdings die Anzahl der auf diese Weise herausgelösten Elektronen recht gering ist, ergibt sich auch nur ein sehr schwacher Strom – was zugleich bedeutet, dass Schwankungen kaum auffallen: Geringe Unterschiede bei der Anzahl der auftreffenden Photonen führen kaum zu erkennbaren Unterschieden bei den Messergebnissen. Entsprechend unempfindlich ist eine solche Photozelle.

Effektiver (und empfindlicher) sind *Photomultiplier*, bei denen die durch den photoelektrischen Effekt freigesetzten Elektronen den Anfang einer ganzen Kaskade darstellen: Sie setzen ihrerseits weitere Elektronen frei, die dann ebenfalls für die Freisetzung weiterer Elektronen sorgen etc. Auf diese Weise kann dann ein einzelnes Photon für mehrere hunderttausend freigesetzte Elektronen sorgen – was die Empfindlichkeit der zugehörigen Messungen natürlich steigert. (Zu den technischen Aspekten eines solchen Photomultipliers schauen Sie sich bitte Abb. 19.14 aus dem ▶ Harris an.)

18

Harris, Abschn. 19.3: Detektoren

- **Nacheinander oder gleichzeitig?**

Während die klassischen Spektralphotometer zur Messung der Absorption/ Extinktion den Analyten nacheinander mit den verschiedenen Wellenlängen des Spektrums zur Wechselwirkung bringen, kann ein *Photodiodenarray,* das aus einer Vielzahl von Dioden besteht, das gesamte Spektrum gleichzeitig durchgehen:

- Die Probe wird mit weißem (also **polychromatischem**) Licht bestrahlt; in Abhängigkeit vom UV/VIS-Verhalten des betreffenden Analyten wird dann die eine oder andere Wellenlänge zumindest teilweise absorbiert.
- Die verbleibende „Rest-Strahlung" wird durch einen *Polychromator* in ihre Spektralbestandteile zerlegt, und die einzelnen Wellenlängen(-bereiche) treffen dann jeweils auf eine andere Diode, so dass effektiv jede Wellenlänge *doch* einzeln untersucht wird.

Abb. 19.15 des Harris zeigt eine schematische Darstellung der Funktionsweise eines solchen Photodiodenarrays. Zudem bietet ▶ Abschn. 19.3 dieses Buches noch zahlreiche weitere Detektions-Techniken, deren jeweilige Wirkungsweise jedoch allesamt eher physikalischer als chemischer Natur ist; aus diesem Grund sollen sie hier nicht weiter besprochen werden.

Harris, Abschn. 19.3: Detektoren

18.6 Anwendungen

Schon in Teil II haben Sie erfahren, dass sich die Photometrie zur Konzentrationsbestimmung von Lösungen bekannter Zusammensetzung heranziehen lässt – in den meisten Fällen auf der Basis einer Kalibrierkurve (die wir wiederum bereits in Teil I hatten). Die Spektralphotometrie ist dafür natürlich ebenfalls geeignet, schließlich besteht der *eine* große Unterschied zwischen den beiden Techniken darin, dass die eine nur mit einer einzigen, genau festgelegten Wellenlänge arbeitet, während die andere zumindest theoretisch das ganze (UV/) VIS-Spektrum abtasten kann. Ob das jeweils erforderlich ist, hängt dabei natürlich ganz von der konkreten Aufgabenstellung ab:

Will man beispielsweise die Gleichgewichtskonstante einer Reaktion ermitteln, muss man die Veränderung der Konzentration *eines* Reaktionsteilnehmers nachverfolgen können. Weiß man, bei welcher Wellenlänge sich die (UV/)VIS-Absorptionen der verschiedenen Teilnehmer unterscheiden, kann man durch Messen der Extinktion den Konzentrationsanstieg eines Produkts bzw. die Konzentrationsabnahme eines Edukts ermitteln und bei Bedarf graphisch auftragen. Vor allem in der *Biochemie,* insbesondere bei der Wechselwirkung zwischen Antikörper und Antigen, erfreut sich diese Technik immenser Beliebtheit. (Das Stichwort **Scatchard-Plot** sei an dieser Stelle nur in den virtuellen Raum geworfen; mehr darüber können Sie dem ▶ Harris entnehmen.)

Harris, Abschn. 18.2: Bestimmung von Gleichgewichtskonstanten: der Scatchard-Plot.

In ähnlicher Weise lässt sich mithilfe der **Job'schen Methode** das stöchiometrische Verhältnis von Zentralteilchen und Liganden in einem Komplex ermitteln, indem man die Extinktion einer Lösung bei exakt der Wellenlänge misst, die dem Extinktionsmaximum des zu untersuchenden Komplexes entspricht. (Das funktioniert natürlich nur, wenn weder der freie Ligand noch das freie Zentralteilchen in Lösung bei exakt dieser Wellenlänge ebenfalls ein Absorptionsmaximum aufweisen. Erfreulicherweise zeigen Komplexe allerdings häufig mehr als eine Absorptionsbande, insofern wird sich früher oder später schon eine geeignete Wellenlänge finden lassen.) Anschließend nimmt man eine Messreihe vor, bei denen das Stoffmengenverhältnis von Zentralteilchen und Ligand sukzessive verändert wird; deswegen wird die Job'sche Methode auch als *Verfahren der kontinuierlichen Variation* bezeichnet. (Auch zu diesem Thema können Sie dem ▶ Harris weitere Informationen entnehmen.)

Harris, Abschn. 18.3: Methode der kontinuierlichen Variation.

Schwingungsspektroskopie

© Springer-Verlag GmbH Deutschland, ein Teil von Springer Nature 2019
U. Ritgen, *Analytische Chemie I*, https://doi.org/10.1007/978-3-662-60495-3_19

In ► Kap. 17 wurde bereits erwähnt, dass Infrarotstrahlung, die bekannterma-ßen weniger energiereich ist als die Strahlung aus dem VIS-Bereich, nicht für eine Anregung von Elektronen ausreicht. Dafür jedoch ist der Energiegehalt von IR-Photonen ideal dafür geeignet, die Analyt-Moleküle zu *Vibrationen* anzuregen.

19.1 Schwingungsmodi

Dabei unterscheidet man zwei grundlegend verschiedene Arten von Schwingungen:
- Bei **Valenzschwingungen** (ν) verändern sich die *Abstände* der an einer Bin-dung beteiligten Atome.
- Bei den **Deformationsschwingungen** (δ bzw. γ) verändern sich Bindungs-*winkel.*

Insgesamt gibt es sechs Schwingungsmodi, dargestellt ◘ Abb. 19.1. Gemeinhin werden diese noch weiter voneinander abgegrenzt:
Bei den Valenzschwingungen unterscheidet man zwischen
- symmetrischen Valenzschwingungen ($ν_s$; ◘ Abb. 19.1a), bei denen sich der Ladungsschwerpunkt der beteiligten Bindungen (und damit das Dipol-moment des gesamten Analyten) *nicht* verändert
  und
- asymmetrischen Valenzschwingungen ($ν_{as}$; ◘ Abb. 19.1b), bei denen sich durch die Verschiebung des Ladungsschwerpunktes das Dipolmoment des Analyten verändert bzw. ein Analyt, der im „schwingungslosen Grund-zustand" *kein* Dipolmoment aufweist (z. B. Kohlendioxid, CO_2), ein solches Dipolmoment *entwickelt.*

Bei den Deformationsschwingungen gibt es sogar zwei Unterkategorien:
- Einerseits betrachtet man Schwingungen, bei denen die beteiligten Atome innerhalb einer Ebene bleiben und die deswegen als *in-plane*-**Schwingungen** bezeichnet werden (abgekürzt: δ). Hier unterscheidet man:
  - *Spreizschwingungen,* bei denen es durch die entgegengesetzte Bewegungs-richtung zweier Bindungspartner zu einer Verengung bzw. Aufweitung des Bindungswinkels kommt (◘ Abb. 19.1c) und
  - *Pendelschwingungen,* bei denen sich durch die gleichgerichtete Bewegung zweier Bindungspartner das Molekül „zur Seite neigt", ohne dass sich der Bindungswinkel zwischen den in Bewegung befindlichen Atomen merklich

19

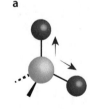
a

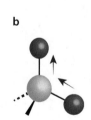
b

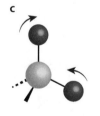
c

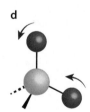
d

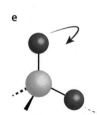
e

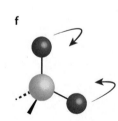
f

◘ **Abb. 19.1** Die sechs Schwingungsmodi. (S. Ortanderl, U. Ritgen: Chemie – das Lehrbuch für Dummies, S. 979. 2018. Copyright Wiley-VCH Ver-lag GmbH & Co. KGaA. Reproduced with permission)

ändern würde (◘ Abb. 19.1d); natürlich ändert sich dabei jeweils der Winkel zwischen jedem der beteiligten Atome und den anderen, sich eben *nicht* in Bewegung befindenden Nachbarn.

— Andererseits gibt es auch nicht-ebene Schwingungen (***out-of-plane*-Schwingungen,** gelegentlich als **Beugeschwingungen** bezeichnet; abgekürzt: **γ),** bei denen die Bewegungen der beteiligten Bindungspartner nur im dreidimensionalen Raum beschreibbar sind. Dazu gehören:

— *Torsionsschwingungen,* die dazu führen, dass sich Molekül-Teile relativ zueinander verdrehen (◘ Abb. 19.1e; auch hier verändert sich nicht der Winkel zwischen den betroffenen Atomen selbst, wohl aber der zwischen ihnen und ihren anderen Nachbarn) und

— *Kippschwingungen,* bei denen sich einzelne Ebenen des Moleküls so relativ zueinander bewegen, als würde dieser Teil des Moleküls „zur Seite kippen" (was dann wiederum nicht zu veränderten Bindungswinkeln zwischen den in Bewegung befindlichen Atomen selbst führt; ◘ Abb. 19.1f).

Zur Anregung der verschiedenen Schwingungsmodi werden – natürlich immer auch in Abhängigkeit vom jeweils betrachteten Analyten – Photonen unterschiedlichen Energiegehaltes benötigt. Entsprechend erhält man bei der Schwingungsspektroskopie Absorptionsspektren, in denen das Ausmaß der Absorption verschiedener Wellenlängen graphisch darstellt wird.

Zwei grundlegend unterschiedliche Formen der Schwingungsspektroskopie sollen hier getrennt voneinander behandelt werden. Sie unterscheiden sich darin, welche Art von Schwingungen sich jeweils beobachten lassen:

— Mit der **Infrarot-Spektroskopie** (die fast ausschließlich als **IR-Spektroskopie** bezeichnet wird) lassen sich ausschließlich Schwingungen beobachten, bei denen sich das **Dipolmoment** ändert.

— Die **Raman-Spektroskopie** gestattet nur die Untersuchung von Schwingungen, die sich auf die **Polarisierbarkeit** des Analyten auswirken.

Das *kann* sich wechselseitig ausschließen, *muss* es aber nicht, wie Sie schon bald sehen werden.

■ **Wie viele (verschiedene) Schwingungen kann ein einzelnes Molekül eigentlich ausführen?**

Verständlicherweise sind bei größeren, also aus mehr Atomen bestehenden, Molekülen deutlich mehr unterschiedliche Schwingungen möglich als bei kleineren. Tatsächlich lässt sich sogar genau ausrechnen, wie viele verschiedene Schwingungen ein Molekül überhaupt ausführen kann. Stellen wir dazu ein paar Überlegungen an, welche individuellen Bewegungsmöglichkeiten jedes Atom innerhalb eines Moleküls hat (ohne sich durch diese Bewegung aus dem Atomverbund zu lösen, natürlich):

Theoretisch kann sich ja jedes einzelne Atom jederzeit in allen drei Raumrichtungen bewegen – zwar nicht unbegrenzt, aber solange es sich nicht übermäßig weit von seinem (oder seinen) Bindungspartner(n) fortbewegt (also etwaige Bindungen nicht gebrochen werden), besitzt es durchaus einen gewissen Bewegungsspielraum. Da es im dreidimensionalen Raum nur *drei* mathematisch gesehen voneinander unabhängige Bewegungsrichtungen gibt (genau entlang der drei Achsen des kartesischen Koordinatensystems; alle anderen Richtungen lassen sich ja durch die Kombination von Bewegungen diesen drei Achsen entlang beschreiben), ergibt sich für jedes Atom die theoretische Anzahl an Bewegungs-Freiheitsgraden von 3.

Das gilt, wie gerade gesagt, für *jedes einzelne* Atom innerhalb des betreffenden Moleküls. Damit ergibt sich für ein Molekül, das aus N Atomen besteht, rein rechnerisch eine Gesamtanzahl von $3N$ Freiheitgraden. Aber Sie werden gleich sehen, dass nicht alles davon *Schwingungs*freiheitsgrade sind.

Schöne Animationen dieser Schwingungen bietet die „ChemgaPedia":
► http://www.chemgapedia.de/vsengine/vlu/vsc/de/ch/3/anc/ir_spek/molekuelschwingungen.vlu/Page/vsc/de/ch/3/anc/ir_spek/schwspek/mol_spek/ir3_1/dreiatomlinear_m19ht0300.vscml.html

Auch für die Deformationsschwingungen hält die ChemgaPedia etwas für Sie bereit:
► http://www.chemgapedia.de/vsengine/vlu/vsc/de/ch/3/anc/ir_spek/molekuelschwingungen.vlu/Page/vsc/de/ch/3/anc/ir_spek/schwspek/mol_spek/ir3_3/methylengruppe_m19ht0300.vscml.html

Nehmen wir uns der Anschaulichkeit halber ein einfaches Molekül vor, mit dessen Struktur Sie zweifellos vertraut sind: H_2O.

Dazu legen wir die Achsen eines (natürlich rechtshändigen) kartesischen Koordinatensystems so, wie es in der Chemie sehr häufig getan wird (graphisch dargestellt in ◘ Abb. 19.2a):

— Die z-Achse entspricht der Senkrechten auf der Papierebene.

— Die y-Achse stellt die Waagerechte dar.

— Die x-Achse kommt aus der Papierebene auf den Betrachter zu (positive Richtung dieser Achse) bzw. verschwindet hinter ihr (negative Richtung).

Natürlich kann man sein Bezugssystem auch drehen: Die in ◘ Abb. 19.2b dargestellte Variante der Achsen-Orientierung ist vor allem in der Kristallographie üblich – es kann trotzdem nicht schaden, wenn Sie beide Möglichkeiten im Hinterkopf haben. (Durcheinanderkommen sollte man dabei allerdings nicht: Es muss nach wie vor ein *rechtshändiges* System bleiben.)

Und nun schauen wir uns drei verschiedene, nach obigen Spielregeln für die Freiheitsgrade völlig zulässige Bewegungen der beteiligten Atome relativ zu einander an:

— In der Variante aus ◘ Abb. 19.2c bewegen sich die beiden H-Atome gleichermaßen in die – z-Richtung, während das O-Atom in + z-Richtung schwingt. Das sieht auf den ersten Blick nach genau der Spreizschwingung aus, die wir schon in ◘ Abb. 19.1c hatten. Aber bedenken Sie: Das Sauerstoff-Atom ist deutlich schwerer als die beiden Wasserstoffe (vergleichen Sie die Massenzahlen von ^1H und ^{16}O!), so dass sich wohl eher nur die beiden Wasserstoff-Atome entlang ihrer Bindungsrichtung vom O-Atom entfernen oder wieder zu diesem zurückkehren, während der Sauerstoff praktisch unbewegt an Ort und Stelle bleibt und sich der HOH-Winkel kaum merklich ändert. Also handelt es sich hierbei in Wahrheit um die symmetrische Streckschwingung ν_s aus ◘ Abb. 19.1a.

— Aber was passiert, wenn auch das O-Atom in –z-Richtung schwingt, wie es in ◘ Abb. 19.2d angedeutet ist? – Dann liegt in Wahrheit mitnichten eine Schwingung vor, sondern eine *Bewegung des gesamten Moleküls* in diese Richtung. Genau das Gleiche kann natürlich auch in ±x- oder ±y-Richtung passieren. Von den möglichen 9 Freiheitsgraden dieses dreiatomigen Moleküls (also $N = 3$) müssen wir also drei **Translationsfreiheitsgrade** abziehen.

— Eine vermeintliche Schwingung, bei der sich die Bewegungsrichtungen der einzelnen Atome des Moleküls zu einer *Drehung des ganzen Systems* addieren, zeigt Ihnen ◘ Abb. 19.2e. Entsprechend müssen, weil sich auch diese Bewegungen durch lineare Kombination von Bewegungen entlang der drei Raumrichtungen des Koordinatensystems beschreiben lassen, auch drei **Rotationsfreiheitsgrade** abgezogen werden.

Damit bleiben für dieses Molekül nur noch drei Schwingungsfreiheitsgrade übrig. Ein erneuter Blick auf ◘ Abb. 19.1 verrät uns: Die drei möglichen Schwingungsmodi für H_2O sind:

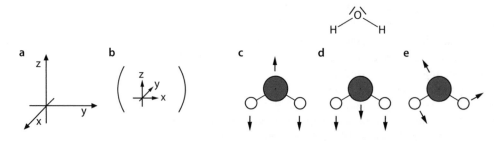

◘ **Abb. 19.2**   Das verwendete Koordinatensystem (und drei Beispiele für zulässige Atom-Bewegungen)

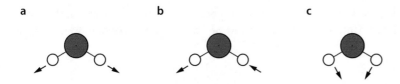

a   b   c

◻ Abb. 19.3   Mögliche Schwingungsmodi für das Wasser-Molekül

— die symmetrische Valenzschwingung (v_s; ◻ Abb. 19.3a)
— die asymmetrische Valenzschwingung (v_{as}; ◻ Abb. 19.3b)
— die *in-plane*-Spreizschwingung (δ, ◻ Abb. 19.3c) – jetzt doch: Bitte beachten Sie die Bewegungsrichtung der beiden H-Atome, während der Sauerstoff (ganz wie es seine Masse erwarten ließe) seine Position nur geringfügig verschieben wird, so dass der Massenschwerpunkt des gesamten Moleküls an Ort und Stelle verbleibt.

Daraus lässt sich eine allgemein gültige Regel aufstellen:

> **Wichtig**
> — Für alle *nicht-linearen* Moleküle, die aus N Atomen bestehen, gibt es insgesamt 3*N*–6 Schwingungsfreiheitsgrade F_S:
>
> $$F_{S(\text{nicht-linear})} = 3N-6 \qquad (19.1)$$
>
> — Für lineare Moleküle, die um ihre Längsachse beliebig gedreht werden können (jedes lineare Molekül ist ja rotationssymmetrisch um eine der drei Raumachsen), entfällt entsprechend *ein* Rotationsfreiheitsgrad. Für *lineare N*-atomige Moleküle gilt:
>
> $$F_{S(\text{linear})} = 3N-5 \qquad (19.2)$$

> **Fragen**
> 10. Wie viele Schwingungsfreiheitsgrade besitzen die Moleküle (a) SO_2; (b) SO_3; (c) NO; (d) H_2S?
> 11. Welche Schwingungsmodi weist das Kohlendioxid-Molekül auf?
> 12. Warum lässt sich für das Wasser-Molekül keine die *in-plane*-Pendelschwingung (◻ Abb. 19.1d) beobachten?

19.2 Infrarotspektroskopie (IR)

Bedauerlicherweise geht der Harris auf die Infrarotspektroskopie nur sehr bedingt ein. Dafür sind die Grundlagen sowohl der IR- als auch der Raman-Spektroskopie (zu der kommen wir in ▸ Abschn. 19.3) sehr knapp, aber gut nachvollziehbar im ▸ Binnewies zu finden.

Wie bereits in ▸ Abschn. 19.1 erwähnt, werden die Analyten durch IR-Photonen unterschiedlicher Wellenlänge zu unterschiedlichen Schwingungen angeregt; die durch die Absorption entstehenden Banden ergeben das zugehörige IR-Spektrum. Zu den besonders aufschlussreichen Banden (vor allem für die Strukturaufklärung organischer Verbindungen) gehören Wellenlängen aus dem Bereich von λ = 2–15 μm. Allerdings hat sich im Laufe der Zeit in der IR-Spektroskopie eingebürgert, die jeweiligen Banden nicht anhand der zugehörigen Wellenlänge (λ) zu beschreiben, sondern vielmehr anhand der zugehörigen *Wellenzahl*.

Binnewies, Exkurs in Abschn. 5.12: Molekülsymmetrie.

▪ **Wellenzahlen**

Als Wellenzahl ($\bar{v}$; ausgesprochen „Nü quer") bezeichnet man den Kehrwert der Wellenlänge – allerdings mit der Einheit cm^{-1}, also „pro Zentimeter". IR-Spektroskopie wird schon seit geraumer Zeit betrieben (bis in die Sechzigerjahre des vergangenen Jahrhunderts wurde sie zwar noch

„Ultrarot-Spektroskopie" genannt, aber eben auch schon genutzt), und so hat sich hier (international) eine Nicht-SI-Einheit halten können. Es gilt allgemein:

$$\bar{\nu} = \frac{1}{\lambda} \tag{19.3}$$

Aber den Umrechnungsfaktor sollte man ebenfalls im Hinterkopf behalten:

$$\text{Wellenzahl}(\bar{\nu})\left[\text{in cm}^{-1}\right] = \frac{10^4}{\text{Wellenlänge }(\lambda)[\text{in }\mu\text{m}]} = \frac{10^7}{\text{Wellenlänge }(\lambda)[\text{in nm}]} \tag{19.4}$$

Entsprechend lässt sich ▶ Gl. 17.1 für die IR-Spektroskopie erweitern:

$$E = h \times v = \frac{hc}{\lambda} = h \times c \times \bar{\nu} \tag{19.5}$$

Damit wird auch klar, warum sich mit Wellen*zahlen* leichter arbeiten lässt als mit Wellen*längen:*

> ❯ Der Energiegehalt eines Photons ist direkt proportional zu seiner Wellenzahl (egal, in welcher Einheit diese angegeben wird): $E \sim \bar{\nu}$

❓ Fragen

13. Welche Wellenzahl $\bar{\nu}$ gehört zur Wellenlänge $\lambda = 299$ nm?
14. Welcher Wellenlänge entspricht die Wellenzahl $\bar{\nu} = 2342\,\text{cm}^{-1}$?

▪ IR-Spektren

In einem Infrarot-Spektrum wird auf der x-Achse die Wellenzahl aufgetragen (mit steigender Wellenzahl, also steigendem Energiegehalt, von rechts nach links, was ebenfalls ein wenig gewöhnungsbedürftig ist), auf der y-Achse findet sich entweder die *Transmission* (meist angegeben in %), gelegentlich auch die *Absorption,* aber die Aufnahme eines Transmissionsspektrums ist deutlich gebräuchlicher. Da natürlich die weitaus meisten Wellenlängen *nicht* absorbiert werden, befindet sich die „Null-Linie", also die Grundlinie unseres Spektrums, bei der IR-Spektroskopie ganz *oben*, und die verschiedenen Absorptionsbanden weisen dann allesamt „nach unten". Exemplarisch zeigt ◘ Abb. 19.4 das IR-Spektrum von Aceton, $CH_3\text{-}C(=O)\text{-}CH_3$).

Da durch Infrarot-Strahlungen einzelne Bindungen zum Schwingen angeregt werden, sollte verständlich sein, dass die dafür erforderliche Energie zunimmt, je fester die Bindung zwischen den beteiligten Atomen ist:

— Eine C–C-Einfachbindung wird sich zweifellos leichter zu einer Valenzschwingung anregen lassen als eine C=C-Doppel- oder gar C≡C-Dreifachbindung.

— Entsprechend wird die Bande, die zu $\nu_{(C\text{-}C)}$ gehört, bei kleineren Wellenzahlen (= geringerer Energiegehalt) auftreten als die von $\nu_{(C=C)}$, und die Wellenzahl von $\nu_{(C\equiv C)}$ wird am größten sein. Tatsächlich gibt es für die Valenzschwingung der C-C-Ein- und Mehrfachbindungen „Kennzahlen", die zumindest die Größenordnung der jeweils zu erwartenden Wellenzahlen vorgeben (◘ Tab. 19.1)

❗ Achtung

— Derartige Werte sind bitte nicht als „in Stein gemeißelt" zu verstehen, sondern wirklich nur als Richtwerte: Je nachdem, welche Substituenten die an der jeweiligen Bindung beteiligten Atome tragen und ob sich der π-Anteil einer Doppel- oder Dreifachbindung in Konjugation mit weiteren π-Systemen (konjugierte Bindungen, aromatische Systeme, freie Elektronenpaare) befindet, kann sich der Wert durchaus nach höheren oder kleineren Wellenzahlen verschieben.

19

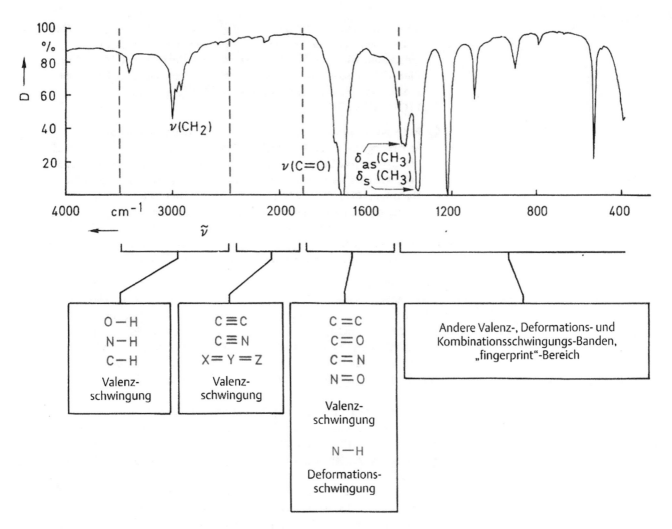

■ **Abb. 19.4**   IR-Spektrum von Aceton. (mit freundlicher Genehmigung: S. Bienz, L. Biegler, T. Fox, H. Meier, Spektroskopische Methoden in der organischen Chemie, Georg Thieme Verlag, 2016, Stuttgart, ■ Abb. 2.9, Courtesy of Georg Thieme Verlag KG)

■ **Tab. 19.1**   Charakteristische Wellenzahlen für die Streckschwingung von C-C-Bindungen

Streckschwingung	Wellenzahl [in cm^{-1}]
$v_{(C-C)}$	1000
$v_{(C=C)}$	1650
$v_{(C\equiv C)}$	2200
Selbstverständlich sind das nur Richtwerte!	

— Streckschwingungen, an denen ein *Wasserstoff*-Atom beteiligt ist (-O-H, -N-H, -C-H etc.), absorbieren bei besonders hohen Wellenzahlen – was angesichts der geringen Masse des Wasserstoff-Atoms nicht überraschend sein sollte, schließlich ermöglicht diese geringe Masse eine bemerkenswert hohe Schwingungsfrequenz. Mit zunehmender Masse der beteiligten Atome sinkt die Wellenzahl der zugehörigen Absorptionsfrequenz: Während $\bar{v}(C-H) = 3000\ cm^{-1}$, liegt die Wellenzahl einer gewöhnlichen C-Cl-Bindung in der Größenordnung von 700 cm^{-1}.

Besonders deutlich wird die Abhängigkeit von der Masse der beteiligten Atome beim schweren Wasserstoff, dem Deuterium (^{2}H): Im Vergleich zum Wasserstoff, dessen Kern nur aus einem Proton besteht, ist dieses Wasserstoff-Isotop wegen des zusätzlichen Neutrons doppelt so schwer, und die Wellenzahl sinkt drastisch: $\bar{\nu}(C - {}^1H) = 3000\,cm^{-1}$; $\bar{\nu}(C - {}^2H) = 2100\,cm^{-1}$

> **❶ Es sei noch einmal betont, dass IR-Strahlung die Analyt-Moleküle keineswegs zu „etwas Widernatürlichem" motiviert, sondern letztendlich nur völlig natürliche Schwingungs-Bewegungen des Moleküls induziert. Bitte vergessen Sie nie, dass sich oberhalb des (nicht erreichbaren) absoluten Nullpunkts (0 K, –273,15 °C) *sämtliche* Atome eines wie auch immer gearteten mehratomigen Verbandes ständig zumindest ein wenig in allen Raumrichtungen bewegen, sich also ohnehin immer und überall gewisse Schwankungen der Bindungslängen und – winkel ergeben. Die IR-Photonen unterstützen somit nur ein ohnehin vorhandenes Verhalten.**

Die Beschriftung der x-Achse eines IR-Spektrums verläuft gemeinhin nicht linear: Weil Banden mit $\bar{\nu} > 2000$ deutlich seltener sind als Banden kleinerer Wellenzahlen, ist es aus Platzgründen üblich, diesen „Hochenergie-Teil" von IR-Spektren *gestaucht* darzustellen. (Allerdings ist es eben nur *üblich*, nicht verpflichtend. In manchen Datenbanken wird das inzwischen nicht mehr so gehandhabt.)

In dieser Darstellung ist auf der y-Achse die *Transmission* dargestellt, gemäß der Alternativbezeichnung (Durchlässigkeit) mit D abgekürzt.

■■ **Unterteilung des Spektrums in verschiedene Bereiche**

Obwohl in der graphischen Darstellung eines solchen Spektrums der Stauchung wegen ein vermeintlicher Einschritt bei der Wellenzahl 2000 cm^{-1} vorgenommen wird, ist es doch üblich, *inhaltlich* eine etwas andere Unterteilung vorzunehmen:

— Im Bereich $\bar{\nu} > 1500\,cm^{-1}$ finden sich nämlich vor allem Banden, die sich (recht leicht) einzelnen funktionellen Gruppen zuordnen lassen (z. B. die Carbonylbande des Acetons mit $\bar{\nu} = 1745\,cm^{-1}$).
    — In ❑ Abb. 19.4 sehen Sie diesen Bereich noch weiter unterteilt, um die Größenordnungen der Wellenzahlen anzuzeigen, bei denen sich charakteristische X-H-Valenzschwingungen, Dreifach- und Doppelbindungen usw. finden lassen.
— Bei kleineren Wellenzahlen (unterhalb von $\bar{\nu} = 1500\,cm^{-1}$) treten deutlich mehr Banden auf. Diese sind häufig nicht mehr nur auf einen einzelnen Molekülbereich zurückzuführen, der zum Schwingen gebracht wurde (wie etwa die Methylgruppen des Acetons – bei denen man sogar noch die Schwingungsmodi unterscheiden kann; dazu kommen wir gleich noch einmal), sondern lassen sich durch das komplexe Zusammenspiel mehrerer Molekülteile erklären. Das hat natürlich Nachteile ... aber auch Vorteile:
    — Dortige Banden lassen sich zwar meist nicht der einen oder anderen Schwingung (oder gar einem Schwingungs*modus*) zuordnen,
    — aber dafür sind die in diesem Bereich des Spektrums zu beobachtenden Banden, die auf die **Gerüstschwingungen** zurückzuführen sind, äußerst charakteristisch für die jeweilige Verbindung. Tatsächlich sind sie sogar so individuell wie ein menschlicher Fingerabdruck, weswegen dieser Teil des IR-Spektrums häufig auch als die *Fingerprint*-Region bezeichnet wird.

■ **Zuordnen der Banden**

Da das Aceton-Molekül eine Spiegelebene besitzt (es wurde ja bereits angemerkt, dass einige Vorkenntnisse zum Thema „Symmetrie" wirklich nicht schlecht wären – es sei noch einmal auf Abschn. 5.12 des ► Binnewies beziehungsweise auf die *Allgemeine und Anorganische Chemie* verwiesen!), sind

19

Binnewies, Abschn. 5.12: Molekülsymmetrie

die linke und die rechte Molekülhälfte identisch: Die linke Methylgruppe wird zweifellos zur Anregung der gleichen Schwingung genau die gleiche Menge an Energie benötigen wie die rechte. Entsprechend ergibt sich für den zugehörigen Schwingungsmodus auch nur *eine* Bande.

- **Entartete Schwingungen**

Schauen wir uns die Anzahl möglicher Schwingungen im Aceton-Molekül an:

- Wendet man ▶ Gl. 19.1 an (linear ist Aceton ja nun wirklich nicht!), kommt man bei der Summenformel C_3H_6O, also mit insgesamt 10 Atomen, auf 24 mögliche Schwingungen (30–6).
- Andererseits sind die sechs Wasserstoff-Atome chemisch gesehen nicht unterscheidbar: Jeweils zwei der drei H-Atome an jedem der beiden Methyl-Kohlenstoffe werden beispielsweise durch genau die gleiche Energie (also mit der gleichen Wellen*länge* und damit natürlich auch bei der gleichen Wellen*zahl*) zur symmetrischen Valenzschwingung etc. angeregt werden. Man spricht von **entarteten Schwingungen.**

Das bedeutet natürlich auch, dass die – theoretisch denkbaren – Banden für sämtliche dieser entarteten Schwingungen zusammenfallen und somit längst nicht so viele Banden im IR-Spektrum auftreten werden, wie die Zahl der Schwingungsfreiheitsgrade zunächst vermuten ließe.

Wenn Sie noch einmal zu ◻ Abb. 19.4 zurückblättern, sehen Sie links neben der *Fingerprint*-Region, also bei höheren Wellenzahlen, neben der Carbonylbande (bei 1745 cm^{-1}) noch drei weitere deutlich erkennbare Banden:

- Die etwas kleinere Bande bei etwa 3000 cm^{-1}, die bei etwas kleineren Wellenzahlen noch eine **Schulter** aufweist, gehört zu den beiden *Valenz*-schwingungen (asymmetrisch und symmetrisch) der CH_2-Gruppe. (Nicht vergessen: Auch eine Methylgruppe *enthält* eine CH_2-Gruppe, sogar – sozusagen – drei Stück auf einmal.)
- Links und rechts von 1380 cm^{-1} liegen die asymmetrische und die symmetrische *Deformations*schwingung der Methylgruppe.

Auch daraus lässt sich eine hilfreiche Daumenregel ableiten:

❯❯ Bei den Deformationsschwingungen (egal, ob nun *in-plane-* oder *out-of-plane-*) verändern sich nur Bindungs*winkel,* aber keine Bindungs*abstände.* Deswegen sind sie deutlich leichter anregbar, so dass man sie (meistens) bei kleineren Wellenzahlen findet: Gemeinhin sind sie Teil des *Fingerprint-*Bereichs.

Analog zu ◻ Tab. 19.1 finden sich in Lehrbüchern der Schwingungsspektroskopie (und vor allem Nachschlagewerken) charakteristische Wellenzahlen für alle nur erdenklichen funktionellen Gruppen oder Substitutionsmuster am Aromaten: Natürlich kann etwa ein *ortho*-disubstituiertes Benzen ganz anders schwingen als sein *para*-disubstituiertes Gegenstück!

❗ Ein beliebter Fehler: Dass in ◻ Abb. 19.4 *zwei* Banden für die Methylgruppe auftreten, liegt nicht etwa daran, dass der Analyt – Aceton – ja auch zwei Methylgruppen enthält! Bitte vergessen Sie nicht, dass Sie nicht *einzelne* Analyt-Moleküle spektroskopieren, sondern immer eine gewaltige Vielzahl. (Man sollte niemals aus den Augen verlieren, wie groß die Avogadro-Zahl doch ist.) Natürlich wird nicht jedes Molekül jeden einzelnen möglichen Schwingungsmodus auch ausführen (das wäre schlichtweg nicht möglich – wie soll eine Methylgruppe gleichzeitig eine symmetrische *und* eine asymmetrische Streckschwingung ausführen?), aber weil eben immer (deutlich) mehr als nur ein Molekül gleichzeitig untersucht werden, erhält man einen statistischen Mittelwert *aller* Schwingungsmodi. Größere Banden gestatten also auch zumindest in begrenztem Maße Rückschlüsse darauf, zu welchen Schwingungen sich der betreffende Analyt häufiger anregen lässt und welche von eher nachgeordneter Bedeutung sind.

■■ Beschreibung von IR-Spektren

Heutzutage sind – eine Folge der digitalen Revolution – Datenbanken mit IR-Spektren (und noch vielen weiteren Daten einschließlich anderer Spektren etc.) zahlreicher Verbindungen allgemein zugänglich. Eine dieser Datenbanken sei ausdrücklich erwähnt; wir werden in diesem Teil (und auch der „Analytischen Chemie II") noch darauf zurückgreifen: Das *National Institute of Standards and Technology* (NIST) bietet eine Vielzahl physikochemischer Daten zahlreicher Verbindungen. Sie lässt sich nach Namen und Summenformeln (sowie weiteren Kriterien) leicht durchsuchen.

► http://webbook.nist.gov/
Zur konkreten Suche bietet sich die folgende Maske an:
► http://webbook.nist.gov/chemistry/form-ser.html

Bevor es diese technischen Möglichkeiten allerdings gab, also noch vor wenigen Jahrzehnten, wäre es hingegen schlichtweg undenkbar gewesen, in Fachartikeln oder Lehrbüchern vollständige IR-Spektren abzudrucken: Zum einen war damals der drucktechnische Aufwand dafür gewaltig, zum anderen stellte sich alleine schon das Problem des Platzbedarfes. (Anders als bei einer Website ist es bei einem gedruckten Werk eben nicht egal, ob ein Text noch ein wenig länger wird oder nicht.)

Aus diesem Grund hat sich eine beschreibende Kurzschreibweise für IR-Spektren durchgesetzt, die Sie – für den Fall, dass Sie beizeiten mit Originalpublikationen oder Ähnlichem arbeiten – zumindest passiv beherrschen sollten. Prinzipiell beschränkt man sich dabei darauf, neben der Wellenzahl des Absorptionsmaximums der einzelnen charakteristischen (!) Banden dessen Intensität anzugeben. Dabei sind üblich:

Abkürzung	Bedeutung	Anmerkungen
Vs	*very strong*/sehr stark	Transmission <20 % (gelegentlich auch ss abgekürzt)
S	*strong*/stark	Transmission <40 %
M	*medium*	Transmission <60 %
W	*weak*/weniger stark	Transmission <80 %
Vw	*very weak*/sehr schwach	Noch eindeutig vom Grundrauschen verschieden

Wenn in Tabellenwerken keine konkreten Messwerte, sondern Richtwerte angegeben sind, findet sich zusätzlich die Abkürzung v (für variierend)

Soweit möglich sollten die Banden dann unter Verwendung der oben angegebenen Abkürzungen den entsprechenden Schwingungsmodi zugeordnet werden.

> **Beispiel**
> Das IR-Spektrum von Aceton würde dann beschrieben mit:
> 3000/2980 m, $\nu(CH_2)$; 1720 vs, $\nu(CO)$; 1400 s, $\delta_{as}(CH_3)$; 1360 vs, $\delta_s(CH_3)$; 1060 (m); 870 (w); 740 (vw); 540 (s).
> Dass im *Fingerprint*-Bereich meist keine Zuordnungen vorgenommen werden können, wurde ja bereits angesprochen.

■■ Nicht alle Schwingungen tauchen im IR-Spektrum auf

Es sei noch einmal betont, dass infrarotspektroskopisch nicht alle Schwingungen detektierbar sind: Es gibt also IR-*aktive* und IR-*inaktive* Schwingungen.

> **Wichtig**
>
> **IR-aktiv sind ausschließlich Schwingungen, bei denen sich das *Dipolmoment* des betrachteten Analyten ändert.**
>
> **Dabei ist nicht erforderlich, dass dieser Analyt auch schon im Grundzustand ein Dipolmoment aufweist; wird dies es erst durch eine symmetrische oder (was eher der Fall sein wird) asymmetrische Schwingung erzeugt, reicht das auch aus.**

Und noch eines sei erwähnt: Die bisherigen Beispiele sollten nicht den Eindruck erwecken, die IR-Spektroskopie sei nur für „organische Moleküle" geeignet: Auch „anorganische" Moleküle oder Molekül-Ionen lassen sich IR-spektroskopisch untersuchen (im Binnewies etwa wird die IR-Spektroskopie anhand des Nitrat-Ions (NO_3^-) erläutert.). Benötigt werden einfach nur kovalente Bindungen, die sich zu entsprechenden Vibrationen anregen lassen.

> **Fragen**
>
> 15. Welche Schwingungen von CO_2 (siehe letzter Fragenblock) sind IR-aktiv, welche nicht?
> 16. Lässt sich Stickstoffmonoxid (NO) via IR detektieren oder nicht? (Bitte überlegen Sie sich auch eine Begründung für die Antwort.)

■ **Geräteaufbau**

Wie in der Photometrie auch (die wir schon in Teil II hatten), muss die Probe mit elektromagnetischer Strahlung der entsprechenden Wellenlänge in Wechselwirkung treten; die anschließende quantifizierende Messung gestattet dann Aussagen darüber, welcher (prozentuale) Anteil der jeweiligen Wellenlänge absorbiert wurde. Da es natürlich auch apparative Intensitätsverluste oder dergleichen geben kann, benötigt man wieder einen Referenzstrahl. Deswegen arbeiten IR-Spektrometer nach dem Zweistrahlprinzip, bei dem ein Strahlteiler den betreffenden Lichtstrahl (ja, eigentlich darf man bei IR nicht von „Licht" sprechen, aber „Strahlungs-Strahl" wäre doch ein eigentümliches Wortungetüm!) aufspaltet, so dass die Hälfte die Probe durchläuft, die andere Hälfte eine baugleiche Küvette, die mit dem gleichen Lösemittel (und etwaigen anderen Zusätzen) gefüllt ist (also eine ideale *Leerprobe* darstellt, wie wir das schon in Teil II besprochen haben).

Bei den klassischen, konventionellen IR-Spektrometern wird dabei die Probe nach und nach über den gesamten (relevanten) Wellenlängenbereich abgetastet – was natürlich seine Zeit dauert: Die durchschnittliche Messzeit beträgt etwa eine Viertelstunde.

Dank der Allgegenwart leistungsstarker Computer hat sich daran etwas geändert:

■■ **FT-IR**

Statt eines zeitintensiven Wellenlängen-Scans mit sukzessive in der Wellenlänge veränderter, aber eben prinzipiell monochromatischer Strahlung, kann man, hinreichende Rechenkapazität des Computers vorausgesetzt, auch mit polyfrequenter IR-Strahlung arbeiten und so sämtliche Wellenlängen gleichzeitig abtasten. Die eigentliche Arbeit übernehmen dabei ein Interferometer und der Computer:

— Das Interferometer wandelt die IR-Strahlung der Lichtquelle in ein Interferogramm um.

— Dieser modifizierte Strahl wird dann in Wechselwirkung mit der Probe gebracht.

— Anschließend nimmt der Computer eine Fourier-Transformation an dem nun durch die Absorption veränderten Interferogramm vor, so dass sich wieder ein Wellenlängen-Spektrum ergibt.

Eine entsprechende Messung lässt sich mithilfe dieser Technik innerhalb weniger Sekunden abschließen. Die resultierenden FT-IR-Spektren unterscheiden sich weder in der Form noch im Informationsgehalt von Spektren, die auf die altehrwürdige Weise erstellt wurden – nur dass sie sogar noch klarer sind: Das Signal-Rausch-Verhältnis von FT-IR-Spektren ist deutlich besser. (Die Begründung dafür ist aber so physikalisch, dass sie den Rahmen dieser kurzen Einführung wieder einmal sprengen würde. Gleiches gilt natürlich auch für eine genauere Betrachtung der Fourier-Transformation etc.)

Eine kurze Überlegung

Stellt die Rechenkapazität heutzutage noch ein Hindernis dar? – Nein, nun wirklich nicht. Schon ein handelsübliches Smartphone aus dem Jahr 2014 besaß mehr Rechenkapazität als das gesamte Computerarsenal, das im Jahr 1969 bei der Apollo-Mondmission zum Einsatz kam. Aus diesem Grund haben FT-IR-Spektrometer ihre klassischen *Wavelength-Scan*-Vorläufer mittlerweile praktisch vollständig verdrängt.

▪ Proben

IR-Spektroskopie kann man in allen drei Aggregatzuständen des betreffenden Analyten durchführen (vorausgesetzt natürlich, der Analyt kann alle drei Aggregatzustände überhaupt einnehmen, lässt sich also unzersetzt auch in die Gasphase bringen):

— Eine Standard-Methode zur Probenvorbereitung für Feststoffe ist das Verreiben einer Probe des Analyten mit der zehn- bis fünfzigfachen Menge an Kaliumbromid (KBr); aus dem Gemisch wird dann unter recht hohem Druck ein KBr-*Glas* gepresst. (Das heißt, die Kationen und Anionen des Salzes bilden keinen kristallinen, sondern einen *amorphen* Feststoff, in den der Analyt eingeschlossen ist.) KBr-Glas ist für IR-Strahlung erfreulich transparent: Wird also Strahlung absorbiert, ist diese Absorption ausschließlich auf den Analyten zurückzuführen.

— Auch Lösungen lassen sich IR-spektroskopisch untersuchen.

— Selbiges geht für Gase: Gerade in der Umweltanalytik werden Stickoxide (NO_x, also auch das Stickstoffmonoxid aus Frage 16) und dergleichen gerne infrarotspektroskopisch nachgewiesen.

Bei der IR-Untersuchung von Feststoffen (etwa eben als Bestandteile von den soeben erwähnten KBr-Presslingen) ist es wichtig, dass die Proben auch wirklich so trocken wie möglich sind, denn wenn Lösemittelmoleküle in den Pressling geraten, werden diese natürlich ebenfalls zur Schwingung angeregt und führen zu entsprechenden Banden: Wenn Sie etwa im Spektrum einer Verbindung, die nicht selbst eine OH-Gruppe aufweist, eine – meist breite – Bande im Bereich von 3100–3600 cm^{-1} entdecken (das ist der Bereich, in dem OH-Streckschwingungen (ν) auftauchen), dann spricht das dafür, dass *doch* Spuren von Wasser (oder Ethanol o. ä.) vorliegen.

Und da Sie ja in diesem Abschnitt schon erfahren haben, dass Banden häufig genau jenen Schwingungsmodi zugeordnet werden können, die Sie in ▶ Abschn. 19.1 kennengelernt haben, scheint es doch nur sinnvoll, sich einmal das IR-Spektrum des Wasser-Moleküls anzuschauen, schließlich wurden die drei möglichen Schwingungsmodi dieses dreiatomigen Moleküls ausführlich besprochen (◘ Abb. 19.3). Hier hilft uns wieder die bereits erwähnte NIST-Datenbank:

▶ http://webbook.nist.gov/cgi/cbook. cgi?ID=C7732185&Units=SI&Type=IR-SPEC&Index=1#IR-SPEC

Dort finden wir zwei Banden:

— 3600/3200 vs, $\nu_{as}(H_2O)/\nu_s(H_2O)$

— 1600 m $\delta(H_2O)$

In der extrem breiten Bande oberhalb von 3000 cm^{-1} fallen also die symmetrische und die asymmetrische Valenzschwingung dieses Moleküls zusammen.

19.3 Ähnlich, und doch anders: Raman-Spektroskopie

Die zur Raman-Spektroskopie gehörenden Spektren besitzen frappierende Ähnlichkeit mit den IR-Spektren aus ▶ Abschn. 19.2: Auf der x-Achse sind ebenfalls Wellenzahlen (in cm^{-1}) angegeben (wieder mit zunehmendem Energiegehalt von rechts nach links), und wieder beobachtet man Banden. Auf den ersten Blick scheint es nur einen echten Unterschied zu geben:

- Im Vergleich zu IR-Spektren stehen Raman-Spektren „auf den Kopf", d. h. die Grundlinie (das Grundrauschen) stellt die „Unterkante" des Spektrums dar und die Banden ragen „nach oben".

Tatsächlich aber steckt hinten den Raman-Spektren ein gänzlich anderes Prinzip: Lenkt man intensives Licht einer genau definierten Wellenlänge (also monochromatisches Licht), das nicht energiereich genug ist, um Elektronenübergänge (wie aus ▶ Abschn. 18.2) zu induzieren, auf eine konzentrierte Analyt-Lösung oder auf den reinen Analyten in flüssiger Form, sind verschiedene Phänomene zu beobachten:

- Ein Großteil des Lichtes tritt ungehindert durch die Probe. Diese Art der *Durchstrahlung* war gewiss zu erwarten.
- Etwa 1 Promille des Lichts (also jedes tausendste Photon) tritt mit dem Analyten in Form *elastischer Stöße* in Wechselwirkung. Das bedeutet, dass die Strahlung gestreut wird, ohne das es zur Übertragung von Energie (egal in welche Richtung) kommt. Wenn es keinen Energietransfer gibt, sollte verständlich sein, dass die so gestreuten Photonen exakt die gleiche Wellenlänge besitzen wie die Strahlung, die man zur Anregung des Analyten eingesetzt hat. Nach ihrem Entdecker wird diese Strahlung als **Rayleigh-Streuung** bezeichnet.
- In seltenen Fällen (etwa bei jedem hundertmillionsten Photon, also mit einer Wahrscheinlichkeit von $1:10^8$) kommt es zur **Raman-Streuung**, die auf inelastischen Stößen zwischen Analyten und Photonen basiert. Hier gibt zwei unterschiedliche Formen:
  - Ein Großteil dieser an der Raman-Streuung beteiligten Photonen überträgt einen gewissen Teil ihrer Energie (die selbstverständlich nach wie vor gequantelt ist!) auf den Analyten. Dieser wird dadurch in einen angeregten (Vibrations-/Rotations-)Zustand versetzt. Das nach der Wechselwirkung mit dem Analyten vorliegende Photon ist entsprechend um diesen Energiebetrag ärmer, weist also eine *größere* Wellenlänge auf als die Anregungsstrahlung. Hier spricht hier von **Stokes-Strahlung**.
  - Ein sehr viel kleinerer Teil dieser (ohnehin schon nicht sonderlich zahlreichen) Photonen trifft auf Analyt-Moleküle, die sich bereits in einem vibrations-angeregten Zustand befunden haben. Bei der Wechselwirkung mit dem Photon wird diese überschüssige Vibrations-Energie auf das *Photon* übertragen – das dadurch energiereicher wird und eine *kleinere* Wellenlänge aufweist als zuvor. Dies ist die **anti-Stokes-Strahlung**.
  - Der Energieunterschied zwischen der Anregungsstrahlung und der durch die Raman-Streuung entstandenen Strahlung entspricht (natürlich) genau der Energie, die zum Anregen des einen oder anderen Schwingungsmodus benötigt würde.

Auf die Raman-Strahlung geht der ▶ Harris in Exkurs 17.3 ein. Die Raman-*Spektroskopie* allerdings wird im Harris nur kurz erwähnt. Dafür sind die Grundlagen dieser Technik, zusammen mit denen der Infrarotspektroskopie, sehr anschaulich im ▶ Binnewies zusammengefasst.

Harris, Abschn. 17.7: Lumineszenz
Binnewies, Exkurs in Abschn. 5.12:
Molekülsymmetrie

Obwohl das Phänomen der *anti-Stokes-Strahlung* nur sehr schwach ausgeprägt ist (schließlich bedarf es dafür Analyt-Moleküle, die sich bereits in einem vibratorisch/rotatorisch angeregten Zustand befinden), basiert auf genau dieser Strahlung die Raman-Spektroskopie. Hier wird also keine Absorptions-Spektroskopie betrieben, sondern *Emissions*-Spektroskopie: Man untersucht die von der Probe *abgegebene* Strahlung.

Dass es bei der Raman-Spektroskopie um Emissionen geht, erklärt dann vielleicht auch gleich, warum bei den Raman-Spektren die y-Achse im Vergleich zu den IR-Spektren „auf den Kopf gestellt" wurde: Hier wird auf der Ordinate die Intensität der *abgegebenen* Strahlung aufgetragen.

Damit werden aber auch gleich die beiden großen Nachteile der Raman-Spektroskopie offenkundig:

- Die Anregungsstrahlung sollte wirklich beachtliche Intensität aufweisen. Die besten Ergebnisse wurden bislang mit Laser-Strahlung erzielt – und *der* hält nicht jeder Analyt stand.
- Weil die Informationen aus der anti-Stokes-Strahlung bezogen wird, die im Vergleich zu den beiden anderen Strahlungsarten (Rayleigh- und Stokes-Strahlung) praktisch in nur verschwindend geringem Maße auftritt, ist die Raman-Spektroskopie nicht sonderlich empfindlich.

Deswegen gehört die Raman-Spektroskopie auch nicht zu den üblichen Labor-Routine-Techniken der Analytik. Trotzdem ist sie wirklich nützlich und kommt unter speziellen Bedingungen auch zum Einsatz (dazu gleich mehr), schließlich besitzt dieses Verfahren einige unbestreitbare Vorteile:

- Raman-Spektroskopie lässt sich auch mit wässrigen Lösungen betreiben, während in der IR-Spektroskopie Wasser als Lösemittel ausscheidet, schließlich zeigt dieses Molekül im IR-Bereich viel zu starke Eigenabsorption. (Zudem werden in der IR-Spektroskopie gerne IR-transparente Küvetten aus Natriumchlorid (NaCl) verwendet, und dieses Material ist nun einmal gut wasserlöslich.)
- Anders als bei der IR-Spektroskopie ist eine Molekülschwingung *nur und gerade dann* Raman-aktiv, wenn sich im Rahmen dieser Schwingung die **Polarisierbarkeit** ändert.

Damit sollte verständlich sein, dass manche IR-inaktive Schwingung Raman-aktiv ist und umgekehrt. Für welche Schwingungen genau das jeweils gilt, lässt sich mit Hilfe von **Auswahlregeln** ermitteln, die allerdings recht solide Kenntnisse der Gruppentheorie erfordern, weswegen wir darauf hier nicht weiter eingehen wollen.

> ⓘ Machen Sie bitte nicht den Fehler anzunehmen, eine Schwingung könne immer nur *entweder* IR- *oder* Raman-aktiv sein. Dieses **Alternativverbot** gilt *nur* für Analyten, die ein *Inversionszentrum* aufweisen. (Bei Bedarf werfen Sie doch bitte noch einmal einen Blick in Ihre Unterlagen zur *Allgemeinen und Anorganischen Chemie*.)

19

Da auf diese Weise aber eben manche Schwingungen unmöglich im IR-Spektrum auftreten können, während sie sich im Raman-Spektrum sehr gut beobachten lassen, sind die beiden Techniken in vielerlei Hinsicht komplementär.

▪ Anwendungen

Der Raman-Spektroskopie bedient man sich vor allem dann, wenn es um die Untersuchung spezieller Materialeigenschaften geht (etwa von Pigmenten oder Halbleitern; generell lassen sich „anorganische" Analyten auf diese Weise häufig leichter via Raman- als via IR-Spektroskopie untersuchen); eine wie auch immer geartete Vorbereitung der Probe ist dabei nicht erforderlich, und die jeweils erhaltenen Spektren sind ebenso charakteristisch und einzigartig wie Fingerabdrücke. Allerdings ist diese Methode nicht für metallische Werkstoffe geeignet – nicht zuletzt, weil sich die Probe wegen der extrem energiereichen Anregungsstrahlung beachtlich aufheizen kann. Außerdem ist die Raman-Spektroskopie, eben weil der Raman-Effekt nur wenig intensiv ausfällt, wie bereits erwähnt nicht übermäßig empfindlich.

❓ Fragen

17. Gibt es beim CO_2-Molekül raman-aktive Schwingungen?

Zusammenfassung

Spektrophotometrie und UV/VIS-Spektroskopie

In der Spektrophotometrie und der UV/VIS-Spektroskopie werden Elektronen der Analyten durch Absorption von Photonen des sichtbaren Lichts (Spektrophotometrie) oder des gesamten UV/VIS-Bereiches so angeregt, dass sie energetisch höher liegende Molekülorbitale populieren. Die Anregung zu betreffenden Elektronenübergänge kann nur durch Photonen erfolgen, deren Energiegehalt exakt der Energiedifferenz zwischen dem Ausgangs- und dem Zielorbital entspricht, so dass von der Absorption der betreffenden Wellenlänge unmittelbar auf den Energieunterschied der beteiligten Orbitale geschlossen werden kann.

Bei der Spektrophotometrie führt die Absorption für das menschliche Auge sichtbarer Wellenlängen zu einer charakteristischen Färbung der Analyt-Lösung.

Aus dem durch die Absorption des betreffenden Photons induzierten angeregten Zustand kann der Analyt auf verschiedenem Wege zurückkehren:

- Die überschüssige Energie kann strahlungslos in Form von Wärme abgegeben werden.
- Die überschüssige Energie kann in Form eines Photons exakt der Wellenlänge wieder abgegeben werden, die auch die Anregung herbeigeführt hat.

Ein Teil der überschüssigen Energie kann „verbraucht" werden, in dem der Analyt in einen vibrations- oder rotations-angeregten Zustand übergeht, und nur der „Rest" der überschüssigen Energie wird dann in Form elektromagnetischer Strahlung abgegeben. Wegen des nun verminderten Energiegehaltes ist dieses Photon dann längerwellig als die Anregungsenergie. Je nachdem, welcher Übergang zum angeregten Zustand geführt hat, und ob – in Abhängigkeit der Spinzustands des betroffenen Elektrons – ein erlaubter oder ein verbotener Elektronenübergang erfolgt ist, führt die Abstrahlung der überschüssigen Rest-Energie zu Fluoreszenz oder Phosphoreszenz.

Zur Schwingungsspektroskopie

Photonen, die zu wenig energiereich sind, um Elektronenübergänge zu bewirken, können den Analyten in verschiedene angeregte Vibrations-Zustände versetzen. Da auch die Vibration mikroskopischer Objekte (wie eben Moleküle) gequantelt ist, kann diese Anregung ebenfalls nur durch genau bestimmte Wellenlängen erfolgen. In Absorptionsspektren (bei der IR-Spektroskopie) oder Emissionsspektren (Raman-Spektroskopie) lassen sich geeignete Wellenlängen bzw. Wellenzahlen (Kehrwert der Wellenlänge; angegeben mit der Einheit cm^{-1}) gegen das entsprechende Ausmaß an Absorption/Emission auftragen.

Je nach Anzahl der beteiligten Atome und dem räumlichen Bau des mehratomigen Systems lässt sich über die theoretischen Freiheitgrade die Anzahl theoretisch möglicher Schwingungen/Schwingungsmodi berechnen, wobei nicht alle Schwingungen durch jede schwingungsspektroskopische Methode detektierbar sind:

- IR-aktiv, also in der IR-Spektroskopie zu finden, sind nur Schwingungen, bei denen sich das Dipolmoment des Analyten ändert.
- In Raman-Spektren sind nur die Schwingungsmodi zu beobachten, die sich auf die Polarisierbarkeit des Analyten auswirken.

IR-Spektroskopie

Absorptionen von Photonen aus dem IR-Spektrum lassen sich häufig charakteristischen Molekülbestandteilen – Mehrfachbindungen, Ringsystemen, funktionellen Gruppen etc. – zuordnen, häufig sogar speziellen Schwingungsmodi dieser Molekülbestandteile.

Derlei Schwingungen sind im IR-Spektrum gemeinhin nur bei Wellenzahlen >1500 cm^{-1} zu finden.

Unterhalb dieser Wellenzahlen befindet sich die *Fingerprint*-Region, in der vor allem stoffspezifische Gerüstschwingungen zu einer Vielzahl von Absorptionsbanden führen. Diese lassen sich nicht mehr einzelnen Schwingungsmodi zuordnen, stellen aber, eben weil die Gerüstschwingungen stoffspezifisch sind, eine Art „molekularen Fingerabdruck" dar, der – ein entsprechendes Vergleichsspektrum vorausgesetzt – meist die eindeutige Identifizierung des Analyten ermöglicht.

Raman-Spektroskopie

Der Analyt wird mit intensivem monochromatischem Licht bestrahlt. Neben der Rayleigh-Streuung kommt es dabei zur Raman-Streuung, die zur Emission charakteristischer Photonen führt:

- Ein Photon der Anregungsstrahlung kann einen Analyten in einen vibrationsangeregten Zustand versetzen. Dies führt zur Stokes-Strahlung.
- Trifft ein Photon auf einen Analyten, der sich bereits in einem vibrations-angeregten Zustand befindet, kann dieser seine überschüssige Energie auf das Photon übertragen. Die dabei abgestrahlte anti-Stokes-Strahlung führt zum Raman-Spektrum.

Raman- und IR-Spektroskopie sind in vielerlei Hinsicht komplementär; das Alternativverbot besagt, dass bei Analyten mit Inversionszentrum (und nur bei derlei Analyten!) Schwingungen entweder IR- oder Raman-aktiv sind.

Antworten

1. Für $\lambda_1 = 280$ nm mit $T_1 = 70$ % ergibt sich gemäß $A_1 = -\lg T_1$ der Wert 0,155, für $\lambda_2 = 440$ nm mit $T_2 = 52$ % ist $A_2 = -\lg T_2 = 0,284$ und für $\lambda_3 = 713$ nm mit $T_3 = 23$ % berechnet sich A_3 über $-\lg T_3$ zu 0,638. Dort, wo die Transmissionsbande also immer weiter „nach unten" weist, steigt die Extinktionsbande immer steiler „nach oben", des Logarithmus wegen aber nicht ganz im gleichen Ausmaß.

2. Das Lambert-Beer'sche Gesetz besagt, dass (im Rahmen seines Geltungsbereiches) die Verdoppelung der Konzentration stets zu einer Verdoppelung der Extinktion führt, also ist hier $E_2 = 0,42$ zu erwarten.

3. a) Hier gibt es eine einfache und eine etwas komplexere Antwort. Fangen wir einfach an: Die Bindung zwischen den beiden Lithium-Atomen erfolgt über die 2s-Orbitale, schließlich lautet die Valenzelektronenkonfiguration des Lithiums im Grundzustand 2s^1. Entsprechend erhalten wir ein (energetisch günstigeres) σ_{2s}-Orbital und ein (energetisch ungünstigeres) $\sigma_{2s}{}^*$-Orbital. Im Grundzustand ist nur das bindende dieser beiden Molekülorbitale besetzt (schließlich müssen wir nur zwei Elektronen verteilen), und zwar mit einem Elektronenpaar ($\uparrow\downarrow$). Damit kommen wir auf zwei Molekülorbitale: Das σ_{2s}-Orbital stellt das HOMO dar, das $\sigma_{2s}{}^*$ ist im Grundzustand vakant ( ). Aber *eigentlich* soll/muss man ja *alle* Orbitale der Valenzschale berücksichtigen, also auch die jeweils drei 2p-Orbitale der beiden Li-Atome, und damit hätten wir es mit insgesamt *acht* Molekülorbitalen zu tun (je zwei

19

2s-¹ und drei 2p-Orbitale pro Lithium-Atom). Allerdings können wir das in erster Näherung guten Gewissens unterlassen, schließlich entstammt bereits das LUMO den 2s-Orbitalen. (Wollten wir hingegen das Bändermodell für Lithium betrachten, müssen wir auch das im Grundzustand vakante 2p-Band berücksichtigen, aber das ist hier nicht erforderlich.)

(b) Wasserstoff besitzt die Valenzelektronenkonfiguration 1s¹, für das Chlor-Atom ergibt sich 3s²p⁵. Da es kein 1p-Orbital gibt, steuert der Wasserstoff also wirklich nur ein Atomorbital bei, während das Chlor ein 3 s-Orbital ($\uparrow\downarrow$) und drei 3p-Orbitale liefert, von denen eines nur ein einzelnes Elektron aufweist, während die beiden anderen ebenfalls voll besetzt sind: ($\uparrow\downarrow$)($\uparrow\downarrow$)($\uparrow$) Insgesamt ergeben sich damit fünf Molekülorbitale, von denen vier jeweils spinantiparallel (mit einem Elektronenpaar) besetzt sind, während das energetisch ungünstigste (das, das durch die antibindende Wechselwirkung des 1s-Orbitals vom Wasserstoff mit dem nur einfach besetzten 3p-Orbital des Chlors ergibt), im Grundzustand unbesetzt bleibt.

4. a) Beim Fluor mit der Valenzelektronenkonfiguration 2s²p⁵ sind das 2s-Orbital und zwei der drei 2p-Orbitale spinantiparallel doppelt besetzt, nur das dritte 2p-Orbital weist ein ungepaartes Elektron auf: $(\uparrow\downarrow)^{(\uparrow\downarrow)(\uparrow\downarrow)(\uparrow)}$ Hier ergibt sich eine Multiplizität von M = 2, also ein *Dublett*. Der Stickstoff hingegen besitzt die Valenzelektronenkonfiguration 2s²p³, d. h. das 2s-Orbital ist wieder vollbesetzt, die drei 2p-Orbitale sind jeweils (ganz in Übereinstimmung mit der Hund'schen Regel) spinparallel einfach besetzt: $(\uparrow\downarrow)^{(\uparrow)(\uparrow)(\uparrow)}$ Wegen der drei ungepaarten Elektronen im 2p-Orbitalsatz ergibt sich die Multiplizität M = (Anzahl der ungepaarten Elektronen) + 1 = 4, also ein *Quartett*.

b) Für das Fluor ist es einfach: Das Elektron aus dem nur *einfach* besetzten 2p-Orbital kann den energetisch günstigeren Zustand ($\uparrow$) einnehmen oder den energetisch etwas ungünstigeren Zustand ($\downarrow$). Für ($\uparrow$) ergibt sich dann gemäß ▶ Gl. 18.5 ein Multiplizitätszustand $M_z = \left(2 \times |\frac{1}{2}|\right) + 1 = 1 + 1 = 2$. Auch der Zustand ($\downarrow$) führt mit $\left(2 \times |-\frac{1}{2}|\right) + 1 = 1 + 1$ zu $M_z = 2$, aber letzterer wäre wieder ein *angeregter* Zustand. Beim Stick-stoff-Atom wird es lustiger: M = 4 bedeutet ja, dass es *vier verschiedene* Möglichkeiten der Elektronen-Orientierung geben muss, die sich entsprechend in ihrem Gesamtspin S_{ges} und damit in ihrem Multiplizitätszustand unterscheiden. Ignorieren wir das vollbesetzte 2 s-Orbital, bleibt die energetisch günstigste p-Elektronenanordnung ($\uparrow$)($\uparrow$)($\uparrow$) Mit drei ungepaarten Elektronen der Orientierung +½ kommen wir auf $M_z = \left(2 \times |\left(+\frac{1}{2} + \frac{1}{2} + \frac{1}{2}\right)|\right) + 1 = \left(2 \times |\left(+\frac{3}{2}\right)|\right) + 1 = 3 + 1 = 4$; es liegt also ein Quartett-Zustand vor. Kehrt eines dieser drei Elektronen seinen Spin um (für uns ist es egal, welches der drei das tut, *so tief* wollen wir hier auch nicht ins Eingemachte gehen!), ergibt sich mit ($\uparrow$)($\uparrow$)($\downarrow$): $M_z = \left(2 \times |\left(+\frac{1}{2} + \frac{1}{2} - \frac{1}{2}\right)|\right) + 1 = \left(2 \times \left(+\frac{1}{2}\right)\right) + 1 = (+1) + 1 = 2$, also ein Dublett-Zustand. Die energetisch nächst-ungünstige Variante wäre dann etwa ($\uparrow$)($\downarrow$)($\downarrow$). Hier ergibt sich ein Multiplizitätszustand von $M_z = \left(2 \times |\left(+\frac{1}{2} - \frac{1}{2} - \frac{1}{2}\right)|\right) + 1 = \left(2 \times \left(+\frac{1}{2}\right)\right) + 1 = 1 + 1 = 2$, ebenfalls ein Dublett-Zustand (der allerdings noch angeregter wäre). Die energetisch ungünstigste Orientierung wäre entsprechend ($\downarrow$)($\downarrow$)($\downarrow$). Der zugehörige Multiplizitätszustand ist dann: $M_z = \left(2 \times |\left(-\frac{1}{2} - \frac{1}{2} - \frac{1}{2}\right)|\right) + 1 = \left(2 \times \left(+\frac{3}{2}\right)\right) + 1 = 3 + 1 = 4$; hierbei handelt es sich erneut um ein (angeregtes) Quartett.

5. a) Der Übergang vom HOMO-1 zum LUMO, das bei Anwesenheit eines nichtbindenden Elektronenpaars entsprechend ein π*-Orbital sein muss, wäre entsprechend ein π → π*-Übergang, der Übergang vom HOMO (also

dem freien Elektronenpaar) zum LUMO + 1, bei dem es sich dann um ein σ*-Niveau handelt, würde als n → σ*-Übergang bezeichnet.

b) Sowohl beim π → π*-Übergang als auch beim n → σ*-Übergang ergäbe sich bei einer Spinumkehr des angeregten Elektrons die Orientierung $\{^{\uparrow}_{\uparrow}\}$, so dass ein Triplett-Zustand vorläge. Erfolgt die Anregung unter Erhaltung des ursprünglichen Spins, käme entsprechend $\{^{\downarrow}_{\uparrow}\}$ heraus, so dass ein (anregter) Singulett-Zustand vorläge.

6. Dem MO-Diagramm des Disauerstoff-Moleküls O_2 (siehe Abb. 5.45 des ▶ Binnewies) können Sie entnehmen, dass es sich – wie bereits in ▶ Abschn. 18.2 erwähnt – beim HOMO um das (zweifach entartete) π*-Niveau handelt, bei dem jedes dieser π*-Orbitale – der Hund'schen Regel gemäß – spinparallel einfach besetzt ist. Entsprechend ergibt sich eine Multiplizität von M = 3. Der energetisch günstigste Zustand ist hierbei das Triplett mit $M_Z = (2 \times (+½ +½)) + 1 = (2 \times 1) + 1 = 3$, das sich schematisch folgendermaßen darstellen lässt: (↑)(↑) Beim ersten angeregten Zustand ist bei einem der beiden Elektronen der Spin umgekehrt (bei welchem, ist zunächst einmal egal): (↑)(↓) Entsprechend ergibt sich für diesen Multiplizitätszustand $M_Z = (2 \times (½ - ½)) + 1 = (2 \times 0) + 1 = 1$, es liegt also ein Singulett-Zustand vor. Bei noch etwas größerer Anregung (die noch nicht ausreicht, um eines der Elektronen in das LUMO zu befördern!), ergibt sich dann die Spinumkehr bei beiden Elektronen des HOMO: (↓)(↓) Hier gilt $M_z = \left(\left(2 \times \left| -\frac{1}{2} - \frac{1}{2} \right| \right) \right) + 1 = (2 \times 1) + 1 = (2) + 1 = 3$, also wieder ein (allerdings angeregter) Triplett-Zustand.

7. Allgemein gilt: Je ausgedehnter das π–Elektronensystem, desto leichter lässt sich das System anregen. Bei Verbindung (a) handelt es sich um (E)-2-Butenal, auch als Crotonaldyd bekannt. Dessen λ_{max} liegt bei 220 nm. Verlängern wir die Kette um eine – CH = CH-Einheit, kommen wir zum (E,E)-2,4-Hexadienal mit $\lambda_{max} = 270$ nm (b); wir beobachten also schon eine deutliche Verschiebung zu größeren Wellenlängen, auch wenn diese Verbindung für das menschliche Auge noch farblos ist (und angenehm fruchtig-würzig duftet, aber das nur nebenbei). Weitere Verlängerung um eine ungesättigte C_2-Einheit führt dann zum (E,E,E)-Octatrienal (c mit n = 1), dessen Absorptionsmaximum mit $\lambda_{max} = 312$ nm immer noch im UV-Bereich liegt, aber im Vergleich zum Vorgänger erneut zu größeren Wellenlängen verschoben ist. Dieser Trend setzt sich fort: Zu den Verbindungen aus (c) mit n = 2, n = 3 und n = 4 gehören die Werte $\lambda_{max} = 343$, 370 und 393 nm.

8. Betrachtet man ◻ Abb. 3.2a aus Teil II, sieht man deutlich, dass bei dieser Verbindung im deprotonierten Zustand (rechts) die negative Ladung am (eben deprotonierten) Sauerstoff-Atom Elektronendichte in das π-Elektronensystem hineindoniert (push), während die Carbonylgruppe am Ring „oben links" die Elektronendichte (und die negative Ladung) „übernehmen kann" (pull). Beim Molekül aus ◻ Abb. 3.2b gibt es gleich mehrere Möglichkeiten: Im sehr stark sauren Medium (pH < 0) wird der fünfgliedrige Heterocyclus aufgebrochen, und am Ring „links" liegt eine protonierte Carbonylgruppe vor, die entsprechend Elektronendichte an sich zieht (pull), während die OH-Gruppe am „mittleren" Ring dank der freien Elektronenpaare am Sauerstoff-Atom Elektronendichte in das π-Elektronendichte hineinschieben kann (push). Im leicht bis stark basischen Milieu (pH > 8) liegt die Sulfonsäuregruppe (-SO_3H) deprotoniert vor; die entsprechende negative Ladung sorgt dann ebenso für einen push-Effekt wie die freien Elektronenpaare des Sauerstoffs der OH-Gruppe sowie der Brom-Atome, während die Carbonylgruppe (wieder am „linken" Ring) erneut für den pull-Effekt verantwortlich ist.

9. Zunächst einmal muss dieses System zumindest einen Teil des vibratorisch/ rotatorischen Energieüberschusses abgebaut haben (eben durch Kollision

19

Antworten

o. ä.); genau das bedeuten ja die Indices ** und *. Zugleich aber hat sich auch der Multiplizitätszustand verändert: von $_{(\uparrow)}^{(\uparrow)}$ (ein Triplett) nach $_{(\uparrow\downarrow)}^{()}$ (ein Singulett). Entsprechend erfolgt hier nicht nur Vib./Rot.-Relaxation, sondern auch noch ein *Intersystem Crossing*.

10. Schauen Sie sich bitte den räumlichen Bau der Moleküle an:

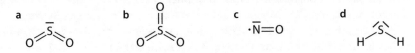

Strukturformeln der betreffenden Verbindungen

Das Schwefeldioxid-Molekül (a) ist mitnichten linear, sondern wegen des freien Elektronenpaares am Schwefel-Atom gewinkelt. Entsprechend gilt hier ▶ Gl. 19.1, also gibt es $(3 \times 3)-6 = 3$ Freiheitsgrade. Für das Schwefeltrioxid (b), das aus vier Atomen aufgebaut ist, ergeben sich insgesamt $(3 \times 4)-6 = 6$ Freiheitsgrade. Da Stickstoffmonoxid (c) linear ist, gilt hier ▶ Gl. 19.2, also kommen wir auf $(3 \times 2)-5 = 1$. Dieses Molekül ist nur zu einer Streckschwingung in der Lage. Für das ebenfalls gewinkelte Schwefelwasserstoff-Molekül (d) ergibt sich, nun wieder gemäß ▶ Gl. 19.1, die gleiche Anzahl an Freiheitsgraden wie für das analog gebaute Wasser-Molekül: $F_S(H_2S) = (3 \times 3)-6 = 3$.

11. Das Kohlendioxid-Molekül ($O = C = O$) ist linear, also besitzt es gemäß ▶ Gl. 19.2 $(3 \times 3)-5 = 4$ Freiheitsgrade. Also gibt es, zumindest theoretisch, auch vier Schwingungsmodi:

Schwingungsmodi des Kohlendioxid-Moleküls (S. Ortanderl, U. Ritgen: Chemie – das Lehrbuch für Dummies, S. 1079. 2018. Copyright Wiley-VCH Verlag GmbH & Co. KGaA. Reproduced with permission.)

Das sind:
= die symmetrische Streckschwingung (ν_s, a),
= deren asymmetrisches Gegenstück (ν_{as}, b)
= sowie die Deformationsschwingung
  = innerhalb der Papierebene (c)
  = und im rechten Winkel dazu (d).

Diese beiden δ-Schwingungen sind natürlich energetisch entartet, denn sie sind ja das Gleiche, nur eben um 90° zueinander verdreht. Entsprechend lassen sich in den Spektren auch nur drei Schwingungen voneinander unterscheiden.

12. Die hypothetische *in-plane*-Pendelschwingung (aus ◩ Abb. 19.1d) entspräche bei diesem Molekül einer Drehung des gesamten Moleküls auf der Papierebene, also einer *Rotation*.

13. Gemäß ▶ Gl. 19.4 gehört zur Wellenlänge $\lambda = 299$ nm die Wellenzahl $\bar{\nu} = 33.445$. Diese Wellenlänge bzw. Wellenzahl liegt nicht im Energiebereich, der in der IR-Spektroskopie von Belang ist. An der Rechnung an sich ändert das natürlich gar nichts.

14. Der Wellenzahl $\bar{\nu} = 2342$ cm^{-1} entspricht, wieder gemäß ▶ Gl. 19.4, die man nun entsprechend umstellen muss, die Wellenlänge 4269,8 nm (oder 4,27 μm).

15. Obwohl die beiden Sauerstoff-Atome aufgrund ihrer höheren Elektronegativität negativ polarisiert sind, während dem Kohlenstoff entsprechend eine positive Polarisation zukommt, weist das Kohlendioxid-Molekül im Grundzustand kein Dipolmoment auf, denn der Ladungsschwerpunkt der beiden Sauerstoff-Atome fällt mit dem Ladungsschwerpunkt des positiv polarisierten Kohlenstoff-Atoms zusammen. Bei der symmetrischen Streckschwingung des CO_2-Moleküls a) ändert sich daran nichts: Der Schwerpunkt der beiden Sauerstoff-Atome fällt nach wie vor mit dem Schwerpunkt des Kohlenstoff-Atoms zusammen. Aus diesem Grund ist $v_s(CO_2)$ IR-inaktiv. Anders sieht es bei der asymmetrischen Streckschwingung b) aus: Dadurch, dass die beiden Sauerstoff-Atome in die gleiche Richtung schwingen, kommt der Schwerpunkt ihrer Polarisation neben dem Ladungsschwerpunkt des Kohlenstoff-Atoms zu liegen, also wird hier beim Kohlendioxid-Molekül ein Dipolmoment induziert; $v_{as}(CO_2)$ ist IR-aktiv. Gleiches gilt für die (entartete) Deformationsschwingung δ: In (c) ist es so dargestellt, dass die beiden Sauerstoff-Atome „nach unten" schwingen, während sich der Kohlenstoff „nach oben" bewegt, so dass das Zentrum der positiven Polarisation oberhalb und das Zentrum der negativen Polarisation unterhalb des Molekülschwerpunkts liegt. Damit ist also $\delta(CO_2)$ IR-aktiv.

16. Die einzige Schwingung, zu der das (zwangsweise lineare) NO in der Lage ist (siehe ▶ Gl. 19.2), ist die symmetrische Streckschwingung. Da das Molekül allerdings aufgrund der Elektronegativitätsdifferenz zwischen Stickstoff und Sauerstoff ein Dipolmoment aufweist (O ist negativ polarisiert, N positiv) und sich durch die Bewegung der Atome die Ladungsschwerpunkte geringfügig verschieben, ändert sich auch das Dipolmoment: $v(NO)$ ist IR-aktiv, also lässt sich dieses Gas via IR detektieren.

17. Die symmetrische Streckschwingung $v_s(CO_2)$, dargestellt in a), ist bekanntermaßen IR-inaktiv, weil sich das Dipolmoment nicht ändert. Da sich bei dieser Schwingung aber die unterschiedlich polarisierten Atome (C und O) voneinander entfernen, wird die Ladungsdichte der C-O-Bindungen in die Länge gezogen, und das bedeutet, dass sich ihre Polarisierbarkeit ändert. Damit ist diese Schwingung raman-aktiv. Anders ist es bei $v_{as}(CO_2)$ aus (b): Hier ändert sich die Polarisierbarkeit nicht. Das mag auf den ersten Blick überraschen, schließlich ist die Ladungsdichteverteilung der bei dieser Schwingung „in die Länge gezogenen" C-O-Bindung anders als die der „gestauchten", aber *im Mittel* ändert sich eben doch nichts. Gleiches gilt für die Deformationsschwingungen $\delta(CO_2)$: Auch hier ändert sich die Polarisierbarkeit nicht: Einzig $v_s(CO_2)$ ist raman-aktiv.

Weiterführende Literatur

Bienz S, Biegler L, Fox T, Meier H (2016) Spektroskopische Methoden in der organischen Chemie. Georg Thieme Verlag KG, Stuttgart

Binnewies M, Jäckel M, Willner, H, Rayner-Canham, G (2016) Allgemeine und Anorganische Chemie. Springer, Heidelberg

Cammann K (2010) Instrumentelle Analytische Chemie. Spektrum, Heidelberg

Ebbing DD, Gammon SD (2009) General Chemistry. Brooks/Cole, Belmont, CA

Hage DS, Carr JD (2011) Analytical Chemistry and Quantitative Analysis. Prentice Hall, Boston

Harris DC (2014) Lehrbuch der Quantitativen Analyse. Springer, Heidelberg

Ortanderl S, Ritgen U (2018) Chemie – das Lehrbuch für Dummies. Wiley, Weinheim

Ortanderl S, Ritgen U (2015) Chemielexikon kompakt für Dummies. Wiley, Weinheim

Reichenbächer M, Popp J (2007) Strukturanalytik organischer und anorganischer Verbindungen. Teubner, Wiesbaden

Riedel E, Janiak C (2007) Anorganische Chemie. Walter de Gruyter, Berlin

Schröder B, Rudolph J (1985) Physikalische Methoden in der Chemie. VCH, Weinheim

Skoog DA, Holler FJ, Crouch SR (2013) Instrumentelle Analytik. Springer, Heidelberg

Wie bei den anderen Teilen auch, ist „der Harris" wieder das Referenz-Lehrwerk. Dennoch sei zur Vertiefung dieses Themas vor allem auf die *Spektroskopischen Methoden* von Hesse/Meier/Zeeh verwiesen: Hier werden nicht vornehmlich Anwendungsmöglichkeiten im Rahmen der Analytik behandelt, sondern auch die dahinterstehenden Grundlagen äußerst gut nachvollziehbar erläutert.

19

Atomspektroskopie

Inhaltsverzeichnis

- **Voraussetzungen**

Auch in diesem Teil geht es um die Anregung der Analyten mit elektromagnetischer Strahlung. Daher sollte Ihnen der Zusammenhang von Wellenlänge bzw. Frequenz und Energiegehalt, auf den in Teil IV bereits eingegangen wurde, vertraut sein.

Die Quantifizierung von Analyten anhand des Lambert-Beer'schen Gesetzes sollten Sie ebenfalls kennen.

Gleiches gilt für die energetische Anregbarkeit von Elektronen sowie die nachfolgende Relaxation. Bei der Atomspektroskopie geht es allerdings nicht (nur) um Valenzelektronen, sondern auch um den Atomrumpf. Zur Beschreibung der dortigen Gegebenheiten wird meist das Bohr'sche Atommodell mit seinen verschiedenen Schalen herangezogen, das wohl bekannt sein dürfte.

Allgemein gilt, wie stets: Der Inhalt der Teile I bis IV wird als bekannt vorausgesetzt.

Lernziele

In diesem Teil befassen wir uns mit dem Einfluss elektromagnetischer Strahlung auf atomar vorliegende Analyten. Sie werden erfahren, dass – ganz in Analogie zur Molekülspektroskopie – auch bei der Untersuchung von Atomen durch die Absorption von Energie Informationen ebenso gewonnen werden können wie durch die Emission angeregter Analyten. Ähnlichkeiten und Unterschiede zu den bisher vorgestellten Analytik-Methoden werden aufgezeigt.

Neben dem Grundverständnis für die intraatomaren Begebenheiten während der Anregungs- und Relaxationsprozesse werden Sie auch diverse Anwendungsmöglichkeiten für die verschiedenen Analytik-Methoden kennenlernen und auf mögliche messtechnische Schwierigkeiten hingewiesen.

Nachweisgrenzen und potentielle Messfehler sind bei der Atomspektroskopie untrennbar mit den technischen Aspekten der jeweiligen Analyseverfahren verbunden, deswegen werden neben den „chemischen" Aspekten („Was geschieht während der jeweiligen Messungen mit dem Analyten?") auch ausgewählte gerätespezifische Gegebenheiten betrachtet.

Cammann, Instrumentelle
Analytische Chemie, Abschn. 4.7:
Röntgenfluoreszenzanalyse
Skoog/Holler/Crouch SR, Instrumentelle
Analytik, Abschn. 12.3

Ziel dieses Teils ist nach wie vor, Prinzipien in knapper Form zusammenzufassen und Schwerpunkte zu setzen. Leider wird die qualitative und quantitative Nutzung der Röntgenfluoreszenz zur Analyse im Harris nicht behandelt. Deswegen wird das dahinterstehende Prinzip in ▸ Kap. 23 etwas ausführlicher beschrieben. Zur Vertiefung seien ausdrücklich der Cammann und der Skoog empfohlen.

Beide Bücher gehen sowohl auf den theoretischen Hintergrund und die grundliegenden Gegebenheiten als auch auf apparative Aspekte ein.

Allgemeines zur Atomspektroskopie

© Springer-Verlag GmbH Deutschland, ein Teil von Springer Nature 2019
U. Ritgen, *Analytische Chemie I*, https://doi.org/10.1007/978-3-662-60495-3_20

Genau wie die Molekülspektroskopie (deren Grundlagen Sie in Teil IV kennengelernt haben), basiert auch die Atomspektroskopie darauf, den Analyten anzuregen (mit verschiedenen Verfahren, die wir uns der Reihe nach anschauen werden). Davon ausgehend, können dann

— anhand des Ausmaßes der Absorption von Anregungsenergie
  und/oder
— anhand des Verhaltens unseres Analyten im angeregten Zustand

Informationen über Art und/oder vorliegende Menge des Analyten gewonnen werden.

In ersterem Falle haben wir es mit *absorptions*spektroskopischen Verfahren zu tun, auf die in ▶ Kap. 21 eingegangen wird. Dahinter steckt das gleiche Prinzip wie bei der IR-Spektroskopie aus Teil IV:

— Welche Wellenlänge wird absorbiert? Die Beantwortung dieser Frage gestattet eine *qualitative* Aussage über die Art des vorliegenden Analyten, also dessen Identifizierung.
  bzw.
— In welchem Maße wird Energie aufgenommen? Da vom Ausmaß der Absorption auf die vorliegende Menge des Analyten geschlossen werden kann, erlaubt eine entsprechende (natürlich gemäß Teil I kalibrierte) Messung auch *quantitative* Aussagen.

Gewinnen wir unsere Informationen hingegen dadurch, dass wir beobachten, welche Wellenlänge ein Analyt abstrahlt, der wieder in den Grundzustand zurückkehrt (oder wenigstens einen etwas weniger stark angeregten Zustand einnimmt – man spricht allgemein von **Relaxation**), betreiben wir *Emissions*spektroskopie, die wir uns in ▶ Kap. 22 anschauen. Und ebenso, wie die Atomabsorptionsspektroskopie in gewisser Weise der IR-Spektroskopie ähnelt, besitzt die Atomemissionsspektroskopie zumindest eine gewisse Ähnlichkeit mit der Raman-Spektroskopie aus Teil IV: Hier sind wir ebenfalls darauf angewiesen, zunächst einmal eine hinreichend große Anzahl tatsächlich auch im angeregten Zustand vorliegender Analyten (in diesem Fall eben nicht Moleküle, sondern Atome) zu erhalten.

Harris, Abschn. 20.1: Atomspektroskopie, Überblick

Einen guten Überblick über die Gemeinsamkeiten und Unterschiede dieser zwei Techniken bietet Abb. 20.1 aus dem ▶ Harris.

— Bei der Atom*absorptions*spektroskopie nutzen wir aus, dass sich unsere Analyten in den einen oder anderen angeregten Zustand versetzen lassen, wobei dafür jeweils genau definierte Energiemengen erforderlich sind (Abb. 20.1 unten Mitte).
— Bei der Atom*emissions*spektroskopie schauen wir, welche Energiemengen freigesetzt bzw. welche Wellenlängen abgestrahlt werden, wenn der Analyt aus dem jeweiligen angeregten Zustand in den Grundzustand zurückkehrt oder anderweitig relaxiert (Abb. 20.1 unten links.)
— In Abb. 20.1 unten rechts wird noch ein als Atom*fluoreszenz* bezeichneter Sonderfall der Emissionsspektroskopie behandelt (wobei die Grundlagen der Fluoreszenz bereits aus Teil IV bekannt sein dürften). Dabei ist wieder eine genau definierte Energiemenge (E_1) erforderlich, um den Analyten aus dem Grundzustand (GZ) in einen angeregten Zustand (AZ*) zu versetzen, woraufhin der Analyt dann aber nicht „auf direktem Wege" in den Grundzustand zurückkehrt, sondern zunächst einen Teil der überschüssigen (Anregungs-)Energie strahlungslos abgibt und auf diese Weise einen energetisch etwas günstigeren zweiten angeregten Zustand (AZ_2^*) einnimmt. (Nach dieser Relaxation gilt also: Energiegehalt $AZ_2^* < AZ^*$) Aus diesem energetisch etwas günstigeren zweiten Anregungszustand kehrt der Analyt dann wieder in den Grundzustand zurück; entsprechend ist die beim Übergang $AZ_2^* \rightarrow GZ$

freiwerdende Energiemenge E_2 kleiner als die Anregungsenergie E_1. Das bedeutet:

— Wenn für die Anregung $GZ \rightarrow AZ^*$ elektromagnetische Strahlung der Wellenlänge λ_1 erforderlich war *und*
— der Übergang $AZ^* \rightarrow AZ_2^*$ strahlungslos erfolgt,
— wird das Photon der beim Übergang $AZ_2^* \rightarrow GZ$ freiwerdenden Energie eine Wellenlänge λ_2 besitzen, für die gilt: $\lambda_2 > \lambda_1$.

Das entspricht natürlich wieder ganz dem, was wir schon in Teil IV zum Thema „Fluoreszenz" besprochen haben. Auf die Atomfluoreszenz werden wir in diesem Teil nicht weiter eingehen, wir kehren aber in der „Analytischen Chemie II" noch einmal darauf zurück.

Der grundlegende Unterschied der Atom- zur Molekülspektroskopie sollte bereits klar geworden sein: Wir können nur wahlweise

— die Art *oder*
— die vorliegende Menge

der jeweils betrachteten Atomsorte ermitteln, aber nichts über den Zustand aussagen, in dem sich die Analyt-Atome befunden haben, *bevor* die atomspektroskopische Untersuchung vorgenommen wurde, weil die Analyt-Atome dazu zunächst in *atomarer* Form in die Gasphase überführt werden müssen.

Sowohl die Atomabsorptionsspektroskopie (▶ Kap. 21) als auch die Atomemissionsspektroskopie (▶ Kap. 22) sind alles andere als zerstörungsfrei. Wenn Sie sich noch an das Beispiel des mutmaßlichen Silber-Ringes aus Teil I erinnern: Von allen in diesem Teil vorgestellten Methoden der Analytik gestattet einzig die Röntgenfluoreszenzanalyse (▶ Kap. 23) die Ermittlung von dessen tatsächlichem Silbergehalt, ohne dass der Ring seine Form einbüßen würde.

20.1 Die Atomisierung

In der Einleitung dieses Kapitels wurde bereits darauf hingewiesen, dass die Probe zur atomspektroskopischen Untersuchung zunächst einmal „vorbereitet" werden muss – und dass dieses Analyseverfahren nicht zerstörungsfrei abläuft. *Noch zerstörerischer* ist auch kaum denkbar, denn die Probe wird im wahrsten Sinne des Wortes in ihre einzelnen Atome zerlegt: sie wird *atomisiert*.

Drei verschiedene Verfahren waren oder sind üblich:

— die Verwendung offener Flammen
— ein (Graphit-)Ofen
— der Einsatz von Plasma

Flammen kommen mittlerweile kaum noch zum Einsatz. Da allerdings die ersten atomspektroskopischen Untersuchungen auf der Anregung durch Flammen basierten, werden wir uns auch dieser vor allem historisch wichtigen Atomisierungsmethode zuwenden.

20.1.1 Flammen

Zum Erzeugen von Flammen bedarf es prinzipiell immer der drei Aspekte des **Verbrennungsdreiecks:**

— brennbares Material
— ein geeignetes Oxidationsmittel (bei den meisten Flammen Sauerstoff, häufig reicht bereits der Sauerstoffgehalt der Luft)
— die erforderliche Zündenergie

Harris, Abschn. 20.2: Atomisierung:
Flammen, Öfen und Plasmen

In der AAS wird zur Flammenerzeugung meist ein Gemisch aus Ethin (Acetylen, HC≡CH) und Luft verwendet, wodurch Flammentemperaturen von 2300–2700 K erreicht werden können. (Tab. 20.1 aus dem ▶ Harris zeigt Ihnen noch weitere Möglichkeiten, die zu teilweise drastisch höheren Temperaturen führen.)

In diese Flamme wird mit Hilfe eines (möglichst effizienten) Zerstäubers die Analytlösung eingebracht. Angesichts der hohen Temperaturen verdampft nicht nur das verwendete Lösemittel der idealerweise sehr kleinen Tropfen praktisch augenblicklich: Der dann – nun sehr fein verteilt – zurückbleibende Feststoff wird in seine Atome zerlegt. Und diese Analyt-Atome werden nun mit der (monochromatischen) Strahlung der entsprechenden Lampe (einer Hohlkathodenlampe o. ä. – mehr dazu in ▶ Abschn. 21.2) angeregt.

❗ Warnung

Weil das häufig zu Missverständnissen führt: Liegt der Analyt ionisch vor, etwa in Form eines Salzes, führt die hohe Flammentemperatur zu einer *homolytischen* Spaltung jeglicher Wechselwirkungen, so dass sich in der Gasphase tatsächlich Metall-*Atome* befinden (und dazu die Atome, die zuvor Teil des Gegen-Ions waren).

Für diese Art der Bindungsspaltung reicht bei manchen Verbindungen schon die gewöhnliche Brennerflamme aus (mit dem im Labor üblichen Propangas erreicht man etwa 2200 K): Die charakteristischen Flammenfärbungen der Alkalimetall- oder Erdalkalimetall-Salze, die Sie gewiss noch aus der *Anorganischen Chemie* in Erinnerung haben werden, sind auf die thermische Anregung und die anschließende Relaxation unter Aussendung der charakteristischen Photonen der in der Flamme entstehenden Metall-*Atome* zurückzuführen. Zu den höheren Energieniveaus angeregt werden also das (bei Alkalimetallen) oder die (bei Erdalkalimetallen) *Valenz*elektron(en) der betreffenden Atome.

▪ **Einige Überlegungen zur Temperatur:**

Wieder könnte man vermuten: Je höher die Temperatur, desto besser. Das ist auch nicht ganz falsch, denn wenn die Temperatur der Flamme nicht hoch genug ist, werden einige der Analyt-Partikel nicht *atomisiert,* sondern liegen in der Gasphase in Form von Oxid- oder Hydroxid-Molekülen (!) vor. Auch diese absorbieren natürlich in gewissem Maße, aber eben nicht diskrete Wellenlängen. *Zu klaren Linien führen tatsächlich nur atomar vorliegende Analyten.* Aber das ist nicht die ganze Wahrheit.

Ist die Temperatur nämlich *zu* hoch, ist mit Ionisierung zu rechnen (so wie im Inneren einer Hohlkathodenlampe – erneut sei auf ▶ Abschn. 21.2 verwiesen –, in der bei hinreichender Energiezufuhr Edelgas-Atome unter Abspaltung eines Elektrons zu den entsprechenden Kationen ionisiert werden). Diese Ionen absorbieren dann natürlich ebenfalls, ergeben aber wieder keine Absorptions*linien,* sondern – *banden.*

Die Analyt-Atome in der Flamme befinden sich angesichts der dort herrschenden Temperaturen gewiss nicht mehr allesamt im Grund-, sondern zweifellos im einen oder anderen angeregten Zustand. Anders ausgedrückt: Die Flamme selbst emittiert ebenfalls Licht – das muss natürlich beim Ermitteln der Extinktion zunächst abgezogen werden. Deswegen ist die Quantifizierung des Analyten anhand der Absorption der Anregungs-Strahlung (gemäß ▶ Gl. 21.2 und 21.3) auch nicht *direkt* möglich, sondern nur anhand entsprechender zuvor erstellter Kalibrierkurven (so wie wir das schon aus Teil I kennen).

Dann stellt sich die Frage, ob das Verhältnis von Brennstoff und Oxidationsmittel ausgewogen ist:

— Bei einem Überschuss an Brennstoff spricht man von einer **fetten Flamme.**
Bei manchen Elementen erhöht ein solches Vorgehen die Nachweisstärke (senkt also die *Nachweisgrenze*), weil etwaige Oxide oder Hydroxide dann durch den Überschuss an Brennmaterial (dem Kohlenstoff der verwendeten

Kohlenwasserstoffe oder dem elementaren Wasserstoff) reduziert werden, so dass der Analyt letztendlich *doch* wieder atomar vorliegt.

- Bei Analyten, die nur schwer in die Gasphase zu überführen und dort zu atomisieren sind, mag eine **magere Flamme** wünschenswert sein. Angesichts des hier vorliegenden Überschusses an Oxidationsmittel ergibt sich eine höhere Flammentemperatur.

  Was dabei zu bevorzugen ist, hängt vom jeweiligen Analyten ab. Auch zur AAS gehört also im Labor ein gerüttelt Maß an *Trial & Error*.

Den schematischen Versuchsaufbau einer AAS mit Flammenionisation zeigt Abb. 20.2 aus dem ► Harris.

Harris, Abschn. 20.1: Atomspektroskopie, Überblick

Dieser lässt auch erahnen, weswegen diese historische Variante der AAS heutzutage kaum noch betrieben wird:

- Der Analyt verbleibt meist weniger als 1 s lang in der Flamme. Eine derart kurze Verweilzeit des Analyten in der Mess-Region bedeutet auch, dass die Messzeit entsprechend sinkt. Und mit einer kurzen Messzeit geht häufig auch eine verminderte Empfindlichkeit einher.
- Dazu kommt, dass für eine solche Messung ein vergleichsweise großes Probenvolumen benötigt wird (in der Größenordnung von 1 bis 2 mL).

Heutzutage ist die thermische Anregung in einem (Graphit-)Ofen deutlich gebräuchlicher.

20.1.2 Ofen

Mit einem elektrisch beheizten Graphitrohr-Ofen (wie er etwa in Abb. 20.6 des ► Harris abgebildet und in Abb. 20.8 schematisch dargestellt ist), lassen sich die Analyten deutlich besser nachweisen (die Nachweisgrenzen sinken also drastisch) – was sich auch direkt auf die benötigten Probenvolumina auswirkt. Gleiche Konzentration der Analyt-Lösungen wie in ► Abschn. 20.1.1 vorausgesetzt, reicht meist ein zweistelliges µL-Volumen; bei manchen Analyten sogar weniger als 10 µL.

Harris, Abschn. 20.2: Atomisierung: Flammen, Öfen und Plasmen

Grund für die gesenkte Nachweisgrenze ist, dass die Analyten mehrere Sekunden lang im Ofen verbleiben: Die damit verbundene längere Messzeit bewirkt die erhöhte Empfindlichkeit.

Verwendet man im Inneren des Ofens eine *selbst nicht beheizte* Graphitplattform, kann man die Mess-Effizienz noch weiter steigern: Das Probenmaterial wird (in Lösung oder auch als Feststoff) auf diese Graphitfläche aufgebracht, die zu Ehren ihres Entwicklers (Boris V. L'vov aus Leningrad) auch als **L'vov-Plattform** bezeichnet wird. Wird anschließend die Innentemperatur des Ofens gesteigert, heizt sich die *nicht aktiv* beheizte Plattform einheitlich auf, was dazu führt, dass das Probenmaterial auch einheitlich verdampft/in die Gasphase überführt wird.

- **Ein technischer Aspekt**

Wichtig ist, dass der Ofen unter Argon- oder anderweitiger Schutzgasatmosphäre betrieben wird, sonst würde der elementare Kohlenstoff der L'vov-Plattform oxidiert. Aus dem gleichen Grund ist auch die Maximaltemperatur eines solchen Ofens auf etwa 2250 K begrenzt.

Was geschieht mit der Matrix?
Die Bezeichnung „Matrix" für alles das in einer Probe, was eben nicht der Analyt ist, kennen Sie bereits aus Teil I. Eigentlich sollte die Matrix in der AAS keine Probleme mehr bereiten, denn schließlich ist ja nicht nur die Emission,

sondern auch die Absorption der relevanten Wellenlängen elementspezifisch. Allerdings ist es durchaus möglich, dass die Matrix (oder ein Teil davon) zusammen mit dem Analyten verdampft und molekular in der Gasphase verbleibt – und dass Moleküle eben keine Absorptions*linien,* sondern Absorptions*banden* zeigen, wurde ja bereits in ▶ Abschn. 20.1.1 angesprochen. Insofern bestünde hier gegebenenfalls sehr wohl die Gefahr eines irreführenderweise gesteigerten Absorptions-/Extinktionswertes.

Bei Bedarf setzt man daher *Matrixmodifikatoren* ein, die etwaige störende Matrix-Komponenten zu leichtflüchtigen Verbindungen umsetzen, so dass sie bereits verdampft sind und den (Graphitrohr-)Ofen verlassen haben, bevor die eigentlichen Analyten in die Gasphase gehen und vermessen werden können.

20.1.3 Plasma

Aus entsprechenden *Physik*-Veranstaltungen und -Lehrmaterialien ist Ihnen Plasma gewiss als vierter Aggregatzustand neben fest, flüssig und gasförmig bekannt: Bei hinreichend hoher Temperatur geht ein überhitztes Gas in den Plasma-Zustand über, bei dem neben den Atomen oder Molekülen aus der Gasphase der starken thermischen Anregung wegen auch Kationen und freie Elektronen vorliegen, so dass dieses vermeintliche „überhitzte Gas" auch elektrische Leitfähigkeit zeigt.

In der Atomspektroskopie wird dafür wieder Argon verwendet, wobei deutlich höhere Temperaturen als bei den bisher vorgestellten Atomisierungsverfahren erreicht werden: bis zu 10.000 K. (Diese extremen Temperaturen sind auch der Grund dafür, dass Plasma in der Atom*absorptions*spektroskopie eher selten zum Einsatz kommt; dafür stellt es aber mittlerweile praktisch den Standard der Atom*emissions*spektroskopie dar, zu der wir in ▶ Kap. 22 kommen. Aber da das Plasma eben auch eine wichtige Grundlage zur Atomisierung allgemein darstellt, soll es trotzdem schon hier und jetzt behandelt werden.)

Dabei bedient man sich vor allem induktiv gekoppelten Plasmas (*inductively coupled plasma,* kurz: **ICP**), bei dem die Plasmaflamme durch das hochfrequente Magnetfeld einer Induktionsspule stabilisiert wird: Die im Plasma vorliegenden Elektronen werden in diesem Feld immens beschleunigt und übertragen durch Zusammenstöße mit den Gas-Atomen einen Teil ihrer Energie innerhalb kürzester Zeit homogen auf das gesamte Gas/Plasma, das in der Eindämmung durch das Induktionsfeld praktisch unbegrenzt lange beständig bleiben kann (effiziente Kühlung des Quarzbrenners selbst vorausgesetzt). So ergibt sich auch eine erhöhte Verweilzeit der Analyten. Den schematischen Aufbau eines solchen Plasmabrenners können Sie Abb. 20.12 des ▶ Harris entnehmen.

Harris, Abschn. 20.2: Atomisierung: Flammen, Öfen und Plasmen

Labor-Anmerkung
Bei dieser Technik ist der Argon-Durchsatz beachtlich: Wird eine solche Plasmafackel im Dauerbetrieb verwendet, ist ein Verbrauch von einer Druckgasflasche Argon pro Tag keine Seltenheit. Trotz des an sich eher moderaten Preises dieses Edelgases geht der Betrieb einer ICP-Fackel auf Dauer doch ins Geld.

In Kombination mit einem *Ultraschall-Zerstäuber,* der für noch deutlich kleinere Analytlösungs-Tröpfchen und damit auch für *noch* kleinere Analyt-Partikel in der Gasphase sorgt, die sich dann ihrerseits nahezu quantitativ atomisieren lassen, kann die Empfindlichkeit dieses Verfahrens noch einmal um eine Größenordnung verbessert werden.

Insbesondere die Anregung durch ICP lässt sich sehr gut mit einer weiteren Analyse-Technik kombinieren, die Ihnen aus Teil III zumindest schon namentlich bekannt ist: Verwendet man ein Massenspektrometer (MS) zur Detektion der Analyt-Ionen, anstelle sich der optischen Detektion zu bedienen, wie sie bislang in diesem Kapitel beschrieben wurde – betreibt man also ICP/MS –, lässt sich die Nachweisgrenze noch um mehr als eine weitere Zehnerpotenz senken. (Auch wenn wir uns mit der Massenspektrometrie im Allgemeinen erst in der „Analytischen Chemie II" ausgiebiger befassen, werden Sie doch in ▶ Abschn. 22.3 schon die ersten Grundlagen dieses Verfahrens kennenlernen.)

? Fragen

1. Warum führen (aus der Matrix stammende) Moleküle in der Atomspektroskopie nicht zu Linien, sondern zu Banden?
2. Warum ist die Kombination einer L'vov-Plattform mit einer ICP-Fackel nicht sinnvoll?

Atomabsorptionsspektroskopie (AAS)

21

Die Atomabsorptionsspektroskopie basiert auf der (von Robert Wilhelm Bunsen und Gustav Robert Kirchhoff als solche erkannten) Gesetzmäßigkeit, dass jedes Atom gleichwelchen Elements nicht nur durch hinreichende (thermische oder photochemische) Anregung dazu gebracht werden kann, jeweils Strahlung mit elementspezifischer Wellenlänge *abzugeben,* sondern Strahlung exakt der gleichen Wellenlänge auch sehr effektiv zu *absorbieren* vermag.

21.1 Anregungszustände der Atome

Harris, Abschn. 17.1: Eigenschaften des Lichts

Dahinter steckt ein Prinzip, das Sie wahrscheinlich bereits aus der *Allgemeinen Chemie* (sowie gewiss aus Teil IV) kennen: die Tatsache, dass Elektronen als Bestandteile eines Atoms oder auch eines Moleküls nur bestimmte Energiezustände annehmen können, während andere schlichtweg nicht erreichbar sind. Es geht also um die **Quantelung** des Energiegehaltes der jeweiligen Zustände – denken Sie etwa an die UV/VIS-Spektroskopie und die möglichen Übergänge von HOMO (oder HOMO-1 etc.) ins LUMO (oder LUMO+1 usw.). Analoges gilt auch für Übergänge von Elektronen einzelner Atome:

— Ein Elektron kann aus dem energetisch ungünstigsten besetzen Atomorbital oder – bei hinreichend starker Anregung – auch aus einem der darunterliegenden Energieniveaus des Atoms in eines der energetisch höheren, im Grundzustand eben noch nicht besetzten Atomorbitale übergehen.

  — Gemäß dem Bohr'schen Atommodell lässt sich das damit beschreiben, dass ein Elektron aus der Valenzschale oder einer der darunterliegenden Schalen in eine energetisch ungünstigere Schale wechselt.

  — Je größer der Energieunterschied für diesen Elektronen-Übergang, desto energiereicher (und damit: kürzerwellig) ist das Photon, das einen solchen Übergang bewirken kann.

> **Wichtig**

Binnewies, Abschn. 2.3: Der Aufbau der Elektronenhülle

Auch wenn das bereits in der *Allgemeinen Chemie* und in Teil IV thematisiert wurde: Wieder ist hier das Entscheidende der Zusammenhang von Wellenlänge λ, Frequenz ν und Energiegehalt E:

$$E = h \times \nu = \frac{hc}{\lambda}$$
(21.1)

mit h (Planck'sches Wirkungsquantum) = 6,626 × 10^{-34} Js; c (Lichtgeschwindigkeit) = 2,998 × 10^8 m/s.

— Fällt ein auf diese Weise angeregtes Atom in seinen Grundzustand zurück (kehrt also das Elektron in genau das Atomorbital zurück, aus dem es durch die Absorption der Energie „herausgeholt" wurde), strahlt das Atom ein Photon exakt der Wellenlänge ab, die gemäß ▶ Gl. 21.1 zu diesem Energiegehalt gehört.

Genau das nutzt man bei der Atomabsorptionsspektroskopie (kurz: AAS) aus:

— Durch thermische oder photochemische Anregung einer Probe des einen oder anderen Metalls werden einzelne Atome dazu gebracht, die jeweils element-charakteristische Strahlung abzugeben. Man erhält also eine „atomsorten-spezifische Lampe", die nur Photonen mit *elementspezifischen* Wellenlängen abgibt.

— Die Intensität der erhaltenen Lichtstrahlung lässt sich messen. (Erneut ergeben sich Parallelen zu Themen, die bereits in vorangegangenen Teilen dieses Buches besprochen wurden: jetzt sind wir wieder bei der Photometrie aus Teil II, und auch das Lambert-Beer'sche Gesetz werden wir gleich wieder brauchen.)

— Wird nun diese Strahlung (mit bekannter Intensität I_0) auf eine (entsprechend vorbereitete) Probe gelenkt, die Atome der gleichen Sorte enthält, werden diese Analyt-Atome, da sie sich – weil unangeregt – derzeit noch im Grundzustand befinden, einen Teil der von der „Atomsorten-Lampe" abgegebenen Photonen absorbieren. Nachdem das Licht dieser Lampe also die Probe durchquert hat, wird die Intensität der Strahlung abgeschwächt sein: $I < I_0$.

— Das Ausmaß der Schwächung der Intensität, angegeben als Extinktion, gestattet dann einen Rückschluss auf den Analyt-Atom-Gehalt der untersuchten Probe:

$$E = \lg \frac{I_0}{I} \ (\text{oder} \ E = -\lg \frac{I}{I_0}) \tag{21.2}$$

Zugleich lässt sich, gemäß dem Lambert-Beer'schen Gesetz, die Extinktion beschreiben mit

$$E = \varepsilon_\lambda \times c \times d \tag{21.3}$$

Hier ist ε_λ wieder der (jeweils wellenlängenspezifische) Extinktionskoeffizienz (mit der Einheit m^2/mol), c die Konzentration (gemeinhin in Übereinstimmung mit der aus Teil I bekannten DIN 1310 mit der Einheit mol/m^3, *nicht* mol/L), und d die Schichtdicke der durchstrahlten Probe. (Wenn Sie an ▶ Abschn. 20.1 zurückdenken, in dem Sie erfahren haben, wie die Proben zur Analyse vorbereitet werden, sollte klar werden, warum hier nicht von der „Küvettendicke" gesprochen wird.)

Das hier kurz beschriebene Prinzip (das auch schon im ▶ Binnewies angerissen wurde) sollte unweigerlich zu zwei Fragen führen:

Binnewies, Abschn. 2.3: Der Aufbau der Elektronenhülle (Exkurs)

▪▪ Emittieren die „atom-spezifischen Lampen" monochromatische Strahlung?

Nicht unbedingt, schließlich gibt es durchaus verschiedene mögliche Elektronenübergänge, denn die Relaxation eines angeregten Atoms muss ja nicht zwangsweise wieder zum *Grund*zustand führen (auch das kennen wir schon aus Teil IV). Von diesen Übergängen mögen zwar die meisten so energiereich sein, dass die zugehörigen Photonen eher im UV-Bereich liegen oder sogar noch kürzere Wellenlängen besitzen (oder sie sind umgekehrt so energiearm, dass sie in den IR-Bereich fallen), aber es kann durchaus auch mehr als nur einen Übergang geben, der im VIS-Bereich liegt, denn die Relaxation eines angeregten Atoms muss ja nicht zwangsweise wieder zum Grundzustand führen (auch das kennen wir schon aus Teil IV).

Denken Sie alleine schon an das Wasserstoff-Atom bzw. dessen charakteristisches Emissionsspektrum (zu finden etwa als Abb. 2.14 im ▶ Binnewies). Prinzipiell kann das eine Elektron das H-Atoms, das im Grundzustand die K-Schale populiert, also das (s-)Orbital mit der Hauptquantenzahl $n = 1$, in jede höhere Schale befördert werden ($n = 2, 3, \ldots$). Ist das erst einmal geschehen, wird es früher oder später in den Grundzustand oder zumindest einen weniger stark angeregten Zustand zurückfallen und die dabei freiwerdende Energie in Form jeweils eines Photons mit der dem Energieunterschied zwischen den verschiedenen Energieniveaus entsprechenden Wellenlänge abgeben (◘ Abb. 21.1). Schauen wir uns die verschiedenen Möglichkeiten einmal genauer an:

Binnewies, Abschn. 2.3: Der Aufbau der Elektronenhülle

— Im Grundzustand befindet sich das Elektron des Wasserstoff-Atoms im 1s-Orbital, also in der „Schale" mit $n = 1$. Nun kann es prinzipiell in jedes erdenkliche nur energetisch ungünstigere Orbital befördert werden, also 2s, 2p, 3s etc.

❯ Wichtig

Beim Wasserstoff-Atom, das bekanntermaßen nur ein einzelnes Elektron aufweist, ist die Situation ein wenig vereinfacht, denn hier unterscheiden sich die Orbitale gleicher Haupt-, aber unterschiedlicher Neben- und/oder Magnetquantenzahl in ihrem Energiegehalt *nicht*. Da sie also entartet sind, brauchen diese (eigentlich unterschiedlichen) Energieniveaus nicht getrennt voneinander betrachtet zu werden.

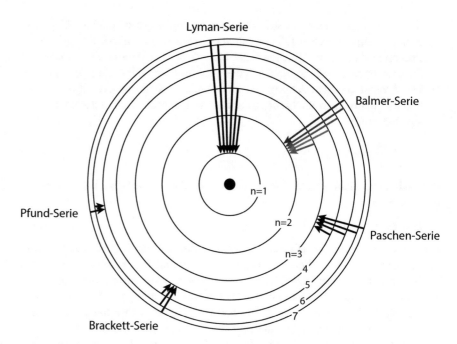

◘ Abb. 21.1 Emissionen des angeregten Wasserstoff-Atoms. (S. Ortanderl, U. Ritgen: Chemie – das Lehrbuch für Dummies, S. 139. 2018. Copyright Wiley-VCH Verlag GmbH & Co. KGaA. Reproduced with permission)

*Das gilt aber **nur** für das Wasserstoff-Atom! Bei allen anderen Atomen ergibt sich etwa für 2s- und 2p-Orbitale sehr wohl ein Energieunterschied!*

— Im angeregten Zustand kann das Elektron dann also in das Orbital mit $n = 1$ zurückkehren (die K-Schale). Diese Übergänge (von $n = 2 \rightarrow n = 1$, $n = 3 \rightarrow n = 1$, $n = 4 \rightarrow n = 1$ etc.) werden als die **Lyman-Serie** bezeichnet (◘ Abb. 21.1). Für sämtliche dieser Übergänge gilt $\lambda < 130$ nm, sie alle liegen also im (energiereichen) UV-Bereich.

— Es ist aber, wie oben erwähnt, nicht zwingend notwendig, dass das Elektron gleich in seinen Grundzustand zurückkehrt. Auch eine Relaxation zu einem weniger stark angeregten Zustand ist möglich. Damit ergeben sich zahlreiche weitere Möglichkeiten:

  — Fällt das Elektron zunächst auf das Energieniveau mit $n = 2$ zurück, haben wir es mit der **Balmer-Serie** zu tun. Diese ist für den Teil des Wasserstoff-Emissionsspektrums aus Abb. 2.14 des ► Binnewies verantwortlich, der im Bereich des sichtbaren Lichtes liegt (◘ Tab. 21.1).

  — Die Übergänge, bei denen das angeregte Elektron intermediär beim Energieniveau mit $n = 3$ innehält (also $n = 4 \rightarrow n = 3$, $n = 5 \rightarrow n = 3$ etc.) fasst man zur **Paschen-Serie** zusammen. Sämtliche Wellenlängen liegen bei $\lambda > 820$ nm, also im Infrarot-Bereich des elektromagnetischen Spektrums.

◘ Tab. 21.1   Die Balmer-Serie

Übergang	Wellenlänge [nm]	Farbe
$n = 3 \rightarrow n = 2$	656	Rot
$n = 4 \rightarrow n = 2$	486	Grün
$n = 5 \rightarrow n = 2$	434	Blau
$n = 6 \rightarrow n = 2$	411	Violett
$n = 7 \rightarrow n = 2$	397	Violett

- Die Photonen, die bei dem Übergang aus *noch* höheren Energieniveaus zu n = 4 abgegeben werden, gehören zur **Brackett-Serie.** Hier gilt λ > 1450 nm, wir befinden uns also immer noch im IR-Bereich.
- Auch der Übergang zu n = 5 erfolgt unter Photonenfreisetzung. Die der **Pfund-Serie** zugeordneten Wellenlängen sind noch größer als alle bisher genannten: Es wird noch längerwellige IR-Strahlung abgegeben.

Bis auf die der Balmer-Serie zugeordneten Übergänge findet also nichts davon im VIS-Bereich statt, damit ist die Anzahl der unterschiedlichen Wellenlängen, die eine solche „atom-spezifische Lampe" abstrahlt, zumindest sehr übersichtlich.

■■ Wieso ist diese (polychromatische) Strahlung elementspezifisch?

Hier kommt zum Tragen, dass – wie oben erwähnt – *nur* beim Wasserstoff-Atom die Neben- und Magnetquantenzahlen keinen Einfluss auf die Lage der entsprechenden Energieniveaus besitzen.
- Für jedes andere Atom ergeben sich also zunächst einmal deutlich mehr charakteristische Übergänge (etwa 3s → 2s, 3p → 2s etc.; welche davon symmetrie-verboten und welche erlaubt sind, sei an dieser Stelle nicht weiter beachtet). Zu jedem dieser Übergänge gehört dann auch wieder eine genau definierte Wellenlänge.
- Dazu kommt, dass ein Mehrelektronen-Atom (und das sind außer dem Wasserstoff eben *alle*) nun einmal mehr Elektronen besitzt, die sich – die richtige Energiezufuhr vorausgesetzt – anregen lassen, und das steigert die Anzahl der einzelnen Spektrallinien noch einmal.
- Insgesamt ergibt sich auf diese Weise eine Art „Spektrallinien-Fingerabdruck".

Die jeweilige Lage der einzelnen Energieniveaus (1s, 2s, 2p etc.) verschiedener Atome hängt maßgeblich von zwei Faktoren ab:
- der **Kernladungszahl** (Z) des betrachteten Atoms, also der Ordnungszahl (= Anzahl der Protonen im Kern)
- dem Ausmaß, in denen die kernferneren Orbitale durch die darunterliegenden (energetisch günstigeren), im Grundzustand besetzten Orbitale *abgeschirmt* werden.

Je größer die Abschirmung, desto weniger stark fällt die elektrostatische Wechselwirkung zwischen der positiven Kernladung und der negativen Ladung der in den betrachteten Orbitalen befindlichen Elektronen aus. Das gilt umso mehr, je kernferner die betrachteten Elektronen sind, also je größer deren *Haupt*quantenzahl ist. Auf der Basis dieser beiden Faktoren lässt sich mit Hilfe der **Slater-Regeln,** die den Rahmen dieser Einführung (wieder einmal) sprengen würden, zumindest für die Hauptquantenzahlen der betrachteten Energieniveaus ein Abschirmfaktor σ ermitteln. Dieser führt dann zur **effektiven Kernladung (Z_{eff}):**

$$Z_{eff} = \sigma \times Z \qquad (21.4)$$

Diese effektive Kernladung beschreibt die positive Ladungsdichte, die *tatsächlich* für die elektrostatische Anziehung zwischen dem Atomkern und dem *jeweils* betrachteten Elektron sorgt.

❶ Es sei noch einmal betont, dass die effektive Kernladung, mit der ein Elektron wechselwirkt, von dessen jeweiliger Hauptquantenzahl (und damit von dessen Kern-Entfernung) abhängt: Unterschiedliche Elektronen des gleichen Atoms „verspüren" durchaus unterschiedliche effektive Kernladungen.

> **Eine Anmerkung**
> Sie merken schon: Der Hauptquantenzahl wird in der Atomspektroskopie deutlich mehr Bedeutung beigemessen als den anderen Quantenzahlen. Aus diesem Grund erfreut sich in der Atomspektroskopie auch nach wie vor das Bohr'sche Atommodell mit seinen Schalen (K, L, M, N …) ungebrochener Beliebtheit. (Es hatte also durchaus seinen Grund, dass in der *Allgemeinen Chemie* meist nicht „nur" mit Orbitalen argumentiert wird.)
> Die effektive Kernladung (Z_{eff}) wird uns in ▶ Kap. 23 wiederbegegnen.

Alles in allem bedeutet das, dass die Energieunterschiede der jeweiligen Energieniveaus bei jeder Atomsorte ein wenig anders ausfallen, also werden auch bei entsprechenden Elektronenübergängen (ob nun im UV-, VIS- oder IR-Bereich) jedes Mal etwas andere Wellenlängen resultieren.

? Fragen

3. Für welchen Übergang muss mehr Energie absorbiert werden: Um ein Elektron von der K-Schale zur M-Schale anzuregen, oder (gleiche Atomsorte vorausgesetzt) für einen Übergang von der L-Schale zur N-Schale? Bei welcher Relaxation zum jeweiligen Ausgangszustand dieses Modell-Atoms wird längerwellige Strahlung emittiert?

Nachdem soeben geklärt wurde, warum die in der Atomabsorptionsspektroskopie verwendeten elementspezifischen Lampen kein monochromatisches Licht abgeben, sondern mehrere, diskret voneinander getrennte Wellenlängen, stellt sich die Frage, wie man daraus *eine* (nämlich die gewünschte) Wellenlänge auswählt. Hierzu bedient man sich eines Monochromators – genau jenes Gerätes, auf das schon in Teil IV eingegangen wurde. Ob der verwendete Monochromator auf *Brechung* oder *Beugung* des polychromatischen Lichtes basiert, ist dabei unerheblich.

21.2 **Lichtquellen**

Schauen wir uns nun die in der AAS benötigten „elementspezifischen Lampen" ein wenig genauer an.

- **Die Hohlkathodenlampe (HKL)**

Verwendet werden häufig **Hohlkathodenlampen:** Gasentladungsröhren, bei denen es neben der Gasfüllung noch eine Kathode und eine Anode gibt und die, wenn die erforderliche Mindestspannung zum Ionisieren des Gases angelegt wird, Licht emittieren. Gefüllt ist eine solche Hohlkathodenlampe (die fast immer mit **HKL** abgekürzt wird) mit einem Edelgas, meist Neon oder Argon.

Das Entscheidende ist, dass die verwendete Kathode *aus genau dem Element bestehen muss, das mit Hilfe der AAS quantifiziert werden soll.* (Die annähernde Topf-Form dieser Kathode erklärt dann auch deren Bezeichnung)

— Die angelegte Spannung sorgt für die Ionisierung des Füllgases; es entstehen also Edelgas-Kationen.
— Diese werden aufgrund ihrer (positiven) Ladung im elektrischen Feld beschleunigt (das kennen wir schon aus Teil III), treffen dann mit beachtlicher Energie auf die Kathode und schlagen dort Atome des jeweils verwendeten Metalls heraus. (Man spricht in diesem Zusammenhang vom **Sputtern**.)
— Diese herausgeschlagenen Metall-Atome treffen dann ihrerseits auf die bei der Ionisierung entstandenen, äußerst energiereichen Elektronen.

- Die Übertragung eines Teils von deren Energie bewirkt die Anregung der herausgeschlagenen Metall-Atome, so wie es zu Beginn dieses Abschnitts bereits geschildert wurde – und diese Anregungsenergie wird dann in Form elementspezifischer Photonen wieder abgegeben.

Den schematischen Aufbau einer solchen Hohlkathodenlampe können Sie Abb. 20.16 des ▶ Harris entnehmen.

Harris, Abschn. 20.4: Atomspektroskopie, Apparatur

■ ■ Eine Alternative: die EDL

Eine Alternative zur HKL stellt die **elektrodenlose Entladungslampe,** kurz **EDL,** dar. Hier wird eine versiegelte Quarzröhre verwendet, die ebenfalls mit einem Edelgas gefüllt ist und die zusätzlich noch Spuren des gewünschten Metalls enthält – wahlweise elementar oder in Form eines Salzes. (Dass die Metalle-Atome ohne Anregung in Form ihrer (Kat-)Ionen vorliegen, ist angesichts der durch die Anregung erfolgende homolytische Bindungsspaltung unerheblich: Bei hinreichender Anregung wird eben doch *atomisiert.*) Die Energieversorgung erfolgt hier nicht vermittels Kathode und Anode, sondern durch ein Hochfrequenzfeld (das auch durch ein Mikrowellenfeld erzeugt werden kann). Wieder kommt es bei hinreichender Anregung zur Ionisierung des Edelgases; die (hohe) Frequenz des Feldes bewirkt die Beschleunigung der resultierenden Ionen, die dann das *Sputtern* ermöglichen.

Prinzipiell ist die (modernere) EDL der HKL überlegen: Die von ihnen abgegebene Strahlung ist intensiver und gestattet so den Nachweis noch kleinerer Analyt-Mengen. Allerdings gibt es (noch) zwei Gründe, die häufig dazu führen, dass man auf den Einsatz solcher **Induktionslampen** verzichtet:

- Bislang sind noch nicht für alle Elemente entsprechende Leuchtkörper im Handel erhältlich.
- Die Anschaffungskosten liegen (noch) deutlich oberhalb derer einer handelsüblichen HKL.

Damit sollte nicht nur das Prinzip der AAS und der grobe technische Aspekt der verwendeten Anregungslampen verständlich geworden sein, sondern auch der größte *Nachteil* dieses Analyseverfahrens: Da die Atome des untersuchten Elements anhand ihrer Absorption der Strahlung einer elementspezifische Lampe quantifiziert werden, kann man immer nur nach *einem* Element Ausschau halten, weil die Anregungs-Lampe nun einmal auf genau dem gesuchten Element basieren muss. Eine „Breitband-Untersuchung", die den Nachweis mehrerer verschiedener Elemente ermögliche würde, ist damit ausgeschlossen. (Ganz anders stellt sich das bei der Atom*emissions*spektrometrie dar, zu der wir in ▶ Kap. 22 kommen.)

Atomemissionsspektrometrie (AES, OES)

© Springer-Verlag GmbH Deutschland, ein Teil von Springer Nature 2019
U. Ritgen, *Analytische Chemie I*, https://doi.org/10.1007/978-3-662-60495-3_22

22

Harris, Abschn. 20.4: Atomspektroskopie, Apparatur

Alternativ dazu, eine genau definierte Menge an Licht durch eine Probe zu schicken und die Absorption oder Extinktion zu messen, so wie das in ▶ Kap. 21 beschrieben wurde, kann man auch den umgekehrten Weg gehen: Man regt den Analyten hinreichend an, so dass er selbst Licht (oder andere elektromagnetische Strahlung) emittiert. Weil hier natürlich ebenfalls die Quantelung der Energie eine Rolle spielt, lässt sich für die dabei resultierende(n) Wellenlänge(n) jeweils der zugehörige Energiegehalt wieder gemäß ▶ Gl. 21.1 berechnen.

Um allerdings eine hinreichende Anzahl von Atomen bis zur Emission anzuregen, ist eine nicht unbeträchtliche Menge an Energie erforderlich. Bei den Alkali- und Erdalkalimetallen genügen zwar schon die etwa 2000 °C der laborüblichen Propangasflamme (die wurde ja bereits in ▶ Abschn. 20.1.1 erwähnt), bei allen anderen erreicht man ein quantifizierbares Maß an Emission erst bei teils deutlich höheren Temperaturen – deswegen erfreut sich gerade hier das Plasma aus ▶ Abschn. 20.1.3 immenser Beliebtheit.

22.1 Der historische Vorläufer: Flammenphotometrie

Der Begriff „Flammenphotometrie" mag es schon erahnen lassen: Die ersten Versuche, auf der Basis von Flammenfärbungen quantitative Aussagen zu tätigen, besaßen frappierende Ähnlichkeit mit der Photometrie, die wir bereits in Teil II besprochen haben: Je nach Analytgehalt ist die für die jeweiligen (Erd-)Alkalimetalle charakteristische Flammenfärbung mehr oder minder stark ausgeprägt. Als Anregungsquelle wird meist die „nichtleuchtende Brennerflamme" gewählt, also eine *magere*, reichlich mit Sauerstoff versorgte Flamme, bei der entsprechend keine unvollständig abreagierten Verbrennungszwischenstufen auftreten, die sonst für die labortypische orangegelbe Kohlenwasserstoff-Flamme verantwortlich sind.

Der moderaten Anregungstemperatur wegen sind die bei diesem als **Flammenemissionsspektrometrie** (*flame atomic emission spectrophotometry*, kurz **F-AES**) bezeichneten Verfahren erhaltenen Emissionsspektren relativ linienarm, so dass es recht einfach ist, die gewünschte Wellenlänge „herauszuschneiden" – meist bedarf es dazu nicht einmal eines dispergierenden Monochromators: Ein einfacher optischer Filter kann ausreichen (das hängt natürlich auch von der angestrebten Genauigkeit ab), und schon liefern ein Photometer und eine entsprechende Kalibrierkurve brauchbare Ergebnisse.

Sonderlich empfindlich ist die Methode, bei der eine einfache Brennerflamme verwendet wird, allerdings nicht. Sollen präzisere Messungen vorgenommen werden, ist auch für die (Erd-)Alkalimetalle die Verwendung einer Plasmafackel angeraten.

22.2 ICP-OES

Harris, Abschn. 20.5: Interferenz

Es gibt verschiedene Varianten der Plasmaemissionsspektrometrie; die wichtigste davon basiert erneut auf der Verwendung von induziert gekoppeltem Plasma. Diese ermöglicht – aufgrund eben der elementspezifischen Photonen-Emission – die Quantifizierung mehrerer Elemente im Rahmen nur einer einzigen Messung: Je nach Versuchsdurchführung können mehr als 60 Analyten gleichzeitig bestimmt werden.

Zwei Dinge sind bei diesem Verfahren hervorzuheben:

— Anders als bei der AAS werden hier *keine* elementspezifischen Anregungs-Lampen benötigt.
— Die (polychromatische) Emission wird durch ein Gitter o. ä. in ihre entsprechenden Wellenlängen zerlegt und dann – meist unter Einsatz eines

Photomultipliers – separat analysiert. (Die Grundlagen des Photomultipliers haben wir in Teil IV zumindest grob angerissen.)

Weil hier eine *optische* Auftrennung der erhaltenen Wellenlängen vorgenommen wird, bezeichnet man dieses Verfahren allgemein als **ICP-OES** *(inductively coupled plasma optical emission spectrometry)*. Bezeichnungen wie „Atom-Emission" werden gemeinhin vermieden, weil die durch die ICP-OES erhaltenen Emissionsspektren nicht ausschließlich auf intraatomare Anregungen zurückzuführen sind, sondern auch *Ionen* einen Teil beitragen.

- **MPT-AES**

Eine Variante der ICP-OES stellt die **Mikrowellen-Plasmafackel-Atomemissionsspektrometrie** (*microwave plasma torch atomic emission spectrometry*, **MPT-AES**) dar. Der. Der Hauptunterschied besteht darin, dass das zur Stabilisation des erforderlichen Plasmas erforderliche Eindämmungsfeld durch Mikrowellen erzeugt wird. Die MPT-AES findet vornehmlich in der Spurenanalytik Verwendung und ist apparativ etwas weniger aufwendig; zudem fällt bei dieser Technik der Argon-Verbrauch moderater aus. (Da hier Temperaturen von 10.000–12.000 K erreicht werden, liegen die Analyten weitgehend *atomisiert* vor, so dass hier tatsächlich wieder von *Atom*-Spektroskopie gesprochen werden kann)

Ein Anwendungsbeispiel

Die AAS lässt sich bestens in der Spurenanalytik verwenden, beispielsweise zur Untersuchung von Wasserproben: Die Nachweisgrenzen einen Großteils der Elemente liegt im Bereich von 0,001 bis 0,025 ppm bei der „klassischen" AAS bzw. bei $2 \cdot 10^{-3}$ bis $1 \cdot 10^{-2}$ ppb (das sind 2–10 ppt!) in der ICP-OES, d. h. es lassen sich auch winzigste Mengen nachweisen.

Bevor man allerdings ans Werk schreiten kann, muss – verständlicherweise – für jedes zu quantifizierende Element auch eine Kalibrierkurve erstellt werden, um sicherzustellen, dass die Konzentration der Analyt-Lösung noch in dem Konzentrationsbereich liegt, in dem ein linearer Zusammenhang zwischen Konzentration und Absorption im Sinne des Lambert-Beer'schen Gesetzes besteht. Will man ganz sicher gehen, dass die Messergebnisse auch wirklich miteinander vergleichbar sind, empfiehlt es sich, unmittelbar vor und nach der Untersuchung der Analyt-Lösung noch jeweils eine Referenzprobe (also Lösungen bekannter Analyt-Konzentration) zu vermessen, denn sowohl bei der Atomisierung als auch bei der eigentlichen Messung ist die Anzahl schwer oder gar nicht kontrollierbarer Variablen gewaltig. Kommt es dann bei den Messergebnissen der Referenzlösungen zu Abweichungen, lassen sich diese so über einen Korrekturfaktor mit der Kalibrierkurve korrelieren, und dann kann man auch Aussagen über den tatsächlichen Analyt-Gehalt der zu vermessenden Probe treffen.

Zu welchen Ergebnissen ein solches Experiment führt, zeigt sehr anschaulich – wenngleich anhand einer Variante der AAS, bei der Atomfluoreszenz ausgenutzt wird, auf die im Rahmen dieser Einführung nicht weiter eingegangen werden soll, Abb. 20.4 aus dem. ▶ Harris: Darin wird anhand einer Trinkwasserprobe, deren Bleigehalt via AAS ermittelt werden soll, auch deutlich, wie die unterschiedlichen Standard-Lösungen zu unterschiedlich hohen Signalen führen.

Harris, Abschn. 20.1: Atomspektroskopie, Überblick

22

Harris, Abschn. 20.6: Induktiv
gekoppeltes Plasma –
Massenspektrometrie (ICP-MS)

22.3 In Kombination mit der Massenspektrometrie

Verständlicherweise lassen sich die in diesem Kapitel beschriebenen Methoden auch mit anderen Analytik-Verfahren kombinieren. Besonders wichtig ist das Zusammenspiel mit der **Massenspektrometrie** (MS). Ausführlicher werden wir darauf erst in Teil I der „Analytischen Chemie II, eingehen, aber das zugrunde-liegende Prinzip sei schon hier erläutert:

Die Analyten werden zunächst ionisiert – bei der ICP-MS durch die Argon-Kationen (Ar^+) aus dem Plasma. Die resultierenden Analyt-Ionen zer-fallen dann in einzelne Fragmente, die, unterstützt von einem Magnetfeld, umgehend nach ihrer Masse aufgetrennt und separat betrachtet werden. Die auf diese Weise jeweils erhaltenen Fragmente erlauben Rückschlüsse auf die Gesamt-struktur des jeweiligen Analyten.

> **Ein Gedankenexperiment**
>
> Angenommen, Sie hätten etliche Marionetten der gleichen Art, wissen aber noch nicht, um *welche* Form (ein Mensch, ein Tier – und wenn letzteres: Pferd oder Fisch?) es sich handelt. Diese „Analyt-Marionetten" werden nun in großer Zahl einem großen Gerät zugeführt, das mehr oder minder wahllos die eine oder andere Verbindungs-Schnur der einzelnen Gelenke durchschneidet, vielleicht nur eine einzige, vielleicht auch gleich mehrere auf einmal. Auf diese Weise erhalten Sie eine Vielzahl von „Marionetten-Fragmenten, die man dann zunächst getrennt voneinander betrachtet, daraus erste Schlüsse zieht und die erhaltenen Informationen miteinander in Beziehung setzt:
>
> — Sie finden einzelne Beine (oder auch größere Marionetten-Fragmente, an denen ein oder mehrere mehr oder minder vollständige Beine hängen), aber nichts, was einer Flosse entspräche oder enthielte. Damit können Sie die Arbeitshypothese „es handelt sich um einen Fisch" schon einmal ausschließen.
>
> — Sobald Sie das erste Marionetten-Fragment entdeckt haben, das *drei* Beine aufweist, gilt Gleiches auch für jegliche *zwei*beinige Tierart oder eben auch eine menschenähnliche Marionette.
>
> — Weist das Bruchstück, das Sie für einen Kopf halten, ein Geweih auf, wissen Sie, dass Sie es unmöglich mit einer Pferde-Marionette zu tun haben können usw.
>
> Es gilt also, die einzelnen Informationen, die Sie aus den jeweiligen Bruchstücken gewonnen haben, sinnvoll miteinander zu verknüpfen. Das hat durchaus etwas davon, ein Puzzle zusammenzusetzen, dessen Gesamtmotiv Sie bislang noch nicht kennen – anspruchsvoll, aber durchaus auch unterhaltsam.
> *Anmerkung: Damit wollen wir es erst einmal bewenden lassen. Sie wissen also nun, dass Ihre Analyten – in diesem Fall eben die Marionetten zunächst unbekannter Gestalt – fragmentiert werden und Sie aus den Fragmenten Rückschlüsse ziehen können. In der real existierenden Massenspektrometrie werden natürlich real existierende Analyten, meist in molekularer Form, fragmentiert, wobei manche Bindungen (in unserem Gedankenexperiment: die Fäden der einzelnen Marionetten-Gelenke) durchtrennt/aufgebrochen werden. Wie die daraus resultierenden Spektren aussehen und auszuwerten sind, erfahren Sie in Teil I der „Analytischen Chemie II".*

Hat man es zu Beginn mit einem Gemisch verschiedener Analyten zu tun, müs-sen diese natürlich vor ihrer Fragmentierung voneinander getrennt werden (zum Beispiel chromatographisch, wie in Teil III beschrieben).

Zwei grundlegende Dinge sollte man im Hinblick auf die Massenspektrometrie bedenken:

1. Bei den jeweiligen Analyten handelt es sich meist um Moleküle, die *individuell* fragmentiert werden – allerdings jeweils in großer Anzahl. (Bitte verlieren Sie niemals aus den Augen, wie groß die **Avogadro-Zahl** ist!) Diese werden im Zuge der Ionisierung jeweils zu (Radikal-)Kationen umgesetzt, die in den weitaus meisten Fällen nicht stabil sind und daher weiter zerfallen. Dieser Zerfall kann in unterschiedlicher Art und Weise erfolgen (wobei manche Bindungsbrüche sehr viel wahrscheinlicher sind als andere – das erleichtert das Interpretieren der resultierenden Spektren ungemein). Nun kann natürlich jedes einzelne Analyt-Molekül nach der Ionisierung nur jeweils *einen* der (häufig zahlreichen) möglichen Zerfallswege beschreiten, aber es wird eben auch eine (wirklich große) Vielzahl von Analyt-Molekülen gleichzeitig fragmentiert. Dadurch ergibt sich eine rein statistisch determinierte Mischung der unterschiedlichsten Fragmente, die parallel zueinander detektiert und analysiert werden.

2. *Jedes einzelne Fragment* besitzt eine charakteristische Masse – ganz abhängig davon, aus welchen Atomen es jeweils aufgebaut ist. Hierbei ist zu beachten, dass die jeweils erhaltenen Fragmente tatsächlich *einzeln* betrachtet (bzw. nachgewiesen/detektiert) werden: Für die jeweilige Masse sind also die individuellen Massen der einzelnen darin enthaltenen *Atome* verantwortlich. Entsprechend unterscheiden sich zwei „baugleiche" Fragmente, die zwar aus den gleichen Atomen bestehen, aber unterschiedliche **Isotope** enthalten, in ihrer effektiven Masse – bzw. in ihrem **Masse/Ladungs-Verhältnis** m/z, denn im Zuge der Ionisierung können durchaus auch mehrwertige Kationen (X^{2+} oder gar X^{3+}) entstehen, auch wenn einfach ionisierte Fragmente meist die überwiegende Mehrheit darstellen. (Auch auf die Rolle der Isotope in der Massenspektrometrie wird in der „Analytischen Chemie II" weiter eingegangen.)

Die massenspektrometrische Analyse *ionisch* aufgebauter Analyten ist ebenfalls möglich (wenngleich weniger gebräuchlich); diese werden dann in die jeweiligen Atome der Kationen und Anionen aufgetrennt (bzw. in die daraus hervorgehenden Ionen). Bei mehratomigen Molekül-Ionen (etwa Nitrat oder Sulfat, aber auch bei deutlich komplizierter aufgebaute Kat- und Anionen wie Alkylammonium-Ionen, kationischen oder anionischen Metall-Clustern o. ä.) ist dann wieder mit Fragmentierung (s.o.) zu rechnen.

Dass im Zuge der Massenspektrometrie tatsächlich *einzelne* Atome bzw. Ionen nachgewiesen werden, lässt bereits erkennen, dass es sich um eine äußerst empfindliche Nachweismethode handelt: Je nach Analyt liegt die Nachweisgrenze im **ppt**-Bereich, also in einem Verdünnungs- bzw. Gehaltsbereich von $1:10^{12}$: Bei einem Probenvolumen von 1 Liter können auf diese Weise noch Analytmengen im Nanogramm-Bereich nachgewiesen werden: Die ICP-MS ist für viele Analyten gerade in der Spurenanalytik ideal.

Labor-Tipp

Die hohe Empfindlichkeit der ICP-MS-Technik birgt natürlich auch einen gewissen Nachteil: Man muss *äußerst* sauber arbeiten. Die geringste Verunreinigung – etwa über nicht hinreichend gesäuberte Glasgeräte o. ä. – führt sofort zu signifikanten Verfälschungen der Messergebnisse.

Trotz der hohen Leistungsfähigkeit der ICP-MS gibt es drei (potentielle) Probleme bei diesem Verfahren:

22

- Wenn Teile der Matrix zusammen mit dem Analyten in das Massenspektrometer geraten, führt das natürlich zu empfindlichen Störungen.
- Handelt es sich bei dem Analyten um eine organische, vermutlich also vergleichsweise kohlenstoffreiche Verbindung, besteht die Gefahr, dass zumindest ein Teil der Kohlenstoff-Atome zu Ruß (also elementarem Kohlenstoff) umgesetzt wird – was nicht nur das Messergebnis verfälscht, sondern sogar die Gefahr rein mechanischen Verklebens der Messapparaturen birgt. Allerdings lässt sich das durch gezielte Sauerstoff-Zufuhr meist verhindern, denn dann wird der Ruß gemäß

$$C + O_2 \rightarrow CO_2$$

umgesetzt und geht in die Gasphase über.
- Besonders interessant wird es, wenn die Probe Chlor enthält – unabhängig davon, ob das Halogen beispielsweise von der Salzsäure stammt, mit denen die Probe in Lösung gebracht wurde, oder ob der Analyt selbst chlorhaltig ist. Hier sollten wir unbedingt im Hinterkopf behalten, dass in der Plasmafackel kein Unterschied mehr zwischen kovalent gebundenem Chloratomen und Chlorid-Ionen besteht, schließlich werden beide zu Chlor-Atomen ($Cl^{\cdot}$) atomisiert – und Chlor-Atome sind **isoelektronisch** mit den Argon-Kationen ($Ar^{\cdot+}$) aus dem Plasma. Entsprechend zeigen diese beiden Teilchen ähnliches chemisches Verhalten, und so entsteht unter anderem $ArCl^+$.
  - Natürlich können die aus dem Plasma stammenden Argon-Kationen auch mit anderen Atomen in der Gasphase reagieren: man erhält etwa ArO^+, ArC^+, ArN^+ usw.

> ❶ **Chemisch praktisch inert sind nur Edelgas-*Atome*, aber nicht etwaige daraus hervorgehende *Ionen*:** Ein Argon-Kation etwa erfüllt nicht mehr die Oktettregel und wird daher leicht chemische Reaktionen eingehen – mit praktisch allen Atomen, die sich im Wirkungsbereich der Plasmafackel aufhalten.

Diese Ionen besitzen natürlich auch jeweils eine individuelle Masse, und diese (bzw. deren Masse/Ladungs-Verhältnis, m/z) kann durchaus störend wirken – immer dann, wenn sie (fast) identisch ist mit der Masse des gerade relevanten Analyten. So entspricht m/z(ArO^+), wenn die Isotope ^{40}Ar und ^{16}O involviert sind, bis auf die zweite Stelle hinter dem Komma der des Eisen-Isotops ^{56}Fe etc. Entsprechend wird der zugehörige m/z-Peak im Massenspektrum ungebührlich groß ausfallen – es sei denn, die Auflösung des Massenspektrometers ist groß genug, um auch Massenunterschiede $<0{,}02$ zu detektieren: Ist die Auflösung *nicht* groß genug, liegt **isobare Interferenz** vor.

> ❓ **Fragen**
> 4. Was könnte man unternehmen, um dafür zu sorgen, dass bei der ICP-MS die Matrix nicht stört?
> 5. Bei der Analytik welchen Elementes führt das aus dem Plasma entstehende $^{40}Ar_2{}^+$-Kation zu einer isobaren Interferenz?

Röntgenfluoreszenzanalyse (RFA)

23

Leider geht der Harris auf die Röntgenfluoreszenzanalyse nicht ein; einen ausgezeichneten Überblick bieten: Cammann E, Instrumentelle Analytische Chemie, Abschn. 4.7: Röntgenfluoreszenzanalyse
Skoog DA, Holler FJ, Crouch, SR, Instrumentelle Analytik, Abschn. 12.3: Röntgenfluoreszenzmethoden

In ▶ Kap. 20 wurde es bereits angesprochen: Von allen in diesem Teil vorgestellten analytischen Verfahren ist einzig die **Röntgenfluoreszenzanalyse** (kurz: **RFA,** in der englischsprachigen Fachliteratur als **XRF,** *x-ray fluorescence,* bezeichnet) zerstörungsfrei. Damit ist sie auch dafür geeignet, die Zusammensetzung einsatzfähiger Werkstoffe oder Bauteile ebenso zu untersuchen wie etwa Kunstwerke (welche Pigmente wurden verwendet?) – Grund genug, sich diese Methode ein wenig genauer anzuschauen.

Die Grundlagen der Fluoreszenz kennen Sie bereits aus Teil IV, aber dieses Mal ist sie nicht Folge der Anregung und Relaxation von *Valenz*elektronen.

23.1 Das Grundprinzip

Wie bei der „gewöhnlichen" Fluoreszenz auch, werden bei der Röntgenfluoreszenzanalyse durch elektromagnetische Strahlung Elektronen angeregt – allerdings sind entsprechende Röntgen-Photonen energiereich genug, um sich nicht etwa auf Valenzelektronen auszuwirken, sondern auf **Rumpfelektronen.** Ein solches, energiereiches Röntgen-Photon führt dann zum **photoelektrischen Effekt**, so dass das nach der Wechselwirkung mit diesem Photon vorliegende Kation eine Lücke in der Besetzung der *inneren* Elektronenschale aufweist (◘ Abb. 23.1 *links*). Die so bewirkte Nicht-Besetzung eines energetisch günstigeren Energieniveaus bei gleichzeitiger Besetzung eines höheren Niveaus führt dazu, dass ein kernferneres Elektron (aus einer der äußeren Schalen) in diese Lücke nachrückt. Damit sinkt natürlich dessen potentielle Energie, es wird also Energie frei.

Diese freiwerdende Energie wird in Form eines Photons abgegeben (◘ Abb. 23.1 *Mitte*), dessen Wellenlänge wiederum *elementspezifisch* ist.

Welche Wellenlänge das betreffende Photon besitzt, hängt neben der Element-Sorte (also dessen Kernladung) vornehmlich von zwei Faktoren ab:

- Aus welcher (Rumpf-)Schale wurde das erste Elektron herausgeschlagen?
- Aus welcher (Rumpf- oder Valenz-)Schale stammt das Elektron, das entsprechend nachrückt?

(Der Zusammenhang zwischen der Energiedifferenz und der resultierenden Wellenlänge lässt sich dann wieder gemäß ▶ Gl. 21.1 ersehen.)

Da die Analyt-Atome also mehrere Möglichkeiten zur Fluoreszenz besitzen (mit entsprechend unterschiedlichen resultierenden Wellenlängen), erhält man

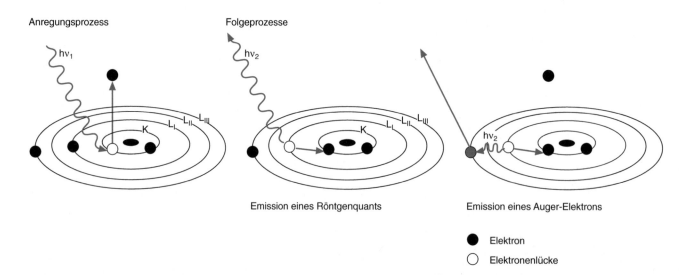

Anregungsprozess   Folgeprozesse

Emission eines Röntgenquants   Emission eines Auger-Elektrons

● Elektron
○ Elektronenlücke

◘ **Abb. 23.1**   Induzierte Röntgenfluoreszenz und der Auger-Effekt. (K. Cammann (Hrsg.): Instrumentelle Analytische Chemie, S. 4–80, Abb. 4.49, 2010 Copyright Spektrum Akademischer Verlag Heidelberg. With permission of Springer)

wiederum ein Röntgenfluoreszenz*spektrum*, nicht nur eine einzelne Fluoreszenz-*linie*. Einige grundlegende Tatsachen erleichtern den Umgang mit den Messergebnissen allerdings immens:

- In den meisten Fällen stammt das durch die Wechselwirkung mit einem Röntgen-Photon herausgeschlagene Elektron aus dem 1s-Orbital des betrachteten Atoms, also aus der **K-Schale.**

- Am (quantenmechanisch) wahrscheinlichsten ist das Nachrücken eines Elektrons aus der unmittelbar benachbarten L-Schale. Die Energiedifferenz zwischen K- und L-Schale des betrachteten Atoms führt dann zu der nach ▶ Gl. 21.1 zu berechnenden Wellenlänge; im resultierenden Röntgenfluoreszenzspektrum wird diese Linie als die **K$_\alpha$-Linie** bezeichnet. Meist reicht diese elementspezifische Linie bereits aus, um ein Element eindeutig zu identifizieren.

  - Möglich, *aber deutlich weniger wahrscheinlich,* ist ein Nachrücken aus der M-Schale in die K-Schale (dabei wird die L-Schale also quasi „übersprungen"). Dies führt zur (wegen des größeren Energieunterschiedes von K- und M-Schale deutlich energiereicheren) **K$_\beta$-Linie.** Da diese Relaxation jedoch (s. o.) weniger wahrscheinlich ist als die, die zur K$_\alpha$-Linie führt, ist die entsprechende Linie erkennbar weniger ausgeprägt und spielt bei der Analytik nur eine untergeordnete Rolle. Einzig in den (wenigen) Sonderfällen, in denen die K$_\alpha$-Linie alleine nicht aussagekräftig oder eindeutig genug ist, misst man auch der K$_\beta$-Linie Bedeutung bei.
  - Bei hinreichend großen Atomen, bei denen auch die N-Schale im Grundzustand teilweise oder vollständig besetzt ist, wird auch noch eine *K$_\gamma$-Linie* beobachtet, die allerdings in der Analytik nicht weiter von Bedeutung ist.

- Etwas wahrscheinlicher als der N→K-Übergang, der zur K$_\gamma$-Linie führt, ist die Ionisierung des Analyten durch Herausschlagen eines Elektrons aus der L-Schale. Rückt dann ein Elektron aus der M-Schale nach, ergibt sich die (sehr viel weniger energiereiche) L$_\alpha$-Linie.

- Verfügt der Analyt wiederum über eine teil- oder vollbesetzte N-Schale, ist analog zur K$_\beta$-Linie auch eine L$_\beta$-Linie möglich, die allerdings meist vom Grundrauschen des Spektrums bestenfalls unterscheid-, aber kaum nutzbar ist.

Genau genommen

Aus quantenmechanischen Gründen gibt es jeweils *zwei* K$_\alpha$-, K$_\beta$- und K$_\gamma$-Linien; bei den (weniger stark ausgeprägten) L-Linien besitzt das System sogar noch mehr energetisch geringfügig unterschiedliche Relaxationsmöglichkeiten. Näher erläutern lässt sich das durch entsprechende **Auswahlregeln,** die auf den Quantenzahlen der jeweils beteiligten Elektronen basieren. Hier wirken sich Phänomene wie die *Spin-Spin-* und die *Spin-Bahn-Kopplung* aus, die aber den Rahmen dieser Einführung bei Weitem sprengen würden.

■ **Energieangaben**

Die bei der Röntgenfluoreszenzanalyse abgestrahlten Photonen sind deutlich energiereicher als der (gewohnte) UV/VIS-Bereich, d. h. die zugehörigen Wellenlängen sind deutlich kürzer. Zur Erinnerung:

- Die Wellenlänge der Strahlung aus dem UV/VIS-Bereich liegt zwischen 200 und 800 nm. Das entspricht (in umgekehrter Reihenfolge, schließlich ist die Wellenlänge eines Photons dessen Energiegehalt *umgekehrt* proportional!) einem Energiegehalt von 150–600 kJ/mol.

- Röntgenstrahlung liegt bei $\lambda = 5$–250 pm, also 0,005–0,250 nm, was einem Energiegehalt von 480.000–24.000.000 kJ/mol entspricht, also 480×10^3–24×10^6 kJ/mol.

23

Weil derart große Zahlen leicht als unhandlich empfunden werden, ist es beim Umgang mit Röntgenstrahlung üblich, den Energiegehalt nicht in kJ/mol anzugeben, sondern in Elektronenvolt (eV) oder, bei noch größeren Zahlen, in Kiloelektronenvolt (keV).

1 eV ist dabei definiert als die Energiezunahme (durch Beschleunigung) einer Elementarladung in einem elektrischen Feld der Stärke 1 V. Der Umrechnungsfaktor ist recht einfach:

$$1\,eV = 1{,}602 \times 10^{-19}\,J \tag{23.1}$$

> ❯ **Wichtig**
> **Bitte beachten Sie: Das gilt für *ein einzelnes Teilchen*. Auf ein Mol umgerechnet ergibt sich:**
>
> $$\begin{aligned} 1{,}602 \times 10^{-19}\,J \times N_A\,mol^{-1} &= 1{,}602 \times 10^{-19}\,J \times 6{,}022 \times 10^{23}\,mol^{-1} \\ &= 96472{,}44\,J\,/mol \\ &= 96{,}5\,kJ/mol \end{aligned}$$

Damit liegt der UV/VIS-Bereich in der Größenordnung von 1,5 bis 6 eV, während der Röntgenbereich zwischen 4960 eV (also 4,96 keV) und 280 keV liegt. (Sollten Sie nach der Lektüre von Teil IV statt Wellenlängen jedoch **Wellenzahlen** ($\bar{v}$) bevorzugen, steht Ihnen eine entsprechende Umrechnung natürlich frei – wie das geht, haben Sie ja im Teil IV gelernt, aber *üblich* ist es bei der RFA nicht …)

Derlei Umrechnungen erfordern ein wenig Übung (und Gewöhnung). Im Internet finden sich zahlreiche Einheiten-Konverter, die Ihnen die Arbeit abnehmen können.

ein Beispiel für einen Einheiten-Konverter:
▶ http://cactus2000.de/de/unit/masswav.shtml

Die Photonen-Ausbeute bei der Fluoreszenz nimmt mit der Ordnungszahl der beteiligten Atome immer weiter zu, während Atome mit einer zu geringen Kernladung nicht mehr nachweisbar sind: Besitzt ein Atom nicht genügend Elektronen, die überhaupt nachrücken *können*, unterbleibt die Fluoreszenz verständlicherweise. Das erste Element, das via RFA *überhaupt* – und außer mit modernsten, höchst empfindlichen Geräten vornehmlich nur *qualitativ* – nachgewiesen werden kann, ist das Beryllium (mit der Elektronenkonfiguration $1s^2 2s^2$), leidlich *quantitativ* funktioniert die RFA ab Fluor ($1s^2 2s^2 p^5$). Erst ab Ordnungszahl 15 (also ab Phosphor) ermöglicht die RFA auch mit etwas älteren Geräten ernstzunehmende quantitative Aussagen. Bei schwereren Atomen hingegen liegt die Nachweisgrenze (teilweise deutlich) unterhalb von 20 µg/g Probensubstanz; hier erreicht man also schon den **ppm**-Bereich.

▪ **Quantitative Überlegungen**

Den Zusammenhang zwischen der Wellenlänge eines durch den photoelektrischen Effekt erhaltenen Fluoreszenz-Photons und der Ordnungszahl des betrachteten Elements beschreibt das **Moseley'sche Gesetz**. Gemeinhin wird es, auf den Energiegehalt des betreffenden Photons gemäß ▶ Gl. 21.1 bezogen, folgendermaßen formuliert:

$$E = h\,v = R_\infty\,h\,c\,(Z-\sigma)^2 \left(\frac{1}{n_1^2} - \frac{1}{n_2^2} \right) \tag{23.2}$$

Dabei ist
— R_∞ die Rydberg-Konstante (mit dem Wert 109 737 cm^{-1}),
— h das (mittlerweile gewohnte) Planck'sche Wirkungsquantum ($6{,}626 \times 10^{-34}$ Js),
— c die Lichtgeschwindigkeit ($2{,}998 \times 10^8$ m/s),
— Z die Ordnungszahl des betrachteten Elements,
— σ die (nach den Slater-Regeln berechenbare) Abschirmkonstante (die kennen wir schon aus ▶ Abschn. 21.1) *und*
— n die Hauptquantenzahlen der beteiligten Schalen; dabei ist n_1 kleiner (also kernnäher) als n_2.

Die Umstellung nach der Wellenlänge und unter Verwendung von ▶ Gl. 21.4 ergibt dann:

$$\lambda = \frac{1}{R_\infty Z_{eff}^2} \left(\frac{n_1^2 n_2^2}{n_2^2 - n_1^2} \right) \tag{23.3}$$

Auf diese Weise sieht man sofort, dass die abgestrahlte Wellenlänge umso kleiner wird, je größer der Unterschied zwischen n_2 und n_1 ist. (Womit wir wieder bei Aufgabe 3 wären …)

■ ■ Eine allgemeine Anmerkung

Da sämtliche intraatomaren Geschehnisse, die durch die Wechselwirkung mit Röntgen-Photonen hervorgerufen werden, im Atom*rumpf* stattfinden, sind für die Röntgenfluoreszenzanalyse die *Bindungsverhältnisse* (ionisch, polar oder unpolar kovalent, metallisch) der jeweils betrachteten Atome bedeutungslos. Daher ist es auch nicht erforderlich, die Atome zunächst aus ihrem jeweiligen Molekül- oder Kristallverbund herauszulösen – was natürlich erklärt, warum die RFA zerstörungsfrei abläuft.

■ Auger-Elektronen

Eine mögliche Schwierigkeit ergibt sich dann, wenn das beim Nachrücken des Elektrons (aus welcher Schale auch immer) abgestrahlte Photon energiereich genug ist, um ein *weiteres* Elektron aus dem (ohnehin schon ionisierten) Atom herauszuschlagen (schematisch dargestellt in ◘ Abb. 23.1 *rechts*). Die durch diese Fluoreszenz-Photonen herausgeschlagenen weiteren Elektronen werden als **Auger-Elektronen** bezeichnet (benannt nach dem französischen Physiker Pierre Auger, entsprechend ist dieser Name auszusprechen). Die kinetische Energie eines solchen Elektrons ist allerdings ebenso elementspezifisch wie die Wellenlänge des betreffenden Fluoreszenz-Photons und kann daher ebenfalls Informationen liefern – dann betreibt man **Augerelektronen-Spektroskopie** (gelegentlich mit **AES** abgekürzt, was allerdings ideale Bedingungen für eine Verwechslung mit der Atomemissionsspektrometrie (aus ▶ Kap. 22) schafft, die bekanntermaßen ebenfalls AES abgekürzt wird). Allerdings ist der Effekt nicht sehr weitreichend (nur wenige Atomlagen), insofern ist die Augerelektronen-Spektroskopie insbesondere zur Analyse von Materialoberflächen geeignet.

23.2 Detektion der resultierenden Photonen

Natürlich gilt es die via Röntgenfluoreszenz und/oder durch den Auger-Effekt auftretenden Photonen auch zu detektieren. Prinzipiell unterscheidet man zwei verschiedene Detektionsmethoden:

— Wird der *Energiegehalt* der Fluoreszenzphotonen gemessen, betreibt man energiedispersive Röntgenfluoreszenzanalyse (EDRFA)
— Spaltet man hingegen die resultierenden Photonen nach ihrer *Wellenlänge* auf (genauso, wie wir das in Teil IV schon bei elektromagnetischer Strahlung deutlich größerer Wellenlänge betrieben haben: mit einem Dispersionselement, etwa einem Beugungsgitter), spricht man von wellenlängendispersiver Röntgenfluoreszenzanalyse (WDRFA)

■ EDRFA – energiedispersiv

Die verwendeten Detektoren ermitteln den Energiegehalt der jeweils detektierten Röntgen-Photonen. Dabei trifft das betreffende Photon auf das Detektor-Material und führt dort zu einer Anregung, die (natürlich) dem Energiegehalt des Photons proportional ist. Da dabei allerdings gewisse (statistische) Schwankungen zu berücksichtigen sind (so kann sich etwa das

Detektor-Atom, das mit dem Röntgen-Photon in Wechselwirkung befunden hat, auch in einem (rotations-)angeregten Zustand befunden haben – mit dieser Problematik hatten wir uns ja schon in Teil IV befasst –), erhält man keine „scharfen Linien", sondern wieder Peaks mit einer gewissen Auflösung (also: Trennschärfe benachbarter Peaks).

■ **WDRFA – wellenlängendispersiv**

Alternativ kann man die resultierende polychromatische Fluoreszenzstrahlung auch in ihre jeweiligen Wellenlängen zerlegen und auf diese Weise die einzelnen erhaltenen Photonen beschreiben. Dazu wird die resultierende Fluoreszenzstrahlung an einem Analysatorkristall gebeugt – das Ausmaß der Beugung (der Beugungswinkel) gestattet direkte Rückschlüsse auf die Wellenlänge der jeweiligen Photonen. (Schon bei der Brechung von weißem Licht an einem Prisma zeigt sich ja, dass kürzerwellige Strahlung stärker gebrochen wird als längerwellige; für energiereichere elektromagnetische Strahlung gilt das natürlich ebenso.) Die Trennschärfe hier ist allgemein deutlich besser als bei der energiedispersiven Detektion.

■■ **Vor- und Nachteile**

Beide Detektionsmethoden haben ihre Vor- und ihre Nachteile:
— Die Auflösung der WDRFA deutlich besser ist als die der EDRFA:
  — Bei der WDRFA liegt sie in der Größenordnung von 10 eV.
  — Bei der EDRFA ist die Trennschärfe mit 100–500 eV um mehr als eine Zehnerpotenz schlechter.
— Andererseits ist die energiedispersive Detektion deutlich empfindlicher, entsprechend lässt sich diese Detektionsmethode besser in der Spurenanalytik einsetzen.
— Zudem sind die bei der WDRFA für eine entsprechend hohe Auflösung verantwortlichen Optiken und auch die verwendeten Analysatorkristalle sehr teuer, *und*
— die EDRFA erfordert sehr viel kürzere Messzeiten.

Für den „Laboralltag" ist die schnellere und günstigere energiedispersive Detektion damit zweifellos geeigneter, während die kostenintensivere wellenlängendispersive Detektion vor allem bei Hochleistungs-Untersuchungen zum Einsatz kommt.

▶ https://en.wikipedia.org/wiki/
Madonna_del_Prato_(Raphael)#/media/
File:Raphael_-_Madonna_in_the_
Meadow_-_Google_Art_Project.jpg

Ein Anwendungsbeispiel

Da die RFA die zerstörungsfreie Analyse beispielsweise von Werkstoffen ermöglicht, wird sie häufig eingesetzt, um etwa die Zusammensetzung von Bauteilen zu überprüfen, die aus der einen oder anderen Legierungen gefertigt wurden. Allerdings beschränkt sich der Anwendungsbereich dieser Methode bei Weitem nicht auf Legierungen: So stellte sich beispielsweise bei der Restaurierung des berühmten Raffael-Gemäldes „Madonna im Grünen" (auch bekannt als „Madonna auf der Wiese", 1505/1506; eine Abbildung dieses Gemäldes findet sich in der englischsprachigen Wikipedia) das Problem, welches Pigment für die auffallende Blaufärbung des Mariengewands seinerzeit verwendet wurde. Zur Auswahl standen
— Azurit (ein basisches Kupfercarbonat der Zusammensetzung $2\,CuCO_3 \cdot Cu(OH)_2$) *und*
— Ultramarinblau (ein Alumosilicat mit Polysulfid-Einschlüssen; die allgemeine Formel lautet $Na_{8-10}Al_6Si_6O_{24}S_{2-4}$).

Im energiedispersen RFA-Spektrum, das bei der Untersuchung des Gemäldes erhalten wurde, fanden sich nicht die charakteristische K_α- und die K_β-Linie von Kupfer, dafür waren aber Natrium, Aluminium, Silicium und Schwefel deutlich zu erkennen: Die Frage war beantwortet.

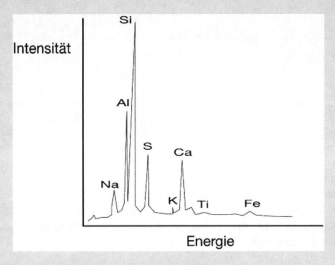

Energiedisperses RFA-Spektrum einer kunsthistorisch bedeutenden Probe (M. Otto: Analytische Chemie, S. 195, Abb. 3.47. 2010. Copyright Copyright Wiley-VCH Verlag GmbH & Co. KGaA. Reproduced with permission)

Allerdings ist auch bei derlei Untersuchungen die Verwendung von Standards unerlässlich. Wie so häufig, kann man sich für den Einsatz von externen oder internen Standards unterscheiden. Dabei sind externe Standards natürlich sehr viel komfortabler, denn für die Verwendung eines *internen* Standards sind zwei Dinge zu berücksichtigen:

- Entweder müsste die Probe *doch* verändert werden, indem man die Referenzsubstanz – die nicht Bestandteil der zu vermessenden Probe selbst sei darf! – in genau bekannter Menge hinzufügt. Dann aber könnte man nicht mehr ausnutzen, dass die RFA an sich zerstörungsfrei ist.
- Alternativ könnte man – bei hinreichend bekannten Proben – auch ausnutzen, wenn diese ein als Referenz geeignetes Element in genau bekannter Menge enthalten. Aber dazu muss das natürlich erst einmal der Fall sein.

Bei *externen* Standards stellt sich ein anderes Problem: Die zu Messwerten führenden Fluoreszenzprozesse finden ja nicht nur an der Oberfläche des zu untersuchenden Materials statt, sondern auch in deren Inneren, insofern sind als externe Standards nur Stoffe geeignet, deren Gesamt-Zusammensetzung der des Analyten möglichst ähnlich sind; sonst kommt es zu *Matrix-Effekten,* auf die hier allerdings nicht weiter eingegangen werden soll.

Hat man jedoch eine für die Referenz-Probe geeignete Matrix gefunden, ist es problemlos möglich, entsprechende Multielement-Standards anzufertigen, in denen eine Vielzahl von Elementen mit jeweils genau bekanntem Gehalt vorliegen. Die Messkurve eines solchen Standards zeigt exemplarisch unten stehende Abbildung. (Die beachtlich hohen Werte oberhalb von 15 keV sind auf die bei der Messung verwendete Molybdän-Röhre zurückzuführen.

23

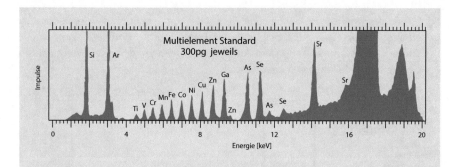

Kennkurven verschiedener in einem Multielement-Standard enthaltenen Metalle
(K. Cammann (Hrsg.): Instrumentelle Analytische Chemie, S. 4-88, Abb. 4.55b. 2010.
Copyright Spektrum Akademischer Verlag Heidelberg. With permission of Springer.)

❓ Fragen

6. Warum sind etwaige M-Linien in der RFA nicht von Bedeutung?
7. Weswegen ist nach dem Auftreten des Auger-Effektes nicht damit zu
    rechnen, dass das dabei freiwerdende Photon eine weitere Ionisierung des
    Analyt-Atoms (bzw. –Ions) bewirkt?

Zusammenfassung

Bei der Atomspektroskopie werden die Atome des zu quantifizierenden Elements

— entweder mit geeigneter elektromagnetischer Strahlung angeregt, wobei
    die Quantifizierung über die – dem Lambert-Beer'schen Gesetz folgende –
    Absorption der Anregungsstrahlung erfolgt (*Absorptions*spektroskopie),
— oder anhand der bei der nach der Anregung erfolgenden Relaxation
    emittierten Strahlung (*Emissions*spektroskopie) quantifiziert.

Der Bindungszustand der Analyt-Atome (ionisch, kovalent, metallisch) ist, weil
die zu untersuchenden Proben im Vorfeld atomisiert werden, in beiden Fällen
unerheblich.
Die Atomisierung erfolgt

— vermittels Gasflammen (was außer bei der klassischen Flammenphotometrie
    der Alkali- und Erdalkalimetalle vornehmlich historisch von Interesse ist),
— im (Graphitrohr-)Ofen, der unter Verwendung einer L'vov-Plattform noch
    bessere Ergebnisse liefert, *oder*
— durch Plasma. Die dabei verwendeten Plasmafackeln werden heutzutage
    meist durch ein hochfrequentes Induktionsfeld stabilisiert, so dass man von
    induktions-gekoppeltem Plasma (ICP) spricht.

Atomabsorptionsspektroskopie (AAS)

Die Anregung der zu quantifizierenden Atome erfolgt mit elementspezifischer
Strahlung. Diese stammt von Entladungslampen (verwendet werden Hohl-
kathoden- oder Induktionslampen), die jeweils das zu quantifizierende Element
enthalten. Aus diesem Grund lässt sich mit der AAS immer nur *ein* Element gleichzeitig quantifizieren.
Bei der Anregung wechseln Elektronen des Analyten in energetisch weniger
günstige Schalen, die im Grundzustand nicht besetzt sind. Nicht alle denkbaren
Übergänge lassen sich mit Strahlung aus dem VIS-Bereich bewirken, aber gerade
diese, bei denen also die Intensität der Anregungsstrahlung durch Absorption vermindert wird, stellen die Grundlage dieser Technik dar.

Atomemissionsspektrometrie (AES/OES)

Bei der Atomemissionsspektrometrie (AES), deren historischer Vorläufer die Flammenphotometrie (F-AES) ist, wird der Analyt zur Emission elementspezifischer Strahlung angeregt. Die resultierenden Emissionsspektren gestatten auch die Quantifizierung verschiedener Elemente parallel (je nach verwendeter Technik mehr als fünfzig).

- Die heutzutage üblichen Messverfahren basieren nahezu ausschließlich auf der Verwendung von induktions-gekoppeltem Plasma; da hierbei nicht nur Atome, sondern auch Ionen zum resultierenden Emissionsspektrum beitragen, spricht man von optischer Emissionsspektrometrie (OES).
- Eine Alternative zur ICP-OES stellt die Mikrowellen-Plasmafackel-Atomemissionsspektrometrie (MPT-AES) dar, bei der das Plasma durch ein Mikrowellenfeld eingedämmt wird; diese Technik ist insbesondere in der Spurenanalytik gebräuchlich.
- Die Kombination der OES mit anderen Analytikverfahren kann die Empfindlichkeit dieser Methode drastisch steigern; besonders wichtig ist die Kombination mit der Massenspektrometrie (ICP-MS).

Röntgenfluoreszenzanalyse (RFA)

Energiereiche Röntgenstrahlung kann einen photoelektrischen Effekt bei den Rumpfelektronen des betroffenen Atoms bewirken. Die so entstandene Elektronen-Lücke in einer energetisch günstigeren als der Valenzschale führt zum „Nach-rücken" eines energiereicheren Elektrons, wobei die dabei freiwerdende Energie in Form eines Fluoreszenz-Photons abgestrahlt wird.

- Die Wellenlängen der erhaltenen Fluoreszenz-Photonen sind elementspezifisch.
    - Der Energiegehalt der erhaltenen Fluoreszenz-Photonen wird meist in eV oder keV angegeben.
    - Die Detektion der Photonen kann energiedispersiv (EDRFA) oder wellenlängendispersiv (WDRFA) erfolgen.
- Da die RFA auf der Anregung von Rumpfelektronen basiert, ist auch hier der Bindungszustand der betreffenden Atome unerheblich.

Die Fluoreszenz-Photonen können eine erneute Ionisierung des betroffenen Atoms bewirken; die so herausgeschlagenen Auger-Elektronen sind im Rahmen der Augerelektronen-Spektroskopie ebenfalls analytisch nutzbar.

Antworten

1. Bei Molekülen (oder allgemein: mehratomigen Systemen) ist neben der elektronischen Anregung auch die Anregung zu Vibrationen und Rotationen zu berücksichtigen, entsprechend kommen hier auch Vibrations- und Rotations-Niveaus zum Tragen, die – anders als die reinen Elektronenübergänge – durch eine Vielzahl nahe beieinanderliegender Wellenlängen bewirkt werden können. Dass dazu noch strahlungslose Übergänge von stärker vibratorisch/rotatorisch angeregten Systemen zu weniger stark angeregten Zuständen möglich sind (Stichworte: *innere Konversion* und *Intersystem Crossing*), sorgt auch bei Emissions-Prozessen für ein (eingeschränktes) Quasi-Kontinuum, nicht für diskrete Emissions-Linien.
2. Wird eine L'vov-Plattform verwendet, ist es dringend erforderlich, mit Schutzgas zu arbeiten, um die Oxidation des elementaren Kohlenstoffs zu CO und CO_2 (oder ähnlichem) zu verhindern. Aber die hohen Temperaturen einer ICP-Fackel würden selbst in Gegenwart von Schutzgas die Plattform selbst angreifen.

23

3. Aus der *Allgemeinen Chemie* wissen Sie, dass die Energiedifferenz zwischen verschiedenen Schalen des gleichen Atoms mit zunehmender Hauptquantenzahl immer geringer wird: Entsprechend ist für die Anregung eines Elektrons aus der K-Schale zur M-Schale mehr Energie erforderlich, als für einen Übergang von der L-Schale zur N-Schale: $\Delta E(K \rightarrow M) > \Delta E(L \rightarrow N)$, Entsprechend wird bei der Relaxation $N \rightarrow L$ weniger Energie frei, die zugehörige emittierte Strahlung ist daher längerwellig als bei der Relaxation $M \rightarrow K$.

4. Prinzipiell gibt es zwei Möglichkeiten, und die einfachste Lösung für dieses Problem ist geradezu trivial: Wenn es möglich ist, sollte man versuchen, den Analyten als Reinstoff einzusetzen. Alternativ kann man das Verdampfen der Matrix durch den Einsatz von Matrixmodifikatoren (► Abschn. 20.1.2) beschleunigen, so dass die Matrix (lange) vor dem Analyten in die Gasphase übergeht und somit nicht gemeinsam mit diesem in das Massenspektrometer geraten kann.

5. Harris, Abschn. 21.1: Was ist Massenspektrometrie?Ein Blick in entsprechende Isotopentabellen verrät uns: Das erwähnte $^{40}Ar_2^+$-Kation besitzt etwa das gleiche m/z-Verhältnis wie das Kation $^{80}Se^+$. Entsprechend ist bei der Quantifizierung von Selen auf derlei Interferenzen zu achten. (Tab. 21.1 aus dem ► Harris enthält die Massen ausgewählter Isotope; leider ist Selen nicht darunter. Aber wenn Sie selbst Massenspektrometrie betreiben, werden Sie ohnehin mit größter Wahrscheinlichkeit auf deutlich umfangreichere Tabellenwerke zurückgreifen.)

6. Für etwaige M-Linien müsste zunächst einmal ein Elektron aus der M-Schale entfernt werden und dann ein Elektron aus einer der noch kernferneren Schalen nachrücken (die dafür natürlich auch erst einmal besetzt sein müsste/n). Das dabei freiwerdende Photon wäre nicht mehr sonderlich energiereich (siehe Frage bzw. Antwort 3: Je kernferner die Schalen sind, desto geringer ist der Energieunterschied zur nächsthöheren Schale), insofern läge ein entsprechendes Photon nicht mehr innerhalb des bei der RFA betrachteten Energiebereichs (zu wenige eV).

7. Das hat gleich zwei Gründe: Zum einen ist das durch diesen Effekt freiwerdende Auger-Photon ohnehin längst nicht mehr so energiereich wie das bei der „normalen" Röntgenfluoreszenz abgestrahlte Photon, dürfte also ohnehin nicht mehr ausreichen, eine Ionisierung herbeizuführen. Zum anderen weist ein Atom, das nicht nur eine „normale" Röntgenfluoreszenz-Erscheinung gezeigt hat (wofür es bereits gemäß dem photoelektrischen Effekt zum Kation M^+ ionisiert wurde), nach dem Herausschlagen eines *zweiten* Elektrons (eben durch den Auger-Effekt, also einem neuerlichen photoelektrischen Effekt) nun bereits eine *doppelt* positive Ladung auf (M^{2+}). Entsprechend sind alle diesem zweifach positiv geladenen Kation noch verbliebenen Elektronen deutlich stärker an den Kern gebunden, als das beim Kation M^+ (und erst recht dem ungeladenen Atom M) der Fall ist, also würde für eine *dritte* Ionisierung noch deutlich mehr Energie benötigt.

Literatur

Bienz S, Bigler L, Fox T, Meier H (2016) Hesse – Meier – Zeeh: Spektroskopische Methoden in der organischen Chemie. Thieme, Stuttgart

Binnewies M, Jäckel M, Willner, H, Rayner-Canham, G (2016) Allgemeine und Anorganische Chemie. Springer, Heidelberg

Cammann K (2010) Instrumentelle Analytische Chemie. Spektrum, Heidelberg

Harris DC (2014) Lehrbuch der Quantitativen Analyse. Springer, Heidelberg

Huheey J, Keiter E, Keiter R (2014), Anorganische Chemie. deGruyter, Berlin

Ortanderl S, Ritgen U (2018) Chemie – das Lehrbuch für Dummies. Wiley, Weinheim

Otto M (2011) Analytische Chemie. Wiley, Weinheim

Literatur

Riedel E, Janiak C (2007) Anorganische Chemie. de Gruyter, Berlin
Schröder B, Rudolph J (1985) Physikalische Methoden in der Chemie. VCH, Weinheim
Schwister K (2010) Taschenbuch der Chemie. Hanser, München
Skoog DA, Holler FJ, Crouch SR (2013) Instrumentelle Analytik. Springer, Heidelberg
Während der Harris auch dieses Mal das Referenz-Lehrbuch ist, seien doch drei weitere Werke aus dieser (selbstverständlich wieder nicht vollständigen) Liste ausdrücklich hervorgehoben:

- Die Grundlagen der Röntgenfluoreszenzanalyse sind im *Cammann* sehr gut nachvollbar dargelegt, während der *Skoog* auf apparative Gegebenheiten (und gegebenenfalls auch Schwierigkeiten) dieser Technik eingeht.
- Denjenigen unter Ihnen, die sich mit den in Abschn. 23.1 angesprochenen Auswahlregeln auseinandersetzen möchten, sei der *Huheey* nachdrücklich ans Herz gelegt.

Ansonsten möchte ich erneut auf das Literaturverzeichnis im Harris hinweisen.

Serviceteil

Glossar

α *siehe* Trennfaktor

Abk. Abk. für Abkürzung.

Abschirmungsfaktor σ Die nach den Slater-Regeln berechenbare Abschirmung der positiven Ladung eines Atomkerns, mit der ein kernferneres Elektron (in einer Schale mit n > 1) wechselwirkt; mit Hilfe dieses Abschirmungsfaktors kann für jede Schale eines Atoms der Kernladungszahl Z die effektive Kernladungszahl Z_{eff} ermittelt werden.

Absorbanz Streng genommen falsche, aber zunehmend gebräuchliche Bezeichnung für die Extinktion.

Absorption/absorbieren Es gibt zwei Möglichkeiten: Entweder ist damit das Aufnehmen eines Stoffes *in* einen anderen Stoff gemeint, also etwa das Einlagern elementaren Wasserstoffs in das Innere eines (Übergangs-)Metalls, oder die Absorption eines elektromagnetischen Quants, so dass Elektronen in einen energetisch ungünstigeren (angeregten) Zustand gebracht werden. Bitte die A_b_sorption nicht mit der A_d_sorption verwechseln.

Absorption (A) (auch: Extinktion E) *siehe* Extinktion

Absorptionsbanden Vornehmlich die in UV/VIS-Spektren auftretenden „Peaks", die anzeigen, in welchen Wellenlängenbereichen ein Analyt in welchem Ausmaß (Extinktion) elektromagnetische Strahlung absorbiert.

Absorptionsspektrum *siehe* Extinktionsspektrum

Adsorbieren Anlagerung eines Stoffes an die *Oberfläche* eines Festkörpers, etwa bei chromatographischen Trennverfahren. Nicht mit der A_b_sorption verwechseln.

ÄP *siehe* Äquivalenzpunkt

äquidistant Viel wissenschaftlicher wirkender Ausdruck für „im gleichen Abstand zueinander".

Äquivalenzpunkt (ÄP) Der Punkt bei einer volumetrischen Analyse, bei der der Analyt-Lösung äquivalente Mengen an Titrant hinzugegeben wurde. Bitte beachten Sie, dass äquivalente Mengen nicht zwangsweise äquimolare Mengen bedeuten müssen: Wird eine zweiprotonige Säure gegen eine Base titriert, ist der ÄP erst erreicht, wenn doppelte Stoffmengen an Base zur Säure hinzugegeben wurden.

AES *siehe* Atomemissionsspektroskopie, *siehe auch* Augerelektronen-Spektroskopie

Affinitäts-Chromatographie Chromatographie mit speziell behandeltem Säulenmaterial, das gezielt mit nur einem Analyten (oder einer Analyt-Stoffklassenfamilie) wechselwirkt: durch Einsatz etwa von Antikörpern oder Antigenen auch in den Biowissenschaften von immenser Bedeutung. Sehr effektiv, sehr speziell und durch die Variabilität des Säulenmaterials zugleich vielseitig.

Aliquot Teilportion einer Probe (meist einer Lösung).

Alternativverbot Bei einem Molekül mit Inversionszentrum ist eine Schwingung entweder IR- oder Raman-aktiv.

amphiprotisch *siehe* Ampholyte

Ampholyte Substanzen, die im Brønsted-Lowry-Sinne sowohl als Säure als auch als Base fungieren können, weil sie sowohl mindestens ein hinreichend positiv polarisiertes, kovalent gebundenes Wasserstoff-Atom als auch mindestens ein freies Elektronenpaar aufweisen. Das zugehörige Phänomen wird als Amphoterie bezeichnet. (Gelegentlich bezeichnet man derlei Verbindungen oder Ionen auch als *amphiprotisch*, weil sie Protonen aufnehmen, aber auch abgeben können.)

Amphoterie *siehe* Ampholyte.

Analyt Der Stoff, um den es bei einer Analyse geht: die bei einer Untersuchung relevante Substanz bzw. der betreffende Substanzbestandteil, wenn etwa nach bestimmten Ionen gesucht wird, deren Gegenionen nicht von Belang sind. In der Volumetrie wird häufig auch die gesamte den Analyt enthaltende Lösung einschließlich all ihrer weiteren Bestandteile als Analyt (oder als Analyt-Lösung) bezeichnet.

Analytik, qualitative Jegliche Untersuchungsverfahren, die dazu dienen, die *Identität* vorliegender Analyten zu ermitteln oder das Vorliegen des betreffenden (gesuchten) Analyten nachzuweisen. Kurz gesagt: „*Was* ist in meiner Probe enthalten?"

Analytik, quantitative Jegliche Untersuchungsverfahren, mit denen die Menge (Masse, Volumen, Stoffmenge) der betreffenden Analyten bestimmt werden können. Kurz gesagt: „*Wie viel* vom bzw. von den Analyten ist in meiner Probe enthalten?"

Angeregter Zustand Jeder beliebige Zustand eines Atoms oder Moleküls, in dem nicht sämtliche Elektronen den jeweils niedrigst-möglichen Energiegehalt aufweisen: *Jegliches* Abweichen vom Grundzustand eines Systems führt zu einem angeregten Zustand (entsprechend ist die Zahl möglicher angeregter Zustände prinzipiell unbegrenzt). In der Molekülspektroskopie wird unterschieden, ob ein (mehratomiges) System elektronisch oder vibratorisch/rotatorisch (vib./rot.) angeregt ist. Bei einem *elektronisch* angeregten System befindet sich (mindestens) ein Elektron in einem energetisch ungünstigeren Orbital, als es im Grundzustand besetzen würde; bei der Vib./Rot.-Anregung werden energetisch unterschiedliche Schwingungsniveaus erreicht. Hierfür reichen sehr viel kleinere Energiemengen aus, so dass auch ein elektronisch unangeregtes System (ein System, dass sich hinsichtlich seiner Elektronen im Grundzustand befindet) sehr wohl vib./rot.-angeregt sein kann.

Ångström Nicht SI-konforme Längeneinheit: 10^{-10} m (also 0,1 pm oder 100 nm); wird vor allem in der Kristallographie verwendet, weil das Ångström in der Größenordnung von Bindungslängen und Atomabständen im Kristallgitter liegt.

Anode Der Teil eines elektrochemischen Systems, an dem die Oxidation erfolgt; bei spontan ablaufenden Redox-Reaktionen der Minus-Pol; bei der Elektrolyse dient die Anode als Pluspol.

Arbeitsbereich Die Angabe des Arbeitsbereiches liefert die Information, welche Mindestmenge der zu analysierenden Substanz in einer Probe vorhanden sein muss, um mit Hilfe der gewählten Analysenmethode reproduzierbare Aussagen zu treffen.

Atomemissionsspektroskopie (AES) Methode der Spektroskopie, die darauf basiert, Atome anzuregen und den Analyten anhand der Wellenlängen, die bei der Rückkehr in den Grundzustand abgestrahlt werden, zu identifizieren.

Atomorbital Jedes Orbital eines Atoms, das (noch) nicht in Wechselwirkung mit dem (oder den) Orbital(en) eines anderen Atoms in (bindende oder antibindende) Wechselwirkung getreten ist.

Auflösung (in der Chromatographie) Ein Maß für die Effizienz einer Trennung, ermittelt an diversen Kennzahlen/Eigenschaften verschiedener Analyt-Peaks.

Aufschlämmung Laborjargon für eine Suspension mit dem Lösemittel Wasser.

Auger-Elektronen In der RFA kann das beim Nachrücken eines energiereicheren Elektrons in die durch Röntgenstrahlung gemäß dem photoelektrischen Effekt entstandene Lücke in den Rumpfelektronen abgestrahlte (Fluoreszenz-)Photon eine erneute Ionisierung des betreffenden Atoms bewirken; es wird also ein zweites Elektron aus dem (bereits ionisierten) Atom herausgeschlagen. Dieses wird als Auger-Elektron bezeichnet und lässt sich im Rahmen von Augerelektronen-Spektroskopie ebenfalls analytisch auswerten.

Augerelektronen-Spektroskopie (gelegentlich mit AES abgekürzt) Methode der Analytik, bei der die kinetische Energie von Auger-Elektronen zur Gewinnung von Informationen herangezogen wird.

Ausreißer Ein Messwert innerhalb einer Messreihe, der sich signifikant von den anderen Messwerten der gleichen Reihe unterscheidet.

Ausschluss-Chromatographie (Gelfiltration) Trennung verschiedener Analyten nach ihrer Größen; dabei passieren größere Analyten die verwendete Säule rascher als kleinere, weil letztere auch in Säulenmaterial-Hohlräume eindringen und so einen weiteren Weg zurücklegen müssen; auch zur Entsalzung von (Analyt-)Lösungen geeignet.

Ausschütteln Laborjargon für eine Flüssig-Flüssig-Extraktion auf der Basis der unterschiedlichen Polaritäten zweier nicht miteinander mischbarer Flüssigkeiten / Lösemittel. In welchem Lösemittel sich welche Stoffe eines Stoffgemisches bevorzugt anreichern werden, lässt sich grob eben anhand der Polarität abschätzen; für feinere (quantitative Aussagen) muss man auf den Nernstschen Verteilungssatz zurückgreifen.

Auswahlregeln Quantenmechanische Regeln, die eine Aussage darüber gestatten, welche Zustandsveränderungen (bei Anregung ebenso wie bei Relaxation) erlaubt und welche verboten sind.

Auswiegen Laborjargon für „mit Hilfe einer Waage die Masse einer Substanz möglichst genau ermitteln".

Autoprotolyse (des Wassers) – Dynamisches Gleichgewicht, bei dem zwei Wasser-Moleküle wechselseitig als Säure bzw. Base fungieren. Dabei entstehen je ein Hydronium-Ion (H_3O^+), die konjugierte Säure der Base Wasser (H_2O), sowie ein Hydroxid-Ion (OH^-), die konjugierte Base der Säure Wasser (H_2O). Beachten Sie, dass Autoprotolyse prinzipiell bei allen Ampholyten möglich ist.

Avogadro-Zahl (N_A) Anzahl der Teilchen, die einem Mol entspricht: $6{,}022 \times 10^{23}$ Stück; damit ergibt sich für N_A die Einheit 1/mol (also: „pro Mol") oder mol^{-1}.

Balmer-Serie Die Reihe der Übergänge angeregter Elektronen, bei denen die Relaxation dazu führt, dass das ursprünglich angeregte Elektron ein Orbital mit der Hauptquantenzahl $n = 2$ populiert; beim Wasserstoff-Atom liegen die im Zuge dieser Relaxation emittierten Wellenlängen im Bereich des sichtbaren Lichtes.

Bande Korrekte Bezeichnung für einen „Peak" in einem (IR- oder UV/VIS)-Spektrum.

Basen, starke/mittelstarke/schwache Substanzen mit einem pK_B-Wert <0 / zwischen 0 und 4 / >4.

Basisbreite (w) Breite eines Peaks an seiner Basis; gelegentlich etwas schwer zu ermitteln.

bathochromer Effekt Die Verschiebung des Absorptionsmaximums einer Verbindung durch ein Auxochrom in Richtung größerer Wellenlängen.

Bestimmungsgleichung Gleichungen zur präzisen Angabe von Konzentrationen, Anteilen oder Verhältnissen. Die in der Analytik verbindlichen Gleichungen nebst zu verwendenden Variablen, Formelzeichen und Einheiten sind deutschlandweit durch die DIN 1310 festgelegt.

Bestimmungsgrenze Liegt der Analyt-Gehalt einer Probe oberhalb der Nachweis-, oder unterhalb der Bestimmungsgrenze, kann das Vorhandensein des Analyten nur noch qualitativ konstatiert werden. Quantitative Aussagen sind bei derart niedrigem Gehalt nicht mehr möglich. Die Bestimmungsgrenze ist natürlich stets vom betrachteten Analyten und dem verwendeten Analyseverfahren abhängig.

Beugeschwingungen *siehe out-of-plane-Deformationsschwingungen*

Blindprobe Durchführung eines Experiments mit einer Probe(nlösung), die den (qualitativ oder quantitativ) zu bestimmenden Analyten mit Sicherheit enthält, um zu überprüfen wie die betreffende Analysenmethode das Vorhandensein des Analyten anzeigt, also beispielsweise wie eine positive qualitative Nachweisreaktion abläuft, welcher Farbumschlag beim Vorhandensein des Analyten zu erwarten ist oder welche Messwerte ein entsprechendes für quantitative Messungen ausgelegtes Gerät bei einer genau definierten Konzentration des Analyten liefert. Das Gegenteil der Blindprobe ist die Leerprobe.

Bodenhöhe, theoretische (H) Der Abstand, der sich rein rechnerisch zwischen den theoretischen Böden einer Chromatographiesäule ergibt; gibt Auskunft über die Trenn-Effektivität der betreffenden Säule unter den jeweils gewählten Bedingungen (einschließlich Fließgeschwindigkeit etc.). Quantitativ beschrieben wird die theoretische Bodenhöhe einer Säule durch die van-Deemter-Gleichung.

Bodenkörper Allgemeine Bezeichnung für den festen Teil eines Flüssig/Fest-Gemisch nach der (partiellen oder vollständigen) Phasentrennung, etwa den ungelösten Rückstand am Boden des Gefäßes, in dem sich eine gesättigte Lösung befindet.

Bodenzahl einer Säule (auch: Anzahl der theoretischen Böden) (N) Kennzahl zur Quantifizierung der Trenn-Effektivität einer Chromatographiesäule; hängt über die Beziehung $H \times N = L$ (Länge der Säule) mit der theoretischen Bodenhöhe H zusammen.

Bohr'sches Atommodell Vereinfachte Beschreibung des Atoms, bei dem die Elektronen den Atomkern umkreisen wie Planeten ihr Zentralgestirn, nur dass diese „Planetenbahnen" dreidimensional sind und daher als „Schalen" bezeichnet werden. Entscheidend ist, dass sich die Elektronen nur auf energetisch genau definierten Schalen aufhalten können; alle anderen (theoretisch denkbaren) Zustände sind definitionsgemäß nicht möglich. Je kernferner eine Schale, desto energiereicher sind die sich darin befindenden Elektronen; aus historischen Gründen werden die Schalen „von innen nach außen", also nach steigendem Energiegehalt, alphabetisch gekennzeichnet, beginnend mit K. (Dabei entspricht die K-Schale des Bohr'schen Atommodells der Haupt-quantenzahl $n = 1$ aus dem quantenmechanischen Modell, die L-Schale der Hauptquantenzahl $n = 2$ etc.)

Brackett-Serie Die Reihe der Übergänge angeregter Elektronen, bei denen die Relaxation dazu führt, dass das ursprünglich angeregte Elektron ein Orbital mit der Hauptquantenzahl $n = 4$ populiert; beim Wasserstoff-Atom liegen die im Zuge dieser Relaxation emittierten Wellenlängen im Infrarot-Bereich.

Brønsted-Säure /-Base *siehe* Säuren und Basen nach Brønsted bzw. Brønsted-Lowry

Brown'sche Molekularbewegung Ungeordnete Wärme-bewegung sämtlicher Teilchen, eben auch auf molekularer oder atoma-rer Ebene.

CE Abk. für *capillary electrophoresis;* auch in deutschsprachigen Texten gebräuchliche Kurzschreibweise für Kapillarelektrophorese.

Cerimetrie Redox-Titrationen auf der Basis des Redoxpaares Ce^{4+}/Ce^{3+}.

Chelateffekt Oberbegriff für die verschiedenen Faktoren, die dafür sorgen, dass gemeinhin Chelatkomplexe deutlich stabiler sind als vergleichbare Komplexe mit einzähnigen Liganden.

Chelat-Ligand Jeder Ligand eines Komplexes, der über mehr als ein Atom an das Zentralteilchen des Komplexes koordiniert ist. Meist sind Komplexe von Chelat-Liganden ungleich stabiler als vergleichbare Gegenstücke mit einzähnigen Liganden.

Chemilumineszenz Man spricht von Chemilumineszenz, wenn eine chemische Reaktion von Leuchterscheinungen begleitet wird; nicht zu verwechseln mit Phosphoreszenz oder Fluoreszenz.

Chromatogramm Graphische Darstellung der Ergebnisse einer chromatographischen Untersuchung; meist wird auf der x-Achse die Retentionszeit der einzelnen Analyten aufgetragen, während auf der y-Achse die Peak-Höhe angegeben ist.

Chromatographie Verfahren zur Stofftrennung, die darauf basiert, dass unterschiedliche, in einer mobilen Phase (flüssig oder gasförmig) gelöste Substanzen in unterschiedlicher Art und Weise mit einer statio-nären Phase (meist einem Feststoff) wechselwirken.

Chromophor Funktionelle Gruppe, die leichtere Anregbarkeit eines Elektronensystems bewirkt. Typische Chromophore sind die Carbonyl-gruppe oder andere Mehrfachbindungen, an denen mindestens ein Hetero-Atom mit (mindestens) einem freien Elektronenpaar beteiligt ist.

D *siehe* Multiplizität

DC Zunehmend veraltende Bezeichnung für die Dünnschicht-chromatographie.

Deformationsschwingungen *aus der IR-Spektroskopie:* Schwin-gungen, bei denen sich Bindungswinkel des Analyten ändern. Man unterscheidet *in-plane-* und *out-of-plane-*Schwingungen.

Dekantieren Laborjargon für „vorsichtiges Abgießen des Über-standes einer Flüssigkeit/Lösung mit Bodenkörper".

Deprotonierung Abspaltung eines Wasserstoff-Kations von einem Molekül(-Ion), das somit im Brønsted-Lowry-Sinne als Säure fungiert.

Derivatisierung Die Umsetzung etwa eines Analyten zu einer neuen Verbindung, die andere Eigenschaften besitzt; kann zur Auftrennung oder zur Detektion von Analyten erforderlich sein.

Diamagnetismus Weist eine Substanz ausschließlich spingepaarte Elektronen auf, wird eine Probe dieser Substanz aus einem Magnetfeld geringfügig herausgedrückt; Gegenteil: Paramagnetismus.

Dimensionsanalyse Logisches Durchdenken einer „Rechenauf-gabe", bei der verschiedene Einheiten ins Spiel kommen: Man überprüft, ob das Zusammenspiel der verschiedenen Einheiten letztendlich zu einem Ergebnis mit der richtigen Einheit führt oder nicht.

Dipolmoment Fallen im Grundzustand eines Moleküls (oder Molekül-Ions) die Schwerpunkte von positiven und negativen Partial-ladungen nicht zusammen, weist die entsprechende Verbindung ein Dipolmoment auf.

Diradikal Atom oder Molekül(-ion) mit zwei ungepaarten Elektronen; die Multiplizität dieses Systems muss nicht zwangsweise $M = 3$ sein.

Disproportionierung / Synproportionierung Redox-Re-aktion, bei der zwei (oder mehr) Atome der gleichen Elementsorte, die zu Beginn der Reaktion die gleiche Oxidationszahl aufweisen, nach Abschluss mit unterschiedlichen Oxidationszahlen vorliegen. Das Gegenteil dazu ist die *Synproportionierung.*

Dublett (D) *siehe* Multiplizitätszustand.

Dünnschichtchromatographie (TLC, *thin layer chromato-graphy***)** Adsorptionschromatographie, bei der die unterschiedliche Polarität verschiedener Analyten zu unterschiedlichen Retentionswerten führt.

dynamisches Gleichgewicht Von einem dynamischen Gleich-gewicht spricht man dann, wenn zwei gegenläufige Prozesse gleich-schnell ablaufen, so dass makroskopisch keine Veränderung mehr wahrnehmbar ist. Hat sich im chemischen Sinne ein dynamisches Gleichgewicht eingestellt, laufen Hin-und Rückreaktion gleichschnell ab, und es wird kein weiteres Produkt mehr erzeugt (oder Edukt ver-braucht). Derlei dynamische Gleichgewichte lassen sich mit dem Massenwirkungsgesetz beschreiben.

Eddy-Diffusion Zunehmend gebräuchliche Bezeichnung für die Streudiffusion, die durch den A-Term der Van-Deemter-Gleichung beschrieben wird.

EDL *siehe* Elektrodenlose Entladungslampe

EDRFA *siehe* Röntgenfluoreszenzanalyse

EDTA Abk. für das Tetra-Anion der Ethylendiamintetrassigsäure (Ethylendiamintetraacetat), das als sechszähniger Ligand insbesondere in der Komplexometrie von Bedeutung ist.

ein- und mehrprotonige/-basige Säuren Als einprotonige (oder veraltend auch: einbasige) Säure bezeichnet man jede Säure nach Brønsted bzw. Brønsted-Lowry, die nur ein acides Wasserstoff-Atom aufweist. Bei mehrprotonigen (bzw. mehrbasigen) Säuren ist die Anzahl abspaltbarer Wasserstoff-Kationen entsprechend größer.

elektrochemische Spannungsreihe *siehe* Spannungsreihe

Elektrodenlose Enladungslampe (EDL); *auch:* **Induktions-lampe** Die Energieversorgung erfolgt mithilfe eines Hochfrequenzfeldes; als elementspezifische Anregungs-Lichtquelle eine Alternative zur Hohlkathodenlampe.

Elektronenspin Die Elektronen innerhalb eines Orbitals müssen sich in ihrem Spin unterscheiden. Dabei gibt es zwei Möglichkeiten (deswegen kann ein Orbital, wie räumlich ausgedehnt es auch sein mag, gemäß dem Pauli-Prinzip nur mit maximal zwei Elektronen populiert sein): $m_s = +\frac{1}{2}$ (meist symbolisiert durch ↑) oder $m_s = -\frac{1}{2}$ (kurz: ↓).

Elektronenspinresonanz (ESR) Analyseverfahren, das auf der Anregung ungepaarter Elektronen durch langwellige Mikrowellenstrahlung basiert. Weil das Auftreten ungepaarter Elektronen unweigerlich zu paramagnetischem Verhalten führen, wird die ESR im englischen Sprachraum auch als *electron paramagnetic resonance* (EPR) bezeichnet.

Elektroosmotischer Fluss Die „Pump-Bewegung" in Richtung Kathode, die sich im Inneren einer CE-Kapillare nach Anlegen eines elektrischen Feldes ergibt, weil die Anzahl frei beweglicher, positiver Ladungsträger größer ist als die Anzahl frei beweglicher, negativer Ladungsträger (die negativen Ladungen der deprotonierten Silanol-Gruppen an der Kapillaren-Wandung sind ja ortsfest).

Elektropherogramm Graphische Darstellung der Ergebnisse einer elektrophoretischen Untersuchung; in der CE wird, ganz analog zu den meisten Chromatogrammen, auf der x-Achse die Retentionszeit der einzelnen Analyten aufgetragen, während auf der y-Achse die Peak-Höhe angegeben wird.

Elektrophorese Stofftrennung nach dem unterschiedlichen Migrationsverhalten geladener Teilchen im elektrischen Feld.

Elution / Eluierung Herauslösen oder –waschen einer adsorbierten Substanz mithilfe eines Lösemittels oder Lösemittelgemisches.

Elutionsgradient Das Eluieren der Analyten mithilfe eines Lösemittelgemisches wechselnder Zusammensetzung; bei einer Normalphasen-Chromatographie steigert man bei einem A/B-Gemisch, bei dem B die polarere Komponente des Gemisches darstellt, nach und nach den B-Anteil.

Elutrope Reihe Aufreihung von Lösemitteln nach steigender Polarität / steigendem Elutionsvermögen für Normalphasen-Chromatographie; bei der Umkehrphasen-Chromatographie ist sie entsprechend invertiert.

Emissionsspektrometrie Prinzipiell jede Form der Spektrometrie, bei der von der durch entsprechende Anregung des Analyten hervorgerufenen elementspezifischen Emission auf den Analytgehalt geschlossen wird. Bei der ICP-OES *(inductively coupled plasma optical emission spectrometry)* erfolgt die Anregung vermittels einer Plasmafackel, bei der F-AES *(flame atomic emission spectrophotometry)* durch eine Gasflamme.

Emissionsspektrum Spektrum, das nach Anregung des Analyten erhalten wird: Spektrum der bei der Rückkehr in den Grundzustand (oder einen weniger stark angeregten Zustand) freiwerdenden Energie, die teilweise oder vollständig in Form von elektromagnetischer Strahlung emittiert wird.

Emulsion Mehr oder minder stabile Dispersion zweier an sich nicht ineinander löslicher Flüssigkeiten; nach längerer Wartezeit (durchaus auch Tage) lässt sich gelegentlich zumindest partielle Phasentrennung beobachten.

Endcapping Chemische Modifikation der freien Silanol-Gruppen in Kieselgel; vermindert (oder verhindert) das Tailing der Analyt-Peaks.

Entartung Als „entartet" bezeichnet man alles, was exakt den gleichen Energiegehalt besitzt bzw. durch exakt die gleiche Energiemenge angeregt werden kann. Entartete Orbitale beispielsweise besitzen genau den gleichen Energiegehalt. Das einfachste Beispiel sind die drei p-Orbitale gleicher Hauptquantenzahl: Der p-Orbitalsatz ist dreifach entartet. Entsprechend sind sämtliche d-Orbital-Sätze jeweils fünffach entartet etc. Auch Molekülorbitale können entartet sein, egal ob bindend, nichtbindend oder antibindend. Von entarteten Schwingungen spricht man (vor allem in der IR-Spektroskopie), wenn zwei oder mehrere Schwingungen eines Moleküls durch die gleiche Wellenzahl angeregt werden können, so dass die Anzahl der Banden im Spektrum deutlich kleiner ist, als die Anzahl von Schwingungsfreiheitsgraden erwarten ließe.

Entsalzung Das ausschlusschromatographische Entfernen von Kationen, Anionen und anderen Teilchen mit vergleichsweise kleiner molekularer Masse; in der Bioanalytik unerlässlich.

erlaubt *siehe* symmetrie-erlaubt/-verboten

ESR *siehe* Elektronenspinresonanz

Exakte Zahlen Zahlen, die keine Messunsicherheit aufweisen, also im Rahmen des Umgang mit signifikanten Ziffern als Zahlen mit unendlich vielen signifikanten Ziffern /Nachkommastellen anzusehen sind. Beispiele sind genau definierte (Umrechnungs-)Faktoren oder präzise bestimmte ganze Zahlen (etwa: Anzahl der Murmeln in einem Beutel).

Extinktion (E) (auch: Absorbanz, A) In der Photometrie übliche Größe zur Beschreibung des Verhältnisses von Analyt-Lösung und Leerprobe (direkt mit dem Lambert-Beer'schen Gesetz vereinbar); wegen des englischen Fachbegriffes *absorbance* zunehmend als Absorbanz bezeichnet.

Extinktionsspektrum Jedes Spektrum, bei dem auf der y-Achse die Extinktion aufgetragen ist.

Extraktion Das Herausholen eines gelösten Stoffes aus seinem Lösemittel; meist wird der betreffende Analyt dabei in eine anderes Lösemittel überführt.

Extrapolation Das Abschätzen zu erwartender Messwerte über den (experimentell) gesicherten Bereich hinaus. Das kann gut gehen, muss aber nicht.

Fällungsform In der Gravimetrie: die Form, in der ein Analyt mit Hilfe eines entsprechenden Fällungsreagenzes aus der Lösung ausgefällt wird. Die Fällungsform muss nicht mit der Wägeform identisch sein.

Farbumschlag Laborjargon für die farbliche Veränderung einer Substanz, nachdem sie eine chemische Reaktion eingegangen ist. Besonders häufig im Zusammenhang mit Säure/Base-Indikatoren und Redox-Reaktionen anzutreffen.

F-AES *siehe* Flammenemissionspektrometrie

Festkörperanalytik Oberbegriff für alle Analyseverfahren, bei denen der Analyt als Feststoff vorliegt, also nicht zur Untersuchung in Lösung gebracht oder in die Gasphase überführt werden muss.

Fieberkurven Das Resultat der bei vielen Studenten beliebten Unsitte, bei der graphischen Auftragung verschiedener Messwerte die einzelnen Messpunkte jeweils durch gerade Linien gedankenlos mit ihren jeweiligen Nachbarn zu verbinden, statt ausgehend von der Gesamtheit aller Messpunkte nach Möglichkeit eine Trendlinie/ Ausgleichsgerade zu erstellen, die Interpolation (und ggf. auch Extrapolation) gestattet. Kurz gesagt: Lassen Sie das. (Es sei denn, es geht wirklich darum, einfach nur graphisch aufzutragen, welche Körpertemperatur ein individueller Patient zum jeweiligen Messzeitpunkt hatte. Die resultierende Zickzack-Linie gestattet aber keine weiteren Aussagen.)

Filtrat Das, was beim Filtrieren eines inhomogenen Gemisches in der flüssigen Phase verbleibt, also „unten aus dem Filter herauskommt".

Filtrieren Das Abtrennen feinverteilter Stoffe durch einen Filter. Im Filter verbleibt der Rückstand, das Filtrat ist dann schwebstoff-frei.

Fingerprint-Region (oder -Bereich) *in IR-Spektren:* Im Bereich $\tilde{\nu} < 1500\,\text{cm}^{-1}$ auftretende Banden lassen sich nur selten einzelnen Schwingungen oder Schwingungsmodi zuordnen, weil die zugehörigen IR-Photonen das gesamte Molekül zu komplexeren Gerüstschwingungen anregen. Entsprechend bilden die in dieser Region des Spektrums auftretenden Banden eine Art „molekularen Fingerabdruck", der für den betreffenden Stoff meist charakteristisch ist.

Flamme, fette *in der Atomspektroskopie:* eine Atomisierungsflamme mit Brennstoffüberschuss; wirkt reduzierend.

Flamme, magere *in der Atomspektroskopie:* eine Atomisierungsflamme mit Oxidationsmittelüberschuss; führt zu höherer Flammentemperatur.

Flammenemissionsspektrometrie (*flame atomic emission spectrophotometry,* F-AES) *siehe* Emissionsspektrometrie

Flüssigchromatographie (*liquid chromatography,* LC) Chromatographisches Trennverfahren, bei dem als mobile Phase eine Flüssigkeit dient.

Fluoreszenz Bei der Fluoreszenz (die *bitte nicht* mit der Phosphoreszenz zu verwechseln ist) wird eine Substanz durch elektromagnetische Strahlung der Wellenlänge λ_1 dazu angeregt, nach einem strahlungslosen (intramolekularen oder intraatomaren) Übergang elektromagnetische Strahlung der Wellenlänge λ_2 zu emittieren, für die gilt: Wellenlänge $\lambda_2 > \lambda_1$. Dahinter stecken die photochemische Anregung der Substanz und der eine oder andere strahlungslose, symmetrieerlaubte Übergang (ohne Veränderung des Multiplizitätszustandes). Jegliche Fluoreszenz-Erscheinung verschwindet innerhalb einer Zeitspanne von etwa 10^{-8} s nach Beendigung der Anregung.

Formelzeichen Innerhalb des betreffenden Fachgebietes allgemein anerkannte Symbole für physikalische Größen; häufig durch die eine oder andere DIN abgesichert. Erst wenn man sich auf entsprechende Formelzeichen geeinigt hat, weiß jeder, dass mit c_i die Konzentration des Stoffes i (in welchem Lösemittel auch immer) gemeint ist etc.

Frank-Condon-Prinzip Quantenmechanische Beschreibung des Zusammenhangs von Vibrations- und elektronischen Anregungszuständen eines mehratomigen Systems.

Freiheitsgrade Anzahl möglicher Bewegungen/Bewegungsrichtungen jedes einzelnen Atoms, auch innerhalb mehratomiger Verbände. Man unterscheidet Translations-, Rotations- und Schwingungsfreiheitsgrade.

γ-Strahlung Elektromagnetische Strahlung mit einer Wellenlänge $< 10^{-1}$ nm; äußerst energiereich.

galvanisches Element Zwei voneinander getrennte elektrochemische Halbzellen, bei denen sich, wenn sie leitend miteinander verbunden werden, eine Potentialdifferenz aufbaut, so dass es (unter Ablaufen von Oxidation und Reduktion in den jeweiligen Halbzellen) zum Stromfluss kommt.

Gammastrahlung *siehe* γ-Strahlung

Gaschromatographie (GC) Chromatographisches Trennverfahren, bei dem ein Gas als mobile Phase eingesetzt wird.

GC *siehe* Gaschromatographie

Gehaltsbereich Relativer Gehalt des Analyten innerhalb eines Stoffgemisches; meist in Prozent angegeben.

Gel-Elektrophorese Elektrophoretische Trennung geladener Analyten auf der Basis des durch das verwendete Gel bewirkten Sieb-Effektes, der kleineren Analyten raschere Bewegungen in Richtung Kathode oder Anode gestattet als größeren; kann mit der Kapillarelektrophorese kombiniert werden.

Gelfiltration Alternative Bezeichnung für die Ausschluss-Chromatographie; wird von manchen als „zu salopp" empfunden, trifft den Kern der Sache aber ziemlich gut.

Genauigkeit Das Ausmaß, inwieweit sich Messungen, die eigentlich rein rechnerisch zum gleichen Ergebnis führen sollten (etwa die mehrmalige Vermessung gleicher oder identischer Proben), in ihrem Ergebnis unterscheiden. In den Naturwissenschaften wird die Genauigkeit einer Messreihe durch die signifikanten Ziffern verdeutlicht.

Gerüstschwingungen siehe *Fingerprint*-Region

gequantelt Eigenschaft eines beliebigen Systems, das kein Kontinuum bildet: Innerhalb dieses Systems können nur bestimmte Werte (oder auch Zustände) angenommen werden, während andere Werte *prinzipiell* unmöglich sind – nicht „schwer zu erreichen" oder „unwahrscheinlich", sondern *aus Prinzip* unmöglich. (Ein wichtiges Beispiel sind die möglichen Energieniveaus, die ein Elektron einnehmen kann: Zwischen dem 1s- und dem 2s-Orbital *gibt* es einfach keinen möglichen Zustand für das Elektron.) Die *Quantelung* ist ein Charakteristikum in der mikroskopischen Welt (die deswegen auch als die *Quanten*welt bezeichnet wird), aber auch in der makroskopischen Welt gibt es Analoga dazu: So können Sie im Baumarkt immer nur ganze Schrauben kaufen, wahlweise einzeln oder im Fünfziger-Pack, aber eine *halbe* Schraube – oder einen beliebigen andere nicht-ganzzahlige Stückzahl – werden Sie dort vergebens suchen. Ist der Unterschied zwischen den einzelnen möglichen Werten oder Zuständen so klein, dass er ohne aufwendige Hilfsmittel nicht beobachtbar wird, spricht man von einem *Quasikontinuum.*

gesättigte Lösung Eine (Salz)-Lösung, in der das Ionenprodukt der gelösten Teilchen überschritten wurde; *siehe* Löslichkeitsprodukt.

Gesamtspin (S_ges) Da wir nur Elektronen betrachten wollen: Die Summe der *tatsächlichen* Spinquantenzahlen aller beteiligten Elektronen eines Systems. Spingepaarte Elektronen ($\uparrow\downarrow$) tragen gemeinsam zum Gesamtspin jeweils 0 bei, weil $+\frac{1}{2} + (-\frac{1}{2}) = 0$. Der Gesamtspin eines Systems ergibt sich also alleine aus der Summe der tatsächlichen Spinquantenzahlen aller *ungepaarten* Elektronen.

Gleichgewichtskonzentrationen Die Konzentrationen von Edukten und Produkten einer chemischen (Gleichgewichts-)Reaktion, die tatsächlich vorliegen, wenn sich das dynamische Gleichgewicht eingestellt hat. Bitte verwechseln Sie *niemals* die Anfangs- und die Gleichgewichtskonzentrationen.

Gravimetrie Analysenverfahren, in dem aus der Anzeige einer Waage Rückschlüsse auf die Masse des Analyten gezogen werden.

Grenzorbital-Abstand Energieunterschied zwischen HOMO und LUMO eines Moleküls oder Molekül-Ions.

Grenzwellenlänge (λ_{CutOff}) Für Lösemittel stoffspezifische Größe; die Wellenlänge, unterhalb derer eine UV/VIS-photometrische Vermessung der in betreffendem Lösemittel gelösten Analyten (bzw. deren Detektion) nicht mehr möglich ist, weil das Lösemittel selbst unterhalb dieser Wellenlänge absorbiert.

Grundzustand (eines Atoms oder Moleküls) Der Zustand, in dem sämtliche Elektronen den jeweils niedrigst-möglichen Energiegehalt aufweisen; Zufuhr von Energie führt dann zu angeregten Zuständen.

Halbäquivalenzpunkt Der Punkt einer Titration, an dem exakt die Hälfte der zum Erreichen des Äquivalenzpunktes erforderliche Menge an Titrant zum Analyten hinzugegeben wurde; besonders wichtig bei der Betrachtung von Puffern (*siehe* Henderson-Hasselbalch-Gleichung).

Halbwertsbreite (w$_{1/2}$) Zunehmend gebräuchliche Bezeichnung für die Breite eines (Chromatographie-)Peaks auf dessen halber Höhe.

Halbzellen Teil eines galvanischen Elements, in dem *entweder* die Reduktion *oder* die Oxidation abläuft.

Henderson-Hasselbalch-Gleichung Gleichung zur Berechnung des pH-Wertes einer Pufferlösung anhand von pK$_S$-Wert (pK$_B$-Wert) der verwendeten schwachen Säure (Base) und den Konzentrationen von Säure und konjugierter Base (Base und konjugierter Säure); ▶ Gl. 5.11. (Übrigens: Unterstehen Sie sich, das L des Herrn Hasselba_l_ch zu unterschlagen – auch wenn man es ständig falsch hört und es sogar in manchen Lehrbüchern falsch verzeichnet ist.)

heterogen Proben mit einer variierenden Zusammensetzung werden als heterogen oder inhomogen bezeichnet. Würde man eine heterogene Probe aliquotieren, stünde zu erwarten, dass sich die einzelnen Teilproben in ihrem Analytgehalt unterscheiden.

HKL *siehe* Hohlkathodenlampe

Hochleistungs-Flüssigchromatographie (HPLC) Form der Flüssigchromatographie, bei der die mobile Phase mit beachtlichem Druck durch recht schmale Chromatographiesäulen gepumpt wird; führt zu deutlich höheren Auflösungen als die klassische Flüssigchromatographie.

Hohlkathodenlampe (HKL) Elementspezifische Anregungs-Lichtquelle für die Atomspektroskopie; eine Gasentladungsröhre mit Edelgas-Füllung, wobei die Kathode aus dem nachzuweisenden Element besteht.

HOMO *(highest occupied molecular orbital)* Das energiereichste mit Elektronen besetzte Orbital eines Atoms oder Moleküls.

HOMO-1 Das Orbital, das energetisch gesehen genau unterhalb des HOMO liegt, also energetisch (etwas) günstiger ist.

homogen Probe mit einheitlicher Zusammensetzung. Die Aliquotierung einer homogenen Probe führt zu Aliquoten mit identischem Analytgehalt.

Homogenisieren Eine heterogene Probe in eine homogene Probe umwandeln. (Ja, vom Homogenisieren spricht man auch bei Milch, aber das ist hier nicht gemeint.)

HOMO-LUMO-Abstand Der Energieunterschied zwischen dem *energiereichsten* besetzten und dem energieärmsten *nicht besetzten* Orbital eines Atoms oder Moleküls; die Energie, die aufgebracht werden muss, um den angeregten Zustand zu erreichen, bei dem ein Elektron aus dem HOMO in das LUMO gewechselt ist. Wird auch als Grenzorbital-Abstand bezeichnet.

HPLC *(High performance liquid chromatography)* *siehe* Hochleistungs-Flüssigchromatographie

Hund'sche Regel Entartete Orbitale werden zunächst spinparallel einfach besetzt.

Hydronium-Ion H_3O^+-Ion; entstanden durch die Reaktion eines Wasser-Moleküls mit einem Reaktionspartner, der dem Wasser gegenüber als Säure fungiert hat. Das Hydronium-Ion ist die konjugierte Säure der Base Wasser (H_2O); gelegentlich als Oxonium-Ion bezeichnet.

Hydroxid-Ion OH^--Ion; entstanden durch die Reaktion eines Wassermoleküls mit einer hinreichend starken Base, so dass es zur Deprotonierung kam; tritt auch bei der Autoprotolyse des Wassers auf. Das Hydroxid-Ion ist die konjugierte Base der Säure Wasser (H_2O).

Hygroskopie Als hygroskopisch bezeichnet man Substanzen, die Wasser aus der Umgebung (meist der Luftfeuchtigkeit) an sich binden. Das kann wünschenswert sein (etwa bei hygroskopischen Substanzen, die als Trockenmittel dienen) oder stören: Hygroskopische Analyten beispielsweise scheinen auf der Waage unerklärlicherweise an Masse zuzunehmen.

hyperchromer Effekt Alles, was sich farbvertiefend auswirkt, also das Ausmaß der Absorption einer gegebenen Wellenlänge verstärkt, ohne dabei eine Veränderung der Wellenlänge zu bewirken.

hypsochromer Effekt Verschiebung des Absorptionsmaximums einer Verbindung nach kürzeren Wellenlängen durch ein Auxochrom; das Gegenteil des bathochomen Effekts.

IC *siehe* Konversion, innere

ICP *siehe* Plasma, induktiv gekoppeltes

ICP-OES *siehe* Emissionsspektrometrie

Indikator, pH- Substanz, die in Abhängigkeit vom pH-Wert der sie erhaltenden Lösung unterschiedliche Farbigkeit aufweist, weil sie je nach (De-)Protonierungsgrad unterschiedlich mit dem sichtbaren Licht wechselwirkt.

Indikator, Redox- Substanz, die in Abhängigkeit von ihrem Oxidations- bzw. Reduktionszustand unterschiedliche Farbigkeit aufweist.

Induktionslampe *siehe* Elektrodenlose Entladungslampe

Infrarotspektroskopie (IR-Spektroskopie) Spektroskopische Methode, bei der die Analyten durch vergleichsweise energiearme Infrarotstrahlung zu verschiedenen Schwingungen angeregt werden. Verändert sich dabei das Dipolmoment des jeweiligen Analyten, ist diese Schwingung IR-aktiv und findet sich im zugehörigen Spektrum wieder.

Infrarotstrahlung (IR-Strahlung) Elektromagnetische Strahlung mit einer Wellenlänge von etwa 10^3–10^5 nm. Dieser Bereich wird häufig noch weiter unterteilt:

— **nahes IR:** $\lambda = 800\ \text{nm}$–3000 nm ($= 3{,}0\ \mu\text{m}$)

— **mittleres IR:** $\lambda = 3$–50 μm

— **fernes IR:** $\lambda = 0{,}5\ \mu\text{m}$ bis 10000 μm

innere Konversion *siehe* Konversion

inhomogen *siehe* heterogen

in-plane-Deformationsschwingungen (δ) Schwinungen, bei denen sich Bindungswinkel verändern; man unterscheidet Spreiz- und Pendelschwingungen.

Interpolation Gestatten die vorliegenden Messwerte y zu einem Analytgehalt x das Erstellen einer Trendlinie, ermöglicht diese das Abschätzen der zu erwartenden Messwerte y auch für nicht bereits vermessene x-Werte; zugleich kann von einer neu vermessenen Probe anhand des resultierenden y-Wertes auf den zu dieser Probe gehörigen x-Wert geschlossen werden – das Prinzip jeder Kalibierkurve.

Intersystem Crossing (ISC) Strahlungsloser Übergang eines Systems von einem Zustand zu einem anderen, wobei sich der Multiplizitätszustand des Systems verändert; häufig symmetrie-verboten.

Iodometrie Redox-Volumetrie auf der Basis des Redoxpaares I_2/I^-.

Ionenchromatographie Vornehmlich für anionische Analyten genutzte Variante der Ionenaustauscher-Chromatographie.

Ionenpaar-Chromatographie Variante der Ionenaustauschchromatographie, bei der zusätzliche Aspekte der Umkehrphasen-Chromatographie zum Tragen kommen; für sehr spezielle Anwendungen.

IR- *siehe* Infrarot…

IR-Bereich Infrarotstrahlung; deutlich weniger energiereich als sichtbares Licht. Man unterscheidet drei Wellenlängenbereiche:

- **nahes IR:** $\lambda = 800\,nm$–$3000\,nm$ ($= 3{,}0\,\mu m$)

- **mittleres IR:** $\lambda = 3$–$50\,\mu m$

- **fernes IR:** $\lambda = 0.5\,\mu m$ bis $10000\,\mu m$ ($= 10\,mm$ oder $1\,cm$, aber „Zenti-" ist nicht SI-konform)

ISC *siehe Intersystem Crossing*

isobare Interferenz Von einer isobaren Interferenz spricht man bei der ICP-MS, wenn durch Reaktionen von Analyt-Atomen mit Plasma-Kationen Partikel mit einem Masse/Ladungs-Verhältnis entstehen, deren m/z-Wert dem des Analyten nahezu entsprechen und so, bei nicht hinreichender Auflösung, Störungen bewirken.

isoelektronisch Zwei Atome/Ionen sind isoelektronisch, wenn sie die gleiche Anzahl von (Valenz-)Elektronen aufweisen.

isokratische Elution Elution mit nur einem Lösemittel oder einem Lösemittelgemisch unter Verzicht auf einen Gradienten.

Isotope Atome gleicher Art, die sich in ihrer Massenzahl, aber nicht ihrer Kernladungs-, also Ordnungszahl unterscheiden. Aufgrund der unterschiedlichen Anzahl von Neutronen ergeben sich für verschiedene Isotope unterschiedliche Massen; in der Massenspektrometrie von immenser Bedeutung.

IUPAC *(International Union for Pure and Applied Chemistry)* Allgemein anerkannte Institution für alle Fragen der Bezeichnung chemischer Verbindungen (Nomenklatur), in der Chemie zu verwendende Naturkonstanten etc. Die Empfehlungen der IUPAC sind zwar nicht bindend, werden aber meistens eingehalten.

Jablonski-Diagramm/Jablonski-Termschema Graphische Darstellung der verschiedenen möglichen Anregungszustände sowie etwaiger Relaxationswege von Molekülen; dabei werden elektronische Anregungszustände ebenso berücksichtigt wie Vibrations- oder Rotations-Zustände.

Job'sche Methode Verfahren zur Ermittlung der stöchiometrischen Zusammensetzung eines Komplexes (ZL_x). Dabei werden unterschiedliche Gemische von Zentralteilchen- und Ligand-Lösungen (spektral-) photometrisch bei der Wellenlänge untersucht, die dem Absorptionsmaximum des betreffenden Komplexes entspricht.

k *siehe* Retentionsfaktor

Kalibrierkurve (Kalibrationskurve) Graphische Auftragung von Analyt-Konzentrationen (auf der x-Achse) und den zugehörigen Messwerten (auf der y-Achse). Welche Eigenschaft jeweils ausgenutzt wird, um die betreffenden Messwerte zu erhalten, hängt von der verwendeten Analysenmethode ab. Ist es möglich, anhand der vorliegenden Messwerte eine Trendlinie anzugeben (was sehr wünschenswert ist!), ermöglicht dieser Graph auch über Interpolation anhand der erhaltenen Messwerte von Proben unbekannter Konzentration den Rückschluss auf deren jeweiligen Analyt-Gehalt. Auch die Extrapolation ist zulässig, jedoch nur innerhalb des linearen Bereiches entsprechender Graphen.

Kalibrierung Das Ermitteln, wie die jeweils gewählte Analysenmethode auf den betreffenden Analyten anspricht: Welcher Zusammenhang besteht zwischen der jeweils vermessenen physikalischen Größe und dem, was das verwendete Messinstrument anzeigt?

K_α-Linie *aus der Röntgenfluoreszenzanalyse:* Die Emissions-Linie, die sich durch das Nachrücken eines Elektrons aus der L-Schale in die durch Einwirkung von Röntgen-Photonen entstandene Lücke in der K-Schale ergibt. Meist reicht die K_α-Linie zur eindeutigen Identifizierung eines Elements bereits aus.

Kathode Der Teil eines elektrochemischen Systems, an dem die Reduktion erfolgt; bei spontan ablaufenden Redox-Reaktionen der Pluspol; bei der Elektrolyse dient die Kathode als Minuspol.

K_β-Linie *aus der Röntgenfluoreszenzanalyse:* Die Emissions-Linie, die sich durch das Nachrücken eines Elektrons aus der M-Schale in die durch Einwirkung von Röntgen-Photonen entstandene Lücke in der K-Schale ergibt; ebenfalls element-charakteristisch, aber deutlich weniger stark ausgeprägt als die K_α-Linie; wird daher in der Analyse meist nur in Zweifelsfällen betrachtet.

Kelvin-Skala Temperaturskala, die als Null-Wert den absoluten (thermodynamischen) Nullpunkt der Temperatur ($-273{,}15\,°C$) verwendet. Der Abstand der Temperaturschritte in der Kelvin-Skala ist identisch mit dem der (vermutlich gewohnteren) Celsius-Skala; die Umrechnung lautet daher:

- Temperatur in °C = Temperatur in K – 273,15 und

- Temperatur in K = Temperatur in °C + 273,15

(Die Einheit der Kelvin-Skala heißt übrigens nur „Kelvin". Bitte vermeiden Sie es, von „Grad Kelvin" zu sprechen.)

Kernladungszahl (Z) Anzahl der Protonen im Kern eines Atoms; entspricht der Ordnungszahl.

Kernladungszahl, effektive (Z_{eff}) In jedem Mehrelektronen-System wird die elektrostatische Anziehung der entgegengesetzten Ladungsträger durch die Wechselwirkung der Elektronen untereinander beeinflusst. Bei kernferneren Elektronen führt die Abschirmung durch die energetisch günstigeren (kernnäheren) Elektronen zu einer verminderten elektrostatischen Anziehung – als wäre die Ladung des Kerns etwas geringer. Das Ausmaß der Abschirmung hängt somit von der Anzahl der vorliegenden Elektronen und auch der Hauptquantenzahl des jeweils betrachteten Elektrons ab. Quantitative Aussagen lassen sich mit Hilfe der Slater-Regeln treffen.

Kernresonanzspektroskopie (*nuclear magnetic resonance,* NMR) Wichtiges Analyseverfahren zur Strukturaufklärung, basiert auf der Wechselwirkung geeigneter Atomkerne mit Radiowellen in einem starken Magnetfeld.

K_L-Wert Auf dem Massenwirkungsgesetz basierende Beschreibung der Löslichkeit einer ionischen Substanz bzw. deren Ionenprodukt. Häufig in Form des pK_L-Wertes angegeben.

Kollision Wissenschaftlicher Ausdruck für „Zusammenstoß". Bei einer Kollision zweier Moleküle kann Vibrations- oder Rotations-Energie vom einen auf das andere übertragen werden; Grundlage der strahlungslosen Relaxation.

Kolorimetrie Methode zur Bestimmung des Analyt-Gehalts eines (meist flüssigen) Stoffgemisches anhand des Vergleichs mit einer Farbskala, die auf Blindproben genau bekannter Konzentration des gleichen Analyten (im gleichen Medium) basiert. (Für ganz besonders Penible: Auch wenn das Prinzip der Kolorimetrie dem der Photometrie sehr ähnlich ist, sind die beiden Techniken doch voneinander zu unterscheiden, weil die Photometrie nur bei homogenen Analyt-Lösungen genutzt werden kann, die dem Lambert-Beer'schen Gesetz gehorchen.)

Komma ,

Komplexometrie Jegliche Titration, die letztendlich darauf basiert, dass der Analyt eine Komplexreaktion eingeht, sei es als Ligand, sei es als Zentralteilchen.

Konduktometrie Volumetrisches Analysenverfahren, bei dem der Titrationsverlauf anhand der Veränderung der elektrischen Leitfähigkeit der Analysen-Lösung nachverfolgt wird.

konjugiertes Säure/Base-Paar *siehe* Säure/Base-Paar

Konversion, innere (*internal conversion,* IC) Strahlungsloser Übergang eines Systems von einem Zustand zu einem andern, ohne dass sich der Multiplizitätszustand des Systems verändert; im Gegensatz zum *Intersystem Crossing* meist symmetrie-erlaubt.

Konzentrationszellen (auch: Konzentrationskette) Zwei Halbzellen eines galvanischen Elements, die zwar die gleichen Elektrolyte enthalten, sich aber in der Konzentration unterscheiden, so dass sich eine Potentialdifferenz ergibt.

korrespondierendes Säure/Base-Paar Veralteter Ausdruck für konjugiertes Säure/Base-Paar; *siehe* Säure/Base-Paar

λ_{CutOff} *siehe* Grenzwellenlänge

L_α-/L_β-Linie *aus der Röntgenfluoreszenzanalyse:* Die Emissions-Linie, die sich durch das Nachrücken eines Elektrons aus der M-Schale bzw. N-Schale in die durch Einwirkung von Röntgen-Photonen entstandene Lücke in der L-Schale ergibt. Deutlich weniger energiereich als die K-Linien.

Laborjargon Fachsprachliche Verschleifungen, die meist nicht ganz präzise sind (oder nicht im Sinne der IUPAC), sich unter Fachleuten jedoch durchgesetzt haben und daher nach wie vor verwendet werden. Dazu gehören die Verwendung veralteter/historisch bedingter Stoffbezeichnungen (etwa „Natronlauge" statt „wässrige Lösung von Natriumhydroxid") oder eines Stoffklassen-Oberbegriffes für einen konkreten Stoffklassenvertreter (wenn im Labor nach „Ether" gefragt wird, ist praktisch immer „Diethylether" gemeint) ebenso wie der Einsatz zumindest ... fragwürdiger Vorsilben. (Der Chemiker neigt etwa dazu, Suspensionen „abzufiltrieren" statt sie einfach nur zu filtrieren.) Idealerweise sollte man sich des Laborjargons nicht selbst bedienen, ihn aber zumindest passiv hinreichend beherrschen, um zu begreifen, was die Kolleginnen und Kollegen wohl gerade wollen.

Ladungsbilanz Beim Aufstellen einer Reaktionsgleichung, die diese Bezeichnung auch verdient, ist darauf zu achten, dass die Summe der Ladungen, die auf beiden Seiten des Reaktions- oder Gleichgewichtspfeils gegebenenfalls auftauchen, identisch ist: Ladungen können nicht einfach im Nichts verschwinden oder bei Bedarf aus dem Ärmel geschüttelt werden; *siehe auch* Stoffbilanz. Bitte beachten Sie: Es geht dabei um die *Summe* der Ladungen. Wird beispielsweise Kochsalz in Wasser gelöst ($NaCl \rightarrow Na^+ + Cl^-$), liegen in der resultierenden Lösung natürlich positive und negative Ladungsträger vor, während der Ausgangsstoff elektrisch neutral war, aber da sich die Summe der auftretenden Ladungen (sozusagen „1 x+, 1 x–") genau aufhebt, ist auch die Lösung insgesamt betrachtet ungeladen. (Anders könnte es ja auch nicht sein.)

Ladungsdichte Zur Ermittlung der Ladungsdichte eines Ions vergleicht man dessen Volumen (oder dessen Oberfläche) mit seiner Gesamtladung: Zwei Teilchen gleicher Ladung, aber unterschiedlicher Größe, weisen eine unterschiedliche Ladungsdichte auf: Die Ladungsdichte von Li^+ ist ungleich höher als die von K^+. (Ähnliche Ladungsdichte unterschiedlicher Ionen kann zu ähnlichem chemischem Verhalten führen: Denken Sie etwa an die Schrägbeziehung zwischen Li^+ und Mg^{2+}.)

Lambert-Beer'sches Gesetz Beschreibt den Zusammenhang von Konzentration einer Analyt-Lösung mit der Extinktion bei einer genau definierten Wellenlänge; Grundlage der Photometrie.

Laser (Akronym aus *Light Amplification by Stimulated Emission of Radiation*) Die Strahlung eines (nahezu) monochromatischen Generators elektromagnetischer Strahlung („Laser-Licht"); basiert auf der elektronischen Anregung geeigneter Systeme, die dann gezielt dazu gebracht werden, die im Anregungszustand gespeicherte Energie in Form von Photonen wieder freizusetzen.

LC (*liquid chromatography*) *siehe* Flüssigchromatographie

LCAO-Theorie (*linear combination of atomic orbitals*) Grundlage der Molekülorbital-Theorie; basiert auf der konstruktiven und destruktiven Interferenz der jeweils beteiligten Wellenfunktionen (= Orbitale); führt zu bindenden und antibindenden Wechselwirkungen. Auch nichtbindende Wechselwirkungen sind möglich.

Leerprobe Probe, die den (qualitativ oder quantitativ) zu bestimmenden Analyten eindeutig *nicht* enthält, aber der Vergleichbarkeit mit einer Blindprobe wegen mit sämtlichen auch in der Blindprobe enthaltenen anderweitigen Substanzen versetzt wurde, um etwa apparative Gegebenheiten auszugleichen.

Lewis-Säuren/-Basen *siehe* Säuren und Basen nach Lewis

lg Logarithmus zur Basis 10; bitte verwenden Sie *nicht* die Abkürzung „log", auch wenn das – fälschlicherweise – auf praktisch jedem Taschenrechner steht.

Licht, sichtbares Elektromagnetische Strahlung aus dem Wellenlängenbereich 380–800 nm.

Liganden Ein- oder mehratomige Moleküle oder Ionen, die über mindestens ein Atom mit dem Zentralteilchen eines Komplexes im Sinne einer Lewis-Base als Elektronendonor wechselwirken. Wechselwirkt ein Ligand über mehr als eine Koordinationsstelle mit dem Zentralteilchen, spricht man von einem mehrzähnigen Liganden oder einem Chelatliganden.

Lösemittel Bezeichnung für den Stoff, in dem ein anderer Stoff gelöst ist. Meist handelt es sich bei Lösemitteln um Flüssigkeiten, aber in der Gaschromatographie darf durchaus auch die gasförmige mobile Phase als Lösemittel angesehen werden.

Lösemittelfront *aus der Dünnschichtchromatographie:* die Höhe, bis zu der die mobile Phase entlang der stationären Phase aufgestiegen ist; der Abstand zwischen Startlinie und Lösemittelfront ist für die Ermittlung des Retentionsfaktors unerlässlich.

Löslichkeit Angabe der Menge eines Stoffes, die in einem Lösemittel gelöst werden kann, bevor das Löslichkeitsprodukt überschritten ist; wird meist in mol/L oder g/L angegeben.

Löslichkeitsprodukt Das mathematische Produkt der Konzentrationen der verschiedenen Ionen eines Salzes, beschrieben (wieder einmal) über das MWG. Auch hier gehen stöchiometrische Faktoren als Exponenten ein. Weil die Löslichkeitsprodukte von Salzen mit unterschiedlichen Stöchiometrien (1:1, 1:2 etc.) unterschiedliche Einheiten besitzen, lassen sich Löslichkeitsprodukte häufig nicht direkt miteinander vergleichen.

Lösung Homogenes Gemisch mindestens zweier Stoffe, meist in flüssiger Form. Besonders häufig gemeint: Ein bei Raumtemperatur fester Stoff, gelöst in einem bei Raumtemperatur flüssigen Stoff, z. B. Kochsalz in Wasser (ja, Sie kochen Ihre Nudeln in einem homogenen Stoffgemisch). Aber auch Salzsäure ist eine Lösung: Die bei Raumtemperatur gasförmige Substanz Chlorwasserstoff (HCl), gelöst in Wasser (H_2O).

Lösungsmittel Anderes Wort für Lösemittel.

Lösungsmittelextraktion *siehe* Extraktion

Lokalelement Wird ein Metall, das elektrisch leitend mit einem weniger edlen anderen Metall verbunden ist (beispielsweise indem sie einander berühren), oxidativ angegriffen, kommt es zum ungehinderten Elektronentransfer vom weniger edlen Metall, das dann entsprechend anstelle des edleren Metalls oxidiert wird; letztendlich stellt ein Lokalelement eine „kurzgeschlossene Batterie" dar.

lone pair Freies Elektronenpaar.

Longitudinal-Diffusion Effekt der Brown'schen Molekularbewegung auf die relative Bewegungsgeschwindigkeit gleichartiger Analyt-Partikel entlang der Flussrichtung einer Chromatographie-Säule; als B-Term in der van-Deemter-Gleichung berücksichtigt.

LUMO (lowest unoccupied molecular orbital) Das energieärmste *nicht* mit Elektronen besetzte Orbital eines Atoms oder Moleküls.

LUMO + 1 Das nächsthöhere (also energetisch ein wenig ungünstigere) Molekülorbital oberhalb des LUMO.

Luthersche Regel Am Äquivalenzpunkt einer Redox-Titration müssen sowohl die Standard-Redox-Potentiale der beteiligten Ionen als auch die Anzahl der bei den betreffenden Redox-Gleichgewichten beteiligten Elektronen berücksichtigt werden. Die zugehörige Formel finden Sie in diesem Studienheft als ▶ Gl. 7.2.

L'vov-Plattform Graphitplattform, die im Graphitrohrofen zum Einsatz kommt, um den Analyten einheitlich in die Gasphase zu überführen.

Lyman-Serie Die Reihe der Übergänge angeregter Elektronen, bei denen die Relaxation dazu führt, dass das ursprünglich angeregte Elektron ein Orbital mit der Hauptquantenzahl n = 1 populiert; beim Wasserstoff-Atom liegen die im Zuge dieser Relaxation emittierten Wellenlängen im energiereichen UV-Bereich.

M *siehe* Multiplizität

makroskopische Eigenschaften Eigenschaften zahlreicher (um nicht zu sagen: praktisch zahlloser) Atome/Ionen/Moleküle in einem Verbund, die nur gemeinsam gewisse Eigenschaften aufweisen. Dazu gehören Charakteristika wie Farbigkeit (dass einzelne Ionen keine Farbe besitzen, wissen Sie schon aus Studienheft 1 dieser Reihe) ebenso wie beispielsweise Ferromagnetismus (ein einzelnes Eisen-Atom ist keineswegs ferromagnetisch) und dergleichen mehr.

Maßlösung Lösung mit möglichst genau definierter Konzentration; in der Volumetrie unerlässlich.

Masse/Ladungs-Verhältnis (m/z) Das Verhältnis der Masse eines Teilchens zu seiner Gesamtladung; in der Massenspektrometrie von entscheidender Bedeutung.

Massenkonstanz Man spricht (insbesondere bei der Gravimetrie) von Massenkonstanz, wenn die Waage beim mehrmaligen Wiegen einer Probe nach deren Trocknen im Trockenschrank (nahezu) das gleiche Ergebnis anzeigt.

Massenspektrometrie (MS) Analytikverfahren, bei dem der Analyt ionisiert und in einem Magnetfeld fragmentiert wird; das Masse/Ladungs-Verhältnis (m/z) der erhaltenen Fragmente gestattet dann Rückschlüsse auf die Struktur des betreffenden Analyten.

Massenwirkungsgesetz (MWG) Quantitative Beschreibung der Lage eines chemischen Gleichgewichts: Verhältnis des mathematischen Produkts der Konzentration der Produkte zum mathematischen Produkt der Konzentration der Edukte. (Stöchiometrische Faktoren gehen als Exponenten ein) Den Wert dieses Verhältnisses gibt die Gleichgewichtskonstante K an.

Massetransfer-Term Der C-Term der van-Deemter-Gleichung (▶ Gl. 12.12)

Matrix Das, was abgesehen vom Analyten noch in der Probe vorliegt: die Summe aller Verunreinigungen. Von einer Matrix wird vor allem dann gesprochen, wenn der Analyt in relativ geringer (Stoff-)Menge vorliegt.

Matrixmodifikatoren Substanzen, die in der Atomabsorptionsspektroskopie etwaige störende Matrix-Komponenten zu leichtflüchtigen Verbindungen umsetzen.

Messgenauigkeit Ein Maß über die „Zuverlässigkeit" eines Messwertes, die Differenz zwischen dem gemessenen Wert und dem „wahren" Wert. Beim Umgang mit signifikanten Ziffern gilt: Die von links betrachtet letzte Ziffer der Zahl (also die letzte Ziffer) ist als unsicher anzusehen, alle Ziffern links davon gelten als zuverlässig. Bei einem Messwert von 10,42 gelten die Ziffern 1, 0 und 4 als „genau", während die 2 mit einer Messunsicherheit behaftet ist (es könnte also auch 10,41 oder 10,43 sein), während der Messwert 10,4 um eine Größenordnung weniger genau ist. (Hier könnte der „wahre" Wert eben auch 10,3 oder 10,5 sein.)

Messkolben Glasgerät zum präzisen Abmessen eines jeweils genau definierten Volumens. Anders als Messzylinder besitzen Messkolben keine Skalierung, sondern lediglich eine Ringmarke, die das Ablesen erleichtert. Derartige Messkolben sind dann bei einer Temperatur von 20 °C auf das jeweilige Volumen geeicht. Handels- und laborüblich sind Messkolben mit Volumina von 5,00(0) mL bis 5,000 L.

Metallindikator Als Komplexligand fungierende Lewis-Base, die (vor allem in der Komplexometrie mit EDTA) einen Komplex mit dem Analyt-Metallion bildet und dann eine andere Farbe aufweist als im unkomplexierten Zustand. Wichtig ist, dass der Metallindikator-Analyt Komplex weniger stabil ist als der EDTA-Analyt-Komplex.

Migration Fachsprachlich korrekte Bezeichnung für die „Wanderung" eines Teilchens (vor allem bei der Elektrophorese: Migration im elektrischen Feld).

mikroskopische Eigenschaften Eigenschaften einzelner Atome, Moleküle oder Ionen, etwa: Molekülmasse, räumlicher Bau (Bindungsabstände und -winkel), Dipol-Moment etc.

mikroskopisches Ereignis Jedes Ereignis, das sich mit klassischer Newton-Physik nicht mehr beschreiben lässt, weil die beteiligten Partikel zu klein sind und daher den Gesetzen der Quantenwelt gehorchen.

Mikrowellen-Plasmafackel-Atomemissionsspektrometrie (*microwave plasma torch atomic emission spectrometry*, **MPT-AES**) Variante der ICP-OES, bei der das Plasma durch ein Mikrowellenfeld stabilisiert wird.

Mikrowellenspektroskopie Spektroskopische Methode zur Untersuchung von Molekülrotationen.

Mittelwert Die Summe aller einzelnen Messwerte, die dann durch die Anzahl an Messwerten zu dividieren ist.

MO Kurz für Molekülorbital

mobile Phase Das „bewegliche" Adsorptionsmittel bei einer chromatographischen Stofftrennung. Dient als mobile Phase eine Flüssigkeit, handelt es sich um Flüssigchromatographie, wird als mobile Phase ein Gas verwendet, liegt Gaschromatographie vor.

Mobilität (μ_{ges}) Die Geschwindigkeit, mit der sich ein Ladungsträger im elektrischen Feld bewegt; Summe aus elektrophoretischer und elektroosmotischer Mobilität.

Mobilität, elektroosmotische (μ_{eo}) Die Beschleunigung (positive Ladungsträger) bzw. die Abbremswirkung (negative Ladungsträger), die ein Teilchen in der Kapillarelektrophorese aufgrund des elektroosmotischen Flusses erfährt.

Mobilität, elektrophoretische (μ_{ep}) Beweglichkeit eines Ladungsträgers im elektrischen Feld; hängt von seiner Ladungsdichte und seiner Polarisierbarkeit ab, ebenso auch von den Eigenschaften des verwendeten Lösemittels, der Temperatur (und damit der Viskosität) etc.

Mößbauer-Spektroskopie Verfahren zur Analyse von Festkörpern, bei dem der Analyt durch γ-Strahlung angeregt wird; Das resultierende Transmissionsspektrum gestattet unter anderem Rückschlüsse auf Kristallstrukturen und Ladungsdichteverteilungen.

Molalität Gehaltsgröße zur Beschreibung einer Lösung: Angegeben ist die Stoffmenge des gelösten Stoffes x pro Masse des Lösemittels (mit der üblichen Einheit mol/kg). Bitte nicht mit der Mola_r_ität verwechseln!

Molarität Laborjargon für die Stoffmengenkonzentration c und deren aus der zugehörigen Bestimmungsgleichung (Stoffmenge pro Volumen) resultierenden Einheit mol/L. Spricht man von einer 1-molaren Lösung des Stoffes x, ist damit eine Lösung gemeint, die den Stoff x in einer Konzentration von 1 mol pro Liter enthält.

Molekülorbital (MO) Orbital, das sich über sämtliche Atome erstreckt, die an der betreffenden Bindung beteiligt sind. (Wenn man die MO-Theorie ganz konsequent auslegt: Orbital, das sich über sämtliche Atome erstreckt, die Bestandteil des betrachteten Moleküls sind.) Man unterscheidet zwischen bindenden, antibindenden und nichtbindenden Molekülorbitalen.

Molekülorbital, antibindendes (ψ^*) Molekülorbital, dass durch *destruktive* Interferenz von Atomorbitalen entstanden ist. Antibindende Molekülorbitale sind stets energetisch ungünstiger als die Atomorbitale, aus denen sie hervorgegangen sind und tragen daher im populierten Zustand nicht zur Stabilität des Moleküls bei. Gekennzeichnet werden sie durch ein * neben dem griechischen Symbol, das für die Symmetrie des betreffenden Orbitals steht.

Molekülorbital, bindendes (ψ) Molekülorbital, dass durch *konstruktive* Interferenz von Atomorbitalen entstanden ist. Bindende Molekülorbitale sind stets energetisch günstiger als die Atomorbitale, aus denen sie hervorgegangen sind und tragen so, wenn populiert, zur Stabilität des Moleküls und zur Erhöhung der Bindungsordnung bei. Gekennzeichnet werden sie mit dem griechischen Symbol, das für die Symmetrie des betreffenden Orbitals steht.

Molekülorbital, nichtbindendes Molekülorbital, das weder bindender noch antibindender Natur ist, weil es – etwa durch seine räumliche Orientierung – nur zu nichtbindenden Wechselwirkungen fähig ist. Meist stammen nichtbindende Molekülorbitale von freien Elektronenpaaren, die nicht in konstruktive oder destruktive Wechselwirkung mit anderen Orbitalen treten können.

Molekülorbital-Theorie (kurz: MO-Theorie) Auf der Linearkombination von Atomorbitalen basierendes Bindungsmodell, dem gemäß es bei der Wechselwirkung zwischen den beteiligten Atomorbitalen zu bindenden und antibindenden Wechselwirkungen kommt. Gemäß der MO-Theorie entspricht die Anzahl der resultierenden Molekülorbitale (die bindenden und die antibindenden zusammengezählt) exakt der Anzahl der beteiligten Atomorbitale.

Molekülsymmetrie Die systematische Betrachtung sämtlicher Symmetrieeigenschaften eines Moleküls; *siehe dazu* Lehrveranstaltungen und -werke 3 der Allgemeinen und Anorganischen Chemie und/oder Abschn. 5.12 des Binnewies.

monochromatisches Licht Licht nur einer einzelnen Wellenlänge (aus technischen Gründen häufig: Licht, dessen Photonen nur aus einem sehr eng begrenzten Wellenlängen*bereich* stammen).

Monochromator Gerät, das aus einem elektromagnetischen Spektrum eine Wellenlänge (oder einen schmalen Wellenlängenbereich) isoliert.

Moseley'sches Gesetz Beschreibt die Abhängigkeit des Energiegehalts eines Fluoreszenzphotons von der Kernladungs-/Ordungszahl des Atoms, von dem es emittiert wurde, sowie von den Hauptquantenzahlen der beteiligten Schalen.

Multiplizität (M) Term zur Beschreibung des *möglichen* Verhaltens eines Teilchens im Magnetfeld. Für Mehrelektronensysteme ist die Bestimmung der Multiplizität sehr einfach: Da der Beitrag *gepaarter* Elektronen zum Gesamtspin stets entfällt ($+½ + (-½) = 0$) und bei allen ungepaarten Elektronen jeweils der *Betrag* des Spins (also: $|\pm½| = ½$ zu zählen ist, ergibt sich für die Multiplizität M = (Anzahl ungepaarter Elektronen) +1.

Multiplett-Zustand, auch: Multiplizitätszustand (M_Z, auch *M*) Während die Multiplizität M angibt, wie viele verschiedene *mögliche* Zustände ein System eines oder mehrerer Teilchen mit einem Spin >0 im Magnetfeld einnehmen *kann*, beschreibt der Multiplizitäts*zustand* M_Z, welcher Zustand im konkreten Falle jeweils tatsächlich angenommen *wurde*. Allgemein gilt: $M_Z = 2S_{ges} + 1$. Dafür muss man die jeweils konkreten Spinquantenzahlen ($+½$ oder $-½$) aller ungepaarten Elektronen addieren. Das Resultat wird dann in die Formel zur Berechnung des Gesamtspins bzw. der Multiplizität eingesetzt. Bei $M_Z = 1$ spricht man von einem Singulett-Zustand (S), bei $M_Z = 2$ von einem Dublett-Zustand (D), bei $M_Z = 3$ von einem Triplett-Zustand (T), bei $M_Z = 4$ bei einem Quartett-Zustand etc.

MWG *siehe* Massenwirkungsgesetz

m/z *siehe* Masse/Ladungs-Verhältnis

Nachweisgrenze Liegt der Analyt-Gehalt einer Probe unterhalb der Nachweisgrenze, kann nicht mehr mit Sicherheit ausgesagt werden, dass der Analyt in der Probe überhaupt vorhanden ist; es können nur noch statistische Wahrscheinlichkeiten betrachtet werden. Wo die Nachweisgrenze liegt, hängt natürlich vom betrachteten Analyten und dem verwendeten Analyseverfahren gleichermaßen ab.

Nernst-Gleichung Gleichung zur Ermittlung des Redoxpotentials eines Redox-Paares in Abhängigkeit von den jeweils vorliegenden Konzentrationen unter Standardbedingungen.

Nernst'scher Verteilungssatz Wird ein Stoff mit zwei miteinander nicht mischbaren Lösemitteln ausgeschüttelt, ergibt sich ein Gleichgewicht, demgemäß das Verhältnis der Konzentrationen des Stoffes in beiden Phasen stets konstant ist.

Neutralisation Die Umsetzung einer Säure mit einer Base (oder umgekehrt), so dass die vorliegenden H_3O^+-Ionen der Säure mit den OH^--Ionen der Base zu H_2O reagieren.

Neutralpunkt Bei jeder beliebigen Säure/Base-Titration der Punkt, an dem zum Analyten genau die Menge Titrant hinzugegeben wurde, dass die Lösung exakt neutral ist (also pH = 7). Dieser Neutralpunkt *kann* für den Kurvenverlauf von Bedeutung sein – so fällt er bei der Umsetzung eines starken Analyten (Säure oder Base) mit einem starken Titranten (Base oder Säure) genau mit dem Äquivalenzpunkt zusammen – *muss* es aber nicht.

NIST *(National Institute of Standards and Technology)* Das NIST, gegründet 1901, ist eines der ältesten Physik-Laboratorien der Vereinigten Staaten. Auf seiner Website bietet es zu praktisch allen naturwissenschaftlichen Gebieten (Physik, Chemie, Biologie und alles, was auch nur entfernt damit zu tun hat, wie etwa Materialwissenschaften und dergleichen mehr) eine geradezu unüberschaubare Vielfalt an Informationen. Für den Inhalt dieses Studienheftes sind vor allem die (Infrarot-)Spektren aus der zugehörigen Datenbank von Belang.

NMR *siehe* Kernresonanzspektroskopie

Normalbedingungen *siehe* Normbedingungen

Normalphasen-Chromatographie (NP-HPLC etc.) Chromatographie mit polarer stationärer und unpolarer mobiler Phase.

Normbedingungen Standardwerte für Temperatur T und Druck p. Die in der Physik gebräuchlichen Normalbedingungen sind T = 0 °C, p = 1013 mbar, während in der Chemie eher die Standardbedingungen (T = 0 °C also 273,15 K), p = 1,000 bar = 1000 hPa) üblich sind. Dazu kommt allerdings, dass es nicht nur noch einige weitere standardisierte Werte-Kombinationen dieser Variablen gibt, sondern tabellierte Werte manchmal auch auf die Raumtemperatur bezogen sind, wobei diese manchmal 20 °C beträgt, manchmal auch 25 °C. Bei der Verwendung von Tabellenwerten sollte man lieber dreimal nachschauen, welche Bedingungen gewählt wurden.

Normalfaktor *siehe* Titer

Normal-Wasserstoff-Elektrode Referenzelektrode zur Messung der Normalpotentiale (E^0) anderer Redoxpaare. Das Redoxpotential der zugehörigen Reaktion $\left(H_2 \rightleftarrows 2H^+ + 2e^-\right)$ wird dabei (willkürlich) als 0,00 V festgelegt.

***out-of-plane*-Deformationsschwingung (γ), auch: Beugeschwingung** Deformationsschwingung im dreidimensionalen Raum; man unterscheidet Torsions- und Kippschwingungen.

Oxidation Reaktion, bei der ein oder mehrere Elektron/en abgegeben wird/werden. Eine Oxidationsreaktion kann nur ablaufen, wenn auch eine Reduktion stattfindet und umgekehrt.

Oxidationsmittel Substanz, die eine andere oxidiert und dabei selbst reduziert wird.

Oxidationszahlen (und wie man sie bestimmt!) Hilfreiches Konstrukt zum Nachvollziehen von Redox-Reaktionen. Bei *monoatomaren Ionen* entspricht die Oxidationszahl der Ladung. Bei *kovalent aufgebauten* Verbindungen (Molekülen oder Molekül-Ionen) tut man so, als stünden die Elektronen der jeweiligen Bindung dem jeweils elektronegativeren Bindungspartner zu und spaltet somit heterolytisch. (Bei Atomen der gleichen Sorte muss man dann eben homolytisch spalten.)

Oxonium-Ion *siehe* Hydronium-Ion

PAGE Abk. für Polyacrylamid-Gelelektrophorese; obwohl Elektrophorese auch mit anderen Gelen möglich ist, werden doch, vor allem auf dem Gebiet der Biowissenschaften, die Begriffe PAGE und Gelelektrophorese nahezu synonym verwendet.

Paramagnetismus Weist eine Substanz mindestens ein ungepaartes Elektron auf, wird eine Probe dieser Substanz in ein Magnetfeld hineingezogen (das ist das Gegenteil von Diamagnetismus). Je größer die Anzahl ungepaarter Elektronen, desto stärker ist das paramagnetische Verhalten der betreffenden Substanz ausgeprägt.

Partialgleichungen, auch: Teilgleichungen Reaktionsgleichungen, die vornehmlich dazu dienen, die beiden Prozesse einer Redox-Reaktion, eben die Reduktion und die Oxidation, formal voneinander getrennt zu betrachten; auch dabei sind Stoff- und Landungsbilanz zu beachten.

Paschen-Serie Die Reihe der Übergänge angeregter Elektronen, bei denen die Relaxation dazu führt, dass das ursprünglich angeregte Elektron ein Orbital mit der Hauptquantenzahl n = 3 populiert; beim Wasserstoff-Atom liegen die im Zuge dieser Relaxation emittierten Wellenlängen im Infrarot-Bereich.

Pauli-Verbot (auch: Pauli-Prinzip) Sämtliche Elektronen eines Mehrelektronensystems müssen sich in mindestens einer Quantenzahl unterscheiden. Stimmen Elektronen in ihren ersten drei Quantenzahlen überein, populieren sie also das gleiche Orbital, müssen sie sich in ihrer Spinquantenzahl, also ihrem Elektronenspin, unterscheiden.

Peak Substanz-Signal in einem Chromatogramm

Permanganometrie Redox-Volumetrie auf der Basis des Redoxpaares MnO_4^-/Mn^{2+}. Nur im sauren Medium erfolgt die Reduktion bis zum zweiwertigen Mangan; im Basischen ist die Oxidationswirkung des Permanganats nicht ganz so ausgeprägt.

Pfund-Serie Die Reihe der Übergänge angeregter Elektronen, bei denen die Relaxation dazu führt, dass das ursprünglich angeregte Elektron ein Orbital mit der Hauptquantenzahl n = 5 populiert; beim Wasserstoff-Atom liegen die im Zuge dieser Relaxation emittierten Wellenlängen im langwelligen Infrarot-Bereich.

p-Funktion Man kann die Konzentration von Ionen in Lösung stets auch in Form des negativen dekadischen Logarithmus' dieser Konzentration angeben; außer bei H_3O^+-Ionen (*siehe* pH-Wert) ist dies vor allem bei den im Rahmen einer Fällungstitration verwendeten Titrant-Ionen üblich.

Phosphoreszenz Kann ein angeregtes Systems einen Teil der Anregungsenergie „speichern" und erst nach und nach in Form von Photonen freisetzen, spricht man von Phosphoreszenz; Grund für dieses Verhalten sind symmetrie-verbotene innere Übergänge (Veränderung des Multiplizitätszustandes). Im Gegensatz zur Fluoreszenz kann diese Leuchterscheinung mehrere Minuten bis Stunden anhalten.

photochemisch Fachsprachlich für: durch Zufuhr von Energie in Form von Photonen (also elektromagnetische Strahlung).

photoelektrischer Effekt Hinreichend energiereiche Photonen lösen beim Auftreffen auf die Oberfläche eines kathodischen Metalls (Valenz- oder Rumpf-)Elektronen aus einem Atom heraus; Grundlage der RFA.

Photometrie Analytisches Verfahren, bei dem anhand der Absorption einer genau definierten Wellenlänge aus dem Bereich des sichtbaren Lichtes der Analyt-Gehalt einer Lösung ermittelt werden kann.

Photon „Lichtteilchen" mit genau definierter Wellenlänge und damit (über $E = h \cdot \nu$) genau definiertem Energiegehalt.

pH-Wert Negativer dekadischer Logarithmus der Konzentration der H_3O^+-Ionen einer wässrigen Lösung; ein Sonderfall der p-Funktion, der allerdings so gebräuchlich ist, dass sich kaum jemand Gedanken darüber macht. Bitte beachten Sie, dass die Angabe eines pH-Wertes letztendlich eine *Konzentrationsangabe* ist.

π-Orbital Molekülorbital (bindend oder antibindend), bei dem die Elektronendichte oberhalb und unterhalb der Kernverbindungsachse maximiert ist, während entlang der Kernverbindungsachse eine Knotenebene verläuft, daher antisymmetrisch im Bezug auf die Rotation entlang der Bindungsachse.

pK$_A$-Wert/pK$_B$-Wert *siehe* pK$_S$-Wert

pK$_L$-Wert Negativer dekadischer Logarithmus des K$_L$-Wertes einer ionisch aufgebauten Verbindung.

pK$_S$-Wert/pK$_B$-Wert Jeweils der negative dekadische Logarithmus des K$_S$- bzw. K$_B$-Wertes einer Substanz; Maß für die Tendenz einer Substanz, als Säure bzw. als Base zu fungieren. Je kleiner der pK$_S$-Wert, desto stärker ist die Säure. Und je kleiner der pK$_B$-Wert, desto stärker ist die konjugierte Base. Dabei gilt stets: pK$_S$ (Säure) + pK$_B$ (konjugierte Base) = 14. (Sicherheitshalber sei erwähnt, dass in der englischsprachigen Fachliteratur die vom Begriff *acid* abgeleitete Abkürzung pK$_A$ so gebräuchlich ist, dass er mittlerweile auch in manchen deutschsprachigen Lehrwerken und Vorlesungen auftaucht.)

pK$_W$-Wert Negativer dekadischer Logarithmus des K$_W$-Wertes einer Substanz; Summe von pH- und pOH-Wert. Als Daumenregel (weil eigentlich nur bei 25 °C zutreffend) gilt: pH + pOH = 14; *siehe* ▶ Gl. 5.1 und 5.2.

Planck'sches Wirkungsquantum (h) Die Naturkonstante, durch die festgelegt ist, welche Energiemenge von einem Photon übertragen werden kann. Die Übertragung einer Energiemenge E, die sich nicht gemäß der Formel E = h · v durch ein ganzzahliges Vielfaches des Planck'schen Wirkungsquantums beschreiben lässt, ist *prinzipiell* nicht möglich.

Plasma, induktiv gekoppeltes (*inductively coupled plasma*, ICP) Ein Plasma (meist Argon), das durch das hochfrequente Magnetfeld einer Induktionsspule stabilisiert wird.

Plausibilitäts-Prüfung Bei jeder „Rechen-Aufgabe", bei der man mit abstrakten Zahlen hantiert, sollte man sich am Ende vergewissern, ob das resultierende Rechen-Ergebnis auch sinnvoll ist. Haben Sie beispielsweise den pH-Wert einer sauer reagierenden Lösung mit vorgegebener Konzentration x mol/L bestimmt und sollen nun ermitteln, welchen pH-Wert die Lösung aufweisen wird, wenn die Konzentration der Säure verdoppelt ist, sollte tunlichst ein niedrigerer pH-Wert herauskommen. Empfiehlt sich, ebenso wie die Dimensionsanalyse, bei *jeder* Rechnung. Wirklich.

Polarisierbarkeit Die Polarisierbarkeit eines Molekül(-ion)s beschreibt, inwieweit das betreffende Teilchen im Falle einer Wechselwirkung mit einem anderen Partikel (oder auch mit elektromagnetischer Strahlung) die Ladungsdichte entlang der einzelnen Bindungen verschieben kann, so dass sich ein Unterschied zur ursprünglichen Ladungs(dichte)verteilung ergibt.

Polarität Durch Elektronegativitätsdifferenzen hervorgerufene Verschiebung der Ladungsdichte von Elektronen, so dass je nach räumlichem Bau der betreffenden Verbindung ein (permanentes) Dipolmoment resultieren kann. Die Polarität spielt bei der chemischen Reaktivität ebenso eine große Rolle wie bei der Trennung unterschiedlicher Substanzen: Polare Substanzen treten mit anderen polaren Substanzen in recht effiziente Wechselwirkung und sind daher häufig gut ineinander löslich, während unpolare Substanzen in polaren Substanzen eher unlöslich sind.

polychromatisches Licht Licht, das aus elektromagnetischer Strahlung verschiedener Wellenlängen besteht; das Gegenteil dazu ist entsprechend *monochromatisch*. Der VIS-Bereich, also das für das menschliche Auge wahrnehmbare Licht, besteht aus dem Quasikontinuum der gesamten zugehörigen Wellenlängen; dieses polychromatische Licht nimmt das menschliche Auge als „weiß" wahr.

Potentiometrie Untersuchung einer Lösung oder eines Titrationsverlaufs anhand des vorliegenden oder sich verändernden elektrochemischen Potentials; es wird stets eine Bezugselektrode benötigt.

ppm Die wie eine Einheit verwendete Abkürzung ppm steht für *parts per million*, also „Millionstel"; analog zur Angabe eines Analyt-Gehalts in Prozent, nur eben ganze vier Zehnerpotenzen kleiner: 1 % entspricht einem Verhältnis von $1:10^{-2}$, also einem Hundertstel, ein ppm entspricht $1:10^{-6}$. Bezogen auf den Massengehalt bedeutet 1 ppm, dass 1 g Probe 10^{-6} g (also 1 μg) des Analyten enthält; derlei Angaben sind vor allem in der Spurenanalytik von Bedeutung. Bei geringerem Analyt-Gehalt findet sich die Einheit ppb, *parts per billion*. Achtung: Gemeint ist $1:10^{-9}$, also ein Milliardstel. Bitte fallen Sie nicht auf den falschen Freund aus dem US-Amerikanischen herein: *One billion* = 1 Milliarde (10^9), nicht etwa eine Billion (10^{12}). Bei noch geringerem Analyt-Gehalt, also in der Ultraspurenanalytik findet sich gelegentlich die analog zu verwendende Einheit ppt, *parts per trillion*, $1:10^{-12}$. Auch hier ist wieder die amerikanische *trillion* gemeint, die der deutschen Billion entspricht.

ppt (*part per trillion*) Gemeint ist: 1 Teil pro 1×10^{12} Teile; hier geht es also um die „Trillion" aus dem amerikanischen Sprachgebrauch, die im Deutschen „Billion" heißt (eben 1 000 000 000 000). Entsprechend ist eine Angabe mit dieser „Einheit" nicht im Sinne der SI (und der in Deutschland maßgeblichen DIN 1310 schon einmal gar nicht). Dass im britischen Englisch „ppt" gelegentlich auch als „part per thousand" gelesen wird, also dem entspricht, was in Deutschland als „Promill" (‰) bezeichnet wird, macht die Lage nicht besser.

Präzision Ein Maß für die Reproduzierbarkeit der Messergebnisse bei Verwendung der gleichen oder einer identischen Probe: Wie genau stimmen die Ergebnisse überein?

prinzipiell In den Naturwissenschaften kein „an sich nicht, aber … ", sondern tatsächlich ein kategorisches „Nein!".

Probenbereich Die Summe der Masse von Analyt und allen Nicht-Analyten einer Probe, also die Masse von Analyt und Matrix zusammen. Steht in einem festen Verhältnis mit Arbeits- und Gehaltsbereich.

Proton Gemeinhin der positiv geladene Kernbaustein p^+; in der Chemie auch – zugegebenermaßen leicht unsauber – Laborjargon für das Wasserstoff-Kation H^+, weil der Kern des im Universum häufigsten Wasserstoff-Isotops (^1H) nun einmal nur aus einem einzelnen Proton besteht.

Protonierung Übertragung eines Wasserstoff-Kations auf ein Atom oder Molekül(-Ion); selbiges hat dann im Brønsted-Lowry-Sinne als Base fungiert.

ψ/ψ^* Allgemeines Zeichen für eine Wellenfunktion, deren Symmetrie nicht festgelegt ist (oder sein soll). Ein hochgestelltes * zeigt, dass es sich um eine *antibindende* Wellenfunktion handelt.

Puffer Lösung einer schwachen Säure und ihrer konjugierten Base oder einer schwachen Base mit ihrer konjugierten Säure. In der Nähe des pK_S-Wertes der verwendeten Säure (± 1 pH-Einheit) hält ein Puffer den pH-Wert selbst bei Zugabe von Säure oder Base weitgehend konstant.

Pufferbereich Der pH-Bereich, um den herum ein Puffer auch bei moderater Säuren- oder Basenzugabe den pH-Wert weitgehend konstant hält; in Säure/Base-Titrationskurven der Bereich, in dem der Anstieg der Kurve minimiert ist. Der Mittelpunkt des Pufferbereichs fällt mit dem pK_S-Wert der Säure zusammen.

Puffergleichung *siehe* Henderson-Hasselbalch-Gleichung

***push-pull*-System** Aromatisches System mit mindestens zwei Substituenten, von denen einer einen +M-Effekt besitzt, ein anderer einen −M-Effekt; dabei muss das Substitutionsmuster die Verschiebung des Ladungsschwerpunktes zulassen.

Quantelung *siehe* gequantelt

quantisiert Fachsprachliche Alternative zu „gequantelt".

Quasikontinuum Ein gequanteltes System, bei dem der Unterschied zwischen den einzelnen möglichen Werten so klein ist, dass sie auf den ersten Blick ununterscheidbar scheinen, obwohl eben in Wahrheit *sehr wohl* ein Unterschied besteht. Ein wichtiges Beispiel für die Spektroskopie stellt das elektromagnetische Spektrum dar: Bestimmte Wellenlängen λ (nämlich alle die, die nicht gemäß der Beziehung $E = h \cdot \nu = h \cdot c / \lambda$ zu einem ganzzahligen Vielfachen des Planck'schen Wirkungsquantums gehören) sind prinzipiell unmöglich.

Radikal Atom oder Molekül(-ion) mit mindestens einem ungepaarten Elektron. Ist die Anzahl ungepaarter Elektronen > 1, gibt man deren Anzahl mit den gewohnten griechischen Zahlenpräfixen an (Diradikal, Triradikal etc.).

Radiowellen Elektromagnetische Strahlung mit einer Wellenlänge von etwa 10^8–10^{12} nm.

Raman-Spektroskopie Spektroskopische Methode, bei der Moleküle oder Molekül-Ionen durch monochromatische Strahlung zur (gequantelten) Aufnahme bzw. Abgabe von Schwingungsenergie angeregt werden. Tritt ein vibratorisch angeregter Analyt mit einem

Photon der Anregungsstrahlung in Wechselwirkung, überträgt das Molekül diese Schwingungsenergie auf das Photon und kehrt selbst in den vibratorischen Grundzustand zurück. Die auf das Photon übertragene Energie erlaubt – analog zur IR-Spektroskopie – Rückschlüsse auf das Schwingungsverhalten und damit die Struktur des Analyten. Allerdings sind nur Schwingungsmodi raman-aktiv, bei denen sich die Polarisierbarkeit des Analyten ändert.

Raman-Streuung Streustrahlung, die sich durch *inelastische* Stöße von Molekülen mit Photonen ergibt. Die Wellenlänge der gestreuten Strahlung kann größer (= energieärmer) sein als die der Anregungsstrahlung, dann liegt Stokes-Strahlung vor, oder auch kleiner (= energiereicher). In letzterem Falle spricht man von der Anti-Stokes-Strahlung. Gerade diese wird bevorzugt in der Raman-Spektroskopie betrachtet.

Rayleigh-Strahlung Streustrahlung, die sich durch *elastische* Stöße von Molekülen mit Photonen ergibt. Die Wellenlänge der Streustrahlung entspricht der eingestrahlten Wellenlänge.

Redox-Paare Wird ein Atom/Ion/WasAuchImmer oxidiert, kann das resultierende Oxidationsprodukt auch wieder zum Ausgangsstoff reduziert werden; das Redox-Gegenstück zu konjugierten Säure/Base-Paaren.

Redox-Potentiale Das tatsächliche Redoxpotential einer Halbzelle (in einem galvanischen Element) hängt sowohl vom Standardpotential ab als auch von der Konzentration der verwendeten Elektrolytlösung. Zur Berechnung des tatsächlichen Potentials einer Halbzelle dient die Nernst-Gleichung.

Reduktion Reaktion, bei der ein oder mehrere Elektron/en aufgenommen wird/werden. Eine Reduktionsreaktion kann nur ablaufen, wenn auch eine Oxidation stattfindet und umgekehrt.

Reduktionsmittel Stoff, der einen anderen reduziert; wird dabei selbst oxidiert.

Reindarstellung Laborjargon für die Gewinnung eines Stoffes in reiner Form. Dies kann durch Synthese geschehen oder auch durch Isolieren des betreffenden Stoffes aus einem Stoffgemisch (Reindarstellung des Metalls Kupfer durch Aufarbeitung kupferhaltiger Erze).

relative Standardabweichung *siehe* Variationskoeffizient

Relaxation Jeder Prozess, bei dem ein (elektronisch oder vibratorisch/rotatorisch) angeregtes System einen energetisch günstigeren Zustand einnimmt; das kann der Grundzustand sein oder auch ein lediglich weniger stark angeregter Zustand.

Renaturierung *im Zusammenhang mit (Chromatographie-)Säulen:* Das Zurückversetzen in den Ausgangszustand.

Retention, relative *siehe* Trennfaktor α

Retentionsfaktor in den Dünnschichtchromatographie (R_f-Wert) Verhältnis der Laufstrecke eines Analyten zur Laufstrecke der Lösemittelfront.

Retentionsfaktor in der Säulenchromatographie (k) Verhältnis der korrigierten Retentionszeit eines Analyten zur (säulenabhängigen) minimalen Retentionszeit; das säulenchromatographische Gegenstück zum R_f-Wert der TLC.

Retentionszeit (t_r) Die Zeit, die ein Analyt auf einer Chromatographie-Säule verbringt bzw. die zwischen dem Aufbringen des Analyten auf die Säule und dessen Detektion vergeht. Da hier keine Überlegungen zur (säulenabhängigen) minimalen Verweilzeit eingeflossen sind, wird die Retentionszeit auch als *unreduzierte* oder *unkorrigierte Retentionszeit* bezeichnet.

Retentionszeit, minimale (t_m) Verweilzeit eines nicht mit der stationären Phase wechselwirkenden Analyten auf einer Chromatographiesäule; die minimale Zeit, in der ein Analyt eine Säule überhaupt passieren kann. Erforderlich zum Ermitteln der reduzierten Retentionszeit.

Retentionszeit, reduzierte/korrigierte (t'_r) Um die messtechnik-abhängige minimale Verweilzeit (t_m) korrigierte Retentionszeit eines Analyten in der Chromatographie.

Retentionszeit, unreduzierte/unkorrigierte (t′) *siehe* Retentionszeit

RFA *siehe* Röntgenfluoreszenzanalyse

R_f-Wert *siehe* Retentionsfaktor

Richtigkeit Ein Maß dafür, wie sehr Messwerte mit dem Wert korrelieren, der idealerweise, also bei einer völlig fehlerfreien Messung, erzielt worden wäre.

Röntgenbeugung/Röntgenstrukturanalyse Festkörperanalytisches Verfahren zur Untersuchung von Kristallstrukturen, das auf der Beugung der verwendeten Röntgenstrahlung am Kristallgitter basiert.

Röntgenfluoreszenzanalyse (RFA) Zerstörungsfreie Analysetechnik, bei der das Probenmaterial durch energiereiche Röntgen-Photonen zur Fluoreszenz angeregt wird (was zur Freisetzung von Auger-Elektronen führen kann). Die Detektion der Fluoreszenzphotonen kann energiedispersiv (EDRFA) oder wellenlängendispersiv (WDRFA) erfolgen. In der englischsprachigen Literatur als XRF, *x-ray fluorescence*, bezeichnet.

Röntgenstrahlung Elektromagnetische Strahlung mit einer Wellenlänge von etwa 10^{-3}–10 nm.

Rotation Fachsprachlich für „Drehung".

RP-(TLC/HPLC o. ä.) Bei der *Reversed-Phase* -Chromatographie (Umkehrphasen-Chromatographie) sind Polarität von stationärer und mobiler Phase den üblichen Bedingungen (Normalphasen-Chromatographie) gegenüber genau vertauscht, also: stationäre Phase = unpolar; mobile Phase = polar.

Rückstand Das, was beim Filtrieren eines Fest/Flüssig-Gemisches im Filter zurückbleibt.

Rumpfelektronen Elektronen eines Atoms (oder auch Moleküls), die nicht zur Valenzschale gehören bzw. sich nicht in den Grenzorbitalen befinden.

Rydberg-Konstante (R_∞) Naturkonstante: 109 737 cm^{-1}; aus der Ionisierungsenergie des Wasserstoffatoms berechnet.

S *siehe* Multiplett-Zustand

S_{ges} *siehe* Gesamtspin

Säule, Chromatographie- oder Trenn- Die stationäre Phase bei jeglicher Form von Chromatographie.

Säure/Base-Paar, konjugiertes (korrespondierendes) Jede Substanz, die nach Brønsted-Lowry als Säure fungiert, also ein Wasserstoff-Kation abgespalten hat, kann nun als Base fungieren und dieses (oder ein anderes) Proton wieder aufnehmen. Die Summe von pK$_S$-Wert einer Säure und pK$_B$-Wert der konjugierten Base beträgt (bei 25 °C) immer 14.

Säuren und Basen nach Brønsted bzw. Brønsted-Lowry Säuren sind Protonen-Donoren, also Moleküle oder Molekül-Ionen, die ein oder auch mehr H$^+$-Ionen abspalten können (Beispiele: HCl, H_2SO_4); Basen sind sind entsprechend Protonen-Akzeptoren, also Moleküle/Molekül-Ionen, die Protonen aufnehmen können (z. B. NH_3).

Säuren und Basen nach Lewis Säuren sind Elektronen-Akzeptoren (also elektrophil), Basen hingegen sind Elektronen-Donoren (und damit nucleophil). Nach Lewis lässt sich auch jede Komplexreaktion zwischen Zentralteilchen und Ligand als Säure/Base-Reaktion auffassen … was die Chemie im Ganzen viel einfacher macht.

Säuren, starke/mittelstarke/schwache Substanzen mit einem pK$_S$-Wert < 0/zwischen 0 und 4/>4.

Scatchard-Plot Vor allem in der Biochemie gebräuchliche graphische Auftragung von (meist photometrisch bestimmten) Konzentrationen bzw. Konzentrationsverhältnissen, um Gleichgewichtskonstanten zu ermitteln.

Schale, K-, L-, M-, N- … *siehe* Bohr'sches Atommodell

Schulter *in Spektren und Chromatogrammen:* Ein vermeintlicher „Knick" in einem Kurvenverlauf, der meistens darauf zurückzuführen ist, dass sich unter einer Bande (oder einem Peak) noch eine zweite, kleinere Bande/ein kleinerer Peak „verbirgt", also zwei Banden/Peaks unterschiedlicher Größe ineinanderlaufen.

Schwingungsfreiheitsgrade (F_S) Anzahl der Schwingungen, die bei einem aus N Atomen bestehenden Molekül(-Ion) theoretisch möglich sind. Die Anzahl der Schwingungsfreiheitsgrade eines N-atomigen Moleküls berechnet sich bei allen nicht-linearen Molekülen zu $F_S = 3N - 6$ bei; bei linearen Molekülen erhöht er sich auf $F_S = 3N - 5$.

Schwingungsmodi Verschiedene im Rahmen der Schwingungsspektroskopie anregbare Arten von (gequantelten!) Vibrationen: Man unterscheidet Valenz- und Deformationsschwingungen.

Schwingungsspektroskopie Oberbegriff für die spektroskopischen Methoden, in denen Moleküle oder Molekül-Bestandteile durch elektromagnetische Strahlung zu Vibrationen angeregt werden; man erstellt dabei Absorptionsspektren.

SDS-PAGE Gelelektrophorese auf der Basis von Polyacrylamid-Gelen, bei der die angestrebte homogene Ladungsdichte der verschiedenen Analyten durch den Einsatz des Detergenzes Natriumdodecylsulfat (engl. *sodium dodecyl sulfate*, kurz SDS) erreicht wird.

Selektivität, auch Spezifität Je genauer eine Analysenmethode den jeweils gewünschten Analyten auch in Gegenwart von Verunreinigungen zu bestimmen vermag, desto selektiver ist sie. (Streng genommen sind Selektivität und Spezifität nicht ganz synonym. Ein *selektives* Verfahren *bevorzugt* – abstrakt ausgedrückt – den Analyten A gegenüber dem Analyten B, während ein *spezifisches* Verfahren *ausschließlich* auf den Analyten A anspricht.)

σ-Orbital Molekülorbital (bindend oder antibindend), bei dem die Elektronendichte entlang der Kernverbindungsachse maximiert ist; symmetrisch im Bezug auf die Rotation entlang der Kernverbindungsachse.

signifikante Ziffern Alle Ziffern eines gemessenen Wertes, die „mit Sicherheit" angegeben werden können, dazu eine letzte Ziffer (die Stelle „ganz rechts"), die mit einer gewissen Messunsicherheit behaftet ist. Gibt man einen Messwert mit weniger Ziffern als der Anzahl an signifikanten Stellen an, schmälert das die Präzision.

Signifikanz *bei der Angabe von Messwerten in der Analytik:* die Anzahl der signifikanten Ziffern (oder Stellen). Bitte nicht mit der statistischen Signifikanz verwechseln.

Silanol-Gruppe An ein Silicium-Atom gebundene OH-Gruppe; das Silicium-Gegenstück zu einem Alkohol.

Singulett (S) *siehe* Multiplizitätszustand.

Slater-Regeln Regeln zum Ermitteln der effektiven Kernladung, die in Mehrelektronensystemen auf Elektronen unterschiedlicher Hauptquantenzahlen einwirkt.

SOMO *(singly occupied molecular orbital)* Molekülorbital, das nur mit einem einzelnen Elektron populiert ist, nicht mit einem Elektronen*paar*.

Spannungsreihe, elektrochemische Auflistung der elektrochemischen Standardpotentiale diverser Redox-Paare. Die entsprechenden Werte sind experimentell bestimmt; bislang gibt es noch keine schlüssige Theorie, *warum* welches Redox-Paar welches Potential besitzt. Kommt vielleicht noch.

Spektrallinien Bringt man einen thermisch anregbaren Analyten in eine Brennerflamme ein und untersucht die (häufig charakteristisch gefärbte) Flamme mithilfe eines Spektroskops, werden elementspezifische scharfe Emissionslinien sichtbar, die auf die Rückkehr angeregter Elektronen in ihren Grundzustand zurückzuführen sind.

Spezifität *siehe* Selektivität

Spinzustand Uibt an, mit welcher Spinquantenzahl m_s ein Elektron beschrieben wird: Ist $m_s = +\frac{1}{2}$, wird das Elektron graphisch häufig durch ($\uparrow$) repräsentiert, bei $m_s = -\frac{1}{2}$, durch ($\downarrow$). Eine Spinumkehr stellt eine Veränderung des Spinzustandes dar. Allerdings wird – vor allem in Lehrbüchern der Physik – der Begriff Spinzustand auch verwendet, um den Multiplizitätszustand (M_z) von Mehrelektronen-Systemen zu beschreiben; er wird dann mit *S* abgekürzt. Das ist zwar durchaus naheliegend (schließlich hängt ja die Multiplizität eines Systems von dem jeweiligen Spinzustand aller beteiligten Elektronen ab), führt aber leicht zu Verwirrung, zumal sich die Abkürzung für den allgemeinen Spinzustand, *S*, leicht mit dem Singulett-Zustand S verwechseln lässt; *siehe* Multiplizitätszustand.

Spurenanalytik Die Untersuchung von Analyten, deren Gehalt in der Probe (deutlich) unterhalb ganzer Prozente liegt, sondern eher im ppm-Bereich.

Sputtern Das Herausschlagen einzelner Atome aus einem Metall durch hinreichend stark beschleunigte, auf die Oberfläche des Metalls auftreffende Ionen (gleichwelcher Art); dieser Fachterminus ist (halb-) englisch auszusprechen.

Stabilitätskonstanten Aus dem Massenwirkungsgesetz abgeleiteter Wert, der etwas über die Stabilität eines Komplexes aussagt.

Stammlösung Lösung mit genau definierter Konzentration (oder anderweitig genau definiertem Gehalt), die als Ausgangsstoff für weitere, davon abgeleitete Lösungen im Rahmen einer Verdünnungsreihe o. ä. dient.

Standard *in der Chromatographie:* eine Substanz, die unabhängig von den Analyten auf eine Chromatographie-Säule aufgebracht wird, um die Reproduzierbarkeit von deren Eigenschaften zu ermitteln (in seltenen Fällen: zur Ermittlung der Totzeit). Es ist auch möglich, den Standard (bevorzugt mit einer genau definierten Konzentration) dem Analyt-Gemisch beizufügen; in diesem Falle spricht man von einem *internen*

(oder *inneren*) *Standard.* Ein solcher interner Standard erleichtert das Vergleichen unterschiedlicher Chromatogramme, weil man auf einen (idealerweise bestens bekannten) Referenzwert zurückgreifen kann.

Standardabweichung s Ein Maß dafür, wie sehr die einzelnen Messwerte einer Messreihe von ihrem Mittelwert abweichen. Je kleiner die Standardabweichung, desto weniger fehlerbehaftet (also: genauer) ist die Messung. Allerdings gibt die Standardabweichung Absolutwerte an: Bei kleinen Messwerten ergibt sich dann automatisch ein kleinerer Wert für s als bei großen Messwerten. Durch Verwendung des Variationskoeffizienten werden unterschiedliche Messreihen leichter vergleichbar.

Standardbedingungen *siehe* Normbedingungen

Standardlösung Eine Lösung mit genau bekannter Zusammensetzung. Dazu gehört bei der Analytik auch, dass die Lösung nicht nur den Analyten in einer genau bekannten Konzentration enthält, sondern ggf. auch noch zusätzliche Reagenzien, ebenfalls in genau bekannter Menge, die für das gewählte Analyseverfahren erforderlich sind. Bei einer *Leerprobe* handelt es sich um eine Standardlösung mit der Analytenkonzentration $c_i = 0$, d. h. sie enthält sämtliche Zusatzreagenzien, nicht aber den Analyten.

stationäre Phase Das „unbewegliche" Adsorptionsmittel bei einer chromatographischen Stofftrennung; das Säulenmaterial.

Stoffbilanz Bei einer Reaktionsgleichung müssen auf beiden Seiten des Reaktionspfeils sämtliche Atome gleichwelcher Art in ihrer Anzahl übereinstimmen, auch wenn sie sich noch so sehr in ihrem Bindungszustand, ihrer Oxidationszahl usw. unterscheiden mögen. Atome verschwinden nicht einfach im Nichts, und sie tauchen auch nicht „einfach so" auf; *siehe auch* Ladungsbilanz.

strahlungsloser Übergang Die Rückkehr eines angeregten Systems in einen weniger angeregten Zustand (der dem elektronischen und/oder vibratorisch/rotatorischen Grundzustand entsprechen *kann*, aber nicht *muss*), ohne dass die dabei freiwerdende Energie in Form eines Photons abgegeben wird.

Streudiffusion (zunehmend auch: Eddy-Diffusion) Phänomen in der Säulen-Chromatographie; in der van-Deemter-Gleichung als A-Term berücksichtigt.

Styrol Nicht mehr von der IUPAC empfohlene, aber im Laborjargon nach wie vor gebräuchliche Bezeichnung von Styren (Vinylbenzen, Phenylethen); Grundlage für Polystyrol-Harze, die dann gemäß der IUPAC Polystyren-Harze zu nennen sind.

Suspension Inhomogene Mischung aus Flüssigkeit(en) und Feststoff(en).

symmetrie-erlaubt/-verboten Bestimmte Elektronenübergänge in der UV/VIS-Spektroskopie (und auch andere Anregungsvorgänge) können aufgrund der Symmetrieeigenschaften der daran beteiligten Orbitale energetisch (unerwartet) ungünstig sein, so dass sie nur sehr selten erfolgen. Dann spricht man von einem symmetrie-verbotenen (oder kurz: verbotenen) Übergang. Bitte beachten Sie, dass auch für Atome und Moleküle gilt: *„Nur weil etwas verboten ist, heißt das noch lange nicht, dass wir es nicht tun. Wir tun es nur nicht so oft."* Gelegentlich beobachtet man durchaus auch symmetrie-verbotene Übergänge.

Synproportionierung *siehe* Disproportionierung

τ (tau) *siehe* Titrationsgrad

T *je nach Kontext:* bei der Photometrie: *siehe* Transmission; bei der Spektroskopie steht es für *Triplett: siehe* Multiplizität

Tailing Abweichung einer Peak-Form von der Gauß-Kurve mit Verzerrung zu vergrößerten Retentionszeiten.

theoretische Böden, Anzahl der *siehe* Bodenzahl einer Säule

thermisch Zufuhr von Energie in Form von Wärme.

Titer (auch *Normalfaktor* genannt) Korrekturfaktor, der den Umgang mit (Maß-)Lösungen erleichtert, deren tatsächliche Konzentration (c_{ist}) von der angestrebten Konzentration (c_{soll}) abweicht; *siehe* ▶ Gl. 3.12

Titrant Die Substanz, die bei einer Titration zur Analyt-Lösung hinzugegeben wird.

Titrationsgrad Stoffmengenverhältnis von Titrant und Analyt, angegeben als dimensionslose Zahl zwischen 0 und (theoretisch) unendlich; meist abgekürzt mit τ. Vor dem Äquivalenzpunkt ist $\tau < 1$, am ÄP ist $\tau = 1$, bei $\tau > 1$ hat man übertritriert (was aber nicht unbedingt von Nachteil sein muss).

Titrationskurve Graphische Auftragung des zur Analyt-Lösung hinzugegebenen Titrant-Volumens gegen das im Zuge der jeweiligen Titration beobachteten Charakteristikums der Lösung (bei Säure/Base-Titrationen: der pH-Wert, bei (potentiometrischen) Redox-Titrationen das elektrochemische Potential usw.)

TLC *(thin layer chromatography)* *siehe* Dünnschichtchromatographie

t_m *siehe* Retentionszeit, minimale

Totzeit Die Zeit, die eine Substanz ohne jegliche (zurückhaltende) Wechselwirkung mit dem Säulenmaterial benötigt, um die Säule zu durchlaufen; minimale Verweilzeit eines jeden Analyten auf der Säule.

t_r *siehe* Retentionszeit

t'_r *siehe* Retentionszeit, reduzierte

Translation Bewegung eines Systems entlang einer genau definierten Richtung, so dass alle beteiligten Punkte exakt die gleiche Verschiebung erfahren.

Transmission (T) *bei (spektro-)photometrischen Messungen:* das Verhältnis der Lichtintensitäten von Analyt-Lösung und Leerprobe; angegeben in %. Anders als die Extinktion nicht übermäßig gebräuchlich.

Transmissionsspektrum Ein Spektrum, das auf der Messung basiert, wie groß der Teil der eingestrahlten elektromagnetischen Wellenlängen ist, der ungehindert/unverändert durch die Probe tritt.

Trendlinie In die graphische Auftragung von Messwerten einzuzeichnende Linie, die eine generell erkennbare Tendenz verdeutlich (also beispielsweise: Je größer der x-Wert, desto größer der y-Wert o. ä.).

Trennfaktor (α) Das Verhältnis der relativen, reduzierten Retentionszeiten zweier benachbarter Peaks in der Chromatographie; auch als *relative Retention* bezeichnet.

Triplett (T) *siehe* Multiplizitätszustand.

Tyndall-Effekt Leuchtet man eine heterogene Mischung fein(st) verteilter Feststoff-Schwebeteilchen oder Flüssigkeits-Tröpfchen an, die in einem Lösemittel suspendiert oder emulgiert sind, lässt sich der Strahlengang mit dem bloßen Augen nachverfolgen, weil das Licht an der Oberfläche der Schwebeteilchen gestreut wird. Bei echten (= homogenen) Lösungen tritt dieser Effekt nicht auf.

Übertritrieren Zugabe des Titranten über den Äquivalenzpunkt hinaus. Ein gewisses Maß an Übertitration ist meist erforderlich, um sich sicher sein zu können, dass man auch wirklich den Äquivalenzpunkt gefunden hat. (Es ist zwingend notwendig, den Verbrauch des Titranten penibel zu protokollieren.)

Ultraspurenanalytik Die Untersuchung von Analyten, deren Gehalt in der Probe unterhalb des ppm-Bereiches liegt. Hier besteht die Gefahr, die Bestimmungsgrenze zu erreichen.

Ultraviolettstrahlung (UV-Strahlung) Elektromagnetische Strahlung mit einer Wellenlänge von etwa 10–380 nm.

Umkehrphasen-Chromatographie (RP-HPLC etc.) Chromatographie mit invertierter Polarität *(reversed phase):* Hier wird eine unpolare stationäre Phase mit einer polaren mobilen Phase kombiniert. Entsprechend ist die Invertierung des Elutionsvermögens der verwendeten Lösemittel zu beachten.

Untersuchungsmethoden, zerstörende Jegliche analytische Methode, bei der die zu untersuchende Substanz nach Abschluss der Messungen nicht mehr im gleichen mikro- und makroskopischen Zustand vorliegt wie zuvor. Es ist dabei unerheblich, ob die Probe „nur" mechanisch beansprucht wurde (also beispielsweise im Mörser zerkleinert), oder ob der Analyt im Zuge der Messungen chemisch verändert wurde (etwa durch einen Redox-Prozess oder anderweitige Reaktionen).

Untersuchungsmethoden, zerstörungsfreie Analytische Methoden, mit denen eine Probe untersucht werden kann, ohne die Probe selbst physikalisch oder chemisch zu verändern.

Urtiter Substanz, die zum Ansetzen einer Maßlösung geeignet ist; muss bestimmte Eigenschaften aufweisen.

UV- *siehe* Ultraviolett…

UV-Bereich Ultraviolette Strahlung aus dem Wellenlängenbereich 100–380 nm; für das menschliche Auge nicht sichtbar.

UV/VIS-Bereich Elektromagnetische Strahlung des Wellenlängenbereich 100–800 nm, also ultraviolette Strahlung und für das menschliche Auge sichtbares Licht

vakant *fachsprachlich bezogen auf Orbitale:* nicht mit einem Elektron oder einem Elektronenpaar besetzt. (Definitionsgemäß muss jedes LUMO im Grundzustand vakant sein, sonst wäre es ja kein L_U_MO.)

Valenzschwingungen (ν) *aus der IR-Spektroskopie:* Molekülschwingungen, bei denen sich Bindungsabstände ändern. Dies kann in symmetrischer (ν_s) oder asymmetrischer Weise (ν_{as}) geschehen.

van-Deemter-Gleichung Formel zur Beschreibung der Abhängigkeit der theoretischen Bodenhöhe einer chromatographischen Säule von den verschiedenen Diffusions-Phänomenen bei der Säulenchromatographie; da sich, je nach Säulenmaterial und Trennverfahren, bis zu drei verschiedene Phänomene auswirken, besteht die van-Deemter-Gleichung auch aus drei separat zu behandelnden Termen, gemeinhin A- bis C-Term genannt.

Variationskoeffizient/relative Standardabweichung Angabe der Standardabweichung als Prozent-Wert; erleichtert das Vergleichen verschiedener Messreihen, deren Messwerte in unterschiedlichen Größenordnungen liegen.

verboten *siehe* symmetrie-erlaubt/-verboten

Verbrennungsdreieck Gebräuchliche visuelle Darstellung der Bedingungen, die erfüllt sein müssen, um einen Brand entstehen zu lassen: brennbares Material, Oxidationsmittel und eine hinreichende Anregungsenergie (die meist als Zündenergie bezeichnet wird). Eine weitere wichtige Rolle spielt das Mischungsverhältnis, das aber in der Verbrennungslehre gemeinhin nicht in das Verbrennungsdreieck integriert wird.

Verdünnung, parallele Erstellen einer Verdünnungsreihe ausgehend von einer Stammlösung.

Verdünnung, serielle Erstellen einer Verdünnungsreihe, wobei die so erhaltenen Verdünnungen als Stammlösungen für nachfolgende Verdünnungsreihen genutzt werden.

Verdünnungsreihe Von einer Lösung mit genau bekanntem Substanzgehalt werden Proben genau definierten Volumens genommen und dann mit dem gewählten Lösemittel auf ein ebenfalls genau definiertes Endvolumen aufgefüllt. Auf diese Weise lassen sich sehr genau unterschiedliche Verdünnungen der gleichen Substanz erzielen, die etwa zum Erstellen von Kalibrierkurven genutzt werden können.

Verteilungskoeffizient Die Gleichgewichtskonstante für die Verteilung eines in zwei verschiedenen und nicht miteinander mischbaren Lösemitteln gelösten Stoffes gemäß dem Nernstschen Verteilungssatz.

Verunreinigungen *In einer Analytik-Probe:* Alles, was nicht Analyt ist. Verunreinigungen können die Messgenauigkeit herabsetzen oder die Messung sogar vollständig verhindern. (Wenn man möchte, kann man auch die Matrix einer jeden Probe als Verunreinigung ansehen)

Verwerfen Laborjargon für „in die Mülltonne entsorgen" oder „wegschütten".

Vibration Fachsprachlich für „Schwingung".

Vibrations-/Rotationsniveaus Sammelbegriff für die verschiedenen Energieniveaus von Vibrationen und Rotationen.

Vib./Rot.-Anregung Wird ein mehratomiges System zu einem energiereicheren Vibrations- oder Rotationsniveau angeregt, liegt vibratorisch/rotatorische Anregung vor, abgekürzt Vib./Rot.-Anregung.

VIS- *(visible)* *siehe* Licht, sichtbares.

VIS-Bereich Elektromagnetische Strahlung aus dem Wellenlängenbereich 380–780 nm; wird vom menschlichen Auge als Licht wellenlängenabhängiger Farbe empfunden.

Volumetrie Jegliche Form der Analytik, bei der aus dem Verbrauch eines zur Analyt-Lösung hinzugegebenen Reagenzes auf die Konzentration des Analyten rückgeschlossen wird.

w *siehe* Basisbreite

$w_{1/2}$ Breite eines Peaks auf halber Höhe, auch Halbwertsbreite genannt; leichter zu ermitteln als die zugehörige Basisbreite.

WDRFA *siehe* Röntgenfluoreszenzanalyse

Welle-Teilchen-Dualismus Manche mikroskopischen Objekte (unter anderem Elektronen und Photonen) lassen sich weder als Teilchen noch als Welle *vollständig* beschreiben: Sie scheinen immer „etwas von beidem" zu haben. Seit die Quantenmechanik entwickelt wurde, wird daran gearbeitet, dahingehend widersprüchliche, gelegentlich sogar absurde, Messergebnisse sinnvoll zu deuten. Bislang liegt eine eindeutige Erklärung allerdings noch nicht vor. *Die Naturwissenschaften sind noch nicht „fertig".*

Wellenzahl ($\tilde{v}$) Alternative Methode zur Angabe des Energiegehalts einer elektromagnetischen Welle bzw. eines Photons; Kehrwert der Wellenlänge. In der Spektroskopie wird die Wellenzahl meist in der Einheit cm^{-1} angegeben (auch wenn das nicht im Sinne der SI-Einheiten ist).

Wiegeform/Wägeform *in der Gravimetrie:* Form, in der sich die Stoffmenge eines Analyten gravimetrisch bestimmen lässt; muss besondere Eigenschaften aufweisen.

XRF (x-ray fluorescence) *siehe* Röntgenfluoreszenzanalyse

Z *siehe* Kernladungszahl

Z_{eff} *siehe* Kernladungszahl, effektive

Zentralteilchen *in der Komplexchemie:* Das Atom/Ion, das die Mitte eines Komplexe darstellt und bei der Wechselwirkung mit seinen Liganden als Lewis-Säure fungiert.

Zwitter-Ion Ein Molekül, das sowohl eine (oder mehrere) positive als auch eine (oder mehrere) negative Ladung(en) aufweist, so dass es *nach außen hin* elektrisch neutral ist (also sich verhält, als sei es ungeladen).

Zünd-Energie Die Energie, die erforderlich ist, um ein Gemisch aus brennbarem Material und Oxidationsmittel zu entzünden.

Stichwortverzeichnis

Printed in the United States
By Bookmasters